Nanxiong Yesheng Zhiwu

南雄野生植物

张英宏　钟平生　主编

中山大学出版社
·广州·

版权所有　翻印必究

图书在版编目（CIP）数据

南雄野生植物/张英宏，钟平生主编.—广州：中山大学出版社，2016.12

ISBN 978-7-306-05596-5

Ⅰ.①南… Ⅱ.①张… ②钟… Ⅲ.①野生植物—南雄市—图集 Ⅳ.①Q948.526.54-64

中国版本图书馆CIP数据核字（2016）第016167号

出 版 人：徐　劲
策划编辑：曹丽云
责任编辑：曹丽云
封面设计：林绵华
责任校对：李　文
责任技编：何雅涛
出版发行：中山大学出版社
电　　话：编辑部 020-84111997，84110779，84113349，84111996
　　　　　发行部 020-84111998，84111981，84111160
地　　址：广州市新港西路135号
邮　　编：510275　　传　真：020-84036565
网　　址：http://www.zsup.com.cn　E-mail:zdcbs@mail.sysu.edu.cn
印 刷 者：广州家联印刷有限公司
规　　格：889mm×1194mm　1/16　30.25印张　880千字
版次印次：2016年12月第1版　2016年12月第1次印刷
定　　价：268.00元

如发现本书因印装质量影响阅读，请与出版社发行部联系调换

本书编委会

领导小组

  组　长　张英宏

  成　员　李天勤　王绪育　郭　忠　黄德龙

      李雨英　高韶金　喻遥平

主　编　张英宏　钟平生

副主编　肖建生　雷会雄　张梅兰

编　委　王向德　刘运钊　朱宏文　欧阳可团

    何　彬　邹艳梅　邹建华　陈志红　钟　红

    钟树生　郭绪兵　唐　云　谢志明　谢加贵

摄　影　钟平生

序

植物伴随了我大半辈子，我常常觉得，学植物的人对生活更加热爱，心态乐观，而且有一个健康的身体，比较长寿。我特别鼓励我的学生出野外，因为野外有书本上学不到的东西，只有跟植物近距离打交道，才会对它有感觉，从感性到理性的认识，不吃苦是学不到真本领的。我们团队曾经承担过国家、省及市等多项研究课题，出版了《澳门植物志》、《中国景观植物》、《中国的珍稀植物》、《广州野生植物》、《东莞植物志》等多部植物专著，我了解其中的艰辛。目前国内专注于做经典分类的人并不多，这让我很遗憾，我希望看到更多的年轻人把经典植物分类传承下去，发扬不怕苦不怕累的精神，多出野外，总能发现好东西，学到认识植物的精髓。

广东省南雄市素有"中国黄烟之乡"、"中国岭南银杏之乡"的美称，适宜的气候环境造就了南雄市丰富的植物资源。这里分布有伯乐树、莼菜、白桂木、金毛狗、南方红豆杉、闽楠、喜树、福建柏等多种国家重点保护野生植物，其中较多植物还有药用价值，有待开发。本书主编之一钟平生是土生土长的南雄人，熟悉南雄植物的分布，发现和鉴定全市野生植物达1300多种。他对植物的热情让我很感动。他经常随身携带望远镜和相机，穿着一身迷彩服，爬山、攀岩、风吹日晒，从未叫苦，反而乐在其中；每每看到新的植物都会驻足拍照，遇到不认识的植物就拍照、采集标本，回到住处后查阅书籍，将植物特征一一比较，实在有疑问的就请教他人，非常执着。国家珍稀濒危植物丹霞梧桐、伯乐树、莼菜等就是凭借着他这种不屈不挠的精神在南雄市被他发现的，从而有了新的分布点。常年的野外工作，让他积累了大量的照片，对植物的认识也日渐深刻，加上勤奋好学，善于向他人请教，这才有了《南雄野生植物》一书的出版。

《南雄野生植物》是一本较全面介绍南雄野生植物的书籍。钟平生在野外日日夜夜的坚持完成了对南雄市野生植物资源的整合，意义重大，值得鼓励。

邢福武
于广州华南植物园
2015年4月25日

前 言

南雄是原中央苏区县，是国家确定的生态发展区，位于广东省东北部，大庾岭南麓，与江西省信丰县、大余县、全南县和广东省始兴县、仁化县接壤，位于北纬$24°57'\sim25°25'$，东经$113°57'\sim114°43'$之间，因其南北群山环抱，中部为狭长盆地，地质学家称之为"南雄盆地"。全市国土面积$2361.4 km^2$，有林地面积15.95万hm^2，占国土面积的68%，森林覆盖率达64.98%，森林资源蓄积量823.6万m^3。

南雄，物华天宝，人杰地灵。据有关资料显示，南雄境内的高等植物超过了1500种。历史上，有关科研单位和专家在南雄进行了几次较大规模的植物资源调查和标本采集。新中国成立前有陈焕镛、高锡朋（1927—1930），新中国成立后有邓良（1958.5—8月）和华南植物调查队南岭区系组（1985），等等。这些调查采集了几千号1000种以上的植物标本，现仍有2022号分别保存于中科院华南植物研究所标本馆，昆明植物研究所标本馆，广西植物研究所标本馆及中山大学、浙江大学、四川大学等大学植物标本馆内，其中以华南植物研究所邓良采集和保存的标本最多。

光阴荏苒，时过境迁，事物在不停的变换之中。由于环境的变化等诸多因素，现在，南雄所生存的植物与邓良时代已有所不同，与陈焕镛、高锡朋时代更是有所差异。为摸清南雄的植物"家底"，南雄市林业局成立了领导小组，组织技术人员，从2013年开始进行了野生植物本底调查工作，拍摄了大量野生植物图片。现将其中大部分收集整理编印成书，名曰《南雄野生植物》，所收野生植物1212种，配彩图1300余幅，这也只是南雄植物的一部分。由于时间与水平关系，所收植物种类有限，且书中肯定有纰漏和不当之处，敬请海涵。

南雄市林业局局长

广东南雄小流坑—青嶂山省级自然保护区管理处主任

张英宏

编写说明

1. 本书记载南雄常见野生植物182科（亚科）1212种（亚种），其中蕨类植物33科（亚科）135种，裸子植物5科6种，被子植物144科（亚科）1071种（亚种），附图片1380幅。

2. 本书植物分类系统采用：蕨类植物按张宪春（2012）系统，裸子植物按郑万钧（1975）系统，被子植物按哈钦松系统。

3. 本书根据基层技术人员使用习惯将被子植物拆分成乔木类、灌木类、藤本类、草本类，以便于基层技术人员查找和核对。

4. 书后附有南雄野生植物的中文名和拉丁名检索表。

5. 本书可供林业、农业、医学等相关专业的技术人员及学生参考。

致　谢

本书在出版过程中，得到了多位专家的大力支持。中科院华南植物园叶华谷教授级高级工程师、陈炳辉高级工程师、董仕勇博士对部分植物照片进行了鉴定，中科院北京植物研究所张宪春研究员对蕨类植物全部进行了审定，乐昌杨东山-十二渡水省级自然保护区管理处副主任、高级工程师邹滨为本书出版给予无私帮助，华南植物园邢福武研究员还在百忙中审阅了全稿并为之作序。在此一并致谢！

目 录
Contents

石松类植物
Lycophytes

1. 石松科 Lycopodiaceae……………2
2. 卷柏科 Selaginellaceae……………4

蕨类植物
Ferns

1. 木贼科 Equisetaceae……………9
2. 瓶尔小草科 Ophioglossaceae…………9
4. 合囊蕨科 Marattiaceae……………10
5. 紫萁科 Osmundaceae……………10
6. 膜蕨科 Hymenophyllaceae…………11
7. 里白科 Gleicheniaceae……………13
9. 海金沙科 Lygodiaceae……………15
11. 蘋科 Marsileaceae……………16
12. 槐叶蘋科 Salviniaceae……………16
13. 瘤足蕨科 Plagiogyriaceae…………17
14. 金毛狗科 Cibotiaceae……………17
16. 鳞始蕨科 Lindsaeaceae……………18
17. 碗蕨科 Dennstaedtiaceae…………20
18a. 珠蕨亚科 Cryptogrammoideae……23
18c. 凤尾蕨亚科 Pteridoideae…………24
18d. 碎米蕨亚科 Cheilanthoideae………30
18e. 书带蕨亚科 Vittarioideae…………32
20. 铁角蕨科 Aspleniaceae……………34
23. 金星蕨科 Thelypteridaceae…………38
25. 蹄盖蕨科 Athyriaceae……………45
27. 乌毛蕨科 Blechnaceae……………48
29a. 鳞毛蕨亚科 Dryopteridoideae………49
29b. 舌蕨亚科 Elaphoglossoideae………58
31. 肾蕨科 Nephrolepidaceae…………59
32. 三叉蕨科 Tectariaceae……………60
34. 骨碎补科 Davalliaceae……………60

35b. 槲蕨亚科 Drynarioideae……………61
35c. 鹿角蕨亚科 Platycerioideae…………62
35d. 星蕨亚科 Microsorioideae…………63

裸子植物
Gymnosperms

G4. 松 科 Pinaceae……………72
G5. 杉科 Taxodiaceae……………72
G6. 柏科 Cupressaceae……………73
G8. 三尖杉科 Cephalotaxaceae…………73
G9. 红豆杉科 Taxaceae……………73

被子植物
Angiosperms

乔木类 Trees

1. 木 兰 科 Magnoliaceae……………75
11. 樟科 Lauraceae……………77
84. 山龙眼科 Proteaceae……………87
93. 大风子科 Flacourtiaceae…………87
94. 天料木科 Samydaceae……………88
108. 山 茶 科 Theaceae……………88
118. 桃金娘科 Myrtaceae……………89
126. 藤黄科 Guttiferae……………89
128A. 杜英科 Elaeocarpaceae…………90
130. 梧 桐 科 Sterculiaceae……………91
136. 大戟科 Euphorbiaceae……………92
136A. 交让木科 Daphniphyllaceae………94
143. 蔷薇科 Rosaceae……………94
146. 含羞草科 Mimosaceae……………97
147. 苏木科 Caesalpiniaceae…………98
148. 蝶形花科 Papilionaceae…………99
151. 金缕梅科 Hamamelidaceae…………100
156. 杨柳科 Salicaceae……………103
159. 杨梅科 Myricaceae……………103

161.桦木科 Betulaceae……104
162.榛木科 Corylaceae……104
163.壳斗科 Fagaceae……105
165.榆科 Ulmaceae……112
167.桑科 Moraceae……114
171.冬青科 Aquifoliaceae……115
173.卫矛科 Celastraceae……117
182.铁青树科 Olacaceae……117
190.鼠李科 Rhamnaceae……117
194.芸香科 Rutaceae……118
197.楝科 Meliaceae……118
198.无患子科 Sapindaceae……119
198B.伯乐树科 Bretschneideraceae……119
200.槭树科 Aceraceae……119
201.清风藤科 Sabiaceae……121
204.省沽油科 Staphyleaceae……122
205.漆树科 Anacardiaceae……122
207.胡桃科 Juglandaceae……123
209.山茱萸科 Cornaceae……125
210.八角枫科 Alangiaceae……125
211.珙桐科 Nyssaceae……126
212.五加科 Araliaceae……126
221.柿树科 Ebenaceae……127
223.紫金牛科 Myrsinaceae……128
224.安息香科 Styracaceae……128
225.山矾科 Symplocaceae……130
229.木樨科 Oleaceae……131
232.茜草科 Rubiaceae……131
249.紫草科 Boraginaceae……132
252.玄参科 Scrophulariaceae……133
263.马鞭草科 Verbenaceae……133

灌木类 Shrubs
11.樟科 Lauraceae……134
19.小檗科 Berberidaceae……136
23.防己科 Menispermaceae……137
42.远志科 Polygalaceae……137
72.千屈菜科 Lythraceae……138

81.瑞香科 Thymelaeaceae……138
88.海桐花科 Pittosporaceae……139
93.大风子科 Flacourtiaceae……139
108.山茶科 Theaceae……140
118.桃金娘科 Myrtaceae……143
120.野牡丹科 Melastomataceae……143
123.金丝桃科 Hypericaceae……145
130.梧桐科 Sterculiaceae……146
135.古柯科 Erythroxylaceae……146
136.大戟科 Euphorbiaceae……146
136A.交让木科 Daphniphyllaceae……150
139.鼠刺科 Escalloniaceae……150
142.绣球科 Hydrangeaceae……150
143.蔷薇科 Rosaceae……152
148.蝶形花科 Papilionaceae……154
150.旌节花科 Stachyuraceae……158
151.金缕梅科 Hamamelidaceae……158
154.黄杨科 Buxaceae……159
165.榆科 Ulmaceae……160
167.桑科 Moraceae……160
171.冬青科 Aquifoliaceae……164
173.卫矛科 Celastraceae……167
183.山柑科 Opiliaceae……167
185.桑寄生科 Loranthaceae……167
190.鼠李科 Rhamnaceae……169
191.胡颓子科 Elaeagnaceae……170
194.芸香科 Rutaceae……171
204.省沽油科 Staphyleaceae……172
205.漆树科 Anacardiaceae……172
212.五加科 Araliaceae……173
215.杜鹃花科 Ericaceae……175
216.越橘科 Vacciniaceae……177
223.紫金牛科 Myrsinaceae……178
224.安息香科 Styracaceae……182
225.山矾科 Symplocaceae……182
228.马钱科 Loganiaceae……184
229.木樨科 Oleaceae……185

231.萝摩科Asclepiadaceae……185	297.菝葜科Smilacaceae……238
232.茜草科Rubiaceae……186	310.百部科Stemonaceae……239
233.忍冬科Caprifoliaceae……188	311.薯蓣科Dioscoreaceae……239
263.马鞭草科Verbenaceae……191	**草本类 Herbs**
藤本类 Vines	15.毛茛科Ranunculaceae……242
3.五味子科Schisandraceae……195	18.睡莲科Nymphaeaceae……244
8.番荔枝科Annonaceae……196	19.小檗科Berberidaceae……245
15.毛茛科Ranunculaceae……197	24.马兜铃科Aristolochiaceae……245
21.木通科Lardizabalaceae……199	29.三白草科Saururaceae……246
22.大血藤科Sargentoboxaceae……200	30.金粟兰科Chloranthaceae……247
23.防己科Menispermaceae……200	32.罂粟科Papaveraceae……248
28.胡椒科Piperaceae……202	33.紫堇科Fumariaceae……248
57.蓼科Polygonaceae……202	39.十字花科Cruciferae……249
103.葫芦科Cucurbitaceae……203	40.堇菜科Violaceae……251
112.猕猴桃科Actinidiaceae……204	42.远志科Polygalaceae……254
121.使君子科Combretaceae……206	45.景天科Crassulaceae……255
142.绣球科Hydrangeaceae……206	47.虎耳草科Saxifragaceae……257
143.蔷薇科Rosaceae……206	48.茅膏菜科Droseraceae……258
147.苏木科Caesalpiniaceae……213	53.石竹科Caryophyllaceae……258
148.蝶形花科Papilionaceae……214	56.马齿苋科Portulacaceae……261
167.桑科Moraceae……218	57.蓼科Polygonaceae……261
170.大麻科Cannabinaceae……219	59.商陆科Phytolaccaceae……266
173.卫矛科Celastraceae……220	61.藜科Chenopodiaceae……267
190.鼠李科Rhamnaceae……221	63.苋科Amaranthaceae……267
193.葡萄科Vitaceae……221	67.牻牛儿苗科Geraniaceae……270
201.清风藤科Sabiaceae……225	69.酢浆草科Oxalidaceae……270
212.五加科Araliaceae……226	71.凤仙花科Balsaminaceae……271
223.紫金牛科Myrsinaceae……226	72.千屈菜科Lythraceae……272
228.马钱科Loganiaceae……227	77.柳叶菜科Onagraceae……273
229.木樨科Oleaceae……227	78.小二仙草科Haloragidaceae……274
230.夹竹桃科Apocynaceae……227	104.秋海棠科Begoniaceae……275
231.萝摩科Asclepiadaceae……229	120.野牡丹科Melastomataceae……276
232.茜草科Rubiaceae……230	123.金丝桃科Hypericaceae……277
233.忍冬科Caprifoliaceae……234	128.椴树科Tiliaceae……278
243.桔梗科Campanulaceae……235	130.梧桐科Sterculiaceae……279
251.旋花科Convolvulaceae……235	132.锦葵科Malvaceae……279
257.紫葳科Bignoniaceae……238	136.大戟科Euphorbiaceae……281

143. 蔷薇科 Rosaceae ⋯⋯⋯⋯⋯⋯283	302. 天南星科 Araceae ⋯⋯⋯⋯⋯⋯374
147. 苏木科 Caesalpiniaceae ⋯⋯⋯285	303. 浮萍科 Lemnaceae ⋯⋯⋯⋯⋯377
148. 蝶形花科 Papilionaceae ⋯⋯⋯285	306. 石蒜科 Amaryllidaceae ⋯⋯⋯378
169. 荨麻科 Urticaceae ⋯⋯⋯⋯⋯290	307. 鸢尾科 Iridaceae ⋯⋯⋯⋯⋯⋯378
189. 蛇菰科 Balanophoraceae ⋯⋯294	314. 棕榈科 Palmaceae ⋯⋯⋯⋯⋯379
194. 芸香科 Rutaceae ⋯⋯⋯⋯⋯⋯295	318. 仙茅科 Hypoxidaceae ⋯⋯⋯⋯379
213. 伞形科 Umbelliferae ⋯⋯⋯⋯295	323. 水玉簪科 Burmanniaceae ⋯⋯380
232. 茜草科 Rubiaceae ⋯⋯⋯⋯⋯299	326. 兰 科 Orchidaceae ⋯⋯⋯⋯⋯380
233. 忍冬科 Caprifoliaceae ⋯⋯⋯303	327. 灯心草科 Juncaceae ⋯⋯⋯⋯390
235. 败酱科 Valerianaceae ⋯⋯⋯303	331. 莎草科 Cyperaceae ⋯⋯⋯⋯⋯392
238. 菊 科 Compositae ⋯⋯⋯⋯⋯304	332A. 竹亚科 Bambusaceae ⋯⋯⋯407
239. 龙胆科 Gentianaceae ⋯⋯⋯⋯328	332B. 禾本科 Poaceae ⋯⋯⋯⋯⋯⋯417
239A. 睡菜科 Menyanthaceae ⋯⋯329	
240. 报春花科 Primulaceae ⋯⋯⋯329	参考文献 ⋯⋯⋯⋯⋯⋯⋯⋯⋯⋯⋯⋯437
242. 车前草科 Plantaginaceae ⋯⋯334	
243. 桔梗科 Campanulaceae ⋯⋯⋯334	中文名索引 ⋯⋯⋯⋯⋯⋯⋯⋯⋯⋯⋯438
244. 半边莲科 Lobeliaceae ⋯⋯⋯335	
249. 紫草科 Boraginaceae ⋯⋯⋯⋯336	学名索引 ⋯⋯⋯⋯⋯⋯⋯⋯⋯⋯⋯⋯451
250. 茄 科 Solanaceae ⋯⋯⋯⋯⋯338	
251. 旋花科 Convolvulaceae ⋯⋯⋯340	
252. 玄参科 Scrophulariaceae ⋯⋯341	
253. 列当科 Orobanchaceae ⋯⋯⋯348	
254. 狸藻科 Lentibulariaceae ⋯⋯348	
256. 苦苣苔科 Gesneriaceae ⋯⋯⋯349	
259. 爵床科 Acanthaceae ⋯⋯⋯⋯350	
263. 马鞭草科 Verbenaceae ⋯⋯⋯353	
264. 唇形科 Labiatae ⋯⋯⋯⋯⋯⋯353	
266. 水鳖科 Hydrocharitaceae ⋯⋯362	
267. 泽泻科 Alismataceae ⋯⋯⋯⋯363	
276. 眼子菜科 Potamogetonaceae ⋯363	
280. 鸭跖草科 Commelinaceae ⋯⋯364	
285. 谷精草科 Eriocaulaceae ⋯⋯⋯366	
287. 芭蕉科 Musaceae ⋯⋯⋯⋯⋯367	
290. 姜科 Zingiberaceae ⋯⋯⋯⋯367	
293. 百合科 Liliaceae ⋯⋯⋯⋯⋯⋯368	
295. 延龄草科 Trilliaceae ⋯⋯⋯⋯373	
296. 雨久花科 Pontederiaceae ⋯⋯373	

石松类植物
Lycophytes

1.石松科 Lycopodiaceae

福氏马尾杉
Huperzia fordii (Baker) R. D. Dixit

石松科 石杉属

中型附生蕨类。茎簇生，成熟枝下垂，一至多回二叉分枝，长20~30 cm，枝连叶宽1.2~2.0 cm。叶螺旋状排列，但因基部扭曲而呈二列状；近基部叶片抱茎，椭圆披针形，长1.0~1.5 cm，宽3~4 mm，基部圆楔形，下延，无柄，中脉明显，革质。孢子囊穗比不育部分细瘦，顶生；孢子叶长4~6 mm，宽约1 mm；孢子囊生在孢子叶腋，肾形，2瓣开裂，黄色。

附生于海拔100~1 700 m的竹林下阴处、山沟阴岩壁、灌木林下岩石上。少见。

蛇足石杉（蛇足石松、千层塔）
Huperzia serrata (Thunb.)Trev.

石松科 石杉属

植株高10~30 cm，直立或下部斜升，上部常生有芽孢，落地下成新植株。叶纸质，互生或螺旋着生，有短柄，披针形，长1~2 cm，宽2~4 mm，顶端锐尖，基部渐狭成楔形，边缘有不规则锯齿。孢子囊肾形，单生于叶腋，淡黄色。

生于海拔600~1 200 m林下阴湿处。常见。

全草药用，有退热、清凉、消肿解毒之功效。药物名"千层塔"，有小毒。

垂穗石松（灯笼草）
Lycopodiella cernua (L.) Pic. Serm.

石松科 垂穗石松属

多年生匍匐草本，高30~50 cm，树状，淡绿色，顶端往往着地生根，长成另一新植株。叶线状钻形，全缘，长3~4 mm，向上渐变狭。孢子囊穗生于小枝顶端，单一，卵状圆柱形，无柄，成熟时指向下。

生于山地灌丛、路旁或沟谷地。常见。

全草药用，药物名"灯笼草"，有祛风去湿、舒筋活血、镇咳、利尿的功效。可用作园林栽培和插花配置。

藤石松
Lycopodium casuarinoides Spring

石松科 石松属

主枝藤状，攀缘长可达10 m。茎多回二歧分枝，分为不育部分和簇生孢子囊穗的能育部分；末回小枝线形，压扁，下垂，常呈红色。孢子囊穗每簇6~26枚，排成复圆锥状；孢子表面粗糙，具颗粒状纹饰。

生于海拔较高的山地，攀附在林缘的树木上。常见。

全草药用，有舒筋活血的功效。药物名"伸筋草""老虎须"。

石松
Lycopodium japonicum Thunb.

石松科 石松属

多年生草本，高约40 cm。匍匐茎细长横走，二至三回分枝，被稀疏的叶，侧枝直立，多回二歧分叉。叶螺旋排列，密集，披针形，长4~8 mm。孢子囊穗3~8个集生于长达30 cm的总柄上，孢子囊生于孢子叶腋，圆肾形，黄色。

生于林缘、荒坡、灌丛下。常见。

全草药用，药物名"伸筋草"，可祛风利湿、舒筋活络。也可作为观赏地被植物和插花配置。

2.卷柏科 Selaginellaceae

薄叶卷柏
Selaginella delicatula (Desv. ex Poir.) Alston

卷柏科 卷柏属

多年生草本，高30~50 cm。主茎多回分枝。叶二型，在枝两侧及中间各2行；侧叶斜长圆形，短尖头，两侧略不等；中叶斜卵形，明显内弯，渐尖头，全缘。孢子囊穗单生于小枝顶端，有4条棱。

生于海拔200~800 m林下、沟谷阴湿处。常见。

全草入药，药物名"地柏"，有祛风退热、解毒止血之功效。

深绿卷柏
Selaginella doederleinii Hieron.

卷柏科 卷柏属

多年生常绿草本，高约40 cm。主茎倾斜或直立，常在分枝处生不定根，侧枝密集，多次分枝。侧生叶大而阔，近平展，在茎上连接，但在小枝上呈覆瓦状；中间的较小，贴生于茎、枝上，互相毗连。孢子囊穗双生枝顶，四棱形；孢子囊二型，单生于能育叶内。

生于密林下或阴湿沟谷边岩石上。广布种。

全草入药，有清热解毒、抗癌、止血之功效。植株翠绿优雅，可作地被植物、盆栽。

耳基卷柏
Selaginella limbata Alston

卷柏科 卷柏属

土生，匍匐，分枝斜升，长50~100 cm。根托在主茎上断续孢生。主茎通体分枝，不呈"之"字形，无关节，近四棱柱形；侧枝2~5对，2~3次分叉，分枝稀疏；侧枝上的叶交互排列，二型，明显具白边；主茎上的叶排列较疏，略大于分枝上的，一型。孢子叶穗紧密，四棱柱形，单生于小枝末端；孢子叶一型，全缘，具白边，龙骨状；大、小孢子叶在孢子叶穗上相间排列。

生于海拔50~950 m林下或山坡阳面。常见。

江南卷柏
Selaginella moellendorffii Hieron.

卷柏科 卷柏属

土生或石生。主茎中上部羽状分枝，不呈"之"字形，无关节；侧枝5~8对，二至三回羽状分枝。叶交互排列，二型，具白边；不分枝主茎高10~25 cm，叶排列较疏，一型，边缘有细齿。孢子叶穗紧密，四棱柱形，单生于小枝末端；孢子叶一型，卵状三角形，边缘有细齿，具白边，先端渐尖，龙骨状；大孢子叶分布于孢子叶穗中部的下侧。

生于海拔100~1 500 m岩石缝中。常见。

卷柏（还魂草）
Selaginella tamariscina (P. Beauv.) Spring

卷柏科 卷柏属

多年生草本，高5~25 cm。主茎粗壮直立，不分枝，顶端丛生小枝，呈莲座状，干时内卷如拳，湿时展开。营养叶二型，侧叶长卵状圆形，中叶卵状披针型，顶端具长芒。

生于红色砂页岩干旱的岩隙、石上。常见。

全株入药，药物名"还魂草"，有收敛止血、散瘀通经之功效。也可作绿化盆栽植物。

毛枝卷柏
Selaginella trichoclada Alston

卷柏科 卷柏属

土生，直立，高45~110 cm，具横走的地下根状茎和游走茎。根托只生于茎的基部。主茎自中下部分枝，明显呈"之"字形，茎有棱，具沟槽，侧枝5~7对，二至三回羽状分枝，小枝较密，排列规则；叶交互排列，二型，具白边。不分枝的主茎高5~20 cm，叶排列稀疏，较分枝上的大，一型，卵形，背部不呈龙骨状。孢子叶穗紧密，四棱柱形，单生于小枝末端；孢子叶一型。

生于海拔150~900 m林下。较少见。

翠云草
Selaginella uncinata (Desv.) Spring

卷柏科 卷柏属

土生。主茎先直立而后攀缘状，无地下茎。主茎自近基部羽状分枝，侧枝5~8对，二回羽状分枝，小枝排列紧密。叶全部交互排列，二型，具虹彩，主茎上的叶排列较疏，较分枝上的大。孢子叶穗紧密，四棱柱形，单生于小枝末端；孢子叶卵状三角形；大孢子灰白色或暗褐色，小孢子淡黄色。

中国特有，生于海拔50~1 200 m林下。常见。

全草药用，药物名"蓝地柏"，可清热利湿、止血、止咳。

蕨类植物
Ferns

1. 木贼科 Equisetaceae

笔管草
Equisetum ramosissimum Desf. subsp. ***debile*** (Roxb. ex Vauch.) Hauke

木贼科 木贼属

多年生草本，高达120 cm。茎单生或簇生，上部分枝，主枝有脊10~20条，茎基被棕色的残鞘。基生叶基部鞘状扩大，抱茎；鞘筒短，有狭三角形的鞘齿10~22个；叶退化。孢子囊穗短棒状，长1.0~2.5 cm。

生于山谷、灌丛、荒地、路旁或田间。广布种。

全草入药，有收敛止血、利尿通淋、消积退翳之功效。

2. 瓶尔小草科 Ophioglossaceae

瓶尔小草（一支箭）
Ophioglossum vulgatum L.

瓶尔小草科 瓶尔小草属

根状茎短而直立，具一簇肉质粗根，如匍匐茎一样向四面横走，生出新植物。叶通常单生，总叶柄深埋土中，较粗大。营养叶为卵状长圆形或狭卵形；长4~6 cm，宽1.5~2.4 cm，无柄，微肉质。孢子叶自营养叶基部生出。

生于海拔3 000 m以下的林下。少见。

全草药用，药物名"一支箭"，可解毒消肿、止痛退翳。

4.合囊蕨科 Marattiaceae 福建观音座莲（马蹄蕨、莲座蕨）
Angiopteris fokiensis Hieron.

合囊蕨科　观音座莲属

植株高大，高 1.5 m 以上。根状茎块状，直立。叶柄粗壮，基部有长圆形肉质的托叶状附属物，状似莲蓬，又似佛座，故名观音座莲；叶片宽广，宽卵形，长与宽各 60 cm 以上，二回羽状。孢子囊群棕色，近叶缘着生。

生于海拔 200~900 m 林下、溪沟边。常见。

根状茎供药用，有祛风解毒、清热凉血之功效。块茎可取淀粉，可食用。植株高大形美，是优良的观赏蕨类。

5.紫萁科 Osmundaceae 紫萁
Osmunda japonica Thunb.

紫萁科　紫萁属

多年生草本，高达 80 cm 或更高。根状茎短粗，或成短树干状而稍弯。叶簇生，二型；营养叶三角状广卵形，对生；孢子叶(能育叶)同营养叶等高，或经常稍高，羽片和小羽片均短缩；小羽片变成线形，沿中肋两侧背面密生孢子囊。

生于林下、溪边。常见。

华南紫萁
Osmunda vachellii Hook.

紫萁科 紫萁属

多年生草本，植株高达1 m。根状茎直立，粗肥，主轴呈圆柱状。叶簇生于顶部，叶片长圆形，一型，但羽片为二型，一回羽状；下部羽片通常能育，羽片紧缩为线形，中肋两侧密生孢子囊穗。

生于山坡、山谷、阴处酸性土上。常见。

根茎药用，有清热解毒、止血、杀虫的作用。可作庭园观赏植物。

6.膜蕨科Hymenophyllaceae

多果蕗蕨
Hymenophyllum polyanthos (Sw.) Sw.

膜蕨科 膜蕨属

植株高15~18 cm。根状茎纤细，丝状，下面疏生纤维状的根。叶远生；叶柄细长，粗约0.5 mm；叶片为宽卵形至长圆形或卵状披针形，长8~12 cm，宽2.5~4.5 cm，基部近于心脏形，三回羽裂；羽片10~15对，上部的羽片逐渐缩小；叶为薄膜质，半透明；叶轴及羽轴有翅，翅连轴宽0.8~1.0 mm。孢子囊群位于叶片上部1/3~1/2，多数，各裂片均能育。

生于海拔500~800 m山谷溪旁阴湿的岩石上。较少见。

瓶蕨
Vandenboschia auriculata (Blume) Copel.

膜蕨科 瓶蕨属

中型附生蕨类，植株高15~30 cm。根状茎长而横走，粗2~3 mm，灰褐色，被黑褐色节状毛，后渐脱落，叶柄腋间有1个密被节状毛的芽。叶远生，沿根状茎在同一平面上排成两行，互生；叶片披针形，长15~30 cm，宽3~5 cm，略为二型，能育叶与不育叶相似，一回羽状；羽片18~25对，边缘为不整齐的羽裂达1/2；叶轴无毛，上面有浅沟。孢子囊群瓶状，顶生于向轴的短裂片上，每个羽片有10~14个。

攀缘在海拔500~1 000 m溪边树干上或阴湿岩石上。南雄少见。

漏斗瓶蕨
Vandenboschia naseana (Christ) Ching

膜蕨科 瓶蕨属

植株高25~40 mm。根状茎长，密被黑褐色蓬松节状毛，下面疏生纤维状的根。叶远生，叶柄两侧有阔翅几达基部；叶片阔披针形至卵状披针形，长20~30 cm，宽6~8 cm，先端长渐尖，三回羽裂；羽片19~20对，互生，叶为膜质至薄草质。孢子囊群生在叶片的上半部，位于二回小羽片的腋间，在一回小羽片上有2~8个。

生于海拔400~2 700 m林下阴湿的岩石上。南雄少见。

全草药用，可健脾开胃、止血。

7.里白科 Gleicheniaceae

芒萁
Dicranopteris pedata (Houtt.) Nakaike

里白科 芒萁属

植株通常高45~90 cm。根状茎横走，密被暗锈色长毛。叶远生，叶轴，一至二回二叉分枝，各回分叉处均有1个休眠芽，密被茸毛，叶轴对叶状苞片；末回羽片披针形，篦齿状，深裂几达叶轴，叶上面绿色，下面灰白色。孢子囊群圆形，主脉两侧各排成一行。

生于酸性土的荒坡、林缘。广布种。

全草药用，有消炎、清热等作用。能耐干旱、贫瘠，是较好的固土植物。

中华里白
Diplopterygium chinense (Rosenst.) De Vol

里白科 里白属

多年生大型蕨类，植株高约3 m。根状茎横走，密被棕色鳞片。叶片巨大，二回羽状；羽片长圆形，长约1 m，宽约20 cm；叶上面绿色，下面灰绿色。孢子囊群圆形，在中脉两侧各排成一行。

生于酸性土的山坡、山谷、林内。广布种。

全株药用，有止血、接骨等作用。能耐干旱、贫瘠，是较好的固土植物。

里白
Diplopterygium glaucum (Thunb. ex Houtt.) Nakai

里白科 里白属

植株高约1.5 m。根状茎横走，被鳞片。叶柄长约60 cm，粗约4 mm，光滑，暗棕色；一回羽片对生，长55~70 cm，长圆形；小羽片22~35对，羽状深裂；侧脉10~11对，叉状分枝，直达叶缘；叶上面绿色，下面灰白色，沿小羽轴及中脉疏被锈色短星状毛，后变无毛。孢子囊群圆形，中生，生于上侧小脉上。

生于海拔800 m林下。南雄少见。

根茎药用，可行气散瘀、止血。

光里白
Diplopterygium laevissimum (Christ) Nakai

里白科 里白属

植株高1.0~1.5 m。根状茎横走，被鳞片。叶柄绿色或暗棕色，有沟，一回羽片对生，卵状长圆形，长38~60 cm，中部宽达26 cm，小羽片20~30对，几无柄，羽状全裂；裂片25~40对；叶无毛，上面绿色，下面灰绿色或淡绿色。孢子囊群圆形，着生于上方小脉上。

生于海拔600 m以上的疏林、灌丛中。常见。

根状茎药用，可清热利咽、补脾益胃。

9.海金沙科 Lygodiaceae

海金沙
Lygodium japonicum (Thunb.) Sw.

海金沙科　海金沙属

多年生藤本蕨类，植株高攀达1~4 m。叶二型，三回羽状，羽片多数，对生于叶轴的短枝上，枝端有一个被黄色毛的休眠芽；不育羽片尖三角形，长宽几相等；能育羽片卵状，三角形。末回小羽片或裂片边缘疏生流苏状的孢子囊穗，暗褐色。

生于海拔1 000 m以下的山地路旁、山坡灌丛。广布种。

全草（或孢子）入药，药物名"海金沙"，有利尿通淋、清热消肿的作用。是常用的治疗结石良药。

小叶海金沙
Lygodium microphyllum (Cav.) R. Br.

海金沙科　海金沙属

植株攀缘，长达5 m。叶轴红细如铜丝；叶近二型，二回羽状，羽片多数。不育羽片生于叶轴下部，长圆形，长7~8 cm，柄长1.0~1.2 cm，柄端有关节；能育羽片长圆形，通常奇数羽状，小羽片的柄端有关节。孢子囊穗排列于叶缘，到达顶端，线形，黄褐色。

生于低海拔阳光充足的路旁、林缘。常见。

全草入药，功用同海金沙。

11. 蘋科 Marsileaceae

蘋
Marsilea quadrifolia L.

蘋科 蘋属

植株高5~20 cm。根状茎横走，茎节远离，向上长出1至数片叶片。叶片由4片倒三角形的小叶组成，呈"十"字形，长宽各1~2 cm，外缘半圆形，基部楔形。孢子果双生或单生于短柄上，长椭圆形，木质，坚硬；每个孢子果内含多数大小孢子囊，一个大孢子囊内只有一个大孢子，而小孢子囊内有多数小孢子。

生于水田或池沼中。常见。

全草入药，有清热解毒、利水消肿之功效；外用可治疮痈、毒蛇咬伤。植株可作饲料。可栽培作水生、湿地观赏植物。

12. 槐叶蘋科 Salviniaceae

满江红
Azolla pinnata R. Br. subsp. *asiatica* R. M. K. Saunders & K. Fowler

槐叶蘋科 满江红属

一年生小型漂浮蕨类。叶小如芝麻，覆瓦状排列成两行，鳞片状，叶片深裂为背裂片和腹裂片两部分，背裂片肉质，绿色，秋后常变为紫红色，基部肥厚形成共生腔；腹裂片贝壳状，斜沉水中。孢子果双生于分枝处，大孢子果体积小，内藏一个大孢子囊；小孢子果体积较大，内含多数具长柄的小孢子囊。

生于水田或池塘中。常见。

本植物和蓝藻共生，是很好的饲料。全草药用，能发汗、利尿、祛风湿。

13. 瘤足蕨科 Plagiogyriaceae

瘤足蕨
Plagiogyria adnata (Blume) Bedd.

瘤足蕨科　瘤足蕨属

不育叶的柄长13~17 cm，粗约2 mm；叶片顶部为深羽裂的渐尖头；羽片20~25对，平展，互生，披针形，渐尖头，不为镰刀形，基部多少合生，下侧圆形，分离，上侧合生，略上延，基部的仅上侧略与叶轴合生，基部沿叶轴以狭翅汇合，边缘全缘；仅顶部有钝锯齿；能育叶较高；羽片长8~10 cm，线形，有短柄，急尖头。

生于林下、溪边。较少见。

14. 金毛狗科 Cibotiaceae

金毛狗（黄狗头）
Cibotium barometz (Linn.) J. Sm.

金毛狗科　金毛狗属

多年生高大蕨类。根状茎粗大。叶柄长120 cm，基部被有一大丛垫状的金黄色茸毛，长逾10 cm，有光；叶片长达180 cm，三回羽状分裂；叶革质，上面绿色有光，下面灰白或灰蓝色。孢子囊群在每一末回能育裂片1~5对，生于下部的小脉顶端；囊群盖横长圆形，两瓣状，成熟时张开如蚌壳。

生于山谷、林下。常见。

国家二级保护植物。根状茎药用，有温表肝肾、通脉强筋、祛风、止血之功效，根部的绒毛是南雄人常用的止血良药。

16.鳞始蕨科 Lindsaeaceae

钱氏鳞始蕨
Lindsaea chienii Ching

鳞始蕨科　鳞始蕨属

植株高40 cm。根状茎横走，密被红棕色鳞片。叶几近生；叶柄栗红色，有光泽；叶片三角形，二回羽状，上部1/4~1/2为一回羽片；小羽片近长方形，下缘及内缘平直，上缘及外缘圆弧形，边缘有宽短、截形的小裂片，着生孢子囊群。孢子囊群长圆线形，每小羽片有5~7个，短，生于1~2条细脉顶端。

生于海拔150~1 500 m林中。少见。

异叶鳞始蕨
Lindsaea heterophylla Dryand.

鳞始蕨科　鳞始蕨属

植株高36 cm。叶近生；叶柄和叶轴有四棱，暗栗色，光滑；叶片阔披针形或长圆三角形，先端渐尖，一回羽状或下部常为二回羽状；羽片11对左右，边缘有啮蚀状的锯齿；基部一二对羽片常多少为一回羽状。孢子囊群线形，从顶端至基部连续不断，较叶缘为狭。

生于海拔120~600 m林下溪边湿地。常见。

团叶鳞始蕨
Lindsaea orbiculata (Lam.) Mett.

鳞始蕨科 鳞始蕨属

植株高达30 cm。叶近生；叶柄栗色，光滑；叶片线状披针形，一回羽状，下部往往为二回羽状；羽片近圆形或肾圆形，基部广楔形，顶端圆，在着生孢子囊群的边缘有不整齐的齿牙。孢子囊群连续不断成长线形，或偶为缺刻所中断。

生于疏林中或草地上。常见。

茎、叶药用，可止血镇痛。

乌蕨（乌韭）
Odontosoria chinensis (L.) J. Sm.

鳞始蕨科 乌蕨属

植株高达65 cm。叶近生，叶柄禾秆色，有光泽，上面有沟；叶片披针形，长20~40 cm，四回羽状；叶脉下面明显，在小裂片上为二叉分枝。孢子囊群边缘着生，每裂片1~2枚，顶生于1~2条细脉上。

生于山边、林下或灌丛中。广布种。

全草入药，有清热解毒、止血生肌之功效。

17.碗蕨科 Dennstaedtiaceae

姬蕨
Hypolepis punctata (Thunb.) Mett. ex Kuhn

碗蕨科　姬蕨属

叶疏生，柄直径3 mm，粗糙有毛；叶片长卵状三角形，三至四回羽状深裂；羽片8~16对，密生灰色腺毛，尤以腋间为多；叶轴、羽轴及小羽轴上面有狭沟，粗糙，有透明的灰色节状毛。孢子囊群圆形，生于小裂片基部两侧或上侧近缺刻处，中脉两侧1~4对；囊群盖由锯齿多少反卷而成。

生于海拔200~2 300 m溪边阴处。常见。

全草鲜用，可治烧、烫伤。

华南鳞盖蕨
Microlepia hancei Prantl

碗蕨科　鳞盖蕨属

中型蕨类。叶远生，叶片长50~60 cm，中部宽25~30 cm，先端渐尖，卵状长圆形，三回羽状深裂，羽片10~16对；叶两面沿叶脉有刚毛疏生；叶轴、羽轴略有灰色细毛。孢子囊群圆形，生于小裂片基部上侧近缺刻处。

生于林中或溪边湿地。常见。

全草药用，可祛湿热。

边缘鳞盖蕨
Microlepia marginata (Panz.) C. Chr.

碗蕨科 鳞盖蕨属

植株高约60 cm。叶远生；叶柄深禾秆色，上面有纵沟，叶片长圆状三角形，一回羽状；羽片20~25对，斜披针形边镰状，基部不等，上侧钝耳状，下侧楔形，边缘缺裂至浅裂。孢子囊群圆形，每小裂片上1~6个，向边缘着生。

生于溪边或林下。常见。

全草入药，有清热解毒、祛风活络之功效。

团羽鳞盖蕨
Microlepia obtusiloba Hayata

碗蕨科 鳞盖蕨属

根状茎横走，粗4 mm，密被暗红棕色刚毛。叶远生，棕禾秆色，通体有开展的灰色长针状毛；叶片长40~45 cm，宽约2.2 cm，长卵形，先端急长渐尖头，一回羽状；下部为三回羽状深裂，中部为二回羽状，基部一对较长，二回羽状深裂，末回裂片有少数齿牙；叶脉两面明显；叶上面无毛，下面沿中脉及小脉有相当多的棕色长刚毛；叶轴及羽轴上有较多开展的棕色刚毛。孢子囊群圆形，小，生于裂片上侧的缺刻底部，每裂片1个，基部及上侧裂片常有2个。

生于山地林下、溪边。较少见。

蕨
Pteridium aquilinum (L.) Kuhn subsp. *japonicum* (Nakai)

碗蕨科　蕨属

多年生草本，植株高可达1 m。根状茎横走，叶远生；柄棕色，光滑，上面有一浅沟；叶片阔三角形，三回羽状；中部以上羽片逐渐变为一回羽状，顶端尾状；叶下面在裂片脉上多少被疏毛或近无毛。孢子囊群沿叶边成线形分布。

生于山地阳坡及荒野阳光充足处。常见。

全株入药，可祛风除湿、解热利尿、收敛止血。根状茎提取的淀粉称蕨粉，供食用。嫩叶可食用。

毛轴蕨
Pteridium aquilinum (L.) Kuhn subsp. *revolutum* (Blume)

碗蕨科　蕨属

植株高达1 m以上。根状茎横走。叶远生；柄长35~50 cm，粗5~8 mm，上面有纵沟1条，幼时密被灰白色柔毛；叶片阔三角形或卵状三角形，长30~80 cm，宽30~50 cm，三回羽状；羽片4~6对，小羽片12~18对；叶轴、羽轴及小羽轴的下面和上面的纵沟内均密被灰白色或浅棕色柔毛，老时渐稀疏。

生于海拔570~3 000 m山坡阳处或疏林中的林间空地。常见。

18a. 珠蕨亚科 Cryptogrammoideae

普通凤了蕨
Coniogramme intermedia Hieron.

珠蕨亚科　凤了蕨属

植株高60~120 cm。叶柄长24~60 cm，粗2~3 mm，禾秆色或饰有淡棕色点；叶片和叶柄等长或稍短，卵状三角形或卵状长圆形，二回羽状；侧生羽片3~5（8）对，基部一对最大；羽片和小羽片边缘有斜上的锯齿；叶脉分离；侧脉二回分叉。孢子囊群沿侧脉分布达离叶边不远处。

生于海拔350~2 500 m湿润林下。较少见。

凤了蕨
Coniogramme japonica (Thunb.) Diels

珠蕨亚科　凤了蕨属

植株高60~120 cm。叶片二回羽状；羽片通常5对；侧生小羽片1~3对，披针形，顶生小羽片远较侧生的为大，基部为不对称的楔形或叉裂；第2对羽片三出、二叉，向上均为单一；小羽片边缘有向前伸的疏矮齿；叶脉网状，在羽轴两侧形成2~3行狭长网眼。孢子囊群沿叶脉分布，几达叶边。

生于湿润林下和山谷阴湿处。常见。

18c.凤尾蕨亚科Pteridoideae

野雉尾金粉蕨
Onychium japonicum (Thunb.) Kunze

凤尾蕨亚科 金粉蕨属

植株高约60 cm。叶散生；叶片几和叶柄等长，卵状三角形或卵状披针形，四回羽状细裂；羽片12~15对，基部一对最大；末回能育小羽片或裂片线状披针形，有不育的急尖头；末回不育裂片短而狭，线形或短披针形，短尖头。孢子囊群盖线形或短长圆形。

生于林下沟边或溪边石上。常见。

全草入药，有清热解毒、抗菌收敛之功效。株形优美，可作观赏植物栽培。

栗柄金粉蕨
Onychium japonicum (Thunb.) Kunze var. ***lucidum*** (D. Don) Christ

凤尾蕨亚科 金粉蕨属

植株高达60 cm。叶柄基部棕色，光滑；叶片几和叶柄等长，三角状卵形或卵状披针形，四回羽状细裂；羽片12~15对，基部一对最大；末回能育小羽片或裂片线状披针形；不育裂片短而狭，线形或短披针形，短尖齿。孢子囊群盖线形或短圆形。

生于林上沟边或山地林缘。常见。

全草入药，有解毒消炎的作用。

凤尾蕨
Pteris cretica L.

凤尾蕨亚科 凤尾蕨属

植株高达60 cm。根状茎短。叶簇生；柄禾秆色，光滑；叶片卵圆形，长25~30 cm，一回羽状，羽片3~5对，基部一对有短柄并为二叉，向上的无柄；不育叶的羽片狭披针形，叶缘有软骨质狭边并具锯齿；能育叶的羽片线形，顶端三叉，基部不下延或略下延。

生于疏林下。较少见。

药用清热利湿、解毒止痢、凉血止血。

华南凤尾蕨
Pteris austro-sinica (Ching) Ching

凤尾蕨亚科 凤尾蕨属

植株高约1.5 m。根状茎短粗，木质，粗约2 cm。叶簇生；柄长达1 m，坚硬，光滑，上面有阔纵沟；叶片角状阔卵形，三回深羽裂，自叶柄顶端分为三大枝，中央一枝较大，侧生两枝小，通常再一次分枝；侧生小羽片14~20对；羽轴浅栗色或红棕色，疏被红棕色节状毛，上面有狭纵沟。

生于海拔450~1 000 m山谷密林阴湿处。较少见。

刺齿半边旗
Pteris dispar Kunze

凤尾蕨亚科 凤尾蕨属

植株高30~80 cm。叶簇生，近二型；叶柄与叶轴栗色有光泽；叶二回深裂或二回半边深羽裂；顶生羽片披针形，篦齿状深羽状几达叶轴，不育叶缘有长尖刺状锯齿；侧生羽片与顶生羽片同形，两侧或仅下侧深羽裂几达羽轴，有时在下部1~2对羽片上再一次篦齿状羽裂。

生于山谷疏林下。常见。

全草药用，可清热解毒、祛瘀凉血。

疏羽半边旗
Pteris dissitifolia Baker

凤尾蕨亚科 凤尾蕨属

植株高1.0~1.5 m。根状茎斜升或直立，粗1.0~1.5 cm，先端及叶柄基部密被鳞片。叶簇生；柄长40~80 cm，基部粗4~5 mm，栗褐色，无毛，上面有阔纵沟；叶片卵状长圆形，长35~50 cm，宽25~30 cm，二回羽状或二回半边羽状深裂；侧生羽片5~8对，叶片顶部为羽状深裂，三角状卵形，深羽裂几达叶轴；叶轴栗褐色，上面有浅纵沟。

生于林缘疏阴处。较少见。

剑叶凤尾蕨
Pteris ensiformis Burm. f.

凤尾蕨亚科　凤尾蕨属

植株高30~50 cm。叶密生，二型；叶片长圆状卵形，羽片3~6对，对生，上部的无柄，下部的有短柄；不育叶的下部羽片三角形，常为羽状；能育叶的羽片疏离，通常为2~3叉，中央的分叉最长，下部两对羽片有时为羽状；顶端不育的叶缘有密尖齿。

生于林下或溪边潮湿的酸性土壤上。常见。

全草入药，有止血、止痢的功效。

溪边凤尾蕨
Pteris excelsa Gaud.

凤尾蕨亚科　凤尾蕨属

植株高达180 cm。根状茎短，木质，粗达2 cm，先端被黑褐色鳞片。叶簇生；柄坚硬，粗6~10 mm，无毛；叶片阔三角形，长60~120 cm或更长，二回深羽裂；顶生羽片先端渐尖并为尾状，篦齿状深羽裂几达羽轴；侧生羽片5~10对；羽轴上面有浅纵沟，沟两旁具粗刺；叶轴禾秆色，上面有纵沟。

生于溪边疏林下或灌丛中。较少见。

金钗凤尾蕨(傅氏凤尾蕨)
Pteris fauriei Hieron.

凤尾蕨亚科　凤尾蕨属

　　植株高达90 cm。叶簇生；叶片卵形至三角状卵形，长25~45 cm，二回深羽裂或基部三回深羽裂；侧生羽片3~6对，斜展，镰状披针形，长13~23 cm，顶端尾状渐尖，具2~3 cm的线状尖尾，篦齿状羽裂达羽轴两侧的狭翅；裂片20~30对，略斜展，镰状阔披针形；羽轴上面纵沟两旁的狭边上有针状扁刺。

　　生于林下溪边。常见。

　　全草药用，可收敛止血。

全缘凤尾蕨
Pteris insignis Mett. ex Kuhn

凤尾蕨亚科　凤尾蕨属

　　植株高1.0~1.5 m。叶簇生；柄坚硬，深禾秆色稍有光泽；叶片卵状长圆形，一回羽状；羽片6~14对，向上斜出，线状披针形，全缘，稍呈波状；下部的羽片不育，中部以上的羽片能育。孢子囊群线形，着生于能育羽片的中上部，囊群盖线形。

　　生于山谷中阴湿的密林下或阴沟旁。常见。

　　全草药用，可清热解毒、活血祛瘀。

井栏凤尾蕨
Pteris multifida Poir.

凤尾蕨亚科　凤尾蕨属

植株高30~45 cm。叶二型；叶片一回羽状；羽片通常3对，叶缘有不整齐的尖锯齿并有软骨质的边，下部1~2对通常分叉，有时近羽状，顶生三叉羽片及上部羽片的基部显著下延，在叶轴两侧形成宽3~5 mm的狭翅；能育叶狭线形，仅在不育部分具锯齿，基部1对有时近羽状，下部2~3对通常2~3叉。

生于墙壁、井边及石灰岩隙或灌丛中。常见。

全草入药，有清热利湿、解毒凉血、收敛止血、止痢等功效。

半边旗
Pteris semipinnata Linn.

凤尾蕨亚科　凤尾蕨属

植株高35~80 cm。叶簇生，近二型；叶片长圆状披针形，二回半边深裂；顶生羽片阔披针形至长三角形，顶端尾状篦齿状，深羽裂几达叶轴；侧生羽片4~7对，半三角形而略呈镰状，顶端长尾头，基部两侧极不对称，上侧仅有一条阔翅，不分裂，下侧篦齿状深羽裂几达羽轴。

生于疏林下阴处、溪边或岩石旁的酸性土壤上。常见。

全草药用，有清热祛风、止血解毒、止痢之功效。叶形奇特，可作观赏植物栽培。

蜈蚣草
Pteris vittata L.

凤尾蕨亚科 凤尾蕨属

植株高30~100 cm。叶簇生；柄坚硬，深禾秆色；叶片倒披针状长圆形，一回羽状，羽片30~40对，向下羽片逐渐缩短，基部羽片仅为耳形，中部羽片最长，狭线形，基部扩大并为浅心形，稍耳状。

生于钙质土或石灰岩上，也常生于石隙或墙壁上。广布种。

全草药用，有消炎解毒、止痢之功效。

18d.碎米蕨亚科 Cheilanthoideae

粉背蕨
Aleuritopteris anceps (Blanford) Panigrahi

碎米蕨亚科 粉背蕨属

植株高20~50 cm。叶柄栗褐色，有光泽，基部疏被宽披针形鳞片；叶片三角状卵圆披针形，基部三回羽裂，中部二回羽裂；小羽片5~6对，彼此密接；叶下面被白色粉末。孢子囊群沿羽片边缘着生，囊群盖断裂，边缘撕裂成睫毛。

生于林缘石中或石上。常见。

全草药用，有祛痰止咳、利湿和瘀之功效。

银粉背蕨
Aleuritopteris argentea (Gmel.) Fée

碎米蕨亚科　粉背蕨属

植株高15~30 cm，叶簇生，叶柄红棕色，上部光滑，基部疏被棕色披针形鳞片；叶片五角形，长宽几相等，羽片3~5对，基部羽裂，中部二回羽裂，上部一回羽裂，裂片三角形或镰刀形，以圆缺刻分开；自第二对羽片向上渐次缩短；叶下面被乳白色或炭黄色粉末。孢子囊群沿羽片边缘着生，囊群盖连续。

生于石灰岩缝中或墙缝中。常见。

全草药用，有活血调经、补虚止咳之功效。

毛轴碎米蕨
Cheilanthes chusana Hook.

碎米蕨亚科　碎米蕨属

植株高10~30 cm。叶柄亮栗色，密被红棕色鳞片，叶轴上面有纵沟，沟两侧有隆起的锐边；叶二回羽状全裂；羽片10~20对，三角状披针形，基部上侧与羽轴平行，下侧斜出，深羽裂；裂片边缘有圆齿。孢子囊群圆形，生小脉顶端，位于裂片的圆齿上，每齿1~2枚。

生于路边、林下或溪边石缝。常见。

全草药用，有清热解毒、止血散血、止泻利尿之功效。

薄叶碎米蕨
Cheilanthes tenuifolia (Burm. f.) Sw.

碎米蕨亚科　碎米蕨属

植株高10~40 cm。叶簇生，柄栗色，下面圆形，上面有沟；叶片远较叶柄为短，五角状卵形、三角形或阔卵状披针形，三回羽状；羽片6~8对，基部一对最大；小羽片5~6对，具有狭翅的短柄，下侧基部一片最大；叶轴及各回羽轴上面有纵沟。孢子囊群生于裂片上半部的叶脉顶端。

生于海拔200~1 000 m溪旁、田边或林下石上。南雄少见。

全草药用，可清热解毒、活血化瘀。

18e.书带蕨亚科Vittarioideae

扇叶铁线蕨
Adiantum flabellulatum L.

书带蕨亚科　铁线蕨属

植株高20~45 cm。柄紫黑色，有光泽；叶片二至三回不对称的二叉分枝；小羽片为对开式半圆形（能育的），或斜方形（不育的），内缘及下缘直而全缘，外缘和上缘近圆形或圆截形，能育部分则浅缺刻，不育部分具细锯齿。孢子囊群每羽片2~5枚，横生于羽裂片上缘和外缘。

生于阳光充足的酸性土上。常见。

全草入药，有清热解毒、舒筋活络的作用。可作为酸性土指示植物。

假鞭叶铁线蕨
Adiantum malesianum Ghatak

书带蕨亚科　铁线蕨属

植株高15~20 cm。根状茎短而直立，密被棕色鳞片。叶簇生，叶柄、羽轴栗黑色，基部被棕色鳞片，通体被多细胞的节状长毛；叶片线状披针形，长12~20 cm或更长，中部宽约3 cm，向顶端渐变小，一回羽状，羽片约25对；叶轴先端往往延长成鞭状，落地生根，行无性繁殖。孢子囊群每羽片5~12枚。

生于海拔200~1 400 m山坡灌丛下岩石上或石缝中。少见。

全草药用，可清热解毒、利水通淋。

书带蕨
Haplopteris flexuosa (Fée) E. H. Crane

书带蕨亚科　书带蕨属

根状茎横走，密被鳞片。叶近生，常密集成丛；叶柄短，纤细，叶片线形，长15~40 cm或更长，宽4~6 mm，中肋在叶片下面隆起，叶薄草质，叶边反卷，遮盖孢子囊群。孢子囊群线形，生于叶缘内侧，位于浅沟槽中；孢子囊群线与中肋之间有阔的不育带，或在狭窄的叶片上为成熟的孢子囊群线充满。叶片下部和先端不育。

附生于海拔100~3 200 m林中树干上或岩石上。少见。

全草药用，可舒筋活络。

剑叶书带蕨（宽叶书带蕨）
Haplopteris amboinensis (Fée) X. C. Zhang

书带蕨亚科　书带蕨属

植株高30~35 cm。根状茎横走，被鳞片。叶近生；叶柄长6~10 cm，略压扁；叶片狭线形，长25~30 cm，中部宽8~12 mm，全缘，革质，无毛。孢子囊群长线形，生于叶缘内的浅沟中。叶片顶部和下部不育。

附生于海拔200~950 m树干上或岩石上。少见。

20.铁角蕨科 Aspleniaceae

毛轴铁角蕨
Asplenium crinicaule Hance

铁角蕨科　铁角蕨属

植株高20~40 cm。叶簇生；叶柄与叶轴通体密被黑褐色鳞片；叶片线状披针形，长10~30 cm，一回羽状；羽片18~28对，菱状披针形，基部上侧圆截形，略呈耳状突起，下侧长楔形，边缘有不整齐的粗大钝锯齿。孢子囊群阔线形，极斜向上，通常生于上侧小脉。

生于林下溪边潮湿岩石上。较少见。

药用有清热解毒之功效。

倒挂铁角蕨
Asplenium normale D. Don

铁角蕨科　铁角蕨属

植株高15~40 cm。叶片披针形，长12~24 cm，一回羽状；羽片20~30对，三角状椭圆形，钝头，基部不对称，上侧截形并略呈耳状，下侧楔形，边缘有粗锯齿；叶轴近顶处常有芽孢，能在母株上萌发。孢子囊群椭圆形，极斜向上，远离主脉伸达叶边。

生于林下或溪旁石上。常见。

全草药用，有清热解毒、止血镇痛之功效。

长叶铁角蕨
Asplenium prolongatum Hook.

铁角蕨科　铁角蕨属

叶片线状披针形，长10~25 cm，二回羽状；小羽片基部与羽轴合生并以阔翅相连，上侧基部1~2片常2~3裂；裂片与小羽片同形而较短；叶轴顶端往往延长成鞭状而生根。孢子囊群狭线形，每小羽片或裂片1枚，位于小羽片的中部上侧边缘。

生于林下阴湿处崖壁或树干上。常见。

全草药用，有清热解毒、消炎止血、止咳化痰之功效。株形、叶形优美，可栽培作阴生观赏植物。

假大羽铁角蕨
Asplenium pseudolaserpitiifolium Ching

铁角蕨科　铁角蕨属

植株高可达1 m。根状茎斜升，粗壮，木质，先端密被鳞片。叶簇生；叶柄长15~40 cm，粗3~4 mm，青灰色或深青灰色，上面有浅纵沟，基部疏被鳞片；叶片大，椭圆形，长15~55 (~70) cm，宽9~25 cm，三回羽状；羽片12~15对，基部的对生，向上互生；小羽片10~12对，末回小羽片4~6对。叶近革质，叶轴及羽轴上面有浅纵沟。孢子囊群狭线形，长3~6 mm，棕色，极斜向上，每末回小羽片或裂片有1~2 (~4) 枚，排列不整齐。

生于海拔100~1 100 m林下溪边岩石上。较少见。

都匀铁角蕨
Asplenium toramanum Makino

铁角蕨科　铁角蕨属

植株高12~35 cm。叶簇生；叶片长三角形，长7~11 cm，二回羽状至三回羽裂；羽片12~15对，下部1~2对羽片特长，二回羽裂；小羽片6~8对；叶坚草质，干后草绿色。孢子囊群粗线形，生于小脉中部的上侧，每小羽片有1~4枚，紧靠主脉两侧排列，彼此密接，成熟后满铺小羽片下面；囊群盖膜质，全缘，宿存。

生于石灰岩上。少见。

狭翅铁角蕨
Asplenium wrightii A. A. Eaton ex Hook.

铁角蕨科　铁角蕨属

植株高达1 m。叶片椭圆形，长30~80 cm，一回羽状；羽片16~24对，斜展，长9~15 cm，披针形或镰状披针形，尾状长渐尖头，基部不对称并稍下延，上侧圆截形，略呈耳状，边缘有明显的粗锯齿或重锯齿。孢子囊群线形，斜向上，生于上侧一脉，几达叶边。

生于林下溪边岩石上。常见。

根状茎药用，治疮疡肿毒。可作阴生观赏植物。

胎生铁角蕨
Asplenium yoshinagae Makino

铁角蕨科　铁角蕨属

植株高20~45 cm。叶簇生；叶柄、叶轴上面有纵沟，疏被红棕色鳞片，老则近光秃；叶片长12~30 cm，宽4~7 cm，一回羽状；羽片8~20对。在羽片的腋间往往有1枚被鳞片的芽孢，并能在母株上萌发。孢子囊群线形，在主脉两侧各排成整齐的一行，在中部以下的为不整齐的多列。

生于海拔600~2 700 m密林下潮湿岩石上或树干上。南雄少见。

半边铁角蕨
Hymenasplenium unilaterale (Lam.) Hayata

铁角蕨科 膜叶铁角蕨属

植株高25~40 cm。根状茎长而横走,褐色。叶疏生或远生;叶柄栗褐色,有光泽,基部疏被鳞片,向上光滑,上面有浅阔纵沟;叶片长15~23 cm,宽3~6 cm,一回羽状;羽片20~25对,互生,略斜展,近无柄,羽片半开式披针状不等边四边形,基部不对称,斜楔形;叶草质或薄草质,两面均无毛。孢子囊群线形,生于小脉中部,每羽片有10~18枚。

生于海拔120~2 700 m林下或溪边石上。少见。

23. 金星蕨科 Thelypteridaceae

渐尖毛蕨
Cyclosorus acuminatus (Houtt.) Nakai

金星蕨科 毛蕨属

植株高70~80 cm。叶远生;叶片长40~45 cm,二回羽裂;羽片13~18对,互生,或基部的对生,披针形,渐尖头,基部上侧凸出,平截,下侧近圆形,羽裂达1/2~2/3;裂片18~24对,斜上,略弯弓,彼此密接。孢子囊群圆形,生于侧脉中部以上,每裂片5~8对。

生于山谷林下或路旁湿地。常见。

全草药用,有清热解毒、祛风除湿、消炎健脾的作用。

干旱毛蕨
Cyclosorus aridus (D. Don) Ching

金星蕨科　毛蕨属

植株高达1.2 m。叶远生；叶片长60~80 cm或更长，阔披针形，二回羽裂；羽片约35对，斜展，下部6~10对逐渐缩小成小耳片，中部羽片互生，披针形，渐尖头，基部上侧平截，稍突出，下侧斜出，羽裂达1/3；裂片25~30对，有浅的倒三角形缺刻分开。孢子囊群生于侧脉中部稍上处，每裂片6~8对。

生于山谷林下或河边湿地。常见。

药用有清热解毒、止痢之功效。

异果毛蕨
Cyclosorus heterocarpus (Blume) Ching

金星蕨科　毛蕨属

植株高达1 m。根状茎粗壮，直立，和叶柄基部有红棕色鳞片。叶簇生；叶柄坚硬，粗达5 mm，幼时密被灰黄色的短柔毛；叶片长60~70 cm，顶部渐尖，尾状并羽裂，基部突然变狭，二回羽裂；羽片40对左右，无柄，互生，下部5~10对向下缩短成耳片状，最下的为瘤状；羽状深裂达2/3；侧脉在裂片上8~9对，相邻裂片的基部一对顶端彼此交接成钝三角形网眼，羽轴下面、主脉、侧脉有密的柔毛和针状毛，下面满布淡黄色的球形腺体。孢子囊群圆形，生于侧脉中部，每裂片4~8对。

生于海拔500~900 m山谷溪边阴处。较少见。

红色新月蕨
Cyclosorus lakhimpurense (Rosenst.) Holtt.

金星蕨科　毛蕨属

植株高达1.5 m以上。根状茎长而横走，粗约2 mm。叶远生；叶柄长80~90 cm，粗7~8 mm，叶片长60~85 cm，奇数一回羽状，侧生羽片8~12对；叶脉纤细，基部一对小脉顶端联成一个三角形网眼，其上各对小脉和相交点的外行小脉形成2列斜方形网眼。孢子囊群圆形，生于小脉中部或稍上处，在侧脉间排成两行，成熟时偶有汇合，无盖。

生于海拔300~1 550 m山谷或林下沟边。常见。

微红新月蕨
Cyclosorus megacuspis (Baker) Tardieu & C. Chr.

金星蕨科　毛蕨属

植株高50~90 cm。叶疏生；叶柄禾秆色略带红棕色；叶片奇数一回羽状；侧生羽片2~6对，斜展，椭圆状披针形，顶端尾状渐尖，基部楔形，边缘为不规则波状，具软骨质狭边；叶干后沿主脉及侧脉多少饰有红色。孢子囊群圆形，生于小脉中部以上，在侧脉间排成两行，成熟时常汇成一行。

生于山谷林下或溪边。常见。

株形优美，可栽培观赏。

华南毛蕨
Cyclosorus parasiticus (L.) Farwell

金星蕨科 毛蕨属

植株高达70 cm。根状茎横走，粗约4 mm，连同叶柄基部有深棕色披针形鳞片。叶近生，长35 cm，长圆披针形，先端羽裂，尾状渐尖头，二回羽裂；羽片12~16对，无柄，顶部略向上弯弓或斜展，中部以下的对生，向上的互生，彼此接近，羽裂达1/2或稍深；裂片20~25对，基部上侧一片特长；叶脉两面可见，侧脉每裂片6~8对，基部一对先端交接成一钝三角形网眼。孢子囊群圆形，生于侧脉中部以上，每裂片(1~2) 4~6对；

生于海拔90~1 900 m山谷密林下或溪边湿地。常见。

三羽新月蕨
Cyclosorus triphyllus (Sw.) Tardieu

金星蕨科 毛蕨属

植株高20~50 cm。根状茎细，粗2~3 mm。叶疏生，一型或近二型；叶柄基部疏被鳞片，通体密被短毛；叶片卵状三角形，三出，侧生羽片1对（罕有2对），顶生羽片较大；能育叶略高出于不育叶，有较长的柄，羽片较狭。孢子囊群生于小脉上，初为圆形，后变长形并成双汇合，无盖。

生于海拔120~600 m林下。少见。

全草药用，可消肿散瘀、清热化痰。鲜草外用可治跌打损伤、蛇咬伤等。

假毛蕨
Cyclosorus tylodes (Kunze) Panigrahi

金星蕨科　毛蕨属

植株高达1.2 m。根状茎及叶柄基部疏被棕色鳞片。叶簇生；叶柄长25~40 cm，粗3~4 mm，光滑无毛；叶片长45~80 cm，中部宽达24 cm，长圆披针形，先端羽裂渐尖，基部略变狭，二回深羽裂；下部多对羽片突然缩小成瘤状气囊；侧脉每裂片有9~10对。孢子囊群圆形，着生于侧脉中下部，靠近主脉。

生于海拔400~4 300 m溪边林下或岩石上。较少见。

普通针毛蕨
Macrothelypteris torresiana (Gaud.) Ching

金星蕨科　针毛蕨属

植株高60~150 cm。根状茎短，顶端密被红棕色、有毛的线状披针形鳞片。叶簇生；叶柄长30~70 cm，粗3~5 mm，灰绿色，基部被短毛，向上近光滑；叶片长30~80 cm，三角状卵形，三回羽状；羽片约15对，近对生，基部一对最大；叶草质，下面被较多的灰白色细长针状毛和短腺毛，上面沿羽轴和小羽被短针毛。孢子囊群小，圆形，每裂片2~6对，生于侧脉的近顶部；囊群盖小。

生于海拔1 000 m以下山谷潮湿处。常见。

林下凸轴蕨
Metathelypteris hattorii (H. Ito) Ching

金星蕨科　凸轴蕨属

植株高30~60 cm。根状茎短，横卧，顶部连同叶柄基部密被易脱落的红棕色鳞片和灰白色的刚毛。叶近簇生；叶柄长15~30 cm，近光滑；叶片长15~35 cm，基部最宽，三回羽状深裂；羽片12~16对；叶脉不甚明显；叶草质，两面被较密的灰白色短柔毛。孢子囊群小，圆形，每裂片通常1枚，生于基部上侧小脉的近顶处，较近叶边；囊群盖小。

生于海拔120~1 700 m山谷密林下。常见。

金星蕨
Parathelypteris glanduligera (Kunze) Ching

金星蕨科　金星蕨属

植株高35~60 cm。叶近生，被橙黄色圆球形腺体及短毛；叶片顶端渐尖并羽裂，二回羽状深裂；羽片约15对，披针形或线状披针形，基部稍变宽，截形，羽裂几达羽轴；裂片长圆状披针形，基部1对，尤其上侧一片通常较长。孢子囊群小，圆形，每裂片4~5对，生于侧脉近顶部。

生于疏林下或路边。常见。

延羽卵果蕨
Phegopteris decursive-pinnata (van Hall) Fée

金星蕨科 卵果蕨属

植株高30~60 cm。叶簇生；叶片狭披针形或椭圆状披针形，顶端渐尖并羽裂，一回羽状或二回羽裂；羽片约30对，狭披针形，基部变宽并沿叶轴以耳状或钝三角形的翅彼此相连，边缘齿状锐裂至半裂；下部数对逐渐缩短，基部一对常缩成耳形。孢子囊群近圆形，生于小脉近顶端。

生于林缘湿地或路边。较少见。

药用有收敛解毒、清热祛湿之功效。

戟叶圣蕨
Stegnogramma sagittifolia (Ching) L. J. He & X. C. Zhang, comb. nov.

金星蕨科 溪边蕨属

植株高20~50 cm。叶簇生；叶柄长10~30 cm，密布灰黄色短刚毛；叶片三角形、长圆状三角形，长达15~20 cm，基部宽11~13 cm，顶端短渐尖，基部心形，一回深羽裂几达叶轴；叶脉网状，网眼有内藏小脉。孢子囊群线形，沿网脉着生，无盖。

生于山谷林下。常见。

根状茎入药，有散瘀止痛、清热利尿之功效。

羽裂圣蕨
Stegnogramma wilfordii (Hook.) Seriz.

金星蕨科 溪边蕨属

植株高30~50 cm。叶簇生；叶柄长17~30 cm，坚硬，下部密被鳞片，并密生短刚毛和针状长毛；叶片长约20 cm，基部心脏形，下部羽状深裂几达叶轴，向上为深羽裂，顶部呈波状；侧生裂片通常3对，基部一对最大，裂片的主脉两面均隆起，并有针状毛密生；侧脉明显，侧脉间小脉为网状；叶粗纸质，下面沿叶脉有针状毛，上面密生伏贴的刚毛。孢子囊沿网脉疏生，无盖。

生于海拔100~850 m山谷阴湿处或林下，常见。

25. 蹄盖蕨科 Athyriaceae

单叶对囊蕨（单叶双盖蕨）
Deparia lancea (Thunb.) Fraser-Jenk.

蹄盖蕨科 对囊蕨属

植株高15~40 cm。根状茎细长横走，有黑色或深棕色的鳞片。单叶，远生；叶柄长5~15 cm，中部以下密被鳞片；叶片狭披针形或线状披针形，长10~25 cm，全缘或呈浅波状。孢子囊群线形，生于每组侧脉的上侧一脉，单一，偶有双生一脉。

生于林下、溪边、路旁湿处。常见。

全草药用，有清热利湿、健脾利尿之功效。

菜蕨
Diplazium esculentum (Retz.) Sm.

蹄盖蕨科　双盖蕨属

植株高50~130 cm。叶簇生；叶片三角状披针形，顶部羽裂渐尖，下部一至二回羽状；羽片12~16对，阔披针形或线状披针形，羽状分裂或一回羽状；小羽片8~10对，狭披针形，基部截形，两侧稍有耳，边缘有锯齿或浅羽裂。孢子囊群多数，线形，稍弯曲，几生于全部小脉上，达叶缘。

生于低海拔山谷林下湿地及路旁沟边。常见。

全草药用，有清热解毒的作用。嫩叶可作野菜。

异裂短肠蕨
Diplazium laxifrons Rosent.

蹄盖蕨科　双盖蕨属

常绿中型至大型蕨类。根状茎兼有各种形态，有时长成树干状，高达40 cm，直径达10 cm。叶远生至簇生；能育叶长可达2.5 m；叶柄长达1 m，光滑，上面有浅纵沟2条；叶片三角形或卵状三角形，长达1.5 m，宽达1 m，二回羽状，小羽片羽状浅裂至深裂。孢子囊群线形或短线形，在小羽片的裂片上可达7对，长可达小脉长度的2/3。

生于海拔350~2 200 m常绿阔叶林下及林缘溪沟边。常见。

江南短肠蕨
Diplazium mettenianum (Miq.)C. Chr.

蹄盖蕨科　双盖蕨属

多年生草本。叶片长25~40 cm，羽裂长渐尖的顶部以下一回羽状；侧生羽片6~10对，镰状披针形，顶部长渐尖，两侧羽状浅裂至深裂；侧生羽片的裂片约达15枚，边缘有浅钝锯齿。孢子囊群线形，略弯曲，单生于小脉上侧中部，在基部上侧一脉常为双生。

生于山谷林下。常见。

薄叶双盖蕨
Diplazium pinfaense Ching

蹄盖蕨科　双盖蕨属

叶簇生；能育叶长达65 cm，叶柄基部密被褐色鳞片，上面具浅纵沟；叶片卵形，奇数一回羽状；侧生羽片2~3对，两侧自基部向上通体有较尖的锯齿或重锯齿，叶轴上面具浅纵沟。孢子囊群与囊群盖长线形，略向后弯曲，彼此远离，通常生于每组叶脉基部上出1脉，大多单生，少数双生。

生于海拔400~1 800 m山谷溪沟边常绿阔叶林或灌木林下，土生或生岩石缝隙中。常见。

27.乌毛蕨科 Blechnaceae

乌毛蕨
Blechnum orientale L.

乌毛蕨科 乌毛蕨属

植株高0.5~2.0 m。根状茎直立，粗短，木质。叶簇生于根状茎顶端；叶片卵状披针形，长1 m左右，一回羽状；羽片多数，二型；下部羽片不育，极度缩小为圆耳形，向上羽片突然伸长，能育，线形或线状披针形，基部下侧与叶轴合生。孢子囊群线形，连续，与主脉平行。

生于山坡、林中、溪边，喜酸性土。广布种。

根状茎药用，有清热解毒之功效。嫩叶可食用。

狗脊蕨
Woodwardia japonica (L. f.) Sm.

乌毛蕨科 狗脊蕨属

植株高50~120 cm。叶片长25~80 cm，二回羽裂：侧生羽片7~16对，线状披针形，顶端长渐尖，基部圆楔形，上侧常与叶轴平行，羽状半裂；裂片11~16对，基部一对缩小，下侧一片为圆形、卵形或耳形，向上数对裂片较大，边缘有细密锯齿。孢子囊群线形，着生于主脉两侧的网眼上，不连续，呈单行排列。

生于疏林下。广布种。

药用有镇痛、利尿、强壮之功效。根状茎富含淀粉，可酿酒。

东方狗脊蕨
Woodwardia orientalis Sw.

乌毛蕨科 狗脊蕨属

植株高70~230 cm。叶片二回深羽裂达羽轴两侧的狭翅，羽片5~9对；裂片10~14对，线状披针形，基部以阔翅相连，边缘有细密锯齿；羽片基部下侧斜切，缺失1~4片裂片；羽片上面通常产生小珠芽，萌生出小植株。孢子囊群粗短，着生于主脉两侧的狭长网眼上，深陷叶肉内，在叶上面形成清晰的印痕。

生于低海拔丘陵或坡地的林下阴湿处或溪边，喜酸性土。常见。

根状茎药用，有强腰膝、补肝肾、除风湿的作用。

29a.鳞毛蕨亚科 Dryopteridoideae 斜方复叶耳蕨
Arachniodes rhomboidea (Wall. ex Mett.) Ching

鳞毛蕨亚科 复叶耳蕨属

植株高40~80 cm。叶片长25~45 cm，二至三回羽状；羽片4~6对，基部一对较大；末回小羽片7~12对，菱状椭圆形，基部不对称，上侧圆截形，下侧斜切，上侧边缘具有芒刺的尖锯齿。孢子囊群生于小脉顶端近叶边处，常上侧边一行，下侧边半行。

生于林下、路旁或山坡。常见。

根状茎药用，可治关节炎、腰腿疼痛。

长尾复叶耳蕨
Arachniodes simplicior (Makino) Ohwi

鳞毛蕨亚科　复叶耳蕨属

植株高75 cm。叶柄基部被褐棕色鳞片；叶片卵状五角形，顶部有一片具柄的顶生羽状羽片；侧生羽片4对，基部一对对生，向上的互生，基部一对最大，下侧一片特别伸长；末回小羽片边缘具有芒刺的尖锯齿；基部上侧的小羽片较下侧的为大。孢子囊群每小羽片4~6对（耳片3~5枚），略近叶边生。

生于海拔200~800 m山地林下。常见。

亮鳞肋毛蕨（虹鳞肋毛蕨）
Ctenitis subglandulosa (Hance) Ching

鳞毛蕨亚科　肋毛蕨属

植株高80~140 cm。叶簇生；叶柄棕禾秆色，密被鳞片；叶片三角状卵形，四回羽裂；羽片8~10对，基部一对羽片最大，其下侧特别伸长；末回裂片长圆形，顶端钝圆，边缘疏生小锯齿。孢子囊群圆形，每末回小羽片有3~5对，生于小脉中部。

生于山地林下。常见。

根状茎药用，治风湿骨痛。

镰羽贯众（巴兰贯众）
Cyrtomium balansae (Christ) C. Chr.

鳞毛蕨亚科　贯众属

植株高25~60 cm。根茎直立，密被披针形棕色鳞片。叶簇生，顶端渐尖并为羽裂，一回羽状；羽片10~15对，互生，柄极短，镰状披针形，顶端渐尖，基部偏斜，上侧截形并有尖耳状凸，边缘有前倾的钝齿或尖齿。孢子囊群圆形，着生于小脉中部或上部，位于中脉两侧各成2行。

生于林下或溪边。常见。

根状茎药用，有清热解毒、驱虫的作用。

刺齿贯众
Cyrtomium caryotideum (Wall. ex Hook. et Grev.) C. Presl

鳞毛蕨亚科　贯众属

植株高30~60 cm。叶簇生；叶片奇数一回羽状；羽片3~7对，柄短，卵状披针形，顶端长渐尖成尾状，基部阔楔形或圆形，上侧有长而尖的三角状耳形突起，边缘有小锯齿；顶生羽片卵形或菱形状卵形。孢子囊群圆形，遍布羽片背面。

生于山地林下。常见。

根状茎药用，有清热解毒、活血散瘀、利水消肿之功效。

披针贯众
Cyrtomium devexiscapulae (Koidz.) Ching

鳞毛蕨亚科 贯众属

植株高30~70 cm。根茎密被棕褐色鳞片。叶片长圆状披针形，长15~40 cm，奇数一回羽状；羽片约10对，互生，柄短，长披针形或镰状披针形，顶端长渐尖，基部对称，全缘或有时具波状钝齿。孢子囊群圆形，着生于内藏小脉中部。

生于林下、石灰岩上。常见。

贯众
Cyrtomium fortunei J. Sm.

鳞毛蕨亚科 贯众属

植株高30~60 cm。根茎密被深褐色鳞片。叶片奇数一回羽状；羽片10~20对，柄短，镰状披针形，顶端长渐尖，基部圆形或上侧呈三角状耳形突起，下侧圆楔形至斜切，边缘有锯齿；顶生羽片与侧生羽片分离。孢子囊群圆形，遍布羽片背面。

生于山坡路旁石缝中。常见。

根状茎药用，有清热解毒、凉血、降压之功效。

阔鳞鳞毛蕨
Dryopteris championii (Benth.) C. Chr.

鳞毛蕨亚科　鳞毛蕨属

植株高50~80 cm。叶柄基部密被棕色阔鳞片；叶簇生；叶片二回羽状；羽片约10~15对；小羽片10~13对，披针形，基部浅心形至阔楔形，顶端钝圆并具细尖齿，边缘羽状浅裂至深裂，基部一对裂片最大；叶轴、羽轴密被棕色鳞片。孢子囊群大，沿羽轴两侧各排成一行。

生于海拔300~1 500 m山地林下和岩石缝中。常见。

根状茎药用，有清热解毒、止咳平喘之功效。

桫椤鳞毛蕨
Dryopteris cycadina (Franch. et Sav.) C. Chr.

鳞毛蕨亚科　鳞毛蕨属

植株高40~60 cm。根状茎粗短，密被黑褐色鳞片。叶簇生，叶片披针形，长30~35 cm，一回羽状半裂至深裂；羽片约20对，镰状披针形，顶端长渐尖，基部截形，边缘有粗锯齿或浅裂至深裂；叶片下面沿羽轴和叶脉疏生褐色小鳞片。孢子囊群圆形，散布于中脉两侧。

生于林下湿润处。较少见。

根状茎药用，有凉血止血、驱虫之功效。

黑足鳞毛蕨
Dryopteris fuscipes C. Chr.

鳞毛蕨亚科　鳞毛蕨属

植株高50~80 cm。叶簇生；叶片卵状长圆形，长20~40 cm，二回羽状；小羽片下面疏被淡棕色毛状小鳞片；叶轴、羽轴密被棕色鳞片。孢子囊群圆形，在小羽片中脉两侧各排成一行或不规则多行；囊群盖圆肾形。

生于山地林下或灌丛中。常见。

根状茎药用，有清热解毒、生肌敛疮之功效。

无盖鳞毛蕨
Dryopteris scottii (Bedd.) Ching ex C. Chr.

鳞毛蕨亚科　鳞毛蕨属

植株高50~80 cm。根状茎粗短，直立，连同叶柄下部密生褐黑色鳞片。叶簇生；叶柄禾秆色，中部疏生褐黑色小鳞片；叶片长25~45 cm，宽15~25 cm，长圆形或三角状卵形，顶端羽裂渐尖，一回羽状；羽片10~16对；叶薄草质，沿叶轴下面疏生黑褐色或褐棕色鳞片。孢子囊群圆形，生于小脉中部稍下处，在羽轴两侧各排列成不整齐的2~3(4)行。

生于海拔500~2 200 m林下。常见。

奇羽鳞毛蕨
Dryopteris sieboldii (van Houtte ex Mett.) Kuntze

鳞毛蕨亚科 鳞毛蕨属

植株高0.5~1.0 m。根状茎粗短，直立，连同叶柄下部密生淡棕色鳞片。叶簇生；叶柄粗2~5 mm，深禾秆色；叶片长25~40 cm，宽20 cm左右，长圆形或三角状卵形，奇数一回羽状，侧生羽片1~4对；叶厚革质。孢子囊群圆形，生于小脉的中部稍下处，沿羽轴两侧各排列成不整齐的3~4行，近叶边处不育。

生于海拔400~900 m林下。较少见。

稀羽鳞毛蕨
Dryopteris sparsa (Buch.-Ham. ex D. Don) Kuntze

鳞毛蕨亚科 鳞毛蕨属

植株高50~70 cm。叶片顶端长渐尖并为羽裂，二回羽状至三回羽裂；羽片7~9对，近对生；小羽片13~15对，卵状披针形，基部通常不对称，基部下侧一片较长，深羽状，其余向上各对小羽片逐渐缩短；裂片顶端钝圆并有几个尖齿，边缘有疏细齿。孢子囊群每小羽片3~5对，着生于小脉中部。

生于林下溪边。常见。

根状茎药用，有驱虫、解毒的作用。

变异鳞毛蕨
Dryopteris varia (L.) Kuntze

鳞毛蕨亚科　鳞毛蕨属

植株高50~70 cm。叶片五角状卵形，三回羽状，基部下侧羽片向后伸长成燕尾状；羽片10~12对，披针形；小羽有6~10对，镰状披针形，下侧第一片小羽片最大，其余向上各羽片逐渐缩短，边缘浅裂至有锯齿。孢子囊群较大，着生于裂片弯缺处，沿羽轴两侧各一行。

生于山地林下或岩石缝中。常见。

根状茎药用，有清热止痛、清肺止咳之功效。

灰绿耳蕨
Polystichum anomalum (Hook. ex Arn.) J. sm.

鳞毛蕨亚科　耳蕨属

多年生草本，高达1 m。叶簇生，二回羽裂；小羽片近菱形或长圆状镰刀形；近叶轴顶端常有芽孢。孢子囊群近中肋两旁各排成一行，囊群盖圆形。

常生于溪边、林下。常见。

全株药用，可消炎抑菌。

小戟叶耳蕨
Polystichum hancockii (Hance) Diels

鳞毛蕨亚科 耳蕨属

植株高30~50 cm。根状茎短而直立，先端及叶柄基部密被深棕色鳞片。叶簇生；叶片戟状披针形，长20~25 cm，基部宽8~12 cm，具3枚线状披针形的羽片；侧生一对羽片短小，长2~5 cm，中央羽片远较侧生羽片为大；小羽片斜长方形，基部上侧有三角形耳状突起，边缘有粗锯齿。孢子囊群圆形，生于小脉顶端。

生于海拔600~1 200 m林下。少见。

黑鳞耳蕨
Polystichum makinoi (Tagawa) Tagawa

鳞毛蕨亚科 耳蕨属

植株高40~60 cm。根状茎密生棕色鳞片。叶簇生；叶柄腹面有纵沟，密生鳞片；叶片三角状卵形或三角状披针形，下部1~2对羽片常不育，二回羽状；羽片13~20对；叶轴、羽轴腹面有纵沟，背面生鳞片。孢子囊群圆形，每小羽片5~6对，生于小脉末端。

生于海拔600~2 500 m林下湿地、岩石上。常见。

29b. 舌蕨亚科 Elaphoglossoideae

华南实蕨
Bolbitis subcordata (Copel.) Ching

舌蕨亚科 实蕨属

植株高30~90 cm。叶簇生，二型；不育叶片椭圆形，长20~50 cm，一回羽状，羽片4~10对，顶生羽片三裂，顶生裂片最大，常着地生根；侧生羽片边缘有深波状裂片；小脉在侧脉间联结成3行网眼；能育叶与不育叶同形而较小。孢子囊群沿网脉分布。

生于阴湿山谷林下。常见。

全株药用，有清热解毒、凉血止血之功效。

华南舌蕨
Elaphoglossum yoshinagae (Yatabe) Makino

舌蕨亚科 舌蕨属

植株高15~30 cm。叶簇生或近生，二型；不育叶近无柄或具短柄，长15~30 cm，宽3.0~4.5 cm，基部下延，几达叶柄基部，有软骨质狭边，叶质肥厚；能育叶与不育叶等高或略低于不育叶。孢子囊沿侧脉着生，成熟时满布于能育叶下面。

生于海拔370~1 700 m山谷岩石上或潮湿树干上。较少见。

31.肾蕨科Nephrolepidaceae

肾蕨（石黄皮）
Nephrolepis cordifolia (L.) C. Presl

肾蕨科 肾蕨属

附生或土生。匍匐茎上生有近圆形的块茎，直径1.0~1.5 cm。叶簇生；叶片长20~70 cm，狭披针形，一回羽状；羽片45~120对，常密集而呈覆瓦状，顶端圆钝，基部心形，常不对称，下侧为圆楔形或圆形，上侧为三角状耳形。孢子囊群着生于中脉两侧，肾形。

生于山地溪边林下。常见。

全草药用，有清热解毒、利湿消肿之功效。常作庭园绿化地被植物。块茎可食用。

32.三叉蕨科 Tectariaceae

燕尾叉蕨
Tectaria simonsii (Baker) Ching

三叉蕨科　三叉蕨属

植株高80~100 cm。根状茎粗约1.5 cm，顶部及叶柄基部均密被鳞片。叶簇生；叶柄上面有浅沟；叶片三角卵形，奇数一回羽状至二回羽状；顶生羽片三叉，侧生羽片2~3对，基部一对羽片最大。孢子囊群圆形，生于网脉中部或连接处，在侧脉间有不整齐的多行。

生于海拔200~1 200 m山谷或河边密林下潮湿的岩石上。少见。

34.骨碎补科 Davalliaceae

阴石蕨
Davallia repens (L. f.) Kuhn

骨碎补科　骨碎补属

植株高10~20 cm。根状茎长而横走，粗2~3 mm，密被鳞片。叶远生；柄长5~12 cm，棕色或棕禾秆色，疏被鳞片，老则近光滑；叶片三角状卵形，二回羽状深裂；羽片6~10对，无柄，以狭翅相连，基部一对最大。孢子囊群半圆形，沿叶缘着生，通常仅于羽片上部有3~5对。

生于海拔500~1 900 m溪边树上或阴处石上。少见。

根状茎药用可活血散瘀、清热利湿。药物名"红毛蛇"。

圆盖阴石蕨
Davallia tyermannii (T. Moore) Baker

骨碎补科 骨碎补属

植株高达40 cm。根状茎长而横走，粗约6 mm，密被蓬松的鳞片。叶远生；柄长10~15 cm，粗约1 mm，浅棕色，光滑；叶片三角状卵形，长16~25 cm，宽14~18 cm，先端渐尖，基部为四回羽裂，中部为三回羽裂，向顶部为二回羽裂；羽片10~15对；叶革质，无毛。孢子囊群宽杯形，生于裂片上侧小脉顶端，每裂片1~3枚。

生于海拔300~1 500 m林下阴处石上或树干上。常见。

根状茎药用，可祛风除湿、止血、利尿，药物名"白毛蛇"。

35b.槲蕨亚科Drynarioideae

槲蕨
Drynaria roosii Nakaike

槲蕨亚科 槲蕨属

植株高20~40 cm。根状茎横走，粗壮、肉质。叶二型，叶状的不育叶矮小，无柄，黄绿色或枯黄色，干膜质；能育叶绿色，长圆状卵形，长25~40 cm，基部缩狭成波状，并下延成有翅的叶柄，边缘羽状深裂，裂片披针形。孢子囊群圆形，着生于内藏小脉的交结点上，沿中脉两侧各排成2至数行。

生于树干或岩石上。常见。

根茎药用，名"骨碎补"，可补肾强骨、续伤止痛。

金鸡脚假瘤蕨
Phymatopteris hastate (Thunb.) Pic. Serm.

槲蕨亚科 假瘤蕨属

植株高15~35 cm。叶远生，柄禾秆色，有关节与根状茎相连，叶通常为指状三裂，或有时为单叶，稀二叉或五裂，基部圆或裂片披针形，顶端渐尖，全缘或稍呈波状或有时具浅钝齿。孢子囊群大，圆形，沿中脉两侧各排成一行。

生于山地林下、岩石上或树干上。较少见。

全草药用，有清热解毒、祛风除湿、凉血止血、消肿止痛之功效。亦可作祛湿汤料。

35c.鹿角蕨亚科Platycerioideae

相近石韦
Pyrrosia assimilis (Baker) Ching

鹿角蕨亚科 石韦属

植株高5~15 (20) cm。根状茎长而横走，密被线状披针形鳞片。叶近生，一型；无柄；叶片线形，长度变化很大，通常为6~20(26) cm，上半部通常较宽，达2~10 mm，钝圆头，向下直到与根状茎连接处几不变狭而呈带状，上面疏被星状毛，下面密被茸毛状长臂星状毛。主脉粗壮，在下面明显隆起，在上面稍凹陷，侧脉与小脉均不显。孢子囊群聚生于叶片上半部，无盖，幼时被星状毛覆盖，成熟时扩散并汇合而布满叶片下面。

附生于海拔250~950 m山坡林下阴湿岩石上。较少见。

石韦
Pyrrosia lingua (Thunb.) Farw.

鹿角蕨亚科 石韦属

植株高10~30 cm。叶远生，近二型；能育叶通常远比不育叶长而较狭窄；叶片长圆状披针形，上面灰绿色，下面淡棕色或砖红色，被星状毛。孢子囊群近椭圆形，在侧脉间整齐成多行排列，布满整个叶片下面，成熟后孢子囊开裂外露而呈砖红色。

附生于低海拔林下树干上，或稍干的岩石上。

全草药用，有清湿热、利尿通淋之功效。

35d.星蕨亚科 Microsorioideae

友水龙骨
Goniophlebium amoenum (Wall. ex Mett.) Bedd.

星蕨亚科 棱脉蕨属

阴生植物。叶远生；叶柄长30~40 cm，基部有关节与根茎相连，叶卵状披针形，长40~50 cm，一回羽状深裂，裂片20~25对，线状披针形，边缘有锯齿，基部1~2对裂片向后对折。孢子囊群圆形，在裂片中脉两侧各1行。

附生于石上或大树干基部。少见。

根叶茎药用，有舒筋活络、消肿止痛之功效。

日本水龙骨
Goniophlebium niponicum (Mett.) Bedd.

星蕨亚科　棱脉蕨属

　　附生植物。根状茎长而横走，直径约5 mm，肉质，灰绿色，疏被鳞片。叶远生；叶柄长5~15 cm，禾秆色，疏被柔毛或毛脱落后近光滑；叶片卵状披针形至长椭圆状披针形，长可达40 cm，宽可达12 cm，羽状深裂，基部心形，顶端羽裂渐尖；裂片15~25对，长3~5 cm，宽5~10 mm，顶端钝圆或渐尖，边缘全缘，基部1~3对裂片向后反折；叶脉网状，裂片的侧脉和小脉不明显；叶草质，两面密被白色短柔毛或背面的毛被更密。孢子囊群圆形，在裂片中脉两侧各1行，着生于内藏小脉顶端，靠近裂片中脉着生。

　　附生于海拔700~1 600 m树干上或石上。少见。

有翅星蕨
Kaulinia pteropus (Blume) B. K. Nayar

星蕨亚科　有翅星蕨属

　　植株高15~30 cm。根状茎横走，稍肉质。叶远生；叶片深三裂或全缘，有时二叉；三裂叶的叶柄长达15 cm，深禾秆色或绿色，上部有狭翅，密被鳞片，易脱落，三裂叶的顶生裂片长可达17 cm左右，宽1.2~2（3）cm，侧生裂片较顶生裂片狭小；全缘叶的叶片为披针形，长6~15 cm，宽1.5~2.5 cm，顶端渐尖，基部急变狭而下延于有翅的叶柄上，全缘；主脉下面明显而隆起，叶柄和叶轴上有许多瘤状突起，侧脉下面明显；叶薄纸质。孢子囊群圆形，散生于大网眼内。

　　生于溪边石上。常见。

抱石莲
Lemmaphyllum drymoglossoides (Baker) Ching

星蕨亚科 伏石蕨属

植株高约5 cm。根状茎细长横走。叶远生，明显多形；不育叶椭圆形或倒卵形，长1.5~3.0 cm，顶端圆或钝，基部狭楔形下延；能育叶片披针形或舌形，长2~3 cm，叶肉质，下面疏被小鳞片。孢子囊群圆形，沿主脉两侧各成一行，位于主脉与叶边之间

附生于林下树干上或岩石上。常见。

全草药用，有清热解毒、祛风去瘀的作用。

伏石蕨
Lemmaphyllum microphyllum C. Presl

星蕨亚科 伏石蕨属

小型附生蕨类。根状茎细长横走，淡绿色，疏生鳞片。叶远生，二型；不育叶近无柄，或仅有2~4 mm的短柄，近球圆形或卵圆形，基部圆形或阔楔形，长1.6~2.5 cm，宽1.2~1.5 cm，全缘；能育叶柄长3~8 mm，缩狭成舌状或狭披针形，长3.5~6.0 cm，宽约4 mm，干后边缘反卷。叶脉网状，内藏小脉单一。孢子囊群线形，位于主脉与叶边之间，幼时被隔丝覆盖。

附生于林下树干或岩石上，常见。

全草药用，有清热解毒、凉血止血、润肺止咳的作用。

表面星蕨（褐叶星蕨）
Lepidomicrosorium superficiale (Blume) Li Wang

星蕨亚科　鳞果星蕨属

攀缘植物。根状茎略呈扁平形，疏生鳞片。叶远生，叶柄长2~14 cm，两侧有狭翅；叶片长10~35 cm，宽1.5~6.5 cm，顶端渐尖，基部急变狭成楔形并下延于叶柄两侧形成翅，叶缘全缘或略呈波状。孢子囊群圆形，小而密，散生于叶片下面中脉与叶缘之间，呈不整齐的多行。

生于山地林中树干或岩石上，较少见。

常栽培作观赏植物。

粤瓦韦
Lepisorus obscure-venulosus (Hayata) Ching

星蕨亚科　瓦韦属

小型附生植物，高10~30 cm。叶远生，披针形至阔披针形，长12~25 cm，常下部1/3处最宽，顶端长尾状尖，基部渐狭并下延，叶全缘。孢子囊群近圆形，较大，成熟后扩展，彼此密接。

生于山地林中树干或岩石上。常见。

全草药用，有清热解毒、止血、通淋之功效。

瓦韦
Lepisorus thunbergianus (Kaulf.) Ching

星蕨亚科 瓦韦属

小型附生植物，高10~20 cm。根状茎长而横走，密被鳞片。叶疏生，有短柄或近无柄；叶片线状披针形，长10~20 cm，常中下部最宽，顶端渐尖或锐尖，基部渐狭并下延于短柄上，叶全缘。孢子囊群近圆形，位于主脉与侧脉之间，成熟后不密接。

生于山地林中树干或岩石上。常见。

全草药用，有清热解毒、利尿、止血之功效。

线蕨
Leptochilus ellipticus (Thunb.) Noot.

星蕨亚科 薄唇蕨属

植株高20~60 cm。叶远生，近二型；不育叶叶片长20~70 cm，一回羽裂深达叶轴；羽片或裂片4~11对，顶端长渐尖，基部狭楔形而下延，在叶轴两侧形成狭翅；能育叶和不育叶近同形，但叶柄较长，羽片远较狭。孢子囊群线形，斜展，在每对侧脉间各排列成一行。

生于山坡林下或溪边岩石上。常见。

叶药用，有清热利尿、散瘀消肿之功效。

宽羽线蕨

Leptochilus ellipticus (Thunb.) Noot. var. *pothifolius* (D. Don) X. C. Zhang, comb. nov.

星蕨亚科　薄唇蕨属

植株高30~100 cm。叶远生，近二型；不育叶的叶柄20~40 cm，叶片长圆状卵形，长20~50 cm，一回羽裂深达叶轴，羽片或裂片4~10对，下部的分离，基部稍狭而下延，在叶轴两侧形成狭翅；能育叶和不育叶近同形，但叶柄较长。孢子囊群线形，斜展，在侧脉间各排列成一行。

生于林下或溪边上。较少见。

叶药用，有清热利尿、散瘀消肿之功效。

断线蕨

Leptochilus hemionitideus (C. Presl) Noot.

星蕨亚科　薄唇蕨属

植株高30~60 cm。叶远生；叶柄暗棕色至红棕色，有狭翅，叶片长30~50 cm，基部渐狭，下延近达叶柄基部；小脉网状，在每对侧脉间联结成3~4个大网眼。孢子囊群近圆形至短线形，在每对侧脉间排列成不整齐的一行，通常仅叶片上半部能育。

生于溪边或林下岩石上。较少见。

叶药用，有清热利尿、解毒的作用。

胄叶线蕨
Leptochilus hemitomus (Hance) Noot.

星蕨亚科　薄唇蕨属

　　植株高25～60 cm。叶柄上部有狭翅；叶片阔三角状披针形或戟形，长10～25 cm，顶端长渐尖，基部截形，常有1对近平展的披针形裂片或边缘分裂为2～6对不规则的裂片。孢子囊群着生于网状脉上，在每对侧脉间排列成一行，伸达叶边。
　　生于山谷疏林下。常见。
　　全草药用，可消炎解毒。

攀缘星蕨
Microsorum buergerianum (Miq.) Ching

星蕨亚科　星蕨属

　　附生植物，植株高30～50 cm。根状茎长，攀缘，疏被鳞片。叶远生，柄长3～7 cm，两侧有狭翅，有关节与根状茎相连；叶片长10～20 cm，顶端渐尖，基部急缩狭成楔形并下延于叶柄形成狭翅。孢子囊群圆形，散布于中脉与侧脉之间，呈不整齐的多行。
　　生于山谷溪边林下，攀缘于岩石上或树干上。常见。
　　全株药用，有清热利湿、舒筋活络的功效。可栽培供观赏。

江南星蕨
Neolepisorus fortunei (T. Moore) Li Wang

星蕨亚科　盾蕨属

中型附生植物，植株高30~80 cm。叶疏生，柄长8~20 cm，有关节与根状茎相连；叶片长25~60 cm，基部渐狭并下延于叶柄形成狭翅。孢子囊群大，圆形，沿中脉两侧排成一行或不整齐的两行，靠近中脉。

生于林下溪边岩石上或树干上。常见。

全草药用，有清热解毒、利尿、祛风除湿、消肿止痛之功效。常栽培作阴生观赏植物。

盾蕨
Neolepisorus ovatus (Wall. ex Bedd.) Ching

星蕨亚科　盾蕨属

植株高20~40 cm。叶远生；叶柄长10~20 cm，疏被鳞片；叶片卵状披针形或卵状长圆形，长10~20 cm，宽5~10 cm，顶端渐尖，基部圆形至圆楔形，稍下延于叶柄而形成狭短翅。孢子囊群圆形，在侧脉间排成不整齐的一行，沿主脉两侧排成不整齐的多行。

生于山谷林下阴湿处。常见。

全草药用，有清热利湿、散瘀活血、止血的作用。可作阴生观赏植物栽培。

小叶买麻藤

裸子植物
Gymnosperms

G4. 松科 Pinaceae

马尾松
Pinus massoniana Lamb.

松科 松属

乔木，高达45 m。树皮红褐色，裂成不规则的鳞状块片。针叶2针一束，长12~20 cm，细柔，微扭曲，两面有气孔线，边缘有细锯齿。球果卵圆形或圆锥状卵圆形，长4~7 cm，熟时栗褐色；种子长卵圆形，长4~6 mm。花期4~5月，球果翌年10~12月成熟。

生于阳光充足的山坡、山脊、山顶。广布种。

木材供建筑、矿柱等用。为重要的荒山造林先锋树种。松脂为医药、化工原料。树干及根部可培养茯苓、蕈类，供中药及食用。

G5. 杉科 Taxodiaceae

杉木
Cunnignhamia lanceolata (Lamb.) Hook.

杉科 杉木属

乔木，高达 30 m。树皮裂成长条片脱落，内皮淡红色。叶在主枝上辐射伸展，侧枝之叶基部扭转成两列状，条状披针形，常呈镰状，坚硬，长2~6 cm，边缘有细缺齿。雄球花圆锥状，簇生枝顶；雌球花单生或2~4个集生。球果卵圆形，长2.5~5.0 cm，熟时苞鳞棕黄色。花期4月，球果10月成熟。

喜生于湿度较大的山坡、山谷。广布种。

木材质软，有香气，耐腐力强，供建筑、家具等用。是南方最重要的用材树种。

江南油杉
Keteleeria cyclolepis Flous

杉科 油杉属

乔木，高达20 m，胸径60 cm。树皮灰褐色，不规则纵裂。冬芽圆球形或卵圆形。叶条形，在侧枝上排列成两列，先端圆钝或微凹，通常无气孔线，下面沿中脉两侧每边有气孔线10~20条，被白粉或白粉不明显；幼树及萌生枝有密毛。球果圆柱形或椭圆状圆柱形，长7~15 cm，径3.5~6.0 cm。种子10月成熟。

为我国特有树种，生于海拔340~1 400 m山地。南雄北山常见。

G6.柏科 Cupressaceae

福建柏
Fokienia hodginsii (Dunn) Henry et Thomas

柏科 福建柏属

乔木，高达20 m。树皮紫褐色，浅纵裂。鳞叶长4~7 mm，顶端尖或钝尖，两侧各有一条白色的气孔带。球果近球形或宽卵圆形，长6~10 mm，熟时褐色；种子长约4 mm，大翅近卵形，长约5 mm，小翅长约1.5 mm。花期3~4月，种子翌年10~11月成熟。

生于山地林中。较少见。

国家二级重点保护植物。木材作建筑、家具、雕刻等用。树形美观，可栽培作庭园树。树根、树桩可蒸馏挥发油，为制造香皂之香料。心材入药，有理气止痛、止呕之功效。

G8.三尖杉科 Cephalotaxaceae

三尖杉
Cephalotaxus fortunei Hook.

三尖杉科 三尖杉属

常绿乔木，高达10 m。树皮褐色或红褐色，裂成片状脱落；枝条对生，稍下垂。叶排成两列，披针状条形；通常微弯，长4~13 cm，上面深绿色，下面气孔带白色。雄球花6~10聚生成头状。种子椭圆状卵形，长约2.5 cm，假种皮成熟时红紫色。花期4月，种子8~10月成熟。

生于阔叶树、针叶树混交林中。常见。

为我国特有树种。叶、枝、种子、根入药，可止咳润肺、消积、抗癌；并可提取多种植物碱，对治疗淋巴肉瘤、白血病等有一定的疗效。

G9.红豆杉科 Taxaceae

南方红豆杉
Taxus wallichiana Zucc.var. ***mairei*** (Lemée et Lévl.) L. K. Fu & Nan Li

红豆杉科 红豆杉属

常绿乔木，高达30 m。树皮裂成条片。叶螺旋状着生，排成两列，条形，近镰状，长1.5~4.5 cm，顶端微急尖，下面有两条黄绿色气孔带。雌雄异株；雄珠花球状，有梗；雌球花近无梗，珠托圆盘状。种子微扁，倒卵形或宽卵形，长6~8 mm，生于红色肉质的杯状假种皮中。花、果期9~12月。

生于海拔1 200 m以下山地林中或村旁。较少见。

国家一级保护植物。木材为优质家具、工艺雕刻用材。假种皮熟时味甜可食，全株提取紫杉醇，可治多种癌症。树形美观，为优良绿化树种。

被子植物

Angiosperms

乔木类 Trees

1.木兰科 Magnoliaceae

玉兰（玉堂春、白玉兰）
Magnolia denudata Desr.

木兰科　木兰属

落叶乔木。冬芽及花梗密被灰黄色长绢毛。叶纸质，倒卵形或倒卵状椭圆形，长10~18 cm，顶端宽圆、平截或稍凹，具短突尖，中部以下渐狭成楔形。花先叶开放，芳香，直径10~16 cm；花被片9，白色，基部常带粉红色。聚合果圆柱形，常弯曲，长12~15 cm；蓇葖厚木质，具白色皮孔；种子外种皮红色。花期2~3月，果期8~9月。

生于中海拔山谷林中。

著名庭园观赏树种。木材较轻软。花蕾入药，可祛风散寒、通肺窍；花含芳香油，可提取配制香精或制浸膏；花被片食用或用以熏茶。

凹叶厚朴
Magnolia officinalis Rehd. et Wils. subsp. ***biloba*** (Rehd. et Wils.) Law

木兰科　木兰属

落叶乔木，高达20 m。树皮厚，褐色，不开裂；小枝幼时有绢毛；顶芽大。叶大，近革质，7~9片聚生于枝端，长圆状倒卵形，长22~45 cm，宽10~24 cm，叶先端凹缺，成2钝圆的浅裂片，但幼苗之叶先端钝圆，并不凹缺；下面被灰色柔毛，有白粉；托叶痕长为叶柄的2/3。花白色，芳香；花被片9~12（17），厚肉质；雄蕊约72枚。聚合果长圆状卵圆形，基部较窄；蓇葖具长3~4 mm的喙。花期4~5月，果期10月。

生于海拔300~1 500 m的山地林间。

树皮、根皮、花、种子及芽皆可入药，以树皮为主，为著名中药，有化湿导滞、行气平喘、化食消痰、祛风镇痛之功效；芽作妇科药用。花大美丽，可作绿化观赏树种。

木莲
Manglietia fordiana Oliv.

木兰科　木莲属

乔木，高达20 m。嫩枝、芽、叶背、花梗有红褐色短毛。叶革质，倒卵形、狭椭圆状倒卵形，长8~17 cm。顶端短急尖。花被片9，白色，外轮3片质较薄，长圆状椭圆形，长6~7 cm，内2轮的稍小，常肉质。聚合果褐色，卵球形，长2~5 cm，蓇葖顶端具短喙；种子红色。花期5月，果期10月。

生于山地阔叶林中。常见。

木材为板料、细木工用材。果及树皮入药，可祛痰止咳、消食开胃。树形优美、花大芬芳，是优良的观赏绿化树种。

乐昌含笑
Michelia chapensis Dandy

木兰科 含笑属

常绿乔木，高15~30 m。叶薄革质，倒卵形或长圆状倒卵形，长6.5~16.0 cm，顶端骤狭短渐尖。花被片淡黄色，芳香，6片，2轮，外轮倒卵状椭圆形，内轮较狭。聚合果长约10 cm；蓇葖长圆形或卵形，顶端具短细弯尖头；种子红色，卵形或长圆状卵圆形。花期3~4月，果期8~9月。

生于山地阔叶林中。常见。

木材用于家具、纤维板制作。树形优美，花香，为优良造林和绿化树种。

金叶含笑
Michelia foveolata Merr. ex Dandy

木兰科 含笑属

常绿乔木，高达30 m。芽、幼枝、叶柄、叶背、花梗密被红褐色短茸毛。叶长圆状椭圆形，长17~23 cm，基部阔楔形，圆钝或近心形，通常两侧不对称；柄无托叶痕。花被片9~12片，淡黄绿色，基部带紫色。蓇葖长圆状椭圆形。花期3~5月，果9~10月成熟。

生于山地阔叶林中。

木材可作家具、胶合板材。是优良的造林及观赏树种。

深山含笑（光叶白玉兰、望春花）
Michelia maudiae Dunn

木兰科 含笑属

常绿乔木。芽、嫩枝、叶下面、苞片均被白粉。叶革质，长圆状椭圆形，长7~18 cm，基部阔楔形或近圆钝；叶柄无托叶痕。花被片9，纯白色，外轮的倒卵形，内两轮渐狭小，近匙形。聚合果长7~15 cm，蓇葖长圆形、倒卵圆形；种子红色，斜卵圆形。花期2~3月，果期9~10月。

生于山地阔叶林中。常见。

木材为家具、板料等用材。花可提取芳香油，亦供药用，有消炎、凉血的作用。花多，纯白，可作庭园观赏树种。

野含笑（锈毛含笑）
Michelia skinneriana Dunn

木兰科 含笑属

乔木或小乔木，高可达15 m。芽、嫩枝、叶柄、叶背中脉及花梗均密被褐色柔毛。叶革质，狭倒卵状椭圆形、倒披针形或狭椭圆形，长5~11 cm，顶端长尾状渐尖；托叶痕达叶柄顶端。花淡黄色，芳香；花被片6。聚合果长4~7 cm，常因部分心皮不育而弯曲。花期5~6月，果期8~9月。

生于山谷林中。常见。

树形优美，花香，可作庭园观赏植物栽培。

观光木
Tsoongiodendron odorum Chun

木兰科 观光木属

常绿乔木，高达25 m。芽、幼枝、叶柄、叶背、花梗密被黄褐色糙伏毛。叶纸质，倒卵状椭圆形，长8~17 cm；托叶痕达叶柄中部。花被片淡黄色，外轮狭倒卵状椭圆形，长1.7~2.0 cm，内轮较狭小。聚合果长椭圆形，长达13 cm；具苍白色大型皮孔，果片厚1~2 cm。花期3~4月，果期9~10月。

生于山地阔叶林中。较少见。

木材作家具、胶合板材，花可提取芳香油。是优良的观赏绿化树种。

11.樟科 Lauraceae

华南桂
Cinnamomum austrosinense H. T. Chang

樟科 樟属

乔木。顶芽小，与叶均密被微柔毛。叶近对生或互生，椭圆形，长14~16 cm，宽6~8 cm，先端急尖，薄革质或革质，边缘内卷，三出脉或近离基三出脉。圆锥花序生于当年生枝条的叶腋内。果椭圆形，长约1 cm，果托浅杯状。花期6~8月，果期8~10月。

生于海拔630~700 m山坡或溪边的常绿阔叶林中或灌丛中。南雄少见。

树皮作桂皮入药；果实入药治虚寒胃痛；叶研粉，作熏香原料。

樟（樟树、香樟、油樟）
Cinnamomum camphora (Linn.) Presl

樟科 樟属

常绿大乔木，高可达30 m。枝、叶、木材均有樟脑气味。叶卵状椭圆形，长6~12 cm，边缘常呈微波状，离基三出脉，每边有侧脉1~5条，脉腋下面有明显腺窝。圆锥花序腋生；花绿白色或带黄色，花被裂片椭圆形。果卵球形或近球形，紫黑色；果托杯状，顶端截平。花期4~5月，果期8~11月。

生于山坡或沟谷中、村旁。常见。

国家二级保护植物。木材为橱箱、家具、雕刻等用。全株可提取樟脑和樟油，供医药及香料工业用。根、果、枝、叶入药，有祛风散寒、消肿止痛、辟秽开窍之功效。树形优美，为著名绿化树种。

黄樟
Cinnamomum porrectum (Roxb.) Kosterm.

樟科 樟属

常绿乔木，高10~20 m，胸径达40 cm以上。树皮暗灰褐色，深纵裂，小片剥落，具有樟脑气味。小枝具棱角。芽卵形，鳞片近圆形。叶互生，椭圆状卵形或长椭圆状卵形，长6~12 cm，宽3~6 cm，先端急尖或短渐尖，羽状脉，侧脉每边4~5条。圆锥花序于枝条上部腋生或近顶生，花小，长约3 mm，绿带黄色。果球形，直径6~8 mm，黑色。花期3~5月，果期4~10月。

生于海拔1 500 m以下的常绿阔叶林或灌木丛中。叶可供饲养天蚕，枝叶、根、树皮、木材可蒸樟油和提制樟脑。木材有樟脑气味，可驱臭虫。

硬壳桂
Cryptocarya chingii Cheng

樟科 厚壳桂属

小乔木。幼枝、叶、叶柄、花序被毛。叶互生，长圆形，椭圆状长圆形，长6.0~13.0 cm，宽2.5~5.0 cm，先端骤然渐尖，上面榄绿色，下面粉绿色，中脉在上面凹陷，下面十分凸起。圆锥花序腋生及顶生，具长2~3 cm的总梗。果椭圆球形，长约17 mm，直径10 mm，瘀红色，无毛，有纵棱12条。花期6~10月，果期9月至翌年3月。

生于海拔300~750 m常绿阔叶林中。较少见。

香叶树
Lindera communis Hemsl.

樟科 山胡椒属

常绿灌木或小乔木，高3~8 m。叶革质，披针形、卵形或椭圆形，长4~9 cm，基部宽楔形或近圆形，羽状脉，侧脉与中脉上面凹陷，下面突起。伞形花序具5~8朵花；花黄色，花被6片，卵形。果卵形或近球形，成熟时红色。花期3~4月，果期9~10月。

生于山坡、山谷林中。常见。

树皮、叶入药，解毒消肿、散瘀止痛。树形美观，可栽培作绿化树。

毛黑壳楠
Lindera megaphylla Hemsl. f. *touyunensis* (Lévl.) Rehd.

樟科 山胡椒属

常绿乔木。枝条散布凸起的皮孔；幼枝、叶柄及叶片下面或疏或密被毛，顶芽大。叶互生，倒披针形至倒卵状长圆形，长10~23 cm，先端急尖或渐尖，革质，上面深绿色，下面淡绿苍白色；羽状脉，侧脉每边15~21条。伞形花序多花，具总梗；密被微柔毛；花黄绿色。果椭圆形至卵形，长约1.8 cm，宽约1.3 cm，成熟时紫黑色；宿存果托杯状。花期2~4月，果期9~12月。

生于较高海拔山坡、谷地湿润常绿阔叶林或灌丛中，少见。

种仁含油近50%，油为制皂原料；果皮、叶可作调香原料。

香粉叶
Lindera pulcherrima (Wall.) Benth. var. *attenuata* Allen

樟科 山胡椒属

常绿乔木。枝条绿色，初被白色柔毛；芽大，椭圆形，长7~8 mm，芽鳞密被白色贴伏柔毛。叶先端渐尖或有时尾状渐尖；叶互生，长卵形到长圆状披针形，长8~13 cm，宽2.0~4.5 cm，上面绿色，下面蓝灰色，幼叶两面、叶柄被白色柔毛；三出脉。伞形花序生于叶腋的短枝先端。果椭圆形，长8 mm，直径6 mm。果期6~8月。

生于海拔65~1590 m的山坡、溪边。常见。

枝、叶、树皮含芳香油及胶质。叶、树皮药用可清凉消食。

山橿
Lindera reflexa Hemsl.

樟科 山胡椒属

落叶灌木或小乔木。树皮棕褐色，有纵裂及斑点。幼枝条黄绿色，光滑、无皮孔，幼时有绢状柔毛。叶互生，通常卵形或倒卵状椭圆形，长9~12 cm，宽5.5~8.0 cm，先端渐尖，基部圆或宽楔形，有时稍心形，纸质，下面带绿苍白色，被白色柔毛，侧脉每边6~8条。伞形花序着生于叶芽两侧各一，具总梗，花被片黄色。果球形，直径约7 mm，熟时红色。花期4月，果期8月。

生于海拔约1 000 m以下的山谷、山坡林下或灌丛中。南雄较少见。

根药用，性温，味辛，可止血、消肿、止痛，治胃气痛、疥癣、风疹、刀伤出血。

毛豹皮樟
Litsea coriana Lévl. var. ***lanuginosa*** Migo Yang et P. H. Huang

樟科 木姜子属

常绿乔木，高8~15 m。树皮灰色，鳞片状剥落，呈豹皮状斑。幼枝密被灰黄色长柔毛。叶革质，倒卵状椭圆形或倒卵状披针形，长4~10 cm，羽状脉，侧脉7~10对。伞形花序腋生；苞片4片，交互对生；每花序有花3~4朵；花被裂片6片，卵形或椭圆形。果球形，直径0.7~0.8 cm。花期8~9月，果期翌年4~5月。

生于山地林中。常见。

木材坚硬，可供建筑、器具、乐器用材。嫩叶可制茶，有降血压、降血脂及美容的作用。

山苍子（山鸡椒、木姜子）
Litsea cubeba (Lour.) Pers.

樟科 木姜子属

落叶灌木或小乔木，高达8 m。幼树树皮黄绿色，光滑。叶纸质，披针形或椭圆形，长4~11 cm，上面深绿色，下面粉绿色。伞形花序单生或簇生；每一花序有花4~6朵，先于叶开放或与叶同时开放；花被裂片6片，宽卵形。果近球形，直径约5 mm，成熟时黑色。花期2~3月，果期7~9月。

生于向阳的山地、灌丛、疏林或林中。常见。

花、叶、果皮可蒸提山苍子油，供医药制品和配制香精等用。核仁含油率61.8%，油供工业用。全株入药，祛风散寒、消肿止痛；果实入药，称"荜澄茄"，可治疗血吸虫病。

华南木姜子
Litsea greenmaniana Allen

樟科 木姜子属

常绿小乔木，高6~8 m。树皮灰色，平滑。小枝幼时被短柔毛。顶芽圆锥形。叶互生，椭圆形或近倒披针形，薄革质，上面绿色，下面粉绿色，羽状脉，在下面突起。伞形花序1~4生于叶腋或枝侧的短枝上，有雄花3~4朵；花被裂片6，黄色；能育雄蕊9；退化雌蕊细小，柱头2裂。果椭圆形，长13 mm，直径8 mm；果托杯状。花期7~8月，果期12月至翌年3月。

生于海拔1 200 mm以下山谷杂木林中。常见。

木姜子
Litsea pungens Hemsl.

樟科 木姜子属

落叶小乔木，高3~10 m。树皮灰白色。幼枝黄绿色，被柔毛。顶芽圆锥形。叶互生，常聚生于枝顶，披针形或倒卵状披针形，长4~15 cm，宽2.0~5.5 cm，先端短尖，基部楔形，膜质，幼叶下面具绢状柔毛，羽状脉，侧脉每边5~7条，脉在两面均突起。伞形花序腋生；每一花序有雄花8~12朵，先叶开放；花被裂片6，黄色。果球形，直径7~10 mm，成熟时蓝黑色。花期3~5月，果期7~9月。

生于海拔800~2 300 m溪旁和山地阳坡杂木林中或林缘。

果含芳香油，可作食用香精和化妆香精，广泛利用于高级香料、紫罗兰酮和维生素A的原料。

豺皮樟
Litsea rotundifolia (Nees) Allen var. ***oblongifolia*** (Nees) Allen

樟科 木姜子属

常绿灌木，高约3 m。树皮灰色或灰褐色，常有褐色斑块。叶薄革质，卵状长圆形，长2.5~5.5 cm，顶端钝或短渐尖，背面粉绿色。伞形花序有花5朵，常3个聚生叶腋；花被裂片6。果球形，直径约0.6 cm。花期8~9月，果期9~11月。

生于山坡疏林中或灌丛中。常见。

种子含脂肪油可供工业用。叶、果可提取芳香油。根、叶入药，活血化瘀、行气止痛。

木姜润楠
Machilus litseifolia S. Lee

樟科 润楠属

常绿乔木，高达13 m。树皮黑褐色。叶革质，常聚生于枝端，倒披针形或倒卵状披针形，长6.5~12.0 cm，宽2.0~4.5 cm，顶端和基部上面深绿色，背面淡绿色，两面具明显蜂窝状小。聚伞花序有多朵、疏松，总花梗红色。果球形，熟时紫黑色。花期3~5月，果期6~8月。

生于山坡、山谷林中或林缘。常见。

木材供建筑等用。树形美观，可作绿化树种。

广东润楠
Machilus kwangtungensis Yang

樟科 润楠属

乔木，高约10 m。当年生枝密被锈色茸毛，一、二年生枝条无毛。叶长椭圆形或倒披针形，长6~15 cm，宽2.0~4.5 cm，先端渐尖，基部渐狭，革质，上面深绿色，变无毛，下面淡绿色，有贴伏小柔毛，中脉上面凹陷，下面突起；叶柄长8~10 mm，有小柔毛。圆锥花序生于新枝下端，有灰黄色小柔毛。果近球形，略扁，直径8~9 mm，熟时黑色；果梗有小柔毛。花期3~4月，果期5~7月。

生于山地或山谷阔叶混交疏林中。常见。

薄叶润楠
Machilus leptophylla Hand.-Mazz.

樟科 润楠属

高大乔木，高达28 m。枝粗壮，暗褐色，无毛。顶芽近球形。叶互生或在当年生枝上轮生，倒卵状长圆形，长14~32 cm，宽3.5~8.0 cm，先端短渐尖，基部楔形，坚纸质，幼时下面全面被贴伏银色绢毛，中脉在上面凹下，在下面显著突起，侧脉每边14~20条，略带红色。圆锥花序6~10个，聚生嫩枝的基部，花通常3朵生在一起；花白色。果球形，直径约1 cm。花、果期3~6月。

生于海拔450~1 200 m阴坡谷地混交林中。常见。

树皮可提树脂，种子可榨油。

硬叶润楠（凤凰润楠）
Machilus phoenicis Dunn

樟科　润楠属

常绿小乔木，高约5 m。叶厚革质，椭圆形、长椭圆形至狭长圆形，长9~18 cm，基部钝至近圆形。花序多数，生于枝端；总梗与分枝带红褐色；花被裂片近等长，长圆形或狭长圆形，绿色。果球形，直径约9 mm；宿存的花被裂片革质。花期4~5月，果期5~7月。

生于山坡林中或林缘。常见。

柳叶润楠（柳叶桢楠）
Machilus salicina Hance

樟科　润楠属

常绿灌木，通常3~5 m。叶薄革质，常生于枝条的梢端，线状披针形，长4~12 cm，宽1~3 cm，下面暗粉绿色。聚伞状圆锥花序多数，生于新枝上端，总梗和各级序轴、花梗被疏或密的绢状微毛；花黄色或淡黄色。果球形，熟时紫黑色；果梗红色。花期2~4月，果期4~6月。

常生于低海拔地区的溪畔河边。常见。

叶药用，有消肿止痛之功效。可作景观绿化树种。

红楠
Machilus thunbergii Sieb. et Zucc.

樟科　润楠属

常绿乔木，嫩枝紫红色。叶倒卵形至倒卵状披针形，长4.5~13.0 cm，宽1.7~4.2 cm，先端短突尖或短渐尖，革质，上面黑绿色，有光泽，下带粉白，中脉上面稍凹下，下面明显突起，侧脉每边7~12条；叶柄及中脉带红色。花序顶生或在新枝上腋生。果扁球形，直径8~10 mm，黑紫色。花期2月，果期7月。

生于海拔800 m以下山地阔叶混交林中。常见。

叶可提取芳香油。种子油可制肥皂和润滑油。树皮入药，有舒筋活络之效。也可作为庭园树种。

绒毛润楠
Machilus velutina Champ. ex Benth.

樟科 润楠属

常绿乔木，高可达18 m。枝、芽、叶下面、花序均密被锈色茸毛。叶革质，狭倒卵形、椭圆形或狭卵形，长5~11 cm，顶端渐狭或短渐尖。花序单独顶生或数个密集在小枝顶端，分枝多而短，近似团伞花序；花黄绿色，有香味。果球形，紫红色。花期10~12月，果期翌年2~3月。

生于山谷林中或林缘。常见。

材质坚硬，宜作家具和薪炭等用材。枝叶和花含芳香油；入药，有化痰止咳、消肿止痛等功效。

锈叶新木姜（辣汁树、石梏）
Neolitsea cambodiana Lec.

樟科 新木姜子属

乔木，高8~12 m。小枝、芽、幼叶叶柄、花梗、花被片均被锈色毛。叶革质，3~5片近轮生，长圆状披针形、长圆状椭圆形或披针形，长10~17 cm，羽状脉或近离基三出脉。伞形花序多个簇生叶腋或枝侧，每一花序有花4~5朵。果球形；果托扁平盘状，边缘常残留有花被片。花期10~12月，果期翌年7~8月。

生于山地林中。常见。

树皮、枝、叶均含黏质，粉碎后作线香粉，胶合力强，外销称"大青石粉"，还可作钻探工程的加压剂。叶药用，外敷治疮疥。

鸭公树（青胶木）
Neolitsea chuii Merr.

樟科 新木姜子属

常绿乔木，高达18 m。树皮灰青色或灰褐色。叶革质，互生或聚生枝顶，椭圆形至卵状椭圆形，长8~16 cm，顶端渐尖，基部尖锐，下面粉绿色，离基三出脉，侧脉每边3~5条。伞形花序腋生或侧生，多个密集；每一花序有花5~6朵；花被裂片4。果椭圆形或近球形。花期9~10月，果期12月。

生于山谷或丘陵地的疏林中。常见。

木材作家具用材。果核含油量60%，油供制肥皂和润滑等用。

新木姜子
Neolitsea aurata (Hay.) Koidz.

樟科 新木姜子属

乔木，高达14 m。幼枝有锈色短柔毛。顶芽圆锥形。叶互生或聚生枝顶呈轮生状，长圆形、椭圆形至长圆状披针形或长圆状倒卵形，长8~14 cm，宽2.5~4.0 cm，先端渐尖，基部楔形或近圆形，革质，下面密被金黄色绢毛，但有些个体具棕红色绢状毛，离基三出脉，侧脉每边3~4条，叶柄被锈色短柔毛。伞形花序3~5个簇生于枝顶或节间。果椭圆形，长8 mm。花期2~3月，果期9~10月。

生于海拔500~1 700 m山坡林缘或杂木林中。较少见。

根供药用，可治气痛、水肿、胃脘胀痛。

大叶新木姜（土玉桂、假玉桂、厚壳树）
Neolitsea levinei Merr.

樟科 新木姜子属

乔木，高达22 m。顶芽大，卵圆形。叶革质，轮生，长圆状披针形至长圆状倒披针形或椭圆形，长15~31 cm，下面带绿苍白色，幼时密被黄褐色长柔毛，老时被厚白粉，离基三出脉，横脉在叶下面明显。伞形花序数个生于枝侧；花被裂片4片，卵形。果椭圆形或球形，成熟时黑色。花期3~4月，果期8~10月。

生于山地、山谷密林中。常见。

木材作家具等用。根、种子入药，治胃脘胀痛、水肿。叶大浓密，可作庭园观赏树种。

美丽新木姜子
Neolitsea pulchella (Meissn.) Merr.

樟科 新木姜子属

小乔木，高6~8 m。小枝、顶芽、叶脉幼时具褐色短柔毛。叶互生或聚生于枝端呈轮生状，椭圆形或长圆状椭圆形，长4~6 cm，宽2~3 cm，先端渐尖，基部楔形或狭尖，革质，上面深绿色，极光亮，下面粉绿色，离基三出脉，中脉、侧脉在两面均突起。伞形花序腋生，无总梗。果球形，直径4~6 mm。花期10~11月，果期8~9月。

生于混交林中或山谷中。常见。

闽楠（楠木、黄楠）
Phoebe bournei (Hemsl.) Yang

樟科　楠属

大乔木，高达25 m。树皮灰白色。叶革质，披针形或倒披针形，长7~13 cm，顶端渐尖或长渐尖，侧脉每边10~14条，各级脉下面明显。圆锥花序生于新枝中、下部；花被片卵形，长约4 mm。果椭圆形或长圆形，长1.1~1.5 cm，宿存花被片紧贴。花期4月，果期10~11月。

生于山地沟谷阔叶林中。常见。

国家二级保护植物。木材为建筑、高级家具、雕刻等良好木材。树姿挺拔优美，可作庭园观赏树种。

紫楠
Phoebe sheareri (Hemsl.) Gamble

樟科　楠属

乔木，高达15 m。小枝、叶、花序密被黄褐色或灰黑色毛。叶革质，倒卵形、倒卵状披针形，长12~18 cm，顶端骤然渐尖或尾尖，侧脉每边8~13条，各级脉下面明显。圆锥花序长7~18 cm。果卵形，长约1.0 cm，宿存花被片松展。花期4~5月，果期9~10月。

生于山地沟谷阔叶林中。常见。

木材为建筑、家具优良用材。树形美观，宜作庭荫树及绿化、风景树。根、枝、叶均可提炼芳香油，供医药或工业用；叶、根药用，可温中理气、祛瘀消肿。

檫木（梓树、朗杉）
Sassafras tzumu (Hemsl.) Hemsl.

樟科　檫木属

落叶乔木，高可达35 m。树皮呈不规则纵裂。叶坚纸质，卵形或倒卵形，长9~18 cm，全缘2~3浅裂，羽状脉或离基三出脉。花序顶生，先叶开放；花黄色，雌雄异株；花被裂片6片，披针形。果近球形，成熟时蓝黑色而带有白蜡粉，着生于浅杯状的果托上。花期3~4月，果期5~9月。

常生于疏林或密林中。常见。

木材材质优良，为造船及家具等用材。根和树皮入药，有活血散瘀、祛风祛湿之功效；果、叶、根可提取芳香油。

84. 山龙眼科 Proteaceae

小果山龙眼
Helicia cochinchinensis Lour.

山龙眼科　山龙眼属

乔木或灌木，高4~20 m。叶薄革质或纸质，长圆形、倒卵状椭圆形、长椭圆形或披针形，长5~15 cm，宽2.5~5.0 cm，顶端短渐尖，基部楔形，稍下延，全缘或上半部叶缘具疏生浅锯齿；侧脉6~7对，两面均明显。总状花序腋生。果椭圆状，长1.0~1.5 cm，直径0.8~1.0 cm，蓝黑色或黑色。花期6~10月，果期11月至翌年3月。

生于海拔20~1 300 m丘陵或山地湿润常绿阔叶林中。常见。

木材坚韧，灰白色，适宜做小农具。种子可榨油，供制肥皂等用。

93. 大风子科 Flacourtiaceae

南岭柞木
Xylosma controversum Clos

大风子科　柞木属

常绿灌木或小乔木，高4~10 m。叶薄革质，椭圆形至长圆形，长5~15 cm，顶端渐尖或急尖，基部楔形，边缘有锯齿。总状花序或圆锥花序，腋生；萼片4枚，卵形，边缘有睫毛；花瓣无。浆果圆形，直径3~5 mm，花柱宿存。花期4~5月，果期8~9月。

生于山坡林缘、低丘灌丛及村落附近。常见。

木材坚硬，纹理细密，为家具、雕刻等用材。叶药用，治跌打损伤、骨折脱臼。

山桐子（山梧桐）
Idesia polycarpa Maxim.

大风子科　山桐子属

落叶乔木。叶薄革质或厚纸质，卵形、心状卵形或宽心形，长13~16 cm，基部通常心形，边缘有粗齿，齿尖有腺体，叶下面有白粉；叶柄长6~12 cm，下部有2~4个紫色、扁平腺体。花单性，雌雄异株或杂性，黄绿色，花瓣缺，排列成顶生圆锥花序。浆果成熟时紫红色，扁圆形。花期4~5月，果期10~11月。

生于向阳山坡林中。常见。

木材松软。花多芳香，为蜜源植物。种子含油多，可代替"油桐"。

94.天料木科 Samydaceae

天料木

Homalium cochinchinense (Lour.) Druce

天料木科　天料木属

小乔木或灌木，高2~10 m。树皮灰褐色或紫褐色。叶纸质，宽椭圆状长圆形至倒卵状长圆形，长6~15 cm，边缘有疏钝齿。花多数，单个或簇生排成总状花序；萼筒陀螺状，被开展疏柔毛，具纵槽；萼片线形或倒披针状线形；花瓣匙形，白色。蒴果倒圆锥状，长5~6 mm。花期全年，果期9~12月。

生于低海拔山地阔叶林中。常见。

木材坚重，纹理细致，为名贵家具、雕刻、地板用材。

108.山茶科 Theaceae

木荷（荷木）

Schima superba Gardn. et Champ.

山茶科　木荷属

大乔木，高25 m。叶革质或薄革质，椭圆形，长7~12 cm，边缘有钝齿。花生于枝顶叶腋，常多朵排成总状花序，直径3 cm，白色；萼片半圆形，内面有绢毛；花瓣最外一枚风帽状，边缘多少有毛。蒴果直径1.5~2.0 cm。花期5月，果熟期9月。

生于山地疏林中。广布种。

木材坚硬，供建筑及家具用。荒山绿化先锋树种，亦为优良防火林带树种。

尖萼厚皮香

Ternstroemia luteoflora L. K. Ling

山茶科　厚皮香属

小乔木。叶互生，革质，椭圆形或椭圆状倒披针形，长7~10 cm。花单性或杂性，单生叶腋；萼片5，长卵形，有小尖头，外面中央部分具龙骨状突起且稍厚；花瓣白色或淡黄白色，顶端常微凹。果圆球形，成熟时紫红色，直径1.5~2.0 cm。花期5~6月，果期8~10月。

生于沟谷疏林及灌丛中。常见。

果期长，可作观赏树种栽培。

小果石笔木
Tutcheria microcarpa Dunn

山茶科 石笔木属

乔木，高5~17 m。叶革质，椭圆形至长圆形，长4.5~12.0 cm，顶端尖锐，边缘有细锯齿。花细小，白色，直径1.5~2.5 cm；萼片5枚，圆形；花瓣背面和萼片同样有绢毛。蒴果三角球形，长1.0~1.8 cm，两端略尖。花期6~7月。

生于山地林中。常见。

木材坚硬，常作小农具或工具柄把的用材。树形美观，可作庭园观赏树种栽培。

118.桃金娘科Myrtaceae

红枝蒲桃
Syzygium rehderianum Merr. et Perry

桃金娘科 蒲桃属

灌木至小乔木。嫩枝红色，稍压扁。叶革质，椭圆形至狭椭圆形，长4~7 cm，顶端急渐尖，尖头钝，侧脉以50°开角斜向边缘。聚伞花序腋生，通常有5~6条分枝，每分枝顶端有无梗的花3朵；萼管倒圆锥形，上部平截，萼齿不明显；花瓣连成帽状。果实椭圆状卵形，长1.5~2.0 cm。花期6~8月。

生于中低海拔的疏、密林中。少见。

树形美观，嫩叶红色，可栽培作庭园观赏。

126.藤黄科Guttiferae

多花山竹子（木竹子）
Garcinia multiflora Champ. ex Benth.

藤黄科 藤黄属

常绿乔木，高5~15 m。枝具黄色树脂液。叶对生，革质，卵形至长圆状倒卵形，长7~16 cm。花杂性，同株；雄花序成聚伞状圆锥花序，雄花萼片2大2小，花瓣橙黄色，倒卵形；雌花序有雌花1~5朵，柱头大而厚，盾形。果卵圆形至倒卵圆形，长3~5 cm，成熟时黄色，盾状柱头宿存。花期6~8月，果期11~12月。

生于山坡疏林、密林、沟谷或灌丛中。

树皮、果入药，有消炎止痛、收敛生肌之功效。果味酸甜，可食用。

128A.杜英科 Elaeocarpaceae 中华杜英（小冬桃、羊尿乌）
Elaeocarpus chinensis (Gardn. et Champ.) Hook. f. ex Benth.

杜英科　杜英属

常绿小乔木。叶薄革质，卵状披针形或披针形，长5~8 cm，基部圆形，上面绿色有光泽，下面有细小黑腺点，边缘有波状小钝齿；叶柄纤细，顶端膨大。总状花序生于无叶的去年枝上；花两性或单性；花瓣5，白色，长圆形。核果椭圆形，蓝绿色，长不到1 cm。花期5~6月。

生于常绿林中。常见。

木材可培植香菇、白木耳。树皮和果皮含单宁，可栲胶。树形美观，可栽培作观赏。根药用，可散瘀消肿。

褐毛杜英（冬桃）
Elaeocarpus duclouxii Gagnep.

杜英科　杜英属

乔木，高达25 m。叶纸质或膜质，倒卵状披针形或长圆形，长8~15 cm，基部楔形，下延，侧脉在上面明显，在下面突起，边缘有波状钝齿。花两性，花序长4~7 cm；萼片披针形，两面有毛；花瓣长5~6 cm，上半部撕裂。核果椭圆状卵形，榄绿色，长2~3 cm。果期秋季。

生于水旁湿润、肥沃的常绿阔叶林里。常见。

果味酸甜可食。可作观赏植物。

日本杜英
Elaeocarpus japonicus Sieb. et Zucc.

杜英科　杜英属

乔木。叶革质，通常卵形、椭圆形或倒卵形，长6~12 cm，基部圆形或钝，边缘有疏锯齿，叶柄长2~6 cm，顶端膨大。总状花序腋生；花两性或单性；花瓣长圆形，两面有毛，与萼片等长。核果椭圆形，长1.0~1.3 cm，深蓝色。花期4~5月，果期9月。

生于山地林中。常见。

是培植香菇的理想木材。也是优良的绿化观赏树种。

猴欢喜
Sloanea sinensis (Hance) Hemsl.

杜英科　猴欢喜属

乔木，高达20 m。叶薄革质，通常为长圆形或狭窄倒卵形，长6~12 cm，通常全缘，有时上半部有数个疏锯齿。花多朵簇生于枝顶叶腋；花瓣4枚，长7~9 mm，绿白色，顶端有齿刻。蒴果木质，卵球形，宽2~5 cm，3~7片裂开；针刺长1.0~1.5 cm；内果皮紫红色。花期9~11月，果期翌年6~7月。

生于常绿阔叶林中。常见。

可培植香菇、木耳等。是一种蜜源植物。也是优良的绿化观赏树种。

130.梧桐科Sterculiaceae

丹霞梧桐
Firmiana danxiaensis Huse et H. S. Kiu

梧桐科　梧桐属

小乔木，高5~10 m。树皮黑褐色。嫩枝圆柱形，青绿色。叶近圆形，薄革质，基出脉5~7条，两面突起。花排成顶生的圆锥花序，长达20~30 cm，具多朵花，密被黄色星状柔毛，花朵紫红色，有雌雄之分；花萼5浅裂，萼片线状长椭圆形，长约1 cm；蓇葖果在成熟前开裂，每果有种子2~3颗；种子圆球形，淡黄褐色。花期4~5月。

生于岩壁的石缝中及山谷的浅土层中。少见。

植株高大，花色嫩紫绚丽，可作为庭院观赏树木、道路绿化树种和造林的先锋树种。

梧桐（青桐、桐麻）
Firmiana simplex (Linn.) F. W. Wight

梧桐科　梧桐属

落叶乔木。树皮青绿色，平滑。叶心形，宽15~30 cm，掌状3~5裂，裂片三角形，基部心形，叶柄与叶片等长。花杂性，排成顶生圆锥花序，花淡黄绿色；萼花瓣状，5深裂几至基部，萼片条形，向外卷曲。蓇葖果膜质，成熟前开裂成叶状，长6~11 cm，每蓇葖果有种子2~4个。花期6月，果期9~10月。

野生或栽培。少见。

树形优美，是著名的庭园观赏和行道树及造林树种。种子炒熟可食或榨油，油为不干性油。全株药用，清热除湿、散瘀消肿。

136.大戟科 Euphorbiaceae

白楸
Mallotus paniculatus (Lam.) Muell. Arg.

大戟科　野桐属

乔木或灌木，高3~15 m。叶互生，卵形、卵状三角形或菱形，长5~15 cm，顶端长渐尖，边缘波状；嫩叶两面均被灰色星状茸毛；基部近叶柄处具斑状腺体2枚。花雌雄异株，花序总状或下部分枝。蒴果扁球形，被褐色星状茸毛和疏生钻形软刺。花期7~10月，果期11~12月。

生于林缘或灌丛中。常见。

材质轻软，可作各种箱板材。

粗糠柴
Mallotus philippensis (Lam.) Muell. Arg.

大戟科　野桐属

乔木或灌木，高2~18 m。小枝、嫩叶和花序均密被黄褐色星状柔毛。叶近革质，卵形、长圆形或卵状披针形，长5~18 cm，下面被灰黄色星状短茸毛，散生红色颗粒状腺体；近基部有褐色斑状腺体2~4枚。花雌雄异株，花序总状，单生或数个簇生。蒴果扁球形，密被红色颗粒状腺体和粉末状毛。花期4~5月，果期5~8月。

生于山地林中或林缘。常见。

茎、叶药用，有祛风退热之功效。

山乌桕（红心乌桕）
Sapium discolor (Champ. ex Benth.) Muell. Arg.

大戟科　乌桕属

乔木或灌木，高3~12 m。叶椭圆形或长卵形，长4~10 cm，背面近缘常有数枚圆形的腺体；叶柄顶端具2枚毗连的腺体。花雌雄同株，密集成顶生总状花序，雌花生于花序轴下部，雄花在花序轴上部或全为雄花；雄花每一苞片内有5~7朵花，雌花每一苞片内仅1朵花。蒴果黑色，球形，直径1.0~1.5 cm。花期4~6月。

生于山谷或山坡混交林中。常见。

根皮及叶药用，有利尿通便、解毒杀虫的作用。为优良彩叶观赏树种。南雄山区5~6月份主要的蜜源树种。

乌桕
Sapium sebiferum (Linn.) Roxb.

大戟科　乌桕属

乔木，高可达15 m。叶纸质，菱形、菱状卵形，长3~8 cm，顶端骤然紧缩具长短不等的尖头。花雌雄同株，雄花生于花序轴上部或有时整个花序全为雄花，雄花每一苞片内具10~15朵花；雌花每一苞片内仅1朵雌花，间有1朵雌花和数雄花同聚生于苞腋内。蒴果梨状球形，直径1.0~1.5 cm。花期4~8月。

生于旷野、塘边或疏林中。常见。

三类材。叶为黑色染料。根皮入药，有利尿、泻下、解毒、杀虫的功效。种子可榨油。

油桐（三年桐）
Vernicia fordii (Hemsl.) Airy Shaw

大戟科　油桐属

落叶乔木，高达10 m。叶卵圆形，长8~18 cm，基部截平至浅心形，全缘，稀1~3浅裂；叶柄顶端有2枚扁平、无柄腺体。花雌雄同株，先于叶或与叶同时开放；花萼佛焰苞状，2裂；花瓣白色，有淡红色脉纹，倒卵形。核果近球状，直径4~6 cm，果皮光滑。花期3~4月，果期8~9月。

生于山谷疏林。常见。

重要的工业油料植物，种子油称"桐油"。果皮可制活性炭或提取碳酸钾。木材是培养木耳的理想材料。是优良的道路、庭园、四旁绿化树种。

木油桐（千年桐、山桐）
Vernicia montana Lour.

大戟科　油桐属

落叶乔木，高达20 m。叶阔卵形，长8~20 cm，基部心形至截平，全缘或2~5裂，裂缺常有杯状腺体；叶柄顶端有2枚具柄的杯状腺体。花雌雄异株或有时同株异序；花萼佛焰苞状，2~3裂；花瓣白色或基部紫红色且有紫红色脉纹。核果卵球状，直径3~5 cm，具3条纵棱，棱间有粗疏网状皱纹。花期4~5月。

生于路旁或疏林中。常见。

用途与油桐相同。

136A. 交让木科 Daphniphyllaceae

虎皮楠
Daphniphyllum oldhamii (Hemsl.) Rosenth.

交让木科　交让木属

灌木或小乔木，高5~10 m。叶革质，椭圆状披针形或长圆形，长9~14 cm，下面显著被白粉，侧脉两面突起，网脉在叶面明显。雄花花萼小，不整齐4~6裂；雌花序长4~6 cm，萼片4~6枚，披针形，具齿。果椭圆或倒卵圆形，长约8 mm，暗褐至黑色，顶端具宿存柱头。花期3~5月，果期8~11月。

生于阔叶林中。常见。

可作绿化和观赏树种。根、叶药用，有清热解毒、活血散瘀之功效。

143. 蔷薇科 Rosaceae

钟花樱桃（福建山樱花、山樱花）
Cerasus campanulata (Maxim.) Yu et Li

蔷薇科　樱属

乔木或灌木，高3~8 m。叶卵形、卵状椭圆形或倒卵状椭圆形，长4~7 cm，边缘有急尖锯齿；叶柄顶端常有腺体2枚。伞形花序，有花2~4朵，先于叶开放；萼筒钟状，萼片长圆形；花瓣倒卵状长圆形，粉红色，顶端颜色较深，下凹。核果卵球形，长约1 cm。花期2~3月，果期4~5月。

生于山谷林中及林缘。常见。

花色鲜艳，可栽培供观赏。

腺叶桂樱（腺叶野樱、腺叶稠李）
Laurocerasus phaeosticta (Hance) S. K. Schneid.

蔷薇科　桂樱属

常绿灌木或小乔木，高4~12 m。叶近革质，狭椭圆形、长圆形或长圆状披针形，长6~12 cm，顶端长尾尖，下面散生黑色小腺点，基部常有2枚较大扁平基腺。总状花序腋生；萼筒杯形，萼片卵状三角形；花瓣近圆形，白色。果实近球形或横向椭圆形，紫黑色。花期4~5月，果期7~10月。

生于阔叶林内或混交林中。较少见。

全株药用，有活血行瘀、镇痛利尿之功效。

大叶桂樱（大叶野樱）
Laurocerasus zippeliana (Miq.) Yn et Lu

蔷薇科　桂樱属

常绿乔木，高10~25 m。叶片革质，宽卵形至椭圆状长圆形，长10~19 cm，基部宽楔形至近圆形，边缘具粗锯齿，齿端有黑色硬腺体。总状花序单生或2~4个簇生叶腋；花瓣近圆形，长约为萼片的2倍，白色。果长圆形或卵状长圆形，黑褐色。花期7月，果期冬季。

生于山地阳坡林中。常见。

花蕾入药，有化痰、解毒的作用。

尖嘴林檎
Malus melliana (Hand.-Mazz.) Rehd.

蔷薇科　苹果属

乔木，高达20 m。叶椭圆形至卵状椭圆形，长5~10 cm，边缘有圆钝锯齿。花序近伞形，有花5~7朵；花直径约2.5 cm；萼片三角披针形，内面具茸毛；花瓣倒卵形，基部有短爪，紫白色。果实球形，直径1.5~2.5 cm，宿萼有长筒，萼片反折。花期5月，果期8~9月。

生于山地林中或山谷沟边。南雄少见。

果实味酸甜，可食用或药用，有消积、健胃、助消化的功效。

椤木石楠（椤木、凿树）
Photinia davidsoniae Rehd. et Wils.

蔷薇科　石楠属

常绿乔木，高6~15 m。叶片革质，长圆形、倒披针形，长5~15 cm，边缘稍反卷，有具腺的细锯齿。花多数，密集成顶生复伞房花序；萼筒浅杯状，萼片阔三角形；花瓣圆形，顶端圆钝，基部有极短爪。果球形或卵形，直径7~10 mm，黄红色。花期5月，果期9~10月。

生于林内或灌丛中。常见。

木材坚重，可作家具用材。根、叶药用，有清热解毒之功效。

光叶石楠（石斑木）
Photinia glabra (Thunb.) Maxim.

蔷薇科　石楠属

常绿乔木，高3~5 m。叶革质，幼时及老时皆呈红色，椭圆形、长圆形或长圆状倒卵形，长5~9 cm，边缘有疏生浅钝细锯齿。花多数，成顶生复伞房花序；花直径7~8 mm；萼筒杯状，萼片三角形；花瓣白色，反卷，倒卵形。果卵形，长约5 mm，红色。花期4~5月，果期9~10月。

生于山坡杂木林中。常见。

中华石楠
Photinia beauverdiana Schneid.

蔷薇科　石楠属

落叶灌木或小乔木，高3~10 m。小枝有散生皮孔。叶片薄纸质，长圆形、倒卵状长圆形或卵状披针形，边缘疏生具腺锯齿。花多数，成复伞房花序；总花梗和花梗密生疣点；花直径5~7 mm；萼筒杯状；花瓣白色，长2 mm；雄蕊20；花柱2~3，基部合生。果实卵形，长7~8 mm，直径5~6 mm，紫红色，微有疣点，先端有宿存萼片。花期5月，果期7~8月。

生于山坡或山谷林下。少见。

桃叶石楠
Photinia prunifolia (Hook. et Arn.) Lindl.

蔷薇科　石楠属

常绿乔木，高10~20 m。叶革质，长圆形或长圆披针形，长7~13 cm，边缘有密生具腺的细锯齿，下面满布黑色腺点。花多数，密集成顶生复伞房花序；花瓣白色，倒卵形，先端圆钝。果实椭圆形，长7~9 mm，红色。花期3~4月，果期10~11月。

生于山坡或沟谷疏林中。常见。

木材坚硬，可作高档家具用材。

豆梨
Pyrus calleryana Decne.

蔷薇科 梨属

灌木或小乔木,高5~8 m。叶宽卵形至卵形,长4~8 cm,边缘有钝锯齿。伞形总状花序,具花6~12朵;萼片披针形,顶端渐尖;花瓣卵形,基部具短爪,白色。梨果球形,直径约1 cm,褐色,有斑点,有细长果梗。花期4月,果期8~9月。

生于山坡、山谷或阔叶林中。常见。

木材致密。通常作沙梨砧木用材。果实可酿酒或煮熟食用。根、叶药用,有止咳润肺、清热解毒之功效。

石灰花楸
Sorbus folgneri (Schneid.) Rehd.

蔷薇科 花楸属

乔木,高达10 m。叶片卵形至椭圆状卵形,长5~8 cm,边缘有细锯齿或新枝上叶片有重锯齿和浅裂片,下面密被白色茸毛,侧脉通常8~15对,直达叶边锯齿顶端。复伞房花序具多花,总花梗和花梗均被白色茸毛;萼片三角状卵形;花瓣卵形,白色。果实椭圆形,直径6~7 mm,红色,顶端萼片脱落后留有圆穴。花期4~5月,果期7~8月。

生于山坡、林中。常见。

果实入药,有祛风活络的作用。

146.含羞草科 Mimosaceae

山槐(山合欢)
Albizia kalkora (Roxb.) Prain

含羞草科 金合欢属

落叶小乔木或灌木,通常高3~8 m。枝条暗褐色,有显著皮孔。二回羽状复叶;羽片2~4对;小叶5~14对,长圆形或长状卵形,基部不等侧,中脉稍偏于上侧。头状花序2~7个生叶腋;花初白色,后变黄或带粉红色;花冠中部以下连合呈管状,裂片针形。荚果带状,长7~17 cm。花期5~6月,果期8~10月。

生于山坡灌丛、疏林中或沟谷。常见。

花美丽,可作绿化树种。树皮入药,有安神解郁、和血止痛的作用。

亮叶猴耳环
Archidendron lucidum (Benth.) Nielsen

含羞草科 猴耳环属

乔木，高2~10 m。嫩枝、叶柄和花序均被褐色短茸毛。羽片1~2对；下部羽片通常具2~3对小叶，上部羽片具4~5对小叶；小叶斜卵形或长圆形，长5~9 cm，顶生的一对最大，对生，而其余的互生且较小，基部略偏斜。头状花序球形，有花10~20朵，排成圆锥花序。荚果旋卷成环状，宽2~3 cm。花期4~6月，果期7~12月。

生于林中或林缘灌木丛中，较少见。

木材用作薪炭。枝叶入药，能消肿祛湿。

147.苏木科 Caesalpiniaceae

小果皂荚
Gleditsia australis Hemsl.

苏木科 皂荚属

小乔木至乔木，高3~20 m。具粗刺，刺圆锥状，长3~5 cm，有分枝，褐紫色。羽片2~6对；小叶5~9对，纸质至薄革质，斜椭圆形至菱状长圆形，长2.5~4.0 cm，顶端圆钝，常微缺，基部斜楔形。花杂性，浅绿色或绿白色。荚果带状长圆形，压扁，长6~12 cm，果片革质，几乎无果颈。花期6~10月，果期11月至翌年4月。

生于缓坡、山谷林中。少见。

木材坚硬。根药用，可治胃病。

肥皂荚
Gymnocladus chinensis Baill.

苏木科 肥皂荚属

落叶乔木，高5~12 m。树皮灰褐色，具明显的白色皮孔，无刺。二回偶数羽状复叶；羽片5~10对；小叶互生，8~12对，长圆形，长2.5~5.0 cm，基部稍斜，两面被绢质柔毛。总状花序顶生；花杂性，白色或带紫色，有长梗，下垂。荚果长圆形，长7~10 cm，扁平或膨胀，顶端有短喙。花期4月，果期8月。

生于阔叶林中、村旁、路边。少见。

果可入药，有止咳祛痰、消炎杀虫的作用。

黄山紫荆
Cercis chingii Chun

苏木科 紫荆属

丛生灌木,高2~4 m。小枝有多而密的小皮孔。叶近革质,卵圆形或肾形,长5~11 cm,宽5~12 cm,先端急尖或圆钝,基部心形或截平,主脉5条,下面突起;叶柄两端微膨大。花常先叶开放,数朵簇生于老枝上,淡紫红色,后渐变白色;花瓣长约1 cm。荚果厚革质,长7.0~8.5 cm,宽约1.3 cm,喙粗大,坚硬,二瓣裂,果片常扭曲;种子3~6颗。花期2~3月,果期9~10月。

生于低海拔山地疏林灌丛、路旁或栽培于庭园中。少见。

花美丽,可栽培作观赏。

148.蝶形花科 Papilionaceae

南岭黄檀
Dalbergia balansae Prain

蝶形花科 黄檀属

乔木,高6~15 m。羽状复叶;小叶6~7对,长圆形或长椭圆形,长2~4 cm。圆锥花序腋生,疏散,长5~10 cm;花萼钟状,萼齿5枚;花冠白色,旗瓣圆形,龙骨瓣近半月形。荚果舌状或长圆形,长5~6 cm,两端渐狭;通常有种子1颗,稀2~3颗。花期5~6月,果期8~11月。

生于山地阔叶林中或河边。常见。

常植为风景树,为紫胶虫寄主植物。木材坚硬,是上等家具用材。木材入药,有行血止痛的作用。

黄檀
Dalbergia hupeana Hance

蝶形花科 黄檀属

乔木,高10~20 m。羽状复叶;小叶3~5对,近革质,椭圆形至长圆状椭圆形,长3.5~6.0 cm。圆锥花序顶生或生于最上部的叶腋间,花密集;花萼钟状,萼齿5枚,上方2枚近合生,侧方的卵形,最下一枚披针形,长为其余的4倍;花冠白色或淡紫色,远长于花萼。荚果长圆形或阔舌状,长4~7 cm;有1~2颗种子。花期5~7月。

生于山地林中或山沟溪旁。

材质坚密,常作上等家具等的用材。根皮有小毒,有清热解毒、止血消肿之功效。

木荚红豆
Ormosia xylocarpa Chun ex Merr. & L. Chen

蝶形花科　红豆属

常绿乔，高12~20 m。枝密被紧贴的褐黄色短柔毛。奇数羽状复叶；小叶2~3对，厚革质，长椭圆形或长椭圆状倒披针形，长3~14 cm，边缘微向下反卷。圆锥花序顶生；花芳香；花萼5齿裂，萼齿长卵形；花冠白色或粉红色。荚果长椭圆形或菱形，长5~7 cm，压扁，果片木质，内壁有横膈膜。花期6~7月，果期10~11月。

生于山坡、山谷、溪边疏林或密林内。南雄少见。

心材紫红色，为优良的木雕工艺及高级家具等用材。

花榈木
Ormosia henryi Prain

蝶形花科　红豆属

常绿乔木，高5~13 m。小枝、叶轴、花序密被茸毛。奇数羽状复叶；小叶2~3对，革质，椭圆形或长圆状椭圆形，长5~13 cm，叶缘微反卷。圆锥花序顶生；花萼钟形，5齿裂；花冠中央淡绿色，边缘绿色微带淡紫。荚果扁平，长椭圆形，长5~12 cm，果片革质，内壁有横膈膜；有种子4~8颗。花期7~8月，果期10~11月。

生于阔叶林内。常见。

国家二级保护植物。木材致密质重，纹理美丽，可作家具用材。根入药，能祛风散结、解毒祛瘀。

151.金缕梅科 Hamamelidaceae

金缕梅
Hamamelis mollis Oliver

金缕梅科　金缕梅属

落叶灌木或小乔木，高达8 m。嫩枝有星状茸毛。芽体长卵形，有灰黄色茸毛。叶纸质，阔倒卵圆形，长8~15 cm，宽6~10 cm，基部不等侧心形，两面有毛，边缘有波状钝齿。头状或短穗状花序腋生，有花数朵，无花梗；花瓣带状，长约1.5 cm，黄白色。蒴果卵圆形，长1.2 cm，密被茸毛。花期5月。

生于中海拔的次生林或灌丛。少见。

蚊母树
Distylium racemosum Sieb. et Zucc.

金缕梅科　蚊母树属

常绿灌木或乔木。嫩枝有鳞垢。叶革质，椭圆形或倒卵状椭圆形，长3~7 cm，顶端钝或略尖，边全缘。总状花序长约2 cm，花雌雄同序，雌花位于花序的顶端；萼筒短，萼齿大小不相等，被鳞垢。蒴果卵圆形，长1.0~1.3 cm，上半部两片裂开，每片2浅裂。花期3~4月，果期8~10月。

生于常绿阔叶林中。常见。

木材可培植香菇。根、树皮药用，有活血祛瘀、抗肿瘤之功效。

蕈树（阿丁枫）
Altingia chinensis (Champ.) Oliv. ex Hance

金缕梅科　蕈树属

常绿乔木，高达20 m。叶革质或厚革质，揉碎有橄榄味，倒卵状椭圆形，长7~13 cm；边缘有钝锯齿。雄花短穗状，花序长约1 cm，常多个排成圆锥花序；雌花头状花序单生或数个排成圆锥花序，有花15~26朵。头状果序近于球形，直径1.7~2.8 cm。花期3~4月。

生于山地常绿阔叶林中。南雄较少见。

材质坚重。常用来种香菇。为优良绿化及行道树种。

枫香（枫树）
Liquidambar formosana Hance

金缕梅科　枫香树属

落叶乔木，高达30 m。叶薄革质，阔卵形，掌状3裂，中央裂片较长，顶端尾状渐尖；两侧裂片平展，下面有短柔毛，边缘有锯齿；雄性短穗状花序常多个排成总状；雌性头状花序有花24~43朵；萼齿4~7，针形，长4~8 mm。头状果序圆球形，直径3~4 cm。花期4~6月。

生于次生林及常绿、落叶混交林中。广布种。

重要的材用树种。树脂供药用，能解毒止痛、止血生肌；根、叶及果实入药，有祛风除湿、通络活血之功效。为美丽的冬季彩叶树种。

大果马蹄荷
Exbucklandia tonkinensis (Lec.) Steenis

金缕梅科　马蹄荷属

常绿乔木，高达30 m。嫩枝绿色，节膨大。叶革质，阔卵形，长8~13 cm，基部阔楔形，全缘或幼叶为掌状3浅裂；托叶狭长圆形，稍弯曲，长2~4 cm。头状花序，有花7~9朵。花两性，稀单性，萼齿鳞片状；无花瓣。头状果序有蒴果7~9个；蒴果卵圆形，表面有小瘤状突起。花期4~8月。

生于山谷常绿阔叶林中。南雄少见。

速生树种，亦可用于培植香菇、木耳。树皮、根药用，治偏瘫。可栽作观赏树种。

半枫荷
Semiliquidambar cathayensis H. T. Chang

金缕梅科　半枫荷属

常绿或半常绿乔木，高达20 m。叶簇生于枝顶，革质，异型，不分裂、掌状3裂、单侧分裂均有，边缘有具腺锯齿；叶柄长3~4 cm，较粗壮。雄花的短穗状花序常数个排成总状，花被全缺；雌花的头状花序单生。头状果序直径2.5 cm，有蒴果22~28个。花期5月。

生于常绿阔叶林中。常见。

国家二级保护植物。树皮、根供药用，有祛风除湿、活血通络之功效。

水丝梨
Sycopsis sinensis Oliver

金缕梅科　水丝梨属

常绿乔木，高14 m。嫩枝被鳞垢。叶革质，长卵形或披针形，长5~12 cm，宽2.5~4.0 cm，先端渐尖，基部楔形或钝，全缘或中部以上有几个小锯齿。雄花穗状花序密集，近似头状，有花8~10朵，花序柄长4 mm，苞片红褐色；雌花或两性花6~14朵排成短穗状花序。蒴果长8~10 mm，有长丝毛。花期3~5月。

生于山地常绿林及灌丛。少见。

156.杨柳科 Salicaceae

长梗柳（邓柳）
***Salix dunnii* Schneid.**

杨柳科　柳属

灌木或小乔木。叶椭圆形或椭圆状披针形，长2.5~4.0 cm，下面灰白色，密生平伏长柔毛，幼叶两面毛很密，叶缘有稀疏的腺锯齿。雄花序长约5 cm，疏花；雌花序稍短；花序梗上生有叶3~5片。果序长可达6.5 cm。花期4月，果期5月。

生于溪流、河岸湿地。常见。

可作护堤护岸植物栽培。

粤柳
***Salix mesnyi* Hance**

杨柳科　柳属

小乔木。叶革质，长圆形、狭卵形或长圆状披针形，长7~9 cm，顶端长渐尖或尾尖，基部圆形或近心形，幼叶两面有锈色短柔毛，叶缘有粗腺锯齿。雄花序长4~5 cm，雌花序长3.0~6.5 cm。蒴果卵形，无毛。花期3月，果期4月。

生于低山地区的溪流旁。常见。

可作护堤护岸植物栽培。

159.杨梅科 Myricaceae

杨梅
***Myrica rubra* (Lour.) Sieb. et Zucc**

杨梅科　杨梅属

常绿乔木。叶常密集于枝端，倒卵形或长椭圆状倒卵形，全缘或中部以上具少数锐锯齿，下面被稀疏的金黄色腺体。雌雄异株；雄花序穗状，单独或数条丛生于叶腋；雌花序常单生于叶腋，每一雌花序仅上端1枚雌花能发育成果实。核果球状，径1~3 cm，外果皮肉质，成熟时深红色、紫红色或白色。花期春分前后，6~7月果实成熟。

生于山坡或山谷林中，喜酸性土壤。广布种。

著名水果，果实熟时甜酸可口。南雄野生种较酸，只宜于加工用；栽培种以浙江产东魁、荸荠种为优。

161. 桦木科 Betulaceae

江南桤木
Alnus trabeculosa Hand.-Mazz.

桦木科　桤木属

乔木，高8~10 m。叶长圆状披针形，长6~16 cm，边缘具不规则疏细齿。果序长圆柱形，长1.0~2.5 cm，直径1.0~1.5 cm，2~4枚呈总状排列；果苞木质，长5~7 mm，具5枚浅裂片；小坚果宽卵形，果翅厚纸质，极狭。花期3~4月，果期6~7月。

生于200~1 000 m山谷或河谷的林中、岸边或村旁。常见。

速生树种，可作公路绿化或造林用。

光皮桦（亮叶桦）
Betula luminifera H. Winkl.

桦木科　桦木属

落叶乔木，高达20 m。树皮红褐色，平滑。叶纸质，长卵形，长4.5~10.0 cm，顶端骤尖或呈细尾状，基部圆形，有时近心形或宽楔形，边缘具不规则的刺毛状重锯齿。雄花序2~5个簇生于小枝顶端或单生于小枝上部叶腋。果序大部分单生，长圆柱形，长3~9 cm，序梗长1~2 cm，下垂。花期3~4月，果期11月。

生于中海拔阳坡阔叶林内。较少见。

树皮、叶、芽可提取芳香油和树脂。根入药，有清热利尿的作用；皮能除湿、消食、解毒。

162. 榛木科 Corylaceae

雷公鹅耳枥（雷公枥）
Carpinus viminea Wall. ex Lindl.

榛木科　鹅耳枥属

乔木，高10~20 m。叶厚纸质，椭圆形、卵状披针形，长6~11 cm，顶端渐尖至长尾状，边缘具重锯齿。果序长5~15 cm，下垂，果苞长1.5~3.0 cm。内外侧基部均具裂片，中裂片半卵状披针形至长圆形，内侧边缘全缘，很少具疏细齿，外侧边缘具齿牙状粗齿。小坚果宽卵圆形，无毛。

生于中海拔山坡阔叶林中。较少见。

木材质优，可作家具用材。

163.壳斗科Fagaceae

茅栗
Castanea seguinii Dode

壳斗科 栗属

小乔木或灌木状，托叶细长。叶倒卵状椭圆形或长圆形，长6~14 cm，宽4~5 cm。雄花序长5~12 cm；雌花单生或生于混合花序的花序轴下部，每壳斗有雌花3~5朵。壳斗连刺直径3~5 cm，刺长6~10 mm。花期5~7月，果期9~11月。

生于海拔400~2 000 m丘陵山地，与阔叶常绿或落叶树混生。

果较小，但味较甜。树性矮，可作栗树的砧木，可提早结果及适当密植。

米槠（小红栲）
Castanopsis carlesii (Hemsl.) Hayata

壳斗科 锥属

乔木，高达20 m。叶披针形或狭卵形，长6~12 cm，嫩叶叶背有红褐色或棕黄色细片状蜡鳞层，成熟叶呈银灰色。雄花序穗状或圆锥状，雌花单生苞内。壳斗近圆球形或阔卵形，长10~15 mm，外壁有疣状体，或甚短的钻尖状，排成连续或间断的6~7环，顶部为短刺；坚果阔圆锥形。花期3~6月，果期8~12月。

生于山地或丘陵常绿或落叶阔叶混交林中。常见。

果可食。木材质优，为优良家具用材。

甜槠
Castanopsis eyrei (Champ.) Tutch.

壳斗科 锥属

乔木，高达20 m。叶革质，卵形、披针形或长椭圆形，长5~13 cm，顶部长渐尖，常向一侧弯斜，基部偏斜，全缘或顶部有少数浅裂齿，叶背常带银灰色。雄花序穗状或圆锥状，雌花单生总苞内。壳斗阔卵形，连刺直径2~3 cm，苞片刺形，排成间断的4~6环；坚果阔圆锥形。花期4~6月，果期6~12月。

生于丘陵或山地林中。常见。

木材为优质家具等用材。果可食。

罗浮栲（白橼、白锥）
Castanopsis fabri Hance

壳斗科 锥属

乔木，高8~20 m。叶革质，卵形、狭长椭圆形或披针形，长8~18 cm，基部近于圆，常偏斜，顶部有1~5对锯齿，叶背带灰白色。雄花序单穗腋生，每壳斗有雌花2或3朵。壳斗近球形，连刺直径2~3 cm，不规则瓣裂，刺基部合生，排成间断的4~6环；坚果1~3个，圆锥形。花期4~5月，果期6~12月。

生于山谷林中。常见。

木材为家具等用材。果可食。

川鄂栲
Castanopsis fargesii Franch.

壳斗科 锥属

乔木，高8~20 m。枝、叶均无毛。叶柄长1~2 cm；叶片长椭圆形或披针形，长6~12 cm，顶部短尖或渐尖，基部近圆形，有时一侧稍偏斜，全缘或在顶部边缘具少数浅齿，叶背具粉末状蜡鳞层，嫩叶为红褐色，成长叶为黄棕色。雄花穗状或圆锥花序，雄蕊10枚；雌花序轴无蜡鳞，雌花单朵散生于长10~30 cm的花序轴上。壳斗通常圆球形或宽卵形，连刺直径2.2~3.0 cm，不规则开裂，刺长6~10 mm；每壳斗有一坚果；坚果无毛，果脐在坚果底部。花期4~8月。

生于缓坡及山地常绿阔叶林中。常见。

木材为建筑及家具等用材。果可食。

黧蒴栲（黧蒴、大叶锥）
Castanopsis fissa (Champ. ex Benth.) Rehd. et Wils.

壳斗科 锥属

乔木，高约10 m。叶倒卵状披针形或长圆形，长12~25 cm，边缘有锯齿或波状齿。雄花多为圆锥花序；雌花序每一总苞内有花1朵。成熟壳斗圆球形或椭圆形，通常全包坚果，不规则的2~3瓣裂，苞片三角形，基部连成4~5个同心环；坚果圆锥状卵形，直径1.1~1.6 cm。花期4~5月，果期7~12月。

生于山地林中。常见。

材质较轻软，山区多用以放养香菇及其他食用菌类。

南岭栲（毛锥、毛栲）
Castanopsis fordii Hance

壳斗科　锥属

乔木。芽鳞、小枝、叶柄、叶背及花序轴均密被棕色或红褐色茸毛。叶革质，长椭圆形或长圆形，长9~18 cm，基部心形或浅耳垂状，全缘。雄穗状花序常多穗排成圆锥花序，雌花单生于苞内。壳斗连刺直径5~6 cm，密聚于果序轴上，外壁为密刺完全遮蔽；壳斗有坚果1个，果扁圆锥形。花期3~4月，果期8~12月。

生于山地灌木或乔木林中。常见。

木材作建筑、家具等用材。果可食。

东南栲（秀丽锥）
Castanopsis jucunda Hance

壳斗科　锥属

乔木，高达25 m。叶近革质，卵形或卵状椭圆形，长10~18 cm，叶缘中部以上有锯齿。雄花序穗状或圆锥状，雌花序单穗腋生。壳斗近圆球形，连刺直径2.5~3.0 cm，3~5瓣裂，刺多条在基部合生成束，常横向连生成不连续刺环；坚果阔圆锥形，径1.0~1.3 cm。花期4~5月，果7~12月成熟。

生于山地树林中。常见。

木材为家具等用材。果实可作淀粉原料。

鹿角锥（红勾栲、白橼、石椎树）
Castanopsis lamontii Hance

壳斗科　锥属

乔木，高达25 m。叶近革质，椭圆形，卵形，长12~30 cm，基部近于圆，略歪斜，全缘或顶部有少数裂齿。雌花序每壳斗有雌花3朵。壳斗近圆球形，连刺直径4~6 cm，刺粗壮，不同程度地合生成刺束，呈鹿角状，或下部合生并连生成鸡冠状4~6个刺环；坚果通常2~3个，阔圆锥形。花期3~5月，果6~12月成熟。

生于山地树林中。常见。

果可食。木材可作家具等用材。

苦槠
Castanopsis sclerophylla (Lindl.) Schott.

壳斗科　锥属

乔木，高5~15 m。叶革质，长椭圆形、卵状椭圆形，长7~15 cm，顶部渐尖或骤狭急尖，短尾状，叶缘在中部以上有锯齿状锐齿。雌花序长达15 cm。壳斗圆球形或半圆球形，全包或包着坚果的大部分，径1.2~1.5 cm，小苞片鳞片状，横向连生成4~6圆环；坚果近圆球形，径1.0~1.4 cm。花期4~5月，果6~12月成熟。

生于丘陵或山坡疏林或密林中。常见。

种子是制粉条和豆腐的原料，制成的豆腐称为"苦槠豆腐"。木材坚硬致密，作家具、体育用具用材。

钩栲（钩栗、大叶锥栗）
Castanopsis tibetana Hance

壳斗科　锥属

乔木，高达30 m。叶厚革质，卵状椭圆形、长椭圆形或长圆形，长15~30 cm，叶缘至少在近顶部有锯齿状锐齿，侧脉直达齿端。雄穗状花序呈圆锥状，雌花序长5~25 cm。壳斗圆球形，连刺直径5~8 cm，整齐的4瓣开裂，刺通常在基部合生成刺束，将壳壁完全遮蔽；坚果扁圆锥形，直径2.0~2.8 cm。花期4~5月，果7~12月成熟。

生于山地林中或平地路旁。常见。

材质坚重，耐水湿，宜作坑木、建筑及家具等用材。果可食。树皮可作栲胶原料。果药用，治痢疾。

细叶青冈
Cyclobalanopsis gracilis (Rehd. & Wils.) W. C. Cheng & T. Hong

壳斗科　青冈属

常绿乔木，高达15 m。叶长卵形至卵状披针形，长4.5~9.0 cm，顶端渐尖至尾尖，叶缘1/3以上有细尖锯齿，叶背灰白色。壳斗碗形，包着坚果1/3~1/2，直径1.0~1.3 cm；小苞片合生成6~9条同心环带，环带边缘通常有裂齿；坚果椭圆形，直径约1 cm。花期3~4月，果期10~11月。

生于山地阔叶林中。常见。

木材坚韧，可为桩柱、车船、工具柄等用材。

大叶青冈
Cyclobalanopsis jenseniana (Hand.-Mazz.) Cheng et T. Hong

壳斗科　青冈属

常绿乔木，高达30 m。叶薄革质，长椭圆形或倒卵状长椭圆形，长12~30 cm，顶端尾尖或渐尖，全缘。壳斗杯形，包着坚果1/3~1/2，直径1.3~1.5 cm；小苞片合生成6~9条同心环带，环带边缘有裂齿。坚果长卵形或倒卵形。花期4~6月，果期10~11月。

生于山坡、山谷、沟边阔叶林中。常见。

木材坚硬，可为家具等用材。

青冈
Cyclobalanopsis glauca (Thunb.) Oerst.

壳斗科　青冈属

常绿乔木，高达20 m。叶革质，倒卵状椭圆形或长椭圆形，长6~13 cm，叶缘中部以上有疏锯齿，叶背常有白色鳞秕。壳斗碗形，包着坚果1/3~1/2，直径0.9~1.4 cm；小苞片合生成5~6条同心环带，环带全缘或细缺刻；坚果卵形、长卵形或椭圆形，直径0.9~1.4 cm。花期4~5月，果期10月。

生于山坡或沟谷。常见。

木材坚韧，可为桩柱、车船、农具、家具等用材。种子含淀粉，可作饲料、酿酒。树皮、壳斗含鞣质，可制栲胶。

雷公青冈
Cyclobalanopsis hui (Chun) Chun ex Y. C. Hsu et H. W. Jen

壳斗科　青冈属

常绿乔木，高5~15 m。叶薄革质，长椭圆形、倒披针形，长7~13 cm，顶端圆钝，全缘或顶端有数对不明显浅锯齿。雄花序全体被黄棕色茸毛。壳斗浅碗形至深盘形，包着坚果基部，直径1.5~3.0 cm，内外壁均密被黄褐色茸毛；小苞片合生成4~6条同心环带；坚果扁球形，直径1.5~2.5 cm。花期4~5月，果期6~12月。

生于山地阔叶林或湿润密林中。少见。

木材坚韧，可为工具柄、家具等用材。

褐叶青冈
Cyclobalanopsis stewardiana (A.Camus) Y. C. Hsu & H.W. Jen

壳斗科 青冈属

常绿乔木，高12 m。叶椭圆状披针形或长椭圆形，长6~12 cm，顶端尾尖或渐尖，叶缘中部以上有疏浅锯齿，叶背灰白色，干后带褐色。花序轴密生棕色茸毛。壳斗杯形，包着坚果1/2，直径1.0~1.5 cm；小苞片合生成5~9条同心环带；坚果宽卵形，直径0.8~1.5 cm。花期7月，果期10月。

生于山顶、山坡阔叶林中。常见。

木材坚硬，为家具良材。

水青冈
Fagus longipetiolata Seem.

壳斗科 水青冈属

乔木，高达25 m。冬芽长达20 mm。叶长9~15 cm，宽4~6 cm，顶部短尖至短渐尖，基部宽楔形或近于圆形，叶缘波浪状，有短的尖齿，侧脉每边9~15条；开花期的叶沿叶背中、侧脉被长伏毛。总梗长1~10 cm；壳斗3~4瓣裂；小苞片线状，向上弯钩，最长达7 mm；有坚果2个。花期4~5月，果期9~10月。

生于海拔300~2 400 m山地杂木林中，与常绿或落叶树混生，常为上层树种。南雄较少见。

为优良地板材。

木姜叶柯（甜茶）
Lithocarpus litseifolius (Hance) Chun

壳斗科 柯属

乔木，高11~15 m。叶近革质，倒卵状椭圆形至卵形，长8~18 cm，全缘。果序长达30 cm；壳斗浅碟状，宽8~14 mm，包围坚果基部，小苞片三角形，紧贴，覆瓦状排列，近环状排列；坚果宽圆锥形或近圆球形，栗褐色或红褐色。花期5~9月，果7~10月成熟。

生于山谷林中。南雄少见。

材质坚重，作农具、家具等用材。嫩叶有甜味，嚼烂时为黏胶质，可用其叶作茶叶代品，通称"甜茶"。

柯
Lithocarpus glaber (Thunb.) Nakai

壳斗科　柯属

乔木，高7~15 m。叶革质，倒卵状椭圆形或长椭圆形，长6~14 cm，顶部突急尖，短尾状，上部叶缘有2~4个浅裂齿或全缘，叶背面有较厚的蜡鳞层。壳斗碟状或浅碗状，宽10~15 mm，包围坚果基部；小苞片三角形，甚细小，紧贴，覆瓦状排列或连生成环；坚果椭圆形或长卵形，暗栗褐色。花、果期7~11月。

生于山地阔叶林中。常见。

材质坚硬，宜作家具、农具等用材。

硬壳柯
Lithocarpus hancei (Benth.) Rehd.

壳斗科　柯属

乔木，高约15 m。叶革质，倒卵形至披针形，长7~14 cm，基部通常沿叶柄下延，全缘。壳斗浅碗状至浅碟状，宽10~20 mm，包着坚果不到1/3，小苞片鳞片状三角形，紧贴，覆瓦状排列或连生成数个圆环，壳斗通常3~5个一簇；坚果扁圆形，近圆球形或圆锥形。花期4~6月，果6~12月成熟。

产于乐城、九峰、五山、沙坪、坪石等地；生于山地阔叶林中。

木材可作农具、家具等用材，还常用以种植香菇。

滑皮柯
Lithocarpus skanianus (Dunn) Rehd.

壳斗科　柯属

乔木。叶椭圆形或倒披针状椭圆形，长6~20 cm，顶部短尾状突尖或渐尖，全缘或在近顶部浅波状。壳斗扁圆至近圆球形，宽15~25 mm，包着坚果绝大部分或几全包坚果，小苞片钻尖状或短线状，扩展或顶部弯钩；坚果扁圆形或宽圆锥形。花、果期9~12月。

生于山地常绿阔叶林中。常见树种。

木材坚实，可作家具、农具用材。

麻栎
Quercus acutissima Carruth.

壳斗科 栎属

落叶乔木，高达30 m。树皮深纵裂。叶通常为长椭圆状披针形，长8~19 cm，顶端长渐尖，叶缘有刺芒状锯齿。壳斗碗形，包着坚果约1/2，连小苞片直径2~4 cm；小苞片钻形或扁条形，向外反曲，被灰白色茸毛；坚果卵形或椭圆形。花期3~4月，果期9~12月。

生于林缘或山坡树林中。常见。

材质坚硬，为枕木等用材。种子可作饲料和工业用淀粉。作栽培香菇用，所产香菇品质上乘，产量高。

乌冈栎
Quercus hillyraeoides A. Gray

壳斗科 栎属

常绿灌木或小乔木，高达10 m。叶革质，倒卵形或窄椭圆形，长2~6 cm，叶缘中部以上具疏锯齿。壳斗杯形，包着坚果1/2~2/3，直径1.0~1.2 cm；小苞片三角形，覆瓦状排列紧密，除顶端外均被灰白色柔毛；果长椭圆形。花期3~4月，果期9~10月。

生于山坡、山顶和山谷密林中，常生于岩石上。较少见。

木材坚硬，为家具、农具等用材。

165.榆科 Ulmaceae

糙叶树
Aphananthe aspera (Thunb.) Planch.

榆科 糙叶树属

落叶乔木。树皮纵裂，粗糙。叶纸质，卵形或卵状椭圆形，长5~10 cm，宽3~5 cm，先端渐尖，基部宽楔形或浅心形，有的稍偏斜，边缘锯齿有尾状尖头，基部三出脉，叶面被毛，粗糙。雄聚伞花序生于新枝的下部叶腋，雌花单生于上部叶腋。核果近球形，长8~13 mm，直径6~9 mm。花期3~5月，果期8~10月。

生于海拔500~1 000 m的山谷、溪边林中。南雄较少见。

枝皮纤维供制人造棉、绳索用；木材坚硬细密，供制家具等用。

朴树
Celtis sinensis Pers.

榆科　朴树属

落叶乔木，高达20 m。叶卵形或阔卵形，基部歪斜，边缘上半部有浅锯齿，叶脉三出，侧脉在6对以下。花1~3朵生于当年生枝叶腋。核果近球形，直径4~5 mm，熟时橙红色，核果表面有凹点及棱背，单生或两个并生。花期4月，果10月成熟。

生于山坡、林缘、村庄、路旁。常见。

树皮纤维作造纸和人造棉原料。根皮药用，可散瘀止泻。

假玉桂
Celtis timorensis Span.

榆科　假玉桂属

常绿乔木，高达20 m，木材有恶臭。当年生小枝幼时有金褐色短毛。叶幼时被金褐色短毛，革质，卵状椭圆形或卵状长圆形，长5~13 cm，宽2.5~6.5 cm，先端渐尖至尾尖，基部宽楔形至近圆形，稍不对称；基部一对侧脉延伸达3/4以上，因而似具3条主脉。小聚伞圆锥花序。果宽卵状，先端残留花柱基部而呈一短喙状，长8~9 mm，成熟时黄色、橙红色至红色。

多生于海拔50~140 m路旁、山坡、灌丛至林中。常见。

多脉榆
Ulmus castaneifolia Hemsl.

榆科　榆属

落叶乔木，高达20 m。树皮厚，木栓层发达，纵裂成条状或长圆状块片脱落。枝多少被毛，具散生皮孔。叶质地通常较厚，长8~15 cm，宽3.5~6.5 cm，基部常明显地偏斜，较长的一边往往覆盖叶柄，边缘具重锯齿。花在去年生枝上排成簇状聚伞花序。翅果长2~3 cm，宽1.0~1.6 cm，果核部分位于翅果上部。花、果期3~4月。

生于海拔400~1 600 m地带之山坡及山谷的阔叶林中。少见。

木材坚实，纹理直，结构略粗，有光泽及花纹。可作家具、车辆、造船及室内装修等用材。

榔榆
Ulmus parvifolia Jacq.

榆科 榆属

落叶灌木或乔木，高5~10 m。叶革质，椭圆形，长2~8 cm，基部偏斜，边缘有钝而整齐的单锯齿，侧脉每边10~15条。花3~6朵在叶腋簇生或排成簇状聚伞花序。翅果椭圆形或卵状椭圆形，长10~13 mm，果核部分位于翅果的中上部，上端接近缺口。花、果期8~10月。

生于山坡、村旁。南雄盆地的紫色土地区常见。

木材可供家具等用。树皮可作蜡纸及人造棉原料等。树皮或根皮药用，可利水、通淋、消痈。可作庭院绿化和盆栽树种。

167.桑科 Moraceae

白桂木（将军树）
Artocarpus hypargyreus Hance

桑科 桂木属

乔木，高达10 m。叶互生，革质，椭圆形至倒卵形，长8~22 cm，全缘，幼树之叶常为羽状浅裂，背面被粉末状柔毛，侧脉弯拱向上，与网脉在背面明显突起。花序单生叶腋。聚花果近球形，直径3~5 cm，浅黄色至橙黄色，微具乳头状凸起。花期春、夏季，果期5~7月。

生于低海拔至中海拔丘陵或山谷常绿阔叶林中。常见。

濒危珍稀植物。木材可作家具用材。果味酸甜，可食用。根药用，有祛风活血、除湿消肿的功效。

构树
Broussonetia papyrifera (Linn.) L'Herit. ex Vent.

桑科 构属

落叶乔木，高达16 m。全株含白色乳汁。叶卵圆至阔卵形，长8~20 cm，基部圆形或近心形，边缘有粗齿，不分裂或2~5深裂，两面有毛。雄花序穗状，长6~8 cm。聚花果球形，直径1.5~3.0 cm，熟时橙红色或鲜红色。花期4~5月，果期7~9月。

生于低海拔的山谷、丘陵、旷野和村旁。常见。

植株抗污染能力强，可用作工厂绿化。茎皮、根皮入药，能利水消肿。果有清热止咳、强筋壮骨的功效。

雅榕（小叶榕）
Ficus concinna Miq.

桑科 榕属

高大乔木，高15~20 m。叶狭椭圆形，长5~10 cm，全缘，两面光滑无毛。榕果成对腋生或3~4个簇生于无叶小枝叶腋，球形，直径4~5 mm，成熟时淡蓝紫色，梗短或近无梗。花、果期4~10月。

村庄周围常见。

根、叶、果实药用，能祛风除湿；根皮治骨折。为常见庭园、路旁绿化树种。

笔管榕
Ficus superba Miq. var *japonica* Miq.

桑科 榕属

落叶乔木，有时有气根。叶互生或簇生，近纸质，椭圆形至长圆形，长10~15 cm，宽4~6 cm，先端短渐尖，基部圆形，边缘全缘或微波状，侧脉7~9对；托叶膜质，早落。榕果单生或成对或簇生于叶腋或生无叶枝上，扁球形，直径5~8 mm，成熟时紫黑色，顶部微下陷；雄花、瘿花、雌花生于同一榕果内。花期4~6月。

生于海拔140~1 400 m平原或村庄、林下。较少见。

171.冬青科 Aquifoliaceae

冬青
Ilex chinensis Sims

冬青科 冬青属

常绿乔木，高达13 m。叶片薄革质至革质，椭圆形或披针形，长5~11 cm，边缘具圆齿。雄花序具三至四回分枝，每分枝具花7~24朵；花淡紫色或紫红色；雌花序具一至二回分枝，具花3~7朵。果长球形，成熟时红色，直径6~8 mm。花期4~6月，果期7~12月。

生于山坡常绿阔叶林中和林缘。常见。

可作庭园观赏树种。树皮及种子供药用，为强壮剂，且有较强的抑菌和杀菌作用；根、叶有清热利湿、解毒、消肿镇痛之功效。

榕叶冬青
Ilex ficoidea Hemsl.

冬青科　冬青属

常绿乔木，高8~12 m。叶革质，长圆状椭圆形，卵状椭圆形，长4.5~10.0 cm，顶端骤然尾状渐尖，边缘具不规则的细圆齿状锯齿。聚伞花序或单花簇生于当年生枝的叶腋内，花白色或淡黄绿色，芳香。果球形或近球形，直径5~7 mm，成熟后红色。花期3~4月，果期8~11月。

生于山地常绿阔叶林、疏林内或林缘。较少见。

根药用，有解毒、消炎止痛之功效。

铁冬青（救必应）
Ilex rotumda Thunb.

冬青科　冬青属

常绿乔木，高可达20 m。叶薄革质，卵形、倒卵形或椭圆形，长4~9 cm，全缘，稍反卷。聚伞花序具4~13朵花，单生于当年生枝的叶腋内；花白色，4基数。果近球形，直径4~6 mm，成熟时红色，宿存柱头厚盘状，5~6浅裂。花期4月，果期8~12月。

生于低海拔山谷、溪边。常见。

叶和树皮入药，有散瘀止血、清热利湿、消炎解毒、消肿镇痛之功效。枝叶作造纸糊料原料。树形美观，果红色，为优良庭园观赏树种。

紫果冬青
Ilex tsoii Merr. et Chun

冬青科　冬青属

落叶灌木或小乔木，具长枝和短枝。叶在长枝上互生，在短枝上1~3枚簇生于顶端；叶片纸质，卵形或卵状椭圆形，长5~10 cm，宽3~5 cm，先端渐尖，基部圆形或钝，边缘具细锐锯齿。雄花序单花或2~3花簇生，花6基数；雌花序单生。果球形，直径6~8 mm，成熟时紫黑色。花期5~6月，果期6~8月。

生于海拔510~2 600 m的山谷密林、疏林或路旁灌丛中。常见。

173.卫矛科 Celastraceae

大果卫矛
Euonymus myrianthus Hemsl.

卫矛科 卫矛属

常绿灌木或小乔木，高1~6 m。叶革质，倒卵状披针形至长椭圆形，长5~13 cm，边缘常呈波状或具明显钝锯齿。聚伞花序，常数个花序着生于新枝顶端，2~4次分枝；花黄色，直径达10 mm。蒴果金黄色，多呈倒卵状，直径约1 cm；种子假种皮橘黄色。果期7~9月。

生于山坡溪边、沟谷较湿润处。少见。

根入药，可补肾活血、健脾利湿。树形优美，果实金黄，可栽培供观赏。

182.铁青树科 Olacaceae

华南青皮木
Schoepfia chinensis Gardn. et Champ.

铁青树科 青皮木属

落叶小乔木，高2~6 m。叶纸质或坚纸质，长椭圆形、椭圆形或卵状披针形，长5~9 cm；叶脉及叶柄红色。花2~3朵排成短穗状或近似头状花序式的聚伞花序；花冠管状，黄白色或淡红色，具4~5枚小裂齿。果椭圆状或长圆形，长约1 cm，成熟时紫红色转蓝黑色。花期2~4月，果期4~6月。

生于低海拔林区山谷、溪边的密林或疏林中。常见。

树形美观，可栽培观赏。根药用，清热利湿、消肿止痛。

190.鼠李科 Rhamnaceae

枳椇（拐枣）
Hovenia acerba Lindl.

鼠李科 枳椇属

落叶乔木，高10~25 m。嫩枝、叶柄、花序被棕褐色短柔毛。叶纸质，宽卵形、椭圆状卵形，长8~17 cm，边缘具锯齿。二歧式聚伞圆锥花序；萼片具网状脉或纵条纹；花瓣椭圆状匙形，具短爪。浆果状核果近球形；果序轴果熟时明显肥厚、肉质，熟时棕色。花期5~6月，果期9~12月。

生于村边、山坡疏林中。常见。

种子入药，可除烦止渴、解酒、利二便。果序轴熟时味甜，可食。

194.芸香科 Rutaceae

华南吴茱萸
Evodia austro-sinensis Hand.-Mazz.

芸香科　吴茱萸属

乔木，高6~20 m。嫩枝及芽密被灰或红褐色短茸毛。叶有小叶5~13片，小叶卵状椭圆形或长椭圆形，长7~15 cm，叶两面有柔毛。花序顶生，多花；萼片及花瓣均5枚；花瓣淡黄白色。分果片淡紫红至深红色，油点微凸起。花期6~7月，果期9~11月。

生于山谷林中。少见。

果入药，可温中散寒、行气止痛。

椿叶花椒（樗叶花椒）
Zanthoxylum ailanthoides Sieb. et Zucc.

芸香科　花椒属

落叶乔木，高可达15 m。茎干有鼓钉状锐刺，花序轴及小枝顶部常散生短直刺。叶有小叶11~27片或稍多；小叶整齐对生，狭长披针形或近卵形，长7~18 cm，叶缘有明显裂齿，油点多，肉眼可见。伞房状圆锥花序顶生，多花；花瓣淡黄白色。分果片淡红褐色。花期6~8月，果期7~11月。

生于山谷林中。常见。

树皮药用，可祛风通络、活血散瘀；果实有毒。

197.楝科 Meliaceae

苦楝（楝树、楝）
Melia azedarach Linn.

楝科　楝属

落叶乔木，高达10 m以上。叶为二至三回奇数羽状复叶；小叶对生，卵形、椭圆形至披针形，长3~7 cm，边缘有钝锯齿。圆锥花序约与叶等长；花芳香；花瓣淡紫色，倒卵状匙形。核果球形至椭圆形，长1~2 cm，内果皮木质。花期4~5月，果期10~12月。

生于低海拔旷野、路旁或疏林中。常见。

是低丘山区的良好造林树种。木材为家具、建筑、乐器等用材。用鲜叶可灭钉螺和作农药，用根、皮可驱蛔虫和钩虫。根皮粉调醋可治疥癣，用苦楝子做成油膏可治头癣。

198.无患子科Sapindaceae

无患子（洗手果、木患子）
Sapindus saponaria Linn.

无患子科　无患子属

落叶大乔木，高可达20 m。小叶5~8对，通常近对生，叶片薄革质，长椭圆状披针形或稍呈镰形，长7~15 cm，基部稍不对称。花序顶生，圆锥形；花小，辐射对称。果的发育分果片近球形，直径2.0~2.5 cm，橙黄色，干时变黑。花期5月，果期7~9月。

生于山脚、村旁。常见。

根和果入药，能清热解表、消炎止痛。果皮含有皂素，可代肥皂用，尤适宜于丝质品之洗涤。

198B.伯乐树科Bretschneideraceae

伯乐树（钟萼木）
Bretschneidera sinensis Hemsl.

伯乐树科　伯乐树属

落叶乔木，高10~20 m。小叶7~15片，狭椭圆形、长圆状披针形或卵状披针形，多少偏斜，长6~26 cm。总状花序长20~36 cm；花淡红色，直径约4 cm；花萼钟状，顶端具短的5齿；花瓣阔匙形，内面有红色纵条纹。果椭圆球形，或阔卵形，直径2.0~3.5 cm；种子成熟时红色。花期3~9月，果期5月至翌年4月。

生于低海拔至中海拔的山地林中。少见。

国家一级保护植物。树皮入药，可祛风活血，用于治疗筋骨痛。

200.槭树科Aceraceae

樟叶槭
Acer cinnamomifolium Hayata

槭树科　槭树属

常绿乔木，高10~20 m。叶革质，长椭圆形或长圆状披针形，长8~12 cm，全缘，下面被白粉和淡褐色茸毛。伞房花序。翅果淡黄色，翅连同小坚果长2.8~3.2 cm，张开成锐角或近于直角。果期7~9月。

生于阔叶林中。常见。

生长迅速，为优良速生用材树种。根入药，可祛风除湿。

青榨槭
Acer davidii Franch.

槭树科　槭树属

落叶乔木，高10~20 m。叶纸质，长圆状卵形，长6~14 cm，边缘具不整齐的钝圆齿，或常有规则的深裂或浅裂。雄花与两性花同株，成顶生下垂的总状花序，花、叶同时开展。翅果嫩时淡绿色，成熟后黄褐色，展开成钝角或几乎成水平。花期4月，果期9月。

生于山地疏林中。常见。

生长迅速，树冠整齐，可作绿化和造林树种。

罗浮槭
Acer fabri Hance

槭树科　槭树属

常绿乔木，高约10 m。叶革质，披针形、长圆状披针形或长圆状倒披针形，长7~11 cm，全缘。花杂性，雄花与两性花同株，常成伞房花序。翅果嫩时紫色，成熟时黄褐色或淡褐色，翅连同小坚果长3.0~3.4 cm，张开成钝角。花期3~4月，果期9月。

生于疏林中或山谷、溪边。常见。

树形优美，可作庭园观赏树种。果实入药，可治声音嘶哑。

岭南槭
Acer tutcheri Duthie

槭树科　槭树属

落叶乔木，高5~10 m。叶纸质，阔卵形，长6~7 cm，常3裂，稀5裂；裂片三角状卵形，边缘具稀疏而紧贴的锐尖锯齿；叶柄长2~3 cm。花杂性，雄花与两性花同株，常生成顶生的粗圆锥花序。翅果嫩时淡红色，成熟时淡黄色；果翅张开成钝角。花期4月，果期9月。

生于疏林中。常见。

树形优美，可栽培供观赏。

201.清风藤科 Sabiaceae

香皮树
Meliosma fordii Hemsl.

清风藤科 泡花树属

乔木，高可达10 m。小枝、叶柄、叶背及花序被柔毛。单叶，具长1.5~3.5 cm的叶柄，叶近革质，倒披针形或披针形，长9~25 cm，宽2.5~8.0 cm，先端渐尖，基部狭楔形，下延，全缘或近顶部有数锯齿。圆锥花序顶生或近顶生，花直径1.0~1.5 mm。果近球形或扁球形，直径3~5 mm。花期5~7月，果期8~10月。

生于海拔1 000 m以下的热带亚热带常绿林中。常见。

树皮及叶药用，有滑肠功效，治便秘。

狭序泡花树
Meliosma paupera Hand.-Mazz.

清风藤科 泡花树属

常绿小乔木，高可达9 m。单叶，薄革质，倒披针形或狭椭圆形，长5.5~14.0 cm，基部渐狭，下延，全缘或中部以上每边有1~4个疏而具刺的锯齿，叶背具平伏细毛。圆锥花序顶生，呈疏散扫帚状，向下弯垂。核果球形，直径4~5 mm。花期夏季，果期8~10月。

生于山谷、溪边、林间。少见。

笔罗子（野枇杷）
Meliosma rigida Sieb. et Zucc.

清风藤科 泡花树属

小乔木，高达7 m。芽、幼枝、叶背中脉、花序均被绣色茸毛。单叶，革质，倒披针形或狭倒卵形，长8~25 cm，中部以上有锯齿。圆锥花序顶生，主轴具3条棱，具3次分枝。核果球形，直径5~8 mm。花期夏季，果期9~10月。

生于阔叶林中。少见。

木材坚硬，可作工具柄等用材。

红柴枝
Meliosma oldhamii Maxim.

清风藤科　泡花树属

落叶乔木，高可达20 m。叶总轴、小叶柄及叶两面均被褐色柔毛。羽状复叶；有小叶7~15片，小叶薄纸质，长圆状卵形或狭卵形，长5.5~10.0 cm，边缘具疏离的锐尖锯齿。圆锥花序顶生，具3次分枝，被褐色短柔毛；花白色。核果球形，直径4~5 mm。花期5~6月，果期8~9月。

生于湿润山坡、山谷林间。少见。

木材坚硬，可作车船及家具用材。种子油可制润滑油。

204.省沽油科 Staphyleaceae

野鸦椿
Euscaphis japonica (Thunb.) Kanitz

省沽油科　野鸦椿属

落叶小乔木或灌木，高2~8 m。小枝及芽红紫色，枝叶揉碎后有恶臭味。叶对生，小叶5~9片，对生，厚纸质，长卵形或椭圆形，长4~7 cm，边缘具疏短锯齿，齿尖有腺体。圆锥花序顶生，分枝常对生。蓇葖果长1~2 cm，紫红色，有纵脉纹；种子近圆形，黑色，有光泽。花期4~5月，果期8~9月。

生于山地疏林中。常见。

根及干果入药，可祛风散寒、收敛止泻。可栽培作观赏植物。

205.漆树科 Anacardiaceae

南酸枣（山枣、五眼果、醋酸果）
Choerospondias axillaris (Roxb.) Burtt. et Hill.

漆树科　南酸枣属

落叶乔木，高达25 m。奇数羽状复叶，有小叶3~6对；小叶卵形至卵状披针形，长4~12 cm，全缘或幼株叶边缘具粗锯齿。雄花序为圆锥状，雌花单生于上部叶腋。核果椭圆形，成熟时黄色，直径约2 cm，果核顶端具5个小孔。花期3~5月，果期秋季。

生于山坡、丘陵或沟谷林中。常见。

速生用材树种。果可生食、制酸枣糕或酿酒。果核可作活性炭原料。树皮和果入药，有消炎解毒、止血止痛之功效。

黄连木（黄连树、黄连茶）
Pistacia chinensis Buncie

漆树科 黄连木属

落叶乔木，高达20 m。树干扭曲，树皮呈鳞片状剥落。奇数羽状复叶互生，有小叶5~6对；小叶纸质，披针形或卵状披针形，长5~10 cm，基部偏斜，全缘。花单性异株，先花后叶，圆锥花序腋生，雄花序排列紧密，雌花序排列疏松。核果倒卵状球形，略压扁，成熟时紫红色。

生于疏林中。少见。

木材鲜黄色，可提取黄色染料；材质坚硬致密，可作家具等用材。树皮、根入药，有清热解毒之功效。

木蜡树（山漆树、野毛漆）
Toxicodendron sylvestre (Sieb. et Zucc.) O. Kuntze

漆树科 漆属

落叶乔木或小乔木，高达10 m。奇数羽状复叶互生，有小叶3~6对，叶轴和叶柄密被黄褐色茸毛；小叶纸质，卵形或卵状椭圆形或长圆形，长4~10 cm，全缘，叶两面被柔毛。圆锥花序，密被锈色茸毛；花黄色。核果极偏斜，压扁。

生于疏林中。常见。

根、茎皮药用，可散瘀消肿、止血生肌。种子油、树液可作油漆原料。果皮可取蜡，作蜡烛、蜡纸原料。

207.胡桃科Juglandaceae

少叶黄杞
Engelhardtia fenzlii Merr.

胡桃科 黄杞属

小乔木，高3~18 m。枝条有圆形腺体。偶数羽状复叶；小叶1~2对，叶片椭圆形至长椭圆形，长5~13 cm，宽2.5~5.0 cm，全缘，基部歪斜。雌雄同株或稀异株；雌雄花序常生于枝顶端而成圆锥状或伞形状花序束，均为葇荑状，花稀疏散生。果序长7~12 cm，俯垂；果实球形，直径3~4 mm；苞片托于果实，膜质，3裂。7月开花，9~10月果成熟。

生于海拔400~1 000 m的林中或山谷。常见

树皮纤维质量好，可制人造棉，亦含鞣质可提栲胶；叶有毒，制成溶剂能防治农作物病虫害，亦可毒鱼；木材为工业用材和制造家具。

华东野核桃
Juglans cathayensis var. *formosana* (Hayata) A. M. Lu et R. H. Chang

胡桃科　胡桃属

乔木，高达12~25 m。幼枝被腺毛，髓心薄片状分隔；顶芽锥形，密生毛。奇数羽状复叶，具9~17枚小叶。雄性葇荑花序生于去年生枝顶端叶痕腋内，雌性花序生于当年生枝顶端。果序常具6~13个果，果实卵形或卵圆状，长3~6 cm；外果皮密被腺毛，顶端尖，核卵状或阔卵状，果核较野核桃平滑；内果皮坚硬，有2条纵向棱脊，皱纹不明显，无刺状凸起及深凹窝，仁小。花期4~5月，果期8~10月。

生于海拔800~2 800 m的杂木林中。常见。

种子油可食用。木材坚实，经久不裂，可作各种家具用材。内果皮厚，可制活性炭。树皮的韧皮纤维可作纤维工业原料。

化香树
Platycarya strobilacea Sieb. et Zucc.

胡桃科　化香树属

落叶小乔木，高2~6 m。小叶7~23片；小叶纸质，卵状披针形至长椭圆状披针形，长4~11 cm，不等边，基部歪斜，边缘有锯齿。两性花序和雄花序在小枝顶端排列成伞房状花序束，直立。果序球果状，长2.5~5.0 cm；小坚果背腹压扁，两侧具狭翅。花期5~6月，果期7~8月。

生于向阳山坡及阔叶林中。少见。

叶入药，用于止痒、杀虫，叶饲养化香夜蛾，其产生的虫屎用于活络血脉。

枫杨
Pterocarya stenoptera C. DC.

胡桃科　枫杨属

大乔木，高达30 m。羽状复叶长20~40 cm，叶轴具翅；小叶10~16片，对生，长椭圆形，长8~12 cm，基部歪斜，边缘有向内弯的细锯齿。雄性葇荑花序单独生于二年生枝条上叶痕，腋内；雌性葇荑花序顶生。果序长20~45 cm；果长椭圆形，翅狭，条形或阔条形。花期4~5月，果期8~9月。

生于河滩、阴湿山坡地的林中。常见。

作庭园树或行道树。茎皮入药，有祛风、杀虫、消毒的作用。

209. 山茱萸科 Cornaceae

尖叶四照花（狭叶四照花）
Dendrobenthamia angustata (Chun) Fang

山茱萸科　四照花属

常绿乔木或灌木，高4~12 m。叶对生，薄革质，长圆状椭圆形至卵状披针形，长7~9 cm，顶端尾状渐尖，下面灰绿色，密被白色贴生短柔毛。头状花序球形；总苞片4枚，长卵形至倒卵形，长2.5~5.0 cm，初为淡黄色，后变为白色。果序球形，直径2.5 cm，成熟时红色。花期6~7月，果期10~11月。

生于密林内或混交林中。常见。

果实成熟时味香甜可食。可栽培供庭园观赏。

210. 八角枫科 Alangiaceae

八角枫
Alangium chinense (Lour.) Harms

八角枫科　八角枫属

落叶小乔木或灌木，高3~15 m。小枝略呈"之"字形，幼枝紫绿色。叶纸质，近圆形或椭圆形、卵形，基部两侧不对称，长13~26 cm，不分裂或3~9裂。聚伞花序腋生；花瓣6~8枚，线形，长1.0~1.5 cm，开花后上部反卷，初为白色，后变黄色。核果卵圆形，幼时绿色，成熟后黑色。花、果期5~11月。

生于山地疏林中、村边。常见。

本种药用，根名"白龙须"，茎名"白龙条"，有消肿止痛、活血散瘀的功效。

毛八角枫
Alangium kurzii Craib.

八角枫科　八角枫属

落叶小乔木或灌木，高5~10 m。叶纸质，近圆形或阔卵形，基部心形或近心形，两侧不对称，全缘，长12~14 cm，下面有黄褐色丝状茸毛。聚伞花序有5~7朵花；花瓣6~8枚，线形，长2.0~2.5 cm，上部开花时反卷，初白色，后变淡黄色。核果长圆状椭圆形，直径8 mm，成熟后黑色。花期5~6月，果期9月。

生于山地疏林中。常见。

根药用，可散瘀止痛。

211.珙桐科 Nyssaceae

蓝果树（紫树）
Nyssa sinensis Oliv.

珙桐科　紫树属

落叶乔木，高达20余米。叶纸质，椭圆形或长卵形，长12~15 cm，边缘略呈浅波状，干燥后深紫色。花序伞形或短总状，花雌雄异株；雄花着生于叶已脱落的老枝上；雌花生于具叶的幼枝上。核果长圆状椭圆形或长倒卵圆形，长1.0~1.2 cm，成熟时深蓝色，后变深褐色。花期4~5月，果期6~8月。

生于山地林中。常见。

木材坚硬，为优良建筑、家具和砧板用材。树皮中提取的蓝果碱有抗癌作用。为优良庭园彩叶树种。

212.五加科 Araliaceae

树参（半枫荷）
Dendropanax dentiger (Harms) Merr.

五加科　树参属

小乔木或灌木，高2~8 m。叶革质，密生粗大半透明红棕色腺点，叶形变异很大，不分裂叶片通常为椭圆形或椭圆状披针形；分裂叶片倒三角形，掌状2~3深裂或浅裂。伞形花序顶生，单生或2~5个聚生成复伞形花序。果长圆状球形，有5条棱，每条棱又各有纵脊3条。花期8~10月，果期10~12月。

生于常绿阔叶林或灌丛中。少见。

根、茎药用，可祛风湿、通经络、散瘀血、壮筋骨。

短梗幌伞枫
Heteropanax brevipedicellatus Li

五加科　幌伞枫属

常绿灌木或小乔木，高3~9 cm。新枝、叶轴、花序主轴和分枝密生暗锈色茸毛。叶四至五回羽状复叶，长达90 cm；小叶纸质，椭圆形至狭椭圆形，全缘，稀在中部以上疏生不规则细锯齿。伞形花序头状，组成圆锥花序顶生。果扁球形，黑色，宽7~8 mm。花期11~12月，果期翌年1~2月。

生于低山、丘陵林中、林缘、路旁。常见。

根和树皮入药，可舒筋活络、消炎生肌。树姿优美，可作庭园观赏树。

221.柿树科 Ebenaceae

野柿
Diospyros kaki Thunb. var. *silvestris* Makino

柿树科 柿树属

落叶乔木，高3~10 m。小枝及叶柄常密被黄褐色柔毛，叶较栽培柿树的叶小，叶片下面的毛较多。花较小，果亦较小，直径2~5 cm。

生于山地、山坡灌丛或次生林中。常见。

果实脱涩后可食。可作柿树的砧木。根、叶、宿萼药用，有行气活血、祛痰、清热凉血、润肠之功效。

君迁子
Diospyros lotus Linn.

柿树科 柿树属

落叶乔木，高可达30 m。叶薄纸质，椭圆形至长椭圆形，长5~13 cm，下面粉绿色。雄花1~3朵腋生；雌花单生，几乎无梗，淡绿色或带红色；花冠壶形，4裂，偶有5裂，裂片近圆形。果近球形或椭圆形，直径1~2 cm，熟时为淡黄色转为蓝黑色，常被白色薄蜡层。花期5~6月，果期10~11月。

生于山地、山坡、山谷灌丛中或林缘。常见。

果可食，亦可制糖、酿酒、制醋；入药可止渴、去烦热、降血压。木材可作雕刻、小用具用材。

罗浮柿
Diospyros morrisiana Hance

柿树科 柿树属

乔木，高可达20 m。叶薄革质，长椭圆形或卵形，长5~10 cm，叶缘微背卷。雄花序短小，腋生，聚伞花序式；雌花单生于叶腋；花萼浅杯状，内面密生棕色绢毛，4裂；花冠近壶形；裂片4枚，卵形。果球形，直径约1.8 cm，黄色；宿存萼平展，近方形；果柄很短。花期5~6月，果期11月。

生于山坡、山谷疏林或密林中。常见。

木材可制家具等。茎皮、叶、果入药，有解毒消炎、收敛之功效。

223. 紫金牛科 Myrsinaceae

密花树
Rapanea neriifolia (Sieb. et Zucc.) Mez

紫金牛科　密花树属

灌木或小乔木，高2~12 m。叶革质，长圆状倒披针形或倒披针形，基部楔形，多少下延，长7~17 cm，全缘。伞形花序或花簇生，有花3~10朵；花瓣白色或淡绿色，有时为紫红色。果球形或近卵形，灰绿色或紫黑色。花期4~5月，果期10~12月。

生于林缘、路旁灌丛中。常见。

根煎水服，可治膀胱结石。

224. 安息香科 Styracaceae

赤杨叶（冬瓜木、拟赤杨）
Alniphyllum fortunei (Hemsl.) Makino

安息香科　赤杨叶属

落叶乔木，高15~20 cm。叶纸质，椭圆形至倒卵状椭圆形，长8~20 cm，边缘具疏离锯齿，两面被星状短柔毛或星状茸毛。总状花序或圆锥花序，花白色或粉红色。蒴果长圆形或长椭圆形，长10~25 mm，成熟时5瓣开裂；种子两端有不等大的膜质翅。花期4~7月，果期8~10月。

生于常绿阔叶林中。广布。

木材适于作火柴、家具及模型等用；亦为放养白木耳的优良树种。

岭南山茉莉
Huodendron biaristatum (W. W. Smith) Rehd. subsp. *parviflorum* (Merr.) Rehd.

安息香科　山茉莉属

灌木至小乔木，高达12 m。叶纸质或革质，椭圆状披针形至倒卵状长圆形，长5~10 cm，边全缘或有疏离小锯齿，下面脉腋被长髯毛。伞房状圆锥花序，密被灰色短柔毛；花淡黄色，芳香。蒴果卵形，下部约2/3被宿存花萼所围绕，成熟时3~4裂。花期3~5月，果期8~10月。

生于山谷密林中，少见。

陀螺果
Melliodendron xylocarpum Hand.-Mazz.

安息香科 陀螺果属

落叶乔木，高6~20 m。叶纸质，卵状披针形、椭圆形至长椭圆形，长9~21 cm，边缘有细锯齿。花白色，花梗长约2 cm，有关节，花冠裂片长圆形，长2~3 cm，两面均密被细茸毛。果常为倒卵形、倒圆锥形或倒卵状梨形，宽3~4 cm，中部5~10条棱或脊。花期4~5月，果期7~10月。

生于山谷、山坡林中。常见。

木材适宜作农具或胶合板用材。树形美丽，可作庭园绿化树种。

白辛树
Pterostyrax psilophyllus Diels. ex Perk.

安息香科 白辛树属

乔木，高达15 m。叶硬纸质，长椭圆形、倒卵形或倒卵状长圆形，长5~15 cm，顶端急尖或渐尖，边缘具细锯齿，近顶端有时具粗齿或3深裂，下面密被灰色星状茸毛。圆锥花序，第二次分枝几成穗状；花白色。果近纺锤形，中部以下渐狭，连喙长约2.5 cm，5~10棱。花期4~5月，果期8~10月。

生于山地林中、溪边。常见。

萌芽性强、生长迅速，可作为低湿地造林或护堤树种。材质轻软，可作一般器具用材。根皮入药，有散瘀的作用。

华丽赛山梅
Styrax confusus Hemsl. var. *superbus* (Chun) S. M. Hwang

安息香科 安息香属

小乔木，高2~8 m。树皮平滑，嫩枝、叶脉、花序梗、花梗和小苞片密被毛。叶革质，长4~14 cm，宽2.5~7.0 cm，边缘有细锯齿。总状花序顶生，有花3~8朵，下部常有2~3花聚生叶腋；花白色，长1.3~2.2 cm；花萼杯状，顶端有5齿。果实近球形或倒卵形，直径8~15 mm，外面密被毛。花期4~6月，果期9~11月。

生于海拔100~1 700 m的丘陵、山地疏林中。常见。

栓叶安息香（红皮树）
Styrax suberifolius Hook. et Arn.

安息香科 安息香属

乔木，高4~20 m。树皮红褐或灰褐色，粗糙。叶革质，椭圆形或椭圆状披针形，长5~15 cm，边全缘，下面密被褐色星状茸毛。总状花序或圆锥花序；花序梗和花梗、小苞片、花萼均密被星状柔毛；花白色，长10~15 mm。果卵状球形，直径1.0~1.8 cm，密被星状茸毛，成熟时3瓣开裂。花期3~5月，果期9~11月。

生于山地、丘陵地常绿阔叶林中。常见。

木材坚硬，可作家具和器具用材。根和叶药用，可祛风除湿、理气止痛。

越南安息香（东京茉莉）
Styrax tonkinensis (Pierre) Craib. ex Hartw.

安息香科 安息香属

乔木，高6~30 m。叶纸质至薄革质，椭圆形、椭圆状卵形至卵形，长5~18 cm，下面密被灰色至粉绿色星状茸毛。圆锥花序，或渐缩小成总状花序；花序梗和花梗、花萼密被黄褐色星状短柔毛；花白色。果近球形，直径10~12 mm，外面密被星状茸毛。花期4~6月，果期8~10月。

生于山谷、疏林中或林缘。常见。

材质松软，可作火柴杆、家具及板材用材。种子油称"白花油"，药用可治疥疮；树脂称"安息香"，含有较多香脂酸，是医药上贵重药材，并可制造高级香料。

225.山矾科 Symplocaceae

老鼠矢
Symplocos stellaris Brand

山矾科 山矾属

常绿乔木。小枝粗，髓心中空；具横隔膜。芽、嫩枝、嫩叶柄、苞片和小苞片均被红褐色茸毛。叶厚革质，披针状椭圆形或狭长圆状椭圆形，长6~20 cm；叶面有光泽，叶背粉褐色。团伞花序着生于二年生枝的叶痕之上；花冠白色。核果狭卵状圆柱形，顶端宿萼裂片直立。花、果期4~6月。

生于山地、路旁、疏林中。常见。

根药用，治跌打损伤。

229. 木樨科 Oleaceae

女贞
Ligustrum lucidum Ait.

木樨科 女贞属

灌木或乔木，高3~15 m。叶革质，卵形、长卵形或椭圆形至宽椭圆形，长5~12 cm，两面无毛，中脉在上面凹入。圆锥花序顶生，长8~20 cm；花冠管长1.5~3.0 mm，裂片反折。果肾形或近肾形，长7~10 mm，蓝黑色，被白粉。花、果期5~10月。

生于谷地、林缘、疏林和密林中。常见。

用作绿篱、行道树及放养白蜡虫。种子油可制肥皂，花可提取芳香油。果入药称"女贞子"，为强壮剂；叶有解热镇痛的功效。

桂花（木樨）
Osmanthus fragrans (Thunb.) Lour.

木樨科 木樨属

常绿乔木，高达20 m。叶革质，椭圆形、长椭圆形或椭圆状披针形，长7~14 cm，全缘或通常上半部具锯齿，聚伞花序簇生于叶腋，花冠黄白色、淡黄色、苋色或橘红色，极芳香。果歪斜，椭圆形，长达1.0~1.5 cm，呈紫黑色。花期9~10月，果期翌年1~3月。

生于山谷林中。常见。

著名观赏树种。花为名贵香料，并作食品香料。植株具抗二氧化硫和氯气能力。花、果、根药用，可散寒、破结、化痰、生津。

232. 茜草科 Rubiaceae

茜树
Aidia cochinchinensis Lour.

茜草科 茜树属

灌木或乔木，高2~15 m。叶革质，长圆状披针形或狭椭圆形，长6~20 cm，两面无毛。聚伞花序与叶对生或生于无叶的节上，多花；苞片和小苞片披针形；花冠黄色或白色或红色，花冠裂片4枚，开放时反折。浆果球形，紫黑色。花期3~6月，果期5月至翌年2月。

生于丘陵、山坡、溪边的灌丛或林中。常见。

树形优美，可栽培作观赏树。

鸡仔木
Sinoadina racemosa (Sieb. et Zucc.) Ridsd.

茜草科　鸡仔木属

半常绿或落叶乔木，高4~15 m。叶薄革质，宽卵形、卵状长圆形，长7~15 cm，基部心形或钝，有时偏斜；叶柄长3~6 cm。头状花序，常约10个排成聚伞状圆锥花序式；花冠淡黄色，花冠裂片三角状，外面密被细绵毛状微柔毛。果序直径11~15 mm。花、果期5~12月。

生于疏林中或水边。

249.紫草科Boraginaceae

长花厚壳树
Ehretia longiflora Champ. ex Benth

紫草科　厚壳树属

乔木，高5~10 m。小枝紫褐色。叶椭圆形或长圆状倒披针形，长8~12 cm。聚伞花序生于侧枝顶端，呈伞房状；花萼裂片卵形，有不明显的缘毛；花冠白色，筒状钟形，裂片卵形或椭圆状卵形。核果淡黄色或红色，直径8~15 mm。花期4月，果期6~8月。

生于山地路边、山坡疏林及湿润的山谷密林。少见。

嫩叶可代茶用。根入药，可温经止痛。

厚壳树
Ehretia thrsiflora (Sieb.et Zucc.) Nakai

紫草科　厚壳树属

落叶乔木，高达15 m。枝有明显的皮孔。叶椭圆形、倒卵形或长圆状倒卵形，长5~13 cm，边缘有整齐的锯齿。聚伞花序圆锥状，长8~15 cm；花多，密集，芳香；花萼裂片卵形，具缘毛；花冠钟状，白色，裂片长圆形，展开。核果黄色或橘黄色，直径3~4 mm。花、果期4~9月。

生于丘陵疏林、山坡灌丛、山谷密林及村边。常见。

适应性强，可作行道树。叶、枝入药，有清热解毒、活血化瘀之功效。

252.玄参科 Scrophulariaceae

白花泡桐
Paulownia fortunei (Seem.) Hemsl.

玄参科　泡桐属

落叶乔木，高达30 m。幼枝、叶、花序各部和幼果均被黄褐色茸毛。叶长卵状心形，长达20 cm，基部心形。花序狭长几乎成圆柱形；萼倒圆锥形，长2.0~2.5 cm，萼齿三角状卵圆形；花冠管状漏斗形，白色，仅背面稍带紫色或浅紫色，内部密布紫色细斑块。蒴果长圆形，长6~10 cm。花期3~4月，果期7~8月。

生于低海拔的山坡、林中、山谷及荒地。常见。

生长快，适宜作造林树种。材质轻软，可作箱板、模型等用材。树皮入药，有祛风解毒、接骨消肿之功效。

台湾泡桐（粘毛泡桐）
Paulownia kawakamii Ito

玄参科　泡桐属

落叶乔木，高8~15 m。嫩枝有粘毛。叶心形，长可达48 cm，全缘或3~5裂或有角，两面均有粘毛。花序宽大圆锥形，长可达1 m；萼具明显的凸脊，深裂至一半以上；花冠近钟形，浅紫色至蓝紫色，管基向上扩大，檐部2唇形。蒴果卵圆形，宿萼辐射状强烈反卷。花期4~5月，果期8~9月。

生于山坡灌丛、疏林及荒地。常见。

生长快，为荒山绿化先锋树种。木材轻软，可作箱板、模型等用材。树皮入药，可祛风解毒、接骨消肿。

263.马鞭草科 Verbenaceae

山牡荆
Vitex quinata (Lour.) Will.

马鞭草科　牡荆属

常绿乔木，高4~12 m。小枝四棱形。掌状复叶，有3~5小叶，小叶倒卵形至倒卵状椭圆形，通常全缘，表面通常有灰白色小窝点，背面有金黄色腺点；中间小叶片长5~9 cm，两侧的小叶较小。聚伞花序排成顶生圆锥花序式；花冠淡黄色，顶端5裂，2唇形。核果球形，成熟后呈黑色。花、果期5~9月。

生于山坡林中。较少见。

根皮药用，可宣肺排脓、止咳定喘、镇静退热；叶有清热解表、凉血之功效。

灌木类 Shrubs

11.樟科 Lauraceae

黄绒润楠
Machilus grijsii Hance

樟科　润楠属

灌木或小乔木，高可达5 m。芽、小枝、叶柄、叶下面有黄褐色短茸毛。叶倒卵状长圆形，长7.5~14.0 cm，宽3.7~7.0 cm，先端渐狭，基部多少圆形，革质，中脉和侧脉在上面凹下，在下面隆起。花序短，丛生小枝梢，密被黄褐色短茸毛；总梗长1.0~2.5 cm；花被片两面均被茸毛。果球形，直径约10 mm。花期3月，果期4月。

生于灌木丛中或密林中。广布。

根粗壮，有黏性，常用来作线香的辅料。

乌药（白叶子树）
Lindera aggregata (Sims) Kosterm.

樟科　山胡椒属

常绿灌木或小乔木。根有纺锤状或结节状膨胀，有香味，微苦，有刺激性清凉感。叶卵形、椭圆形至近圆形，长3~7 cm，顶端长渐尖或尾尖，基部圆形，叶下面苍白色，幼时密被棕褐色柔毛，三出脉，下面明显凸出。伞形花序腋生，常6~8花序集生于短枝上；花被片6片，黄色或黄绿色。果卵形。花期3~4月，果期5~11月。

生于向阳坡地、山谷或疏林灌丛中。常见。

根药用，有祛风散寒、行气止痛、消肿散瘀之功效。果实、根、叶均可提芳香油制香皂。根、种子磨粉可杀虫。

狭叶山胡椒（鸡婆子、见风消）
Lindera angustifolia Cheng

樟科　山胡椒属

落叶灌木或小乔木，高2~8 m。叶椭圆状披针形，长6~14 cm，上面绿色无毛，下面苍白色，羽状脉，侧脉每边8~10条。伞形花序2~3生于冬芽基部。雄花序有花3~4朵，花被片6；雌花序有花2~7朵。果球形，直径约8 mm，成熟时黑色。花期3~4月，果期9~10月。

生于山坡灌丛或疏林中。较少见。

根、茎、叶药用，可祛风解毒、行气散瘀、杀虫止痒、镇咳化痰。叶可提取芳香油，用于配制化妆品及皂用香精。

山胡椒（牛筋树、假死柴）
Lindera glauca (Sieb. et Zucc.) Bl.

樟科　山胡椒属

落叶灌木或小乔木，高可达8 m。叶椭圆形或倒卵形，长4~9 cm，上面深绿色，下面淡绿色，被白色柔毛；叶枯后当年不落。伞形花序腋生；每总苞有3~8朵花；雄花花被片黄色，椭圆形；雌花花被片黄色，椭圆或倒卵形。果球形，熟时黑褐色。花期3~4月，果期7~8月。

生于丘陵灌丛、山坡林缘、路旁。广布。

叶、果皮可提芳香油，种仁油可作肥皂和润滑油。根、叶药用，温中散寒、破气化滞、祛风消肿。

19.小檗科 Berberidaceae

阔叶十大功劳
Mahonia bealei (Fort.) Carr.

小檗科　十大功劳属

常绿灌木，高达4 m。一回羽状复叶，常生于枝顶，具7~15片小叶，小叶卵形至长圆形，长3.5~12.0 cm，顶生小叶较大，边缘有2~8对刺齿。总状花序6~10个簇生茎顶，花黄色，花瓣6枚，排成2轮，倒卵形。浆果卵球形，直径约1 cm，深蓝色，被白粉。花期8~10月，果翌年3~4月成熟。

生于山谷林下。常见。

可作庭园观赏植物栽培。全株药用，有清热解毒、除湿泻火、止咳化痰之功效。

十大功劳（细叶十大功劳）
Mahonia fortunei (Lindl.) Fedde

小檗科　十大功劳属

常绿灌木，高0.5~2.0 m。一回羽状复叶，常生于枝顶，具3~9片小叶；小叶无柄或近无柄，狭披针形至狭椭圆形，长5~13 cm，边缘具刺齿。总状花序4~10个簇生茎顶；花黄色；花瓣6枚，长圆形。浆果球形，直径4~6 mm，蓝紫黑色，被白粉。花期7~9月，果9~11月成熟。

生于林下、村旁、路边。常见。

全株药用，可清热解毒、滋阴。

箭叶淫羊藿（三枝九叶草）
Epimedium sagittatum (Sieb. et Zucc.) Maxim.

小檗科 淫羊藿属

多年生草本，植株高25~50 cm。根状茎粗短，木质化。三出复叶，小叶卵形至卵状披针形，长5~11 cm，基部心形，不对称，边缘具细刺齿。花白色，排成顶生圆锥花序，花茎上部有1对三出复叶；萼片8，卵形或卵状三角形；花瓣4，黄色。蒴果长约1 cm。花、果期2~5月。

生于溪旁林下阴湿处。少见。

全草药用，有补肾壮阳、祛风除湿、强筋健骨之功效。

23.防己科 Menispermaceae

樟叶木防己
Cocculus laurifolius DC.

防己科 木防己属

直立灌木或小乔木，高1~5 m。叶薄革质，椭圆形、卵形或披针状长椭圆形，长4~15 cm，掌状脉3条。聚伞花序或聚伞圆锥花序，腋生，雄花萼片6枚，花瓣6枚，深2裂的倒心形；雌花萼片和花瓣与雄花的相似。核果近圆球形，稍扁。花期春、夏季，果期秋季。

生于灌丛或疏林中。少见。

根药用，有散瘀消肿、祛风止痛之功效。

42.远志科 Polygalaceae 黄花倒水莲（假黄花远志、吊吊黄）
Polygala fallax Hemsl.

远志科 远志属

灌木，高1~3 m。叶薄纸质或草质，披针形至椭圆状披针形，长8~17 cm。总状花序，花后延长达30 cm，下垂；花瓣黄绿色，3枚，侧生花瓣2/3以上与龙骨瓣合生，龙骨瓣盔状，鸡冠状附属物具柄，流苏状。蒴果阔倒心形至圆形，具狭翅。花期5~8月，果期8~10月。

生于山谷林下阴湿处。常见。

根入药，可补气益血、健脾利湿、活血调经。花美丽，可栽培作观赏植物。

72.千屈菜科 Lythraceae

紫薇
Lagerstroemia indica Linn.

千屈菜科　紫薇属

落叶灌木或小乔木，高可达7 m。树皮薄平，小枝具4棱，略呈翅状。叶纸质，椭圆形、阔长圆形或倒卵形，长2.5~7.0 cm，顶端短尖或钝形，有时微凹。花淡红色或紫色，组成顶生圆锥花序；花萼裂片6枚，三角形；花瓣6枚，极皱缩，具长爪。蒴果椭圆状球形。花期6~9月，果期9~12月。

生于山坡下部、低谷。常见。

花色鲜艳美丽，花期长，为优良庭园观赏树，有时亦作盆景。树皮、根入药，可活血止血、解毒。

81.瑞香科 Thymelaeaceae

瑞香
Daphne odora Thunb.

瑞香科　瑞香属

常绿直立灌木。枝粗壮，通常二歧分枝，小枝近圆柱形，紫红色或紫褐色。叶互生，纸质，长圆形或倒卵状椭圆形，长7~13 cm，宽2.5~5.0 cm，先端钝尖，基部楔形，边缘全缘，侧脉7~13对，在两面均明显隆起。花外面淡紫红色，内面肉红色，数朵至12朵组成顶生头状花序；花萼筒管状，长6~10 mm。果实红色。花期3~5月，果期7~8月。

栽培观赏植物。在南雄梅岭钟鼓岩已逸为野生。

了哥王（山雁皮）
Wikstroemia indica (Linn.) C. A. Mey.

瑞香科　荛花属

灌木，高0.5~2.0 m。小枝红褐色。叶对生，纸质至近革质，倒卵形、椭圆状长圆形或披针形，长2~5 cm，顶端钝或急尖。花黄绿色，数朵组成顶生短总状花序；花萼长7~12 mm，裂片4枚，宽卵形至长圆形。果椭圆形，成熟时红色至暗紫色。花期3~4月，果期8~9月。

生于路旁、旷野、灌丛中。常见。

根、叶入药，外用能破结散瘀、拔毒、止痒。种子有毒。茎皮纤维可作造纸和人造棉原料。

北江荛花
Wikstroemia monnula Hance

瑞香科　荛花属

灌木，高0.5~0.8 m。叶对生，卵状椭圆形至椭圆状披针形，长1.0~3.5 cm，基部宽楔形或近圆形。总状花序顶生，伞形花序状，有3~12朵花；黄带紫色或淡红色，花萼外面被白色柔毛，长0.9~1.1 cm，顶端4裂。肉质核果干燥，卵圆形，基部为宿存花萼所包被。花、果期4~8月。

生于路旁、旷野、灌丛中。

茎皮纤维可作人造棉及高级纸的原料。根入药，可活血化瘀、止血镇痛。

88.海桐花科Pittosporaceae

光叶海桐
Pittosporum glabratum Lindl.

海桐花科　海桐花属

常绿灌木，高2~3 m。叶聚生于枝顶，薄革质，窄长圆形，或为倒披针形，长5~10 cm，上面绿色，发亮，下面淡绿色。花序伞形，1~4枝簇生于枝顶叶腋，多花；萼片卵形，长约2 mm，通常有睫毛；花瓣倒披针形。蒴果椭圆形，长2.0~2.5 cm，有时为长筒形，3片裂开。花期4~6月，果期8~9月。

生于林下。少见。

根、叶药用，祛风活络、消肿止痛。株形美观，可栽培作园林观赏植物。

93.大风子科Flacourtiaceae

短柄本勒木（山桂花）
Bennettiodendron brevipes Merr.

大风子科　山桂花属

常绿灌木或小乔木，高2~6 m。叶纸质，长圆状披针形至倒卵状披针形，长5~12 cm，边缘有疏钝锯齿；叶柄较短，长0.3~2.0 cm，上面有沟槽。总状花序长6~12 cm；雄花萼片椭圆状卵形，边缘有睫毛；雌花萼片稍小。浆果圆形，直径3~4 mm，成熟时朱红色。花期春季，果期7~10月。

生于常绿阔叶林中。少见。

全株药用，消食化滞。

108. 山茶科 Theaceae

杨桐（黄瑞木、毛药红淡）
Adinandra millettii (Hook. et Arn.) Benth. et Hook. F. ex Hance

山茶科　杨桐属

灌木或小乔木，高2~10 m。叶革质，长圆状椭圆形，长4.5~9.0 cm，顶端短渐尖或近钝形。花单朵腋生，花梗纤细，长约2 cm；花瓣5枚，白色，卵状长圆形至长圆形。果圆球形，疏被短柔毛，直径约1 cm，熟时黑色，宿存花柱长约8 mm。花期5~7月，果期8~10月。

生于山地林中。常见。

香港毛蕊茶
Camellia assimilis Champ.

山茶科　山茶属

灌木或小乔木，高2~4 m。嫩枝有短柔毛。叶革质，椭圆形或长圆形，长4~8 cm，宽1.2~2.4 cm，先端渐尖或尾状渐尖，基部楔形或钝，侧脉在上下两面均不明显，边缘有细锯齿。花顶生及腋生；花萼杯状，宿存；花冠白色。蒴果球形，直径1.5~2.0 cm，3室，每室有种子1粒，果壳厚于1.5 mm，果柄粗大。花期1月。

生于山地林中。常见。

长尾毛蕊茶
Camellia caudata Wall.

山茶科　山茶属

灌木或小乔木，高达7 m。嫩枝纤细，密被灰色柔毛。叶革质或薄革质，长圆状披针形，长5~9 cm，顶端尾状渐尖，边缘有细锯齿。花腋生及顶生；萼杯状，萼片5枚，近圆形；花瓣5枚，长10~14 mm。蒴果圆球形，直径1.2~1.5 cm。花期10月至翌年3月。

生于山地林中。常见。

油茶
Camellia oleifera Abel

山茶科　山茶属

灌木或小乔木。叶革质，椭圆形或倒卵形，长5~7 cm，边缘有细锯齿。花顶生，近于无柄，苞片与萼片约10片，由外向内逐渐增大；花瓣白色，5~7片，倒卵形，长2.5~3.0 cm，顶端凹入或2裂。蒴果球形或卵圆形，直径2~4 cm，3片或2片裂开，果片木质。花期冬春间。

野生或栽培。广布。

重要的木本油料植物和蜜源植物，种子油可食用或作润滑油及其他工业用油。木材坚硬，为优质细木工、工具把柄、雕刻用木材。优良防火林带营造树种和抗污染树种。种子油入药，润燥滑肠、杀虫。

红淡比
Cleyera japonica Thunb.

山茶科　红淡比属

灌木或小乔木。顶芽大，长锥形，长1.0~1.5 cm，无毛。叶革质，长圆形或长圆状椭圆形至椭圆形，长6~9 cm，宽2.5~3.5 cm，顶端渐尖或短渐尖，基部楔形或阔楔形，全缘，深绿色，有光泽；中脉在下面隆起；侧脉6~8对。花常2~4朵腋生，花梗长1~2 cm；花瓣5，白色。果实圆球形，成熟时紫黑色，直径8~10 mm，果梗长1.5~2.0 cm。花期5~6月，果期10~11月。

生于海拔200~1 200 m的山地、沟谷林中，或山坡、沟谷溪边灌丛中或路旁。

厚叶红淡比
Cleyera pachyphylla Chun ex H. T. Chang

山茶科　红淡比属

灌木或小乔木，高3~8 m。叶厚革质，长圆形，长8~14 cm，边缘疏生细锯齿，稍反卷，密被红色腺点。花1~3朵腋生；萼片5，长卵形，质厚；花瓣5，椭圆状倒卵形。果实圆球形，成熟时黑色，直径8~10 mm，萼片宿存。花期6~7月，果期10~11月。

生于中海拔山地疏林中。常见。

木材坚硬，为细木工良材。

尖叶毛柃
Eurya acuminatissima Merr. et Chun

山茶科　柃木属

灌木或小乔木。小枝纤细，稍开展。顶芽细锥形，密被短柔毛。叶坚纸质或薄革质，卵状椭圆形，长5~9 cm，宽1.2~2.5 cm，顶端尾状长渐尖，基部楔形，边缘有细锯齿。花1~3朵腋生；雌雄花花瓣5，白色。果实椭圆状卵形或圆球形，长约5 mm，疏被柔毛。花期9~11月，果期次年7~8月。

生于海拔270~1 200 m的山地、溪边沟谷密林或疏林中，也常见于山坡林缘阴湿处。

米碎花
Eurya chinensis R. Br.

山茶科　柃木属

灌木，高1~3 m。多分枝，嫩枝具2条棱。叶革质，倒卵形或倒卵状椭圆形，长2.0~5.5 cm，边缘密生细锯齿，中脉在上面凹下。花1~4朵簇生于叶腋；萼片5枚，卵圆形或卵形；花瓣5枚，白色，倒卵形或卵形。果实圆球形，成熟时紫黑色。花期11~12月，果期翌年6~7月。

生于丘陵灌丛和山地林缘中。常见。

为优良的蜜源植物。根药用，有清热解毒之功效。

黑柃
Eurya macartneyi Champ.

山茶科　柃木属

灌木或小乔木，高2~7 m。树皮黑褐色。嫩枝淡红褐色，小枝灰褐色或褐色。顶芽披针形，渐尖。叶革质，长圆状椭圆形或椭圆形，长6~14 cm，宽2.0~4.5 cm，顶端短渐尖，基部近钝形或阔楔形，边缘几全缘，或上半部密生细微锯齿，侧脉12~14对；叶柄长3~4 mm。花1~4朵簇生于叶腋。果实圆球形，直径约5 mm，成熟时黑色。花期11月至次年1月，果期6~8月。

生于海拔240~1 000 m山地或山坡、沟谷密林或疏林中。常见。

单耳柃
Eurya weissiae Chun

山茶科　柃木属

灌木。嫩枝密被黄褐色长柔毛。叶革质，椭圆形，长4~8 cm，基部不对称，耳形抱茎，边缘密生细锯齿。花1~3朵腋生，为一片细小而呈叶状的总苞所包裹；萼片卵形，外面被长柔毛；雄花花瓣狭长圆形；雌花花瓣长圆状披针形。果实圆球形，成熟时蓝黑色。花期9~11月，果期11月至次年1月。

生于山地林中，常见。

树形美观，可栽培作庭园观赏植物。

118.桃金娘科 Myrtaceae

桃金娘（岗稔）
Rhodomyrtus tomentosa (Ait.) Hassk.

桃金娘科　桃金娘属

灌木，高1~2 m。叶对生，革质，椭圆形或倒卵形，长3~8 cm，下面有灰色茸毛，离基三出脉直达顶端且相结合。花常单生，紫红色，直径2~4 cm；萼管倒卵形，有灰茸毛，萼裂片5枚，近圆形，宿存；花瓣5枚，倒卵形；雄蕊红色。浆果卵状壶形，长1.5~2.0 cm，熟时紫黑色。花期4~5月，果期6~9月。

生于丘陵坡地，为酸性土指示植物。常见。

全株供药用，有活血通络、收敛止泻、补虚止血之功效。果成熟后味甜，可食用。花多、美丽，为优良野生观赏花卉。

赤楠
Syzygium buxifolium Hook. et Arn.

桃金娘科　蒲桃属

灌木或小乔木。嫩枝有棱，干后黑褐色。叶片革质，阔椭圆形至椭圆形，长1.5~3.0 cm，顶端圆或钝，基部阔楔形或钝，侧脉多而密，斜行向上。聚伞花序顶生，有花数朵；萼管倒圆锥形，萼齿浅波状；花瓣4枚，分离。果实球形，直径5~7 mm。花期6~8月。

生于疏林或灌丛中。常见。

根药用，有健脾利湿、散瘀消肿的功效。树姿优美，常作盆景材料。

120.野牡丹科 Melastomataceae

柏拉木
Blastus cochinchinensis Lour.

野牡丹科　柏拉木属

灌木，高0.6~3.0 m。叶纸质，披针形、狭椭圆形至椭圆状披针形，长6~12 cm，3~5基出脉。伞状聚伞花序，腋生；花萼钟状漏斗形，钝四棱形，裂片4~5；花瓣4~5，白色至粉红色，卵形，于右上角突出一小片；花药粉红色，呈曲膝状。蒴果椭圆形，4裂，为宿存萼所包。花期6~8月，果期10~12月。

生于阔叶林内。常见。

全株入药，拔毒生肌、收敛止血。

金花树
Blastus dunnianus Lévl.

野牡丹科　柏拉木属

灌木，高约1 m。叶纸质，卵形、广卵形，基部钝至心形，长6.5~15.0 cm，5~7出脉。聚伞花序组成圆锥花序，顶生；花萼漏斗形，具4条棱，裂片反折，卵形或椭圆状卵形；花瓣粉红色至玫瑰色或红色。蒴果椭圆形，4纵裂，为宿存萼所包；宿存萼具4条棱。花期6~7月，果期9~11月。

生于山谷、山坡林下、溪边。常见。

全株药用，有祛风除湿、活血止血之功效。花多艳丽，可供观赏花卉栽培。

肥肉草
Fordiophyton fordii (Oliv.) Krass.

野牡丹科　异药花属

草本或亚灌木。茎四棱形具槽，棱上具狭翅。叶对生，一大一小，阔披针形至卵形，长6~10 cm，边缘具细锯齿，基出脉5条。聚伞花序组成圆锥花序，顶生；花萼具4棱，裂片长圆形；花瓣白色带红、淡红色至紫红色；雄蕊长者花药线形，基部钝。蒴果倒圆锥形，具4棱，顶孔4裂。花期6~9月，果期8~11月。

生于山谷、疏林和密林下及阴湿的地方。常见。

全草入药，清热利湿、凉血消肿。花艳丽，可栽培作观赏。

多花野牡丹
Melastoma affine D. Don

野牡丹科　野牡丹属

灌木，高约1 m。全株密被糙伏毛和柔毛。叶坚纸质，卵状披针形或近椭圆形，长5.4~13.0 cm，5基出脉。伞房花序顶生，近头状，有花10朵以上，基部具叶状总苞2；花萼裂片广披针形，裂片间具一小裂片；花瓣粉红色至紫红色；雄蕊长者花药隔基部伸长，末端2深裂。蒴果坛状球形，顶端平截，与宿存萼贴生。花期2~5月；果期8~12月。

生于山坡、山谷林下或疏林下及灌草丛中。常见。

果甜可食。全草药用，有消积滞、收敛止血、散瘀消肿之功效；根煮水内服，以胡椒作引子，可催生，故名"催生药"。花多鲜艳，可作园林观赏植物。

朝天罐
Osbeckia opipara C. Y. Wu et C. Chen

野牡丹科　金锦香属

灌木，高0.3~1.2 m。茎四或六棱形，被糙伏毛。叶对生，坚纸质，卵形至卵状披针形，长6~12 cm，两面被糙伏毛和微柔毛及透明腺点。聚伞花序组成圆锥花序；花萼外面被多轮的刺毛状有柄星状毛和密被微柔毛；花瓣深红色至紫色，卵形，长约2 cm。蒴果长卵形，为宿存萼所包。花、果期7~9月。

生于山坡、山谷、疏林中或灌丛中。常见。

花色鲜艳，可作绿地观赏植物。全株入药，有清热解毒、收敛止泻、抗癌之功效。

123.金丝桃科 Hypericaceae

金丝桃（金丝海棠）
Hypericum chinense Linn.

金丝桃科　金丝桃属

灌木，高0.5~1.3 m。茎红色，幼时具纵线棱及两侧压扁。叶对生，叶片倒披针形或椭圆形至长圆形，长2~11 cm，顶端通常具细小尖突。伞房状聚伞花序；萼片椭圆形至披针形；花瓣金黄色，三角状倒卵形，长2.0~3.5 m，有侧生的小尖突。蒴果宽卵形，宽4~7 mm。花期5~8月，果期8~9月。

生于山坡或灌丛中。

花美丽，供观赏。果实及根供药用，果作"连翘"代用品；根能祛风止咳、调经补血。

130.梧桐科 Sterculiaceae

山芝麻（山油麻）
***Helicteres angustifolia* Linn.**

梧桐科　山芝麻属

小灌木，高达1 m。小枝被灰绿色短柔毛。叶狭长圆形或条状披针形，长3.5~5.0 cm，顶端钝或急尖，下面被灰白色或淡黄色星状茸毛。聚伞花序；萼管状，被星状短柔毛，5裂；花瓣5枚，不等大，淡红色或紫红色，基部有2个耳状附属体。蒴果卵状长圆形，密被星状毛及混生长茸毛。花期几乎全年。

生于荒山草坡上。常见。

茎皮纤维可做混纺原料。根或全株药用，有清热解毒、祛痰止咳、滑肠通便之功效。

135.古柯科 Erythroxylaceae

东方古柯
***Erythroxylum sinense* C. Y. Wu**

古柯科　古柯属

灌木或小乔木，高1~6 m。叶纸质，长椭圆形、倒披针形或倒卵形，长4~12 cm。花腋生，2~7朵花簇生于极短的总花梗上或单花腋生；萼片5枚，基部合生成浅杯状，裂片阔卵形；花瓣卵状长圆形，内面有2枚舌状体贴生在基部。核果长圆形，有3条纵棱，稍弯。花期5~6月，果期8~11月。

生于中海拔山地、沟谷树林中。常见。

根、叶药用，有消炎止痢、消肿止痛之功效。

136.大戟科 Euphorbiaceae

红背山麻秆
***Alchornea trewioides* (Benth.) Muell. Arg.**

大戟科　山麻秆属

灌木，高1~2 m。叶纸质，阔卵形，长8~15 cm，基部浅心形或近截平，边缘疏生具腺小齿，背面浅红色，基部具斑状腺体4个。雌雄异株，雄花序穗状，苞片三角形，雄花11~15朵簇生于苞腋；雌花序总状，顶生，具花5~12朵，苞片狭三角形。蒴果球形，具3条圆棱。花期3~5月，果期6~8月。

生于低海拔沟谷、疏林或旷野。常见。

枝、叶药用，有祛湿解毒、杀虫止痒之功效。

酸味子（日本五月茶）
Antidesma japonicum Sieb. et Zucc.

大戟科　五月茶属

灌木，高2~8 m。叶片纸质至近革质，椭圆形至长圆状披针形，稀倒卵形，长3.5~13.0 cm，顶端通常尾状渐尖。总状花序顶生，长达10 cm；雄花花萼钟状，3~5裂，裂片卵状三角形；雌花花萼与雄花的相似，但较小。核果椭圆形，长5~6 mm。花期4~6月，果期7~9月。

生于山地疏林中或山谷湿润的地方。常见。

果味酸甜可食。

毛果巴豆
Croton lachnocarpus Benth.

大戟科　巴豆属

灌木，高1~2 m。全株各部均密被星状柔毛。叶纸质，椭圆形至椭圆状卵形，长4~10 cm，基部近圆形至微心形，边缘有不明显细锯齿；叶基部或叶柄顶端有2枚具柄杯状腺体。总状花序顶生；雄花生于花序上部，萼片卵状三角形，花瓣长圆形；雌花萼片披针形。蒴果稍扁球形，直径6~10 mm。花期4~5月。

生于山地疏林或灌丛中。常见。

根、叶、种子药用，有毒，有祛风除湿、散瘀消肿的作用。

毛果算盘子（漆大姑）
Glochidion eriocarpum Champ. ex Benth.

大戟科　算盘子属

灌木。小枝密被淡黄色长柔毛。叶片纸质，狭卵形至宽卵形，长4~8 cm，两面均被长柔毛。花单生或2~4朵簇生于叶腋内；雌花生于小枝上部，雄花生于下部；雄花萼片6枚，长倒卵形，雌花萼片6枚，长圆形，其中3枚较狭。蒴果扁球状，具4~5条纵沟，密被长柔毛。花、果期几乎全年。

生于山坡、山谷灌木丛中或林缘。常见。

全株药用，有解漆毒、收敛止泻、祛湿止痒的功效。

算盘子
Glochidion puberum (Linn.) Hutch.

大戟科　算盘子属

直立灌木，高1~5 m。小枝、叶片下面、萼片外面、子房和果实均密被短柔毛。叶纸质或近革质，长圆形至披针形，长3~10 cm，上面灰绿色，下面粉绿色。花小，雌雄同株或异株，2~5朵簇生于叶腋内，雄花束常着生于小枝下部。蒴果扁球状，边缘有8~10条纵沟，成熟时带红色。花期4~8月，果期7~11月。

生于山坡、溪旁灌木丛中或林缘。常见。

全株药用，有活血散瘀、消肿解毒之功效。

里白算盘子
Glochidion triandrum (Blanco) C. B. Rob. var. ***triandrum***

大戟科　算盘子属

灌木或小乔木，高3~7 m。小枝具棱，被褐色短柔毛。叶片纸质或膜质，长椭圆形或披针形，长4~13 cm，宽2.0~4.5 cm，顶端渐尖、急尖或钝，上面绿色，下面带苍白色，被白色短柔毛。花5~6朵簇生于叶腋内，雌花生于小枝上部，雄花生在下部。蒴果扁球状，直径5~7 mm，有8~10条纵沟。花期3~7月，果期7~12月。

生于海拔500~2 600 m山地疏林中或山谷、溪旁灌木丛中。常见。

白背叶（吊粟）
Mallotus apelta (Lour.) Muell. Arg.

大戟科　野桐属

灌木，高1~4 m。全株各部均密被星状柔毛和散生橙黄色颗粒状腺体。叶卵形或阔卵形，长和宽均6~20 cm，基部截平或稍心形，基部近叶柄处有褐色斑状腺体2个。花雌雄异株，雄花序为开展的圆锥花序或穗状；雌花序穗状，长15~30 cm。蒴果近球形，密生软刺；种子黑色。花期6~9月，果期8~11月。

生于山坡或山谷灌丛中。常见。

根、叶入药，有清热、收敛、散瘀消肿、止血止痛之功效。

小果野桐
Mallotus microcarpus Pax et Hoffm.

大戟科　野桐属

灌木，高1~3 m。嫩枝细长，密被白色微柔毛。叶纸质，卵形或卵状三角形，长5~15 cm，基部截平，稀心形或圆形，边缘有锯齿，上部常2浅裂或具2粗齿，基部具斑状腺体2~4枚，两面有白色短柔毛和星状毛。花雌雄异株或同株，总状花序长约15 cm。蒴果扁球形，密被灰白长毛和疏生粗短软刺。花期4~7月，果期8~10月。

生于山坡灌丛和林缘。常见。

石岩枫
Mallotus repandus (Willd.) Muell. Arg.

大戟科　野桐属

攀缘状灌木。嫩枝、叶柄、花序和花梗均密生黄色星状柔毛。叶纸质，卵形或椭圆状卵形，长3.5~8.0 cm，基出脉3条，有时稍离基。蒴果扁球形，具2个分果片，直径约1 cm，密生黄色粉末状毛和具颗粒状腺体。花期3~5月，果期8~9月。

生于山地疏林中或林缘。常见。

根、叶入药，有祛风消肿、强筋健骨之功效。

青灰叶下珠
Phyllanthus glaucus Wall. ex Muell. Arg.

大戟科　叶下珠属

灌木，高达4 m。叶片膜质，椭圆形或长圆形，长2.5~5.0 cm，基部钝至圆，下面稍苍白色。通常1朵雌花与数朵雄花同生于叶腋；花梗丝状，顶端稍粗；萼片6枚，卵形；蒴果浆果状，直径约1 cm，紫黑色，基部有宿存的萼片。花期4~7月，果期7~10月。

生于山地灌木丛中或稀疏林下。常见。

根药用，可治小儿疳积。

136A. 交让木科 Daphniphyllaceae 牛耳枫（南岭虎皮楠）
Daphniphyllum calycinum Benth.

交让木科　交让木属

灌木，高1~4 m。叶纸质，阔椭圆形或倒卵形，长12~16 cm，全缘，略反卷，叶背被白粉，具细小乳突体。总状花序腋生；雄花花萼盘状，3~4浅裂；雌花萼片3~4枚，阔三角形。果卵圆形，长约7 mm，被白粉，顶端具宿存柱头，基部具宿萼。花期4~6月，果期8~11月。

生于疏林或灌丛中。常见。

种子榨油可提取生物柴油。根和叶入药，有清热解毒、活血散瘀之功效。

139. 鼠刺科 Escalloniaceae 鼠刺（老鼠刺）
Itea chinensis Hook. et Arn.

鼠刺科　鼠刺属

灌木或小乔木，高2~10 m。叶薄革质，倒卵形或卵状椭圆形，长5~12 cm，顶端锐尖，基部楔形，边缘上部具不明显圆齿状小锯齿。总状花序腋生，直立；萼筒浅杯状，萼片三角状披针形；花瓣白色，披针形。蒴果长圆状披针形，长6~9 mm，具纵条纹。花期3~5月，果期5~12月。

生于山地、疏林、路边及溪边。广布种。

根、花药用，治跌打、风湿、喉干咳嗽等症。

142. 绣球科 Hydrangeaceae 常山
Dichroa febrifuga Lour.

绣球科　常山属

灌木，高1~2 m。小枝常呈紫红色。叶对生，椭圆形、倒卵形，长6~25 cm，边缘具锯齿或粗齿，两面绿色或紫色。伞房状圆锥花序顶生，有时叶腋有侧生花序；花蓝色或白色；花萼倒圆锥形，4~6裂；花瓣长圆状椭圆形，稍肉质，花后反折。浆果直径3~7 mm，蓝色。花期2~4月，果期5~8月。

生于山坡、山谷疏林下或路旁。常见。

根含有常山素(Dichroin)，为抗疟疾要药。

中国绣球
Hydrangea chinensis Maxim.

绣球科　绣球属

灌木，高0.5~2.0 m。小枝初时被短柔毛。叶薄纸质，长圆形或狭椭圆形，具尾状尖头或短尖头，基部楔形，边缘近中部以上具疏钝齿或小齿，下面脉腋间常有髯毛。伞形状或伞房状聚伞花序顶生；不育花萼片3~4，长宽1~3 cm；孕性花萼筒杯状，长约1 mm；花瓣黄色，基部具短爪。蒴果卵球形，长3.5~5.0 mm。花期5~6月，果期9~10月。

生于山谷溪边疏林或密林，或山坡、山顶灌丛或草丛中。较少见。

可作观赏植物栽培。

柳叶绣球
Hydrangea stenophylla Merr. et Chun

绣球科　绣球属

灌木，高0.8~2.0 m。幼枝淡紫色，老枝通常白色。叶纸质，狭披针形，长8~20 cm，边缘有疏离小齿，下面常呈紫红色。伞房状聚伞花序；不育花稀少，萼片3~4，淡黄色，阔卵形或近圆形，不等大；孕性花绿白色，花瓣狭椭圆形。蒴果阔椭圆状。花期5~6月，果期9~10月。

生于山谷密林或疏林下或山坡灌丛中。常见。

花奇特，株形美，可栽培供观赏。

圆锥绣球
Hydrangea paniculata Sieb.

绣球科　绣球属

灌木，高1~5 m。叶纸质，2~3片对生或轮生，卵形或椭圆形，长5~14 cm，基部圆形或阔楔形，边缘有密集稍内弯的小锯齿，圆锥花序顶生，长达26 cm；不育花较多，白色；孕性花花瓣白色，卵形或卵状披针形。蒴果椭圆形，长4.0~5.5 mm，顶端突出部分圆锥形。花期7~8月，果期10~11月。

生于疏林下或灌丛中。常见。

根、叶药用，有清热抗疟之功效。

143.蔷薇科Rosaceae

尾叶樱桃
Cerasus dielsiana (Schneid) Yu et Li

蔷薇科　樱属

灌木。叶片长椭圆形或倒卵状长椭圆形，长6~14 cm，顶端尾状渐尖，边缘有尖锐单齿或重锯齿，齿端有圆钝腺体；叶柄顶端或上部有1~3枚腺体。花序伞形或近伞形，有花3~6朵，先于叶开放或花叶同开；苞片卵圆形，边缘撕裂状；花瓣白色或粉红色，顶端2裂。核果红色，近球形。花期3~4月。

生于山谷、溪边、林中。常见。

果熟后可食，略涩。

小叶石楠
Photinia parvifolia (Pritz.) Schneid

蔷薇科　石楠属

落叶灌木，高1~3 m。枝纤细，小枝红褐色，有黄色散生皮孔。叶纸质，椭圆形至菱状卵形，长4~8 cm，顶端渐尖或尾尖，边缘有具腺尖锐锯齿。花2~9朵组成伞形花序；花瓣白色，圆形。果椭圆形或卵形，长9~12 mm，橘红色或紫色，果梗密布疣点。花期4~5月，果期7~8月。

生于低山丘陵灌丛中。常见。

根、枝、叶供药用，有活血之功效。

华毛叶石楠
Photinia villosa (Thunb.) DC. var. *sinica* Rehd. & Wils.

蔷薇科　石楠属

落叶灌木或小乔木，高2~5 m。小枝有散生皮孔。叶片椭圆形或长圆椭圆形，稀长圆倒卵形，长4.0~8.5 cm，宽1.8~4.5 cm，无毛；侧脉5~7对。伞房花序有花5~8朵，稀达15朵；花直径1.0~1.5 cm；花瓣白色，近圆形；雄蕊20，较花瓣短。果实球形，长6~16 mm，直径9~11 mm，红色或黄红色，顶端有直立宿存萼片。花期4月，果期8~9月。

生于海拔1 000~1 500 m山坡疏林中。较少见。

石斑木（春花木、车轮梅）
Raphiolepis indica (Linn.) Lindl.

蔷薇科　石斑木属

常绿灌木，高可达4 m。叶片集生于枝顶，卵形或长圆形，长4~8 cm，基部渐狭连于叶柄，边缘具细钝锯齿，叶脉稍凸起，网脉明显。顶生圆锥花序或总状花序；花直径1.0~1.3 cm；萼筒筒状，萼片5枚，三角披针形至线形；花瓣5枚，白色或淡红色。果实球形，紫黑色。花期4月，果期7~8月。

生于山坡、路边或溪边灌木林中。常见。

根、叶药用，有祛风、消肿之功效。果实可食。

中华绣线菊
Spiraea chinensis Maxim.

蔷薇科　绣线菊属

灌木，高1.5~3.0 m。叶片菱状卵形至倒卵形，长2.5~6.0 cm，基部宽楔形或圆形，边缘有缺刻状粗锯齿或具不明显3裂，下面密被黄色茸毛。伞形花序具花16~25朵；花瓣近圆形，顶端微凹或圆钝，白色。蓇葖果开张，具直立宿萼。花期3~6月，果期6~10月。

生于山坡灌木丛中、山谷溪边、田野路旁。

根入药，可消炎镇痛。可栽培供观赏。

狭叶绣线菊
Spiraea japonica Linn. f. var. *acuminata* Franch.

蔷薇科　绣线菊属

灌木，高约1.5 m。叶片长卵形至披针形，长3.5~8.0 cm，顶端渐尖，基部楔形，边缘有尖锐重锯齿，下面沿叶脉有短柔毛。复伞房花序直径10~18 cm；花瓣粉红色，卵形至圆形。蓇葖果半开张，花柱稍倾斜开展，具直立宿萼。花期6~7月，果期8~9月。

生于山坡旷地、疏林中、山谷或河沟旁。少见。

全草药用，解毒生肌、通经、通便、利尿。花多美丽，可栽培供观赏。

华空木
Stephanandra chinensis Hance

蔷薇科　小米空木属

灌木，高约1.5 m。小枝细弱，红褐色。叶片卵形，5~7 cm，基部近心形、圆形，边缘常浅裂并有重锯齿。顶生疏松的圆锥花序，长5~8 cm；萼筒杯状，萼片三角卵形；花瓣倒卵形，白色。蓇葖果近球形，具宿存直立的萼片。花期5月，果期7~8月。

生于阔叶林边或灌木丛中。较少见。

根入药，治咽喉肿痛。

148.蝶形花科 Papilionaceae

小槐花（羊带归）
Desmodium caudatum (Thunb.) DC.

蝶形花科　山蚂蝗属

直立灌木或亚灌木，高1~2 m。叶为羽状三出复叶，小叶3片；纸质，顶生小叶披针形或长圆形，长5~9 cm，侧生小叶较小。总状花序，花序轴密被柔毛并混生小钩状毛；花萼窄钟形，被贴伏柔毛和钩状毛；花冠绿白或黄白色。荚果线形，扁平，长5~7 cm，被伸展的钩状毛，缝线浅缢缩，有荚节4~8。花期7~9月，果期9~11月。

生于山坡、路旁草地、林缘。常见。

根、叶供药用，能祛风活血、利尿、杀虫。

显脉山绿豆
Desmodium reticulatum Champ. ex Benth.

蝶形花科　山蚂蝗属

直立亚灌木。叶为羽状三出复叶，小叶3，或下部的叶有时只有单小叶；托叶宿存；小叶厚纸质，顶生小叶狭卵形、卵状椭圆形至长椭圆形，长3~5 cm，宽1~2 cm，侧生小叶较小，全缘。总状花序顶生，长10~15 cm，总花梗密被钩状毛；花冠粉红色，后变蓝色。荚果长圆形，长10~20 mm，宽约2.5 mm，有荚节3~7。花期6~8月，果期9~10月。

生于海拔250~1 300 m山地灌丛间或草坡上。常见。

大叶千斤拔
Flemingia macrophylla (Willd.) Prain

蝶形花科　千斤拔属

直立灌木，高0.8~2.5 m。叶具指状3小叶；顶生小叶宽披针形至椭圆形，长8~15 cm，侧生小叶稍小，偏斜。总状花序常数个聚生于叶腋，花多而密集；花萼钟状，裂齿线状披针形；花冠紫红色，旗瓣长椭圆形，具短瓣柄及2耳。荚果椭圆形，长1.0~1.6 cm，顶端具小尖喙；种子1~2颗。花期6~9月，果期10~12月。

常生于旷野草地上、灌丛中、山谷路旁或疏林阳处，常见。

根供药用，能祛风活血、强腰壮骨。

千斤拔（蔓生千斤拔）
Flemingia prostrata Roxb. f. ex Roxb

蝶形花科　千斤拔属

直立或披散亚灌木。幼枝三棱柱状，密被灰褐色短柔毛。叶具指状3小叶；小叶长椭圆形或卵状披针形，偏斜，长4~7 cm，侧生小叶略小。总状花序腋生，各部密被柔毛；萼裂片披针形；花冠紫红色，旗瓣长圆形。荚果椭圆状，长7~8 mm；种子2颗。花、果期夏、秋季。

常生于低海拔平地旷野或山坡路旁草地上。常见。

根供药用，有舒筋活络、强筋壮骨等作用。

疏花长柄山蚂蝗
Hylodesmum laxum (DC.) H. Ohashi & R. R. Mill.

蝶形花科　长柄山蚂蝗属

直立草本或亚灌木，高30~100 cm。三出复叶，顶生小叶卵形，长5~12 cm，侧生小叶略小，偏斜。总状花序，通常有分枝，长达50 cm；花萼宽钟状，裂片较萼筒短；花冠粉红色，长4~6 mm。荚果通常有荚节2~4，腹缝线于节间凹入几乎达背缝线而成一深缺口，荚节略呈宽的半倒卵形。花、果期8~10月。

生于山坡林中。少见。

宽卵叶长柄山蚂蝗

Hylodesmum podocarpium (DC.) H. Ohashi & R. R. Mill. subsp. *fallax* (Schindl.) H. Ohashi & R. R. Mill

蝶形花科　长柄山蚂蝗属

与"尖叶长柄山蚂蟥"的主要区别在于：顶生小叶宽卵形或卵形，长3.5~12.0 cm，宽2.5~8.0 cm，顶端渐尖或急尖，基部阔楔形或圆。

生于山坡路旁、灌丛中、疏林中。常见。

全草药用，可祛风、活血、止痢。

尖叶长柄山蚂蝗

Hylodesmum podocarpium (DC.) H. Ohashi & R. R. Mill. var. *oxyphyllum* (DC.) H. Ohashi & R. R. Mill.

蝶形花科　长柄山蚂蝗属

直立草本或亚灌木，高0.5~2.0 m。三出复叶，顶生小叶椭圆状菱形，长5~11 cm，侧生小叶较小。顶生圆锥花序或腋生总状花序，长达30 cm；花萼宽钟状，裂齿极短；花冠淡紫色，长约4 mm。荚果通常有荚节2，腹缝线收缩几乎达背缝线，荚节呈半倒卵状三角形。花、果期7~9月。

生于山坡路旁、沟旁、林缘或阔叶林中。常见。

全株供药用，能解表散寒、祛风解毒。

庭藤

Indigofera decora Lindl.

蝶形花科　木蓝属

灌木，高0.4~2.0 m。羽状复叶；小叶3~7对，通常卵状披针形、卵状长圆形或长圆状披针形，长2.0~6.5 cm，下面被平贴白色丁字毛。总状花序长13~21 cm；花萼杯状，萼齿三角形；花冠淡紫色或粉红色，稀白色，旗瓣椭圆形。荚果棕褐色，圆柱形；有种子7~8颗。花期4~6月，果期6~10月。

生于溪旁、林内、灌丛中和荒坡。常见。

全草药用，有通经络、散瘀、消肿痛之功效。

胡枝子（圆叶胡枝子）
Lespedeza bicolor Turcz.

蝶形花科　胡枝子属

直立灌木，高1~3 m。多分枝，小叶3片，卵形、倒卵形或卵状长圆形，长1.5~6.0 cm，先端钝圆或微凹，具短刺尖，上面无毛。总状花序腋生，花冠红紫色。荚果斜倒卵形，稍高，密被毛。花期7~9月，果期9~10月。

生于海拔150~1 000 m的山坡、林缘、路旁、灌丛及杂木林间。常见。

叶可代茶，枝可编筐，可作水土保持植物。

大叶胡枝子
Lespedeza davidii Franch.

蝶形花科　胡枝子属

直立灌木，高1~3 m。枝条粗壮，有明显的条棱，密被长柔毛。小叶3片，宽卵圆形或宽倒卵形，长3.5~7.0 cm，顶端圆或微凹，两面密被黄白色绢毛。总状花序腋生或于枝顶形成圆锥花序，花稍密集；花萼阔钟形，5深裂；花红紫色，旗瓣倒卵状长圆形。荚果卵形，长8~10 mm，稍歪斜。花期7~9月，果期9~10月。

生于干旱山坡、路旁或灌丛中。常见。

全草入药，有清热、止血、镇咳之功效。

排钱树
Phyllodium pulchellum (Linn.) Desv.

蝶形花科　排钱树属

灌木，高0.5~2.0 m。小叶3片，近革质，顶生小叶卵形、椭圆形或倒卵形，长6~10 cm，侧生小叶较小，基部偏斜。伞形花序有花5~6朵，藏于叶状苞片内，叶状苞片排列成总状圆锥花序状；叶状苞片圆形，直径1.0~1.5 cm，具羽状脉；花冠白色或淡黄色。荚果长6 mm，通常有2荚节。花期7~9月，果期10~11月。

生于丘陵荒地、路旁或山坡疏林中。较少见。

根、叶供药用，有解表清热、活血散瘀之功效。

150. 旌节花科 Stachyuraceae

中国旌节花（水凉子、通草）
***Stachyurus chinensis* Franch.**

旌节花科　旌节花属

落叶灌木，高2~4 m。叶于花后发出，互生，纸质至膜质，卵形、长圆状卵形至长圆状椭圆形，长5~12 cm，基部钝圆至近心形，边缘具圆锯齿。穗状花序腋生，长5~10 cm；萼片4枚，黄绿色，卵形；花瓣4枚，黄色，卵形。果实圆球形，直径6~7 mm。花期3~4月，果期5~7月。

生于山谷溪边、林中或林缘。常见。

茎髓供药用，有清热、利尿、通乳之功效。

喜马拉雅旌节花（西域旌节花、通草）
***Stachyurus himalaicus* Hook. f. et Thoms. ex Benth.**

旌节花科　旌节花属

落叶灌木，高3~5 m。叶坚纸质至薄革质，披针形至长圆状披针形，长8~13 cm，基部钝圆，边缘具细而密的锐锯齿；叶柄紫红色。穗状花序腋生，长5~13 cm，通常下垂；花黄色，长约6 mm；萼片4枚，宽卵形；花瓣4枚，倒卵形。果实近球形。花期3~4月，果期5~8月。

生于山脚阔叶林下或灌丛中。常见。

茎髓供药用，为中药"通草"，有利尿催乳、清湿热之功效。

151. 金缕梅科 Hamamelidaceae

大果蜡瓣花（瑞木）
***Corylopsis multiflora* Hance**

金缕梅科　蜡瓣花属

落叶或半常绿灌木或小乔木。叶薄革质，倒卵形至卵圆形，长7~15 cm，基部心形，近于等侧，下面带灰白色，有星状毛，边缘有锯齿，齿尖突出。总状花序长2~4 cm，花序轴被毛；萼筒无毛，萼齿卵形；花瓣倒披针形。果序长5~6 cm；蒴果硬木质，长1.2~2.0 cm。花期2~4月。

生于山地阳坡的常绿阔叶林中。常见。

根皮药用，用于治恶寒发热、烦乱昏迷、内伤出血。

蜡瓣花（中华蜡瓣花）
Corylopsis sinensis Hemsl.

金缕梅科　蜡瓣花属

落叶灌木。叶薄革质，倒卵圆形或倒卵形，长5~9 cm；基部不等侧心形，下面有灰褐色星状柔毛，边缘有锯齿，齿尖刺毛状。总状花序长3~4 cm，花序轴有长茸毛；萼筒有星状茸毛，萼齿卵形；花瓣匙形。蒴果近圆球形，长7~9 mm，被褐色柔毛。花期3~4月。

生于海拔800 m以上山坡疏林或山顶灌丛中。常见。

根皮药用，用于治恶寒发热、烦乱昏迷。花艳丽，可栽培供观赏。

檵木（鱼骨柴）
Loropetalum chinense (R. Br.) Oliv.

金缕梅科　檵木属

灌木或小乔木。叶革质，卵形，长2~5 cm，基部钝，不等侧，上面略有粗毛，下面被星状毛。花3~8朵簇生，白色，先于叶或与嫩叶同时开放；萼筒杯状，被星状毛；花瓣4枚，带状，长1~3 cm。蒴果卵圆形，顶端圆，被褐色星状茸毛，萼筒长为蒴果的2/3。花期3~4月。

生于低山丘陵荒坡及灌丛或疏林中。常见。

根及叶药用，有通经活络、祛瘀生新之功效。可作庭园绿化或树桩盆景材料。

154.黄杨科 Buxaceae

长叶柄野扇花
Sarcococca longipetiolata M. Cheng

黄杨科　野扇花属

灌木，高1~3 m。小枝有纵棱。叶革质或薄革质，长5~12 cm，宽1.5~2.5 cm，先端长渐尖，离基三出脉。花序腋生兼顶生，总状或近头状以至复总状；雄花4~8，生花序轴上半部，雌花2~4，生花序轴下部。果实球形，直径8 mm，熟时棕色、红色或带紫色，宿存花柱2。花期9月，果期12月。

生于海拔350~800 m山谷溪边林下。较少见。

多毛板凳果
Pachysandra axillaris Franch. var. *stylosa* (Dunn) M. Cheng

黄杨科 板凳果属

亚灌木，高30~50 cm。茎基部斜倚地面，具不定根。叶厚纸质，卵形、阔卵形或卵状长圆形，长6~16 cm；全缘或上半部具不明显钝齿，叶背被短柔毛。穗状花序腋生，长2~5 cm，下垂；花单性，无花瓣，红色；雄花生于花序轴上部，雌花生于下部。果紫红色，球形。花期春季，果期夏季。

生于林下潮湿处。常见。

全草入药，有祛风除湿、活血止痛之功效。

165.榆科Ulmaceae

光叶山黄麻
Trema cannabina Lour.

榆科 山黄麻属

灌木或小乔木。叶近膜质，卵形或卵状矩圆形，长4~9 cm，宽1.5~4.0 cm，先端尾状渐尖或渐尖，基部圆形或浅心形，边缘具圆齿状锯齿，叶脉上疏生柔毛，其他处无毛，三出脉。花单性，雌雄同株，雌花序常生于上部叶腋，雄花序常生于下部，或雌雄同序。核果近球形，直径2~3 mm，熟时橘红色。花期3~6月，果期9~10月。

生于低海拔的河边、旷野或山坡疏林、灌丛较向阳湿润土地。

韧皮纤维供制麻绳、纺织和造纸用，种子油供制皂和作润滑油用。

167.桑科Moraceae

葨芝（构棘、穿破石、假荔枝）
Cudrania cochinchinensis (Lour.) Kudo & Masamune

桑科 柘属

直立或攀缘状灌木。枝具粗壮的腋生刺，刺长约1 cm。叶革质，椭圆状卵形或倒披针状长圆形，长3~10 cm，全缘，两面无毛。花雌雄异株，雌雄花序均为具苞片的球形头状花序。聚合果肉质，直径2~5 cm，成熟时橙红色。花期4~5月，果期6~8月。

生于低海拔至中海拔的山谷、丘陵、旷野灌丛和林中。常见。

茎皮及根皮药用，称"黄龙退壳"，有消炎利水的作用；根入药，称"穿破石"，有活血舒筋、祛风湿、清肺的功效。果味稍甜，可食。

柘树
Cudrania tricuspidata (Carr.) Bureau ex Lavallee

桑科 柘属

落叶灌木或小乔木，高1~7 m。枝略具棱，有棘刺，刺长5~20 mm。叶卵形或菱状卵形，偶为3裂，长5~14 cm。花雌雄异株，雌雄花序均为球形头状花序。聚花果近球形，直径约2.5 cm，肉质，成熟时橘红色。花期5~6月，果期6~7月。

生于阳光充足的山地或林缘。常见。

果可食。全株药用，有舒经络、壮筋骨、祛风湿、散瘀消肿的功效。

石榕树
Ficus abelii Miq.

桑科 榕属

灌木，高1.0~2.5 m。叶纸质，窄椭圆形至倒披针形，长4~9 cm，背面密生黄色或灰白色短硬毛和柔毛，侧脉7~9对，在表面下陷，网脉在背面明显。榕果单生于叶腋，近梨形，直径1.5~2.0 cm，成熟时紫黑色或褐红色，顶部脐状突起，基部收缩为短柄。花、果期几乎全年。

生于低海拔山谷的溪边。常见。

叶药用，有消肿止痛、祛腐生新的作用。

纸叶榕
Ficus chartacea Wall. ex King

桑科 榕属

灌木。叶纸质，长椭圆状披针形至倒卵状披针形，长9~15 cm，先端急尖，基部圆形，全缘，两面疏生微柔毛，侧脉3~4对。榕果成对或单生于叶腋，具总梗，球形，直径5~7 mm。

生于山谷、溪边、林下。少见。

天仙果
Ficus erecta Thunb. var. *beecheyana* (Hook. et Arn.) King

桑科　榕属

落叶小乔木或灌木，高2~7 m。小枝密生硬毛。叶厚纸质，倒卵状椭圆形，长7~20 cm，顶端短渐尖，基部圆形至浅心形，表面较粗糙，疏生柔毛，背面被柔毛；叶柄长1~4 cm。榕果单生叶腋，具总梗，球形或梨形，直径1.2~2.0 cm，成熟时黄红色至紫黑色。花、果期4~8月。

生于山坡林下或溪边。常见。

茎皮纤维可供造纸。根药用，有强筋健骨、祛风除湿之功效。

细叶台湾榕
Ficus formosana Mixim. var. *shimadai* (Hayata) W. C. Chen

桑科　榕属

小灌木，高约1 m。小枝、叶脉和叶柄被短硬毛，早落。单叶互生，膜质，披针形或长椭圆状披针形，长5~9 cm，宽1~2 cm，侧脉与中脉成直角展出。花序托有梗，圆球形或梨形；雄花和瘿花同生于一花序托内，雌花生于另一花序托内。榕果球形，成熟时紫红色。花期10月至翌年春。

生于低海拔至中海拔的旷野、山地灌丛或疏林中。常见。

根与猪骨同煲服食可治小儿疳积。

粗叶榕（佛掌榕、五指毛桃）
Ficus hirta Vahl

桑科　榕属

灌木或小乔木。嫩枝中空，小枝、叶和榕果均被金黄色开展的长硬毛。叶互生，纸质，多型，长椭圆状披针形或广卵形，长10~25 cm，边缘具细锯齿，全缘或3~5深裂。榕果成对腋生或生于已落叶枝上，球形或椭圆球形，近无梗，直径10~15 mm。花、果期几乎全年。

生于低海拔至中海拔的旷野、山地灌丛或疏林中。常见。

根、果药用，有祛风除湿、益气固表之功效；根为"五指毛桃汤料"的主要原料。

琴叶榕（倒吊葫芦）
Ficus pandurata Hance

桑科　榕属

小灌木，高1~2 m。叶纸质，提琴形或倒卵形，长4~8 cm，基部圆形至宽楔形，中部缢缩，背面叶脉有疏毛和小瘤点。榕果单生于叶腋，鲜红色，椭圆形、卵形或球形，直径6~10 mm，顶部脐状突起，基部收狭成短柄。花期5~11月。

生于低海拔的山野间或村庄附近旷地。常见。

根、叶药用，能行气活血、舒筋活络、调经。

狭全缘榕（条叶榕）
Ficus pandurata Hance var. *angustifolia* Cheng

桑科　榕属

本变种与"琴叶榕"不同在于：叶线状披针形，中部不收狭，顶部渐尖，基部圆或微心形，叶长可达16 cm，侧脉8~18对。

生于山谷、沟边疏林中。常见。

根药用，可祛风利湿、清热解毒。

竹叶榕
Ficus stenophylla Hemsl.

桑科　榕属

小灌木，高1~3 m。叶纸质，线状披针形，形似竹叶，长4~15 cm，顶端渐尖，基部楔形至近圆形，全缘背卷，侧脉7~17对。榕果近球形，直径5~10 mm，成熟时深红色，顶端脐状突起，总梗长20~40 mm。花、果期5~12月。

生于低海拔的旷野、丘陵和山谷沟边。常见。

根、茎入药，有行气活血、止痛之功效。

变叶榕
Ficus variolosa Lindl. ex Benth.

桑科　榕属

灌木。叶薄革质，形状大小多变，狭椭圆形至椭圆状披针形，长5~12 cm，全缘，常背卷。榕果成对或单生于叶腋，球形，直径10~12 mm，表面有瘤体，顶部苞片脐状突起。花、果期全年。

生于低海拔的旷野、山地灌丛或林中。常见。

茎入药可清热利尿，外敷治跌打损伤；根有补肝肾、强筋骨、祛风湿之功效。

鸡桑（小叶桑）
Morus australis Poir.

桑科　桑属

灌木或小乔木，高2~6 m。叶卵形，长3~9 cm，边缘具粗锯齿，不分裂或3~5裂，表面粗糙，密生短刺毛，背面疏被粗毛。雄花序长1.0~1.5 cm；雌花序球形，长约1 cm。聚花果短椭圆形，直径约1 cm，成熟时红色或暗紫色。花期3~4月，果期4~5月。

生于山谷林中。少见。

果熟时可食。药用功能与桑相似。

171.冬青科Aquifoliaceae

满树星（鼠李冬青）
Ilex aculeolata Nakai

冬青科　冬青属

落叶灌木，高1~3 m；叶在长枝上互生，在短枝上簇生顶端；叶薄纸质，狭倒卵形，长2~5 cm，边缘具锯齿。花序单生于长枝的叶腋内或短枝顶部的鳞片腋内；花白色，芳香，4或5基数；雄花序具1~3花，雌花单生。果球形，直径约7 mm，成熟时黑色。花期4~5月，果期6~9月。

生于荒野、疏林或灌丛中。常见。

根皮入药，有清热解毒、止咳化痰之功效。

黄毛冬青
Ilex dasyphylla Merr.

冬青科　冬青属

常绿灌木或乔木，高2.5~9.0 m。植株各部密被锈黄色毛。叶革质，卵形、卵状椭圆形、卵状披针形，长3~11 cm，全缘或中部以上具稀疏小齿。聚伞花序单生于当年生枝的叶腋内；花红色，花4或5基数。果球形，成熟时红色。花期5月，果期8~12月。

生于山地疏林或灌木丛中。较少见。

叶、果美观，可栽培作庭园观赏树。

厚叶冬青
Ilex elmerrilliana S. Y. Hu

冬青科　冬青属

常绿灌木或小乔木，高2~7 m。叶厚革质，椭圆形或长圆状椭圆形，长5~9 cm，叶面深绿色，具光泽，背面淡绿色，主脉在叶面凹陷。花序簇生于二年生枝的叶腋内或当年生枝的鳞片腋内。果球形，成熟后红色，宿存花柱明显。花期4~5月，果期7~11月。

生于中海拔山地常绿阔叶林中、灌丛中或林缘。常见。

树形美观，可栽培供观赏。

毛冬青
Ilex pubescens Hook. et Arn.

冬青科　冬青属

常绿灌木，高1~3 m。小枝纤细，近四棱形，密被长硬毛，具纵棱脊。叶纸质，椭圆形或长卵形，长2~6 cm，边缘具疏而尖的细锯齿或近全缘，两面疏被短毛。花序簇生于叶腋内，密被长硬毛，花粉红色。果球形，成熟后红色。花期4~5月，果期8~11月。

生于山地疏林。常见。

根、叶药用，有清热解毒、活血通络之功效。

落霜红
Ilex serrata Thunb.

冬青科　冬青属

落叶灌木，高1~3 m。当年生小枝具纵褶沟，二年生以上小枝具明显的皮孔。叶片膜质，椭圆形，稀卵状或倒卵状椭圆形，长2~9 cm，宽1~4 cm，先端渐尖，基部楔形，边缘密生尖锯齿；叶柄上面具深沟。花冠辐状，直径约4.5 mm；聚伞花序单生于叶腋，花4~6基数。果单生或2~3个呈聚伞状生于叶腋；果球形，直径5 mm，成熟时红色。花期5月，果期10月。

生于海拔500~1 600 m的山坡林缘、灌木丛中。常见。

罗浮冬青（矮冬青）
Ilex tutcheri Merr.

冬青科　冬青属

常绿小乔木或灌木，高4 m。小枝无毛，当年生幼枝具纵棱沟，三年生枝平滑，无皮孔。叶片厚革质，倒卵形或稀倒卵状椭圆形，长2.7~6.0 cm，宽1.3~2.5 cm，先端圆形并微凹，边缘外卷，全缘。花4~7基数，白色。果序簇生于二或三年生枝的叶腋内，单个分枝具1果，果梗长8~10 mm；果球形，直径约5 mm，成熟时红色。花期4~5月，果期7~12月。

生于海拔400~1 600 m的山坡林中。常见。

绿冬青（细叶三花冬青）
Ilex viridis Champ. ex Benth.

冬青科　冬青属

常绿灌木或小乔木，高1~5 m。叶革质，倒卵形、倒卵状椭圆形或阔椭圆形，长2.5~7.0 cm，边缘略外折，具细圆齿状锯齿。雄花1~5朵排成聚伞花序，单生或簇生于叶腋内；雌花单花生于叶腋内；花白色。果球形或扁球形，成熟时黑色。花期5月，果期10~11月。

生于山地常绿阔叶林中。常见。

根、叶药用，有凉血解毒、祛腐生新之功效。

173. 卫矛科 Celastraceae

疏花卫矛
Euonymus laxiflorus Champ. ex Benth.

卫矛科　卫矛属

灌木，高达4 m。叶纸质或近革质，卵状椭圆形、长圆状椭圆形或窄椭圆形，长5~12 cm，全缘或具不明显的锯齿。聚伞花序分枝疏松，5~9花；花紫色，5数。蒴果紫红色，倒圆锥状，直径约9 mm；种子长圆状，假种皮橙红色。花期3~6月，果期7~11月。

生于林下或水边。较少见。

皮部药用，作土杜仲用，滋补活血、强筋壮骨。

183. 山柑科 Opiliaceae

广州山柑
Capparis cantoniensis Lour.

山柑科　山柑属

攀缘灌木。小枝平直不弯曲，幼时有枝角；刺坚硬，平展或外弯，长2~5 mm，花枝上刺小或不存在。叶近革质，长圆形或长圆状披针形，长5~12 cm，宽1.5~4.0 cm，基部急尖或钝形，顶端常渐尖，有小凸尖头。圆锥花序顶生，花白色，有香味。果球形至椭圆形，直径10~15 mm，种子1至数个。花、果期几乎全年。

生于海拔1 000 m以下的山沟水旁或平地疏林中。较少见。

根藤入药，性味苦、寒，有清热解毒、镇痛、疗肺止咳的功效。

185. 桑寄生科 Loranthaceae

广寄生
Taxillus chinensis (DC.) Danser

桑寄生科　钝果寄生属

寄生灌木，高0.5~1.0 m。嫩枝、叶密被锈色星状毛，稍后呈粉状脱落。叶厚纸质，卵形至长卵形，长3~6 cm。伞形花序腋生，通常具花2朵；花褐色，花冠于花蕾时管状，长2.5~2.7 cm，稍弯，顶部卵球形，裂片4枚，匙形，反折。果椭圆状，果皮密生小瘤体。花、果期4月至翌年1月。

寄生于多种树上。常见。

全株入药，药材称"广寄生"，有祛风除湿、消肿止痛的作用，以寄生于桑树、桃树、马尾松上的疗效较佳；寄生于夹竹桃上的有毒。

大苞寄生
Tolypanthus maclurei (Merr.) Danser

桑寄生科　大苞寄生属

寄生灌木，高0.5~1.0 m。叶革质，对生或簇生于短枝上，长圆形或长卵形，长2.5~7.0 cm。聚伞花序簇生，1~3个生于小枝已落叶腋部或腋生，具花3~5朵；苞片长卵形，淡红色，长12~22 mm；花红色或橙色，冠管上半部膨胀，裂片狭长圆形，反折。果椭圆状，黄色。花期4~7月，果期8~10月。

寄生于山谷林中的油茶、柿、壳斗科等植物上。较少见。

全株入药，可祛风除湿、清热、补肝肾。

棱枝槲寄生（柿寄生）
Viscum diospyrosicolum Hayata

桑寄生科　槲寄生属

寄生亚灌木，高0.3~0.5 m。枝交叉对生或二歧分枝，茎中部以下的节间近圆柱状，小枝的节间稍扁平。幼苗期具叶2~3对，成长植株的叶退化成鳞片状。聚伞花序，1~3个生于节间，总花梗几乎无，通常仅具1朵雌花或雄花。果椭圆状或卵球形，长4~5 mm，黄色或橙色。花、果期4~12月。

寄生于柿树、樟树、梨树或壳斗科等多种植物上。较少见。

全株入药，有祛风、清热止咳、强壮舒筋之功效。

枫香槲寄生（螃蟹脚、枫树寄生）
Viscum liquidambericolum Hayata

桑寄生科　槲寄生属

寄生灌木，高0.5~0.7 m。茎基部近圆柱状，枝和小枝均扁平；枝交叉对生或二歧分枝，节间长2~4 cm。叶退化成鳞片状。聚伞花序腋生，总花梗几乎无，通常仅具1朵雌花或雄花。果椭圆状，长5~7 mm，成熟时橙红色或黄色。花、果期4~12月。

常寄生于枫香树、柿树或壳斗科植物上。常见。

全株入药，可祛风除湿、舒筋活络。

190.鼠李科 Rhamnaceae

多花勾儿茶（老鼠屎、牛鼻圈）
Berchemia floribunda (Wall.) Brongn.

鼠李科　勾儿茶属

藤状灌木。幼枝黄绿色，光滑无毛。叶纸质，卵形至卵状披针形，长4~10 cm。花多数，通常数个簇生排成顶生宽聚伞圆锥花序；萼三角形，顶端尖；花瓣倒卵形。核果圆柱状椭圆形，熟时紫黑色，长7~10 mm。花期7~10月，果期翌年4~7月。

生于山地沟边、林缘灌丛中或疏林下。

根入药，有祛风除湿、活血止痛的功效。嫩叶可代茶。

马甲子（白棘、棘盘子）
Paliurus ramosissimus (Lour.) Poir.

鼠李科　马甲子属

灌木，高达6 m。叶宽卵状椭圆形或近圆形，长3~6 cm，基部稍偏斜；边缘具细锯齿，基生三出脉；叶柄基部有2个紫红色斜向直立的针刺。腋生聚伞花序；花瓣匙形，短于萼片。核果杯状，周围具木栓质3浅裂的窄翅，直径1.0~1.7 cm。花期5~8月，果期9~10月。

生于山地路旁疏林下。常栽培。

木材坚硬，可作农具柄；枝具针刺，常栽培作绿篱。全株药用，有解毒消肿、止痛活血之功效。种子榨油可制蜡烛。

黄药（长叶冻绿）
Rhamnus crenata Sieb. et Zucc.

鼠李科　鼠李属

落叶灌木，高达1.5 m。叶纸质，倒卵状椭圆形、长椭圆形或倒卵形，长4~14 cm，边缘具疏细锯齿，下面被柔毛或沿脉多少被柔毛。花密集成腋生聚伞花序；萼片三角形与萼管等长，外面有疏微毛；花瓣近圆形，顶端2裂。核果球形或倒卵状球形，成熟时黑色。花期5~8月，果期7~11月。

常生于山坡、山顶等阳处灌丛中或疏林下。

根、叶药用，能消炎解毒、杀虫止痒。根和果实可作黄色染料。

尼泊尔鼠李
Rhamnus napalensis (Wall.) Laws.

鼠李科　鼠李属

木质藤本或灌木。无短枝和刺。叶革质，大小异形，交替互生，小叶近圆形，长2~5 cm，早落；大叶长圆形，长5~20 cm，边缘具圆齿或钝锯齿。聚伞总状花序；花单性，雌雄异株，5基数。核果倒卵状球形，长约6 mm，熟时红色，基部有宿存的萼筒。花期5~9月，果期8~11月。

生于山谷和水旁林中。少见。

叶常用作黑色染料。果实及叶煎水洗治疮疥，有较好疗效。

雀梅藤（酸味子）
Sageretia thea (Osbeck) Johnst.

鼠李科　雀梅藤属

藤状或直立灌木。小枝具刺，被短柔毛。叶纸质，通常圆形、长圆形或卵状椭圆形，长1.0~4.5 cm，边缘具细锯齿；无梗，黄色，芳香，数个簇生排成疏散穗状或圆锥状穗状花序。核果近圆球形，成熟时黑色或紫黑色。花期7~11月，果期翌年3~5月。

生于村边、沟旁或荒山灌丛中。常见。

叶可代茶，也可供药用，治疮疡肿毒。根可降气化痰。果实味酸可食。枝密集具刺，常栽培作绿篱和盆景。

191.胡颓子科 Elaeagnaceae

胡颓子
Elaeagnus pungens Thunb.

胡颓子科　胡颓子属

常绿直立灌木，高3~4 m。刺顶生或腋生。叶革质，椭圆形或阔椭圆形，长5~10 cm，边缘微反卷或皱波状，下面密被银白色和少数褐色鳞片。花白色或淡白色，下垂，1~3朵花生于叶腋锈色短小枝上；萼筒漏斗状圆筒形。果实椭圆形，长12~14 mm，成熟时红色。花期9~12月，果期翌年4~6月。

生于向阳山坡或路旁。常见。

种子、叶和根可入药；种子可止泻；叶治肺虚短气；根能祛风利湿、祛瘀止痛。果实味甜可食。

194.芸香科Rutaceae

密果吴茱萸（野吴萸、野茶辣）
***Evodia compacta* Hand.-Mazz.**

芸香科　吴茱萸属

小乔木，高约5 m。叶有小叶5~9片，小叶纸质，全缘，卵状椭圆形或披针形，长6~16 cm，叶两面略被疏毛。聚伞圆锥花序顶生，花较密集。果序通常长8 cm以下，果密集成簇，鲜红或紫红色。花期5~6月，果期8~9月。

生于山地阔叶林中。常见。

果实入药，用于治呕吐吞酸、胃冷吐泻、疝痛等。

竹叶花椒
***Zanthoxylum armatum* DC.**

芸香科　花椒属

落叶灌木，高1~3 m。茎枝多锐刺，刺基部宽而扁，小叶背面中脉上常有小刺。叶有小叶3~9片，翼叶明显；小叶对生，披针形或椭圆状披针形，长3~12 cm，顶端中央一片最大。花序有花约30朵。蓇葖果紫红色，有凸起少数油点。花期3~6月，果期4~10月。

生于山谷、丘陵的林中或灌丛。

果皮可作调味品。果实、根、叶入药，外用有散寒、止痛、消肿、杀虫之功效。

花椒簕
***Zanthoxylum scandens* Bl.**

芸香科　花椒属

攀缘灌木。枝干有短沟刺，叶轴上的刺较多。叶有小叶5~25片；小叶卵形，卵状椭圆形，长4~10 cm；全缘或叶缘的上半段有细裂齿。花序腋生或兼有顶生。分果片紫红色，直径4.5~5.5 mm，顶端有短芒尖。花期3~5月，果期4~12月。

生于山坡灌木丛或疏林下。

根及果实药用，有活血散瘀、消肿解毒、祛风行气之功效。

青花椒（香椒子）
Zanthoxylum schinifolium Sieb. et Zucc.

芸香科　花椒属

灌木，常高1~3 m。茎枝有短刺，刺基部两侧压扁状。叶有小叶7~19片；小叶纸质，对生，几乎无柄，卵形至披针形或卵状菱形，长5~10 mm。花序顶生；萼片及花瓣均5枚；花瓣淡黄白色。分果片红褐色，油点小。花期6~9月，果期8~11月。

生于山地林中。南雄丹霞地貌区常见。

果可作"花椒"代品，名为"青椒"，作食品调味料。根、叶及果均入药，有发汗、散寒、止咳、除胀、消食之功效。

204.省沽油科Staphyleaceae 锐尖山香圆（黄树、尖树）
Turpinia arguta (Lindl.) Seem.

省沽油科　山香圆属

落叶灌木，高1~3 m。单叶，对生，近革质，长椭圆形或椭圆状披针形，长7~22 cm，顶端渐尖，边缘具疏锯齿，齿尖具硬腺体。顶生圆锥花序较叶短，密集或较疏松，花白色，花梗中部具2枚苞片。果近球形，幼时绿色，熟时红色，直径7~10 mm。

生于山谷、疏林下。常见。

叶可作家畜饲料。根药用，能活血止痛、解毒消肿。

205.漆树科Anacardiaceae 盐肤木（五倍子、盐霜柏）
Rhus chinensis Mill.

漆树科　盐肤木属

落叶小乔木或灌木。奇数羽状复叶，有小叶3~6对，叶轴具宽翅，小叶自下而上逐渐增大，卵形或椭圆状卵形或长圆形，长6~12cm，边缘具粗锯齿或圆齿，叶背粉绿色，被白粉。圆锥花序宽大，多分枝，密被锈色柔毛；花白色。核果球形，略压扁，成熟时红色。花期8~9月，果期10月。

生于向阳山坡、沟谷、溪边的疏林或灌丛中。

为五倍子蚜虫寄主植物，可供鞣革、医药、塑料和墨水等工业上用。幼枝和叶可作土农药。果泡水代醋用，生食酸咸止渴；入药有凉血散瘀的功效。

野漆树（痒漆树、漆木）
Toxicodendron succedaneum (Linn.) O. Kuntze

漆树科　漆属

落叶乔木或小乔木；高达10 m。奇数羽状复叶互生，常集生于小枝顶端，无毛，有小叶4~7对；小叶坚纸质至薄革质，长圆状椭圆形、阔披针形或卵状披针形，长5~16 cm；基部多少偏斜，全缘，两面无毛，叶背常具白粉。圆锥花序，花黄绿色。核果偏斜，直径7~10 mm，压扁。

生于次生林中。

根、叶及果入药，有清热解毒、散瘀生肌、杀虫之功效。种子油可制皂或作油漆原料。果皮之漆蜡可制蜡烛、膏药和发蜡等。树干乳液可代生漆用。木材坚硬致密，可作细工用材。

212.五加科 Araliaceae

五加
Acanthopanax gracilistylus W.W.Smith

五加科　五加属

灌木，高2~3 m。枝蔓生状，节上通常疏生反曲扁刺。叶有小叶5，在长枝上互生，在短枝上簇生；叶柄长3~8 cm，常有细刺；小叶片膜质至纸质，长3~8 cm，宽1.0~3.5 cm，边缘有细钝齿，下面脉腋间有淡棕色簇毛。伞形花序单个腋生，或顶生在短枝上；花黄绿色；花瓣5。果实扁球形，宿存花柱长2 mm，反曲。花期4~8月，果期6~10月。

生于灌木丛林、林缘、山坡路旁和村落中。少见。

根皮供药用，中药称"五加皮"，作祛风化湿药；又作强壮药，据称能强筋骨。

白簕
Acanthopanax trifoliatus (Linn.) Merr. var. ***trifoliatus***

五加科　五加属

灌木，高1~7 m。枝软弱铺散，常依附他物上升，枝疏生下向刺。叶有小叶3，稀4~5，叶柄有刺或无刺；小叶片纸质，长4~10 cm，宽3.0~6.5 cm，两侧小叶片基部歪斜，边缘有细锯齿或钝齿。伞形花序3~10个组成顶生复伞形花序或圆锥花序；花黄绿色；花瓣5，开花时反曲。果实扁球形，直径约5 mm，黑色。花期8~11月，果期9~12月。

生于村落，山坡路旁、林缘和灌丛中。常见。

为民间常用草药，根有祛风除湿、舒筋活血、消肿解毒之效，治感冒、咳嗽、风湿、坐骨神经痛等症。

楤木
Aralia chinensis L.

五加科 楤木属

灌木或乔木，高2~5 m。树皮疏生粗壮直刺。小枝有黄棕色茸毛，疏生细刺。叶为二回或三回羽状复叶，长60~110 cm；叶柄粗壮，叶轴无刺或有细刺；羽片有小叶5~11；小叶片疏生糙毛或短柔毛，边缘有锯齿。圆锥花序大，密生淡黄棕色或灰色短柔毛；花白色，芳香。果实球形，黑色，直径约3 mm，有5棱；宿存花柱长1.5 mm。花期7~9月，果期9~12月。

生于森林、灌丛或林缘路边。常见。

本种为常用的中草药，有镇痛消炎、祛风行气、祛湿活血之效；根皮治胃炎、肾炎及风湿疼痛，亦可外敷刀伤。

棘茎楤木
Aralia echinocaulis Hand.-Mazz.

五加科 楤木属

小乔木，高达7 m。小枝密生细长直刺。叶为二回羽状复叶；羽片有小叶5~9片；小叶长圆状卵形至披针形，长4.0~11.5 cm，基部圆形至阔楔形，歪斜，两面均无毛，边缘疏生细锯齿。伞形花序组成圆锥花序，长30~50 cm。果球形，直径2~3 mm，有5条棱。花期6~8月，果期9~11月。

生于林中和林缘。

变叶树参
Dendropanax proteus (Champ.) Benth.

五加科 树参属

直立灌木，高1~3 m。叶形大小、形状变异很大，不分裂或2~3裂，从线状披针形至椭圆形，叶边全缘或有细齿。伞形花序单生或2~3个聚生，有花十数朵至数十朵或更多。果球形，平滑，直径5~6 mm。花期8~9月，果期9~10月。

生于山谷溪边、阳坡和路旁。

根、茎入药，有祛风除湿、活血通络之功效。

穗序鹅掌柴
Schefflera delavayi (Franch.) Harms ex Diels.

五加科　鹅掌柴属

乔木或灌木，高3~8 m；小枝、叶柄、小叶柄、花轴幼时密生星状茸毛。叶有小叶4~7；叶柄长4~70 cm；小叶片纸质至薄革质，形状变化很大，侧脉8~15对；小叶柄粗壮，不等长。花无梗，密集成穗状花序，再组成长40 cm以上的大圆锥花序；花白色，花瓣5。果实球形，紫黑色，直径约4 mm，花柱宿存。花期10~11月，果期次年1月。

生于海拔600~3 100 m山谷溪边的常绿阔叶林中、阴湿的林缘或疏林中。常见。

本种为民间常用草药，根皮治跌打损伤，叶有发表之功效。

215.杜鹃花科 Ericaceae

滇白珠树（九木香、鸡骨香）
Gaultheria yunnanensis (Franch.) Rehd.

杜鹃花科　白珠树属

常绿灌木，高1~3 m。枝条细长，左右曲折。叶革质，卵状长圆形，长7~9 cm，顶端尾状渐尖，基部钝圆或心形，边缘具锯齿，背面密被褐色斑点。总状花序腋生，花10~15朵，疏生；花冠白绿色，钟形，口部5裂。浆果状蒴果球形，直径约5 mm，5裂。花期5~6月，果期7~11月。

生于较高海拔的山坡灌丛或疏林中。常见。

全株入药，药名"豹骨风"，可祛风除湿、活血散瘀，主治风湿性关节炎。

南烛（珍珠花）
Lyonia ovalifolia (Wall.) Drude

杜鹃花科　南烛属

落叶灌木或小乔木，高2~4 m。叶近革质，卵形或椭圆形，长6~10 cm。总状花序腋生，近基部有2~3枚叶状苞片；花萼深5裂，裂片长椭圆形；花冠圆筒状，长约8 mm，上部浅5裂，裂片向外反折。蒴果球形，直径4~5 mm。花期5~6月，果期7~9月。

生于山坡灌丛中。

根、叶药用，可收敛止泻、强筋壮骨、补气。可栽培作庭园观赏植物。

粘毛杜鹃（刺毛杜鹃、太平杜鹃）
Rhododendron championae Hook.

杜鹃花科　杜鹃花属

常绿灌木，高1~5 m。枝被开展的腺头刚毛和短柔毛。叶厚纸质，长圆状披针形，长达到17.5 cm，两面被短刚毛和柔毛，中脉和侧脉在上面下凹，下面显著凸出。伞形花序生于枝顶叶腋，有花2~7朵，总花梗、花梗密被腺头刚毛和短硬毛；花冠白色或淡红色。蒴果圆柱形，长达5.5 cm。花期4~5月，果期5~11月。

生于山谷疏林内。

花多美丽，可栽培作园林观赏。根药用，可祛风除湿、止痛活血。

鹿角杜鹃
Rhododendron latoucheae Franch.

杜鹃花科　杜鹃花属

常绿灌木或小乔木，高2~7m。叶革质，卵状椭圆形，长5~10 cm，基部楔形或近于圆形，边缘反卷。花芽常数个集单生于枝顶，每花芽具花1~4朵；花冠粉红色，长3.5~4.0 cm，5深裂，裂片开展。蒴果圆柱形，长3.5~4.0 cm，具纵肋。花期3~5月，果期7~10月。

生于阔叶林内。

花多美丽，可栽培作园林观赏。根入药，可清热解毒、祛风止痛。

黄花杜鹃（羊踯躅、三钱三）
Rhododendron molle(Bl.) G. Don

杜鹃花科　杜鹃花属

落叶灌木，高0.5~2.0 m。叶纸质，长圆状披针形，长5~11 cm，边缘具睫毛，幼时上面被微柔毛，下面密被灰白色柔毛。总状伞形花序顶生，花多，先花后叶或与叶同时开放；花冠阔漏斗形，直径5~6 cm，黄色或金黄色，内有深红色斑点。蒴果圆锥状长圆形，具5条纵肋。花期3~5月，果期7~9月。

生于山坡草地、丘陵灌丛或山脊阔叶林下。

花多美丽，可栽培作园林观赏。著名的有毒植物之一，花毒性最大，全株可做农药，人畜误食可致命；亦用作麻醉剂、镇痛药。

映山红（杜鹃）
Rhododendron simsii Planch.

杜鹃花科　杜鹃花属

落叶灌木，高0.5~2.0 m。叶近革质，卵形、椭圆状卵形或倒卵形，长1.5~5.0 cm，边缘微反卷，具细齿，两面被糙伏毛。花2~6朵簇生于枝顶；花萼5深裂，裂片三角状长卵形，被糙伏毛；花冠阔漏斗形，鲜红色或暗红色，上部裂片具深红色斑点。蒴果卵球形，密被糙伏毛。花期4~8月，果期5~10月。

生于山地疏灌丛或林下。

典型的酸性土指示植物和著名的花卉植物。全株供药用，可行气活血、补虚。

六角杜鹃
Rhododendron westlandii Hemsl.

杜鹃花科　杜鹃花属

常绿灌木或小乔木，高3~6 m。叶革质，宽倒披针形至椭圆状披针形，长6~12 cm，中脉上面成狭沟，下面隆起。侧生花序出自枝顶侧芽；有花达8朵；花冠狭漏斗状，丁香紫色。蒴果圆柱形，长达7 cm，花柱宿存。花期5~6月，果11月。

生于山地疏林内。

花多美丽，可栽培作园林观赏植物。

216.越橘科 Vacciniaceae

乌饭树（谷粒木、苞越橘）
Vaccinium bracteatum Thunb.

越橘科　乌饭树属

常绿灌木，高2~6 m。叶薄革质，椭圆形、菱状椭圆形或卵形，长3~6 cm，边缘有细锯齿。总状花序顶生或腋生，有多数花；苞片叶状，边缘有锯齿，小苞片2枚，线形或卵形；花冠白色，筒状或坛状，口部裂片短小，外折。浆果直径5~8 mm，熟时紫黑色。花期6~7月，果期8~10月。

生于丘陵灌丛中。

果实有甜味，可食。树皮含单宁，可提取栲胶。果和树皮入药，有强筋骨、益气力、固精之功效。

米饭花
Vaccinium sprengelii (G. Don) Sleumer

越橘科　乌饭树属

常绿灌木，高1~4 m。叶革质，卵形或长圆状披针形，长3~9 cm，顶端短渐尖，边缘有细锯齿。总状花序腋生；小苞片2枚，着生于花梗中部或近基部，线状披针形或卵形；花冠白色，有时带淡红色，筒状或坛形，裂齿三角形。浆果，熟时紫黑色。花、果期4~10月。

生于山坡灌丛、阔叶林中或路边、林缘。

果实入药，可散瘀、利水。

223.紫金牛科Myrsinaceae

少年红
Ardisia alyxiaefolia Tsiang ex C. Chen

紫金牛科　紫金牛属

小灌木，高约50 cm。具匍匐茎；叶片厚纸质至革质，卵形、披针形至长圆状披针形，基部钝至圆形，长3.5~6.0 cm，边缘具浅圆齿，齿间具边缘腺点。近伞形花序或伞房花序侧生；花瓣白色，稀粉红色。果球形，红色，略肉质。花期6~7月，果期10~12月。

生于山谷疏、密林下或坡地。较少见。

全株用于平喘止咳，亦用于治跌打损伤。

朱砂根
Ardisia crenata Sims

紫金牛科　紫金牛属

灌木，高1~2 m。叶片革质或坚纸质，椭圆形或椭圆状披针形，长7~15 cm，边缘具皱波状或波状齿，具明显的边缘腺点。伞形花序或聚伞花序，着生于侧生特殊花枝顶端；花萼仅基部连合，萼片长圆状卵形；花瓣白色，稀略带粉红色，卵形。果球形，鲜红色，具腺点。花期5~6月，果期10~12月。

生于路旁、林下阴湿处。

叶入药，可祛风除湿、散瘀止痛、通经活络。果红色，挂果时间长，宜栽培作园林观赏植物。

小紫金牛
Ardisia chinensis Bl.

紫金牛科　紫金牛属

亚灌木状小灌木，高约25 cm。具蔓生走茎，直立茎通常丛生。叶坚纸质，倒卵形或椭圆形，长3.0~7.5 cm，全缘或于中部以上具疏波状齿。近伞形花序，单生于叶腋，有花3~5朵；花瓣白色，广卵形。果球形，由红变黑色。花期4~6月，果期10~12月。

生于山谷、山地疏林或密林下或溪旁阴湿处。

全株入药，有活血散瘀、解毒止血的作用。

走马胎（大叶紫金牛）
Ardisia gigantifolia Stapf

紫金牛科　紫金牛属

灌木或亚灌木，高约1 m。叶通常簇生于茎顶端，叶膜质，随圆形至倒卵状披针形，基部楔形，下延至叶柄成狭翅，长25~48 cm，边缘具密啮蚀状细齿。由多个亚伞形花序组成大型金字塔状或总状圆锥花序；花瓣白色或粉红色，卵形。果球形，红色，具纵肋。花期4~6月，果期11~12月。

生于山间疏、密林下阴湿处。

根茎及全株药用，可祛风补血、活血散瘀、消肿止痛，外敷治痈疖溃烂。亦作兽药。

大罗伞树（郎伞木）
Ardisia hanceana Mez

紫金牛科　紫金牛属

灌木，高0.8~1.5 m。叶近革质，椭圆状或长圆状披针形，长10~17 cm，近全缘或具边缘反卷的疏突尖锯齿，齿尖具边缘腺点。复伞房状伞形花序，着生于顶端下弯的侧生特殊花枝尾端；花瓣白色或带紫色，卵形。果球形，深红色。花期5~6月，果期11~12月。

生于山谷、山坡林下阴湿处。较少见。

根供药用，治跌打损伤、风湿痹痛。花、果美丽，可栽培观赏。

紫金牛（矮地茶、日本紫金牛）
Ardisia japonica (Thunb.) Bl.

紫金牛科　紫金牛属

小灌木或亚灌木。近蔓生，具匍匐生根的根茎。叶对生或近轮生，坚纸质或近革质，椭圆形至椭圆状倒卵形，长4~7 cm，边缘具细锯齿。近伞形花序，腋生或生于近茎顶端的叶腋，有花3~5朵；花瓣粉红色或白色，广卵形，具密腺点。果球形，鲜红色转黑色。花期5~6月，果期11~12月。

生于山间林下或竹林下阴湿处。常见。

全株及根供药用，治肺结核、咯血、咳嗽、慢性气管炎效果很好；亦治跌打风湿、黄疸肝炎、睾丸炎、白带、闭经、尿路感染等症。

山血丹
Ardisia lindleyana D. Dietr.

紫金牛科　紫金牛属

灌木，高1~2 m。叶近革质，长圆形至椭圆状披针形，长10~15 cm，近全缘或具微波状齿，齿尖具边缘腺点。近伞形花序，着生于侧生特殊花枝顶端；花瓣白色，椭圆状卵形，顶端圆形，具明显的腺点。果球形，深红色，具疏腺点。花期5~7月，果期10~12月。

生于山谷、山坡密林下或水旁阴湿处。

根药用，可调经、通经、活血、祛风、止痛；亦用于治疗妇女不孕症。花、果美丽，可栽培观赏。

罗伞树
Ardisia quinquegona Bl.

紫金牛科　紫金牛属

灌木或小乔木，高2~6 m。叶坚纸质，长圆状披针形、椭圆状披针形至倒披针形，长8~16 cm，全缘。聚伞花序或近伞形花序，腋生，稀着生于侧生特殊花枝顶端；花瓣白色，广椭圆状卵形，具腺点。果扁球形，果钝5棱，无腺点。花期5~6月，果期12月至翌年4月。

生于山坡疏、密林中或溪边的阴湿处。

全株入药，有消肿、清热解毒的作用；亦作兽用药。花、果美丽，可栽培作庭园观赏。

雪下红
Ardisia villosa Roxb.

紫金牛科　紫金牛属

直立灌木，高50~100 cm，具匍匐根茎。幼时几全株被灰褐色或锈色长柔毛或长硬毛。叶片坚纸质，椭圆状披针形至卵形，顶端急尖或渐尖，基部楔形，微下延，长7~15 cm，宽2.5~5.0 cm，近全缘，叶背面密被长硬毛或长柔毛。聚伞花序或伞形花序，花瓣淡紫色或粉红色。果球形，直径5~7 mm，深红色或带黑色。花期5~7月，果期翌年2~5月。

生于海拔500~1 540 m的疏、密林下石缝间，坡边或路旁阳处，少见。

全株供药用，可消肿、活血散瘀，用于治疗风湿骨痛、跌打损伤、吐血、疮疥等。

杜茎山
Maesa japonica (Thunb.) Moritzi.

紫金牛科　杜茎山属

灌木，高1~3 m。叶革质或纸质，椭圆形至披针状椭圆形，或倒卵形，长约10 cm，全缘或中部以上具疏锯齿。总状花序或圆锥花序，单个或2~3个腋生；花冠白色，长钟形，具明显的脉状腺条纹，裂片边缘略具细齿。果球形，肉质。花期1~3月，果期7~10月。

生于林下或路旁灌丛中。常见。

果可食，微甜。全株药用，有祛风寒、消肿止痛之功效。

针齿铁仔
Myrsine semierrata Wall.

紫金牛科　针齿铁仔属

灌木或小乔木，高3~7 m。小枝常具棱角。叶坚纸质至近革质，椭圆形至披针形，有时呈菱形，长5~9 cm，边缘通常于中部以上具刺状细锯齿。伞形花序或花簇生，生于叶腋，有花3~7朵；花冠白色至淡黄色，裂片长椭圆形或舌形。果球形，红色变紫黑色，具密腺点。花期2~4月，果期10~12月。

生于山坡林内、路旁、沟边。少见。

皮、叶可提取栲胶，种子可榨油。

224.安息香科 Styracaceae

白花龙
Styrax faberi Perk.

安息香科　秤锤树属

灌木，高1~2 m。叶纸质，椭圆形、倒卵形或长圆状披针形，长4~11 cm，边缘具细锯齿。伞形花序顶生，有花3~5朵，下部常单花腋生；花白色，花梗长8~16 mm；花冠裂开披针形或长圆形，向外反折。果倒卵形或近球形，长6~8 mm，密被星状短柔毛。花期4~6月，果期8~10月。

生于低山和丘陵地灌丛中。

果实药用，治头晕发热。花多洁雅，可栽培观赏。

225.山矾科 Symplocaceae

腺柄山矾
Symplocos adenopus Hance

山矾科　山矾属

灌木或小乔木。芽、嫩枝、嫩叶背面、叶脉、叶柄均被褐色柔毛。叶纸质，椭圆状卵形或卵形，长8~16 cm，边缘及叶柄两侧有大小相间半透明的腺锯齿。团伞花序腋生；苞片边缘有透明的腺体；花冠白色，5深裂几达基部。核果圆柱形，长7~10 mm，顶端宿萼裂片直立。花期11~12月，果期翌年7~8月。

生于山地、路旁、山谷或疏林中，较少见。

光叶山矾
Symplocos anomala Brand

山矾科　山矾属

小乔木或灌木。叶薄革质，狭椭圆形、椭圆形或卵形，长5~7 cm，边全缘或具锐锯齿。总状花序腋生；苞片与小苞片同为卵形，有缘毛；花萼5裂，裂片半圆形；花冠白色，有桂花香。核果褐色，长圆形，长7~10 mm，有明显的纵棱，宿存萼片直立或内伏。花、果期4~12月。

生于山地杂林中。

果实药用，有清热解毒、平肝泻火之功效。

华山矾
Symplocos chinensis (Lour.) Druce

山矾科　山矾属

灌木。叶柄、叶背均被灰黄色皱曲柔毛。叶纸质，椭圆形或倒卵形，长4~7 cm，边缘有细尖锯齿。圆锥花序，花序轴、苞片、萼外面均密被灰黄色皱曲柔毛；花冠白色，芳香，5深裂几达基部。核果卵状圆锥形，歪斜，熟时蓝色，顶端宿萼裂片向内伏。花期4~5月，果期8~9月。

生于丘陵、山顶阔叶林中。

根、叶药用，可清热解毒、祛风除湿、止血止痛。种子油可制肥皂。

毛山矾
Symplocos groffii Merr.

山矾科　山矾属

小乔木或乔木，高可达6 m。嫩枝、叶柄、叶面中脉、叶背脉上和叶缘均被展开的灰褐色长硬毛。叶纸质，椭圆形、卵形或倒卵状椭圆形，长5~8 cm，两面被短柔毛，全缘或具疏离的尖锯齿。穗状花序或缩短成团伞状；花冠深5裂几达基部。核果长圆状椭圆形，顶端宿萼裂片直立。花期4月，果期6~7月。

生于山坡、溪边或密林中。

黄牛奶树
Symplocos laurina (Retz.) Wall.

山矾科　山矾属

小乔木。叶革质，倒卵状椭圆形或狭椭圆形，长7~14 cm，边缘有细小的锯齿。穗状花序长3~6 cm，基部通常分枝；花萼裂片半圆形，短于萼筒；花冠白色，5深裂几达基部。核果球形，顶端宿萼裂片直立。花期8~12月，果期翌年3~6月。

生于村边或密林中。

木材作板料、木尺用材。种子油作滑润油或制肥皂。树皮药用，可散寒清热。

白檀
Symplocos paniculata (Thunb.) Miq.

山矾科　山矾属

落叶灌木或小乔木。叶膜质或薄纸质，阔倒卵形、椭圆状倒卵形或卵形，长3~11 cm，边缘有细尖锯齿。圆锥花序长5~8 cm，通常有柔毛；花萼裂片半圆形或卵形，有纵脉纹，边缘有毛；花冠白色。核果熟时蓝色，卵状球形、稍偏斜，顶端宿萼裂片直立。

生于山坡、路边、疏林或密林中。

叶入药，可止血，治刀伤出血。根皮与叶作农药用。

山矾
Symplocos wikstroerniifolia Hayata

山矾科　山矾属

灌木或乔木。幼枝、叶背、叶柄被紧贴的细毛。叶纸质或薄革质，椭圆形、阔倒披针形或倒卵形，长4~12 cm，全缘或有不明显的波状浅锯齿。总状花序，有分枝；花冠5深裂几达基部。核果卵圆形，黑色或黑紫色，顶端宿萼裂片直立。花、果期3~5月。

生于山地密林中。常见。

种子油可制肥皂，木材供建筑板料用。

228.马钱科 Loganiaceae

驳骨丹
Buddleja asiatica Lour.

马钱科　醉鱼草属

灌木，高1~3 m。嫩枝四棱形，老枝圆柱形；幼枝、叶下面、叶柄和花序均密被短茸毛。叶对生，膜质至纸质；狭椭圆形至长披针形，长6~30 cm，全缘或有小锯齿。总状花序窄长，由多数小聚伞花序组成，再排列成圆锥花序；花芳香，白色。蒴果椭圆状，长3~5 mm。花、果期几乎全年。

生于向阳山坡灌丛中、河边或疏林缘。

根和叶供药用，有祛风消肿、行气活络、驳骨散瘀之功效。花芳香，可提取芳香油。

醉鱼草
Buddleja lindleyana Fort.

马钱科　醉鱼草属

灌木，高1~3 m。小枝具4棱，棱上略有窄翅；幼枝、叶片下面、叶柄、花序、苞片均密被短茸毛和腺毛。叶对生或轮生，膜质，卵形、椭圆形至长圆状披针形，长3~11 cm。穗状聚伞花序顶生，长4~40 cm；花紫色，芳香。蒴果椭圆状。花、果期几乎全年。

生于山地路旁、河边灌木丛中或林缘。

全株捣碎投入水中能使鱼麻醉，故有"醉鱼草"之称。全株药用，有祛风除湿、止咳化痰、散瘀之功效。兽医用枝叶治中泻血。全株可作农药，专杀小麦吸浆虫、螟虫及灭孑孓等。花芳香而美丽，可作庭园观赏植物。

229.木樨科Oleaceae

小蜡（山指甲）
Ligustrum sinense Lour.

木樨科　女贞属

灌木，高2~4 m。叶片纸质，卵形、椭圆状卵形、长圆形，长2~7 cm，上面深绿色，下面淡绿色，两面疏被短柔毛或无毛。圆锥花序，塔形，长4~11 cm；花冠白色，花冠裂片长圆状椭圆形。果近球形，紫黑色。花、果期3~8月。

生于山坡、山谷、溪边、河旁、路边。常见。

常栽培作绿篱。果实可酿酒；种子榨油供制肥皂。树皮和叶入药，具清热降火等功效。

231.萝藦科Asclepiadaceae

柳叶白前
Cynanchum stauntonii (Decne.) Schltr. ex Lévl.

萝藦科　鹅绒藤属

直立半灌木，高约1 m。须根纤细、节上丛生。叶对生，纸质，狭披针形，长6~13 cm，宽3~5 mm，两端渐尖；中脉在叶背显著，侧脉约6对；叶柄长约5 mm。伞形聚伞花序腋生；花萼5深裂；花冠紫红色，辐状；蓇葖单生，长披针形，长达9 cm。花期5~8月，果期9~10月。

生长于低海拔的山谷湿地、水旁以至半浸在水中。常见。

全株供药用，有清热解毒、降气下痰之效；民间用其根治肺病、小儿疳积、感冒咳嗽及慢性支气管炎等。

232. 茜草科 Rubiaceae

水团花
Adina pilulifera (Lam.) Franch. ex Drade

茜草科 水团花属

常绿灌木至小乔木，高1~5 m。叶对生，厚纸质，椭圆形至椭圆状披针形，长4~12 cm，叶柄长2~10 mm。头状花序明显腋生；总花梗长3.0~4.5 cm，中部以下有轮生小苞片5枚。花冠白色，花冠裂片卵状长圆形。果序直径8~10 mm；种子长圆形，两端有狭翅。花期6~7月。

生于山谷疏林下或旷野路旁、溪边水畔。

根系发达，是很好的固堤植物。木材供雕刻用。全株药用，可清热解毒、散瘀止痛。

风箱树（水杨梅）
Cephalanthus tetrandrus (Roxb.) Ridsd et Bakh. f.

茜草科 风箱树属

落叶灌木或小乔木，高1~5 m。叶对生或3片叶轮生，近革质，椭圆形至卵状披针形，长10~15 cm；托叶阔卵形，顶部骤尖，常有一枚黑色腺体。头状花序，总花梗长2.5~6.0 cm，有毛；花冠白色，花冠裂片长圆形，裂口处通常有一枚黑色腺体。果序直径10~20 mm。花期3~6月。

生于水沟旁或溪畔。

可作护堤植物和观赏植物。木材可做担杆和农具。根和花序药用，有清热利湿、收敛止泻、祛痰止咳之功效。

虎刺（绣花针）
Damnacanthus indicus Gaertn. f.

茜草科 虎刺属

灌木，高0.3~1.0 m。具肉质链珠状根。茎上部密集多回二叉分枝，节上托叶腋常生一针状刺，刺长0.4~2.0 cm。常大小叶对相间，大叶长1~3 cm，小叶长可小于0.4 cm，卵形、心形或圆形。花1~2朵生于叶腋；花萼钟状，裂片常大小不一；花冠白色，管状漏斗形。核果红色，近球形。花期3~5月，果期冬季至次年春季。

生于山地和丘陵的疏、密林下或灌丛中。常见。

可栽培作庭园观赏。根药用有祛风利湿、活血止痛之功效。

狗骨柴
Diplospora dubia (Lindl.) Masam

茜草科 狗骨柴属

灌木或乔木。叶近革质，卵状长圆形、长圆形或披针形，长4~13 cm，两面无毛。花腋生密集成束或组成稠密的聚伞花序；花冠白色或黄色，花冠裂片长圆形，向外反卷。浆果近球形，成熟时红色，顶部有萼檐残迹。花期4~8月，果期5月至翌年2月。

生于阔叶林内或灌丛中。常见。

木材致密强韧，作器具及雕刻、木工用材。根入药，可清热解毒、消肿散结。

栀子（黄枝子）
Gardenia jasminoides Ellis

茜草科 栀子属

灌木，高0.5~3.0 m。叶近革质，对生，少为3片轮生，通常为长圆状披针形、倒卵状长圆形或椭圆形，长3~15 cm。花芳香，单朵生于枝顶；萼管倒圆锥形，有纵棱，顶部5~8裂，裂片线状披针形；花冠白色或乳黄色，高脚碟状。果椭圆形，黄色或橙红色，长1.5~7.0 cm，有翅状纵棱5~8条。花期2~7月。

生于旷野、丘陵、山谷、山坡、溪边。

常栽培供观赏。果作黄色食用染料；果实、根入药，有清热利湿、凉血散瘀之功效。

西南粗叶木
Lasianthus henryi Hutch.

茜草科 粗叶木属

灌木，高1~2 m。小枝密被贴伏的茸毛。叶纸质，长圆形或长圆状披针形，长8~15 cm，顶端渐尖或短尾状渐尖；有缘毛，下面脉上被贴伏或稍伸展的硬毛状柔毛。花2~4朵簇生于叶腋；萼被柔毛或硬毛，管陀螺状，裂片钻状；花冠白色，狭管状。核果近球形，成熟时蓝色。花、果期7~9月。

生于林缘或疏林中。

全株药用，有清热、消炎、止咳之功效。

白马骨
Serissa serissoides (DC.) Druce

茜草科　白马骨属

灌木，高达1 m。叶近革质，卵形或倒披针形，长1~4 cm，基部收狭成一短柄。花无梗，生于小枝顶部；萼裂片5枚，坚挺延伸呈披针状锥形，具缘毛；花冠白色，喉部被毛，裂片5枚，长圆状披针形。核果球形。花期4~8月。

生于山谷、河旁或路旁。

全株入药，有疏风解表、活血散瘀、舒筋活络之功效；根用于小儿惊风、风湿关节痛、解雷公藤中毒。可栽培作观赏。

密毛乌口树
Tarenna mollissima (Hook. et Arn.) Rob.

茜草科　乌口树属

灌木或小乔木，高1~6 m。全株密被柔毛或短茸毛，老枝毛渐脱落。叶纸质，披针形、长圆状披针形或卵状椭圆形，长4.5~25.0 cm。伞房状聚伞花序顶生；萼管近钟形，裂片5枚，花冠白色，喉部密被长柔毛，裂片长圆形，开放时外反。果近球形，被柔毛，黑色。花期5~7月。

生于山地或山谷林下。

根和叶入药，有清热解毒、消肿止痛之功效。

233.忍冬科 Caprifoliaceae

糯米条
Abelia chinensis R. Br.

忍冬科　六道木属

落叶灌木，高达2 m。叶对生或3片轮生，卵形至椭圆状卵形，长2~5 cm；边缘有稀疏圆锯齿。聚伞花序生于小枝上部叶腋；花白色或粉红色，芳香，萼裂片椭圆形或倒卵状长圆形，果期变红色；花冠漏斗状，裂片圆卵形。果具宿存而略增大的萼裂片。花、果期9~10月。

生于林下、灌丛或溪边。

花多密集，花期长，为优美的观赏植物。根入药，可治牙痛；枝、叶可清热解毒、凉血止血。

粤赣荚蒾
Viburnum dalzielii W. W. Smith

忍冬科　荚蒾属

落叶灌木，高达3 m。植株幼时各部密被黄褐色刚毛状簇状毛。叶厚纸质，卵状披针形或卵状椭圆形，长17 cm，边缘疏生小尖齿，两面除中脉和侧脉被黄褐色小刚毛外均无毛。复伞形聚伞花序，第一级辐射枝通常5条，花有香味；花冠白色，辐状。核果红色。花期5月，果期11月。

生于山坡灌丛或山谷林中。

株形美观，可栽培作庭园观赏植物。

荚蒾
Viburnum dilatatum Thunb.

忍冬科　荚蒾属

落叶灌木，高1.5~3.0 m。当年小枝连同芽、叶柄和花序均密被黄色开展的小刚毛状粗毛及簇状短毛。叶纸质，倒卵形或宽卵形，长3~10 cm，边缘有锯齿，两面被毛。复伞形聚伞花序稠密，第一级辐射枝5条；花冠白色。核果红色，椭圆状卵圆形。花期5~6月，果期9~11月。

生于山坡或山谷疏林下、林缘及山脚灌丛中。

韧皮纤维可制绳和人造棉；种子含油，可制肥皂和润滑油。果可食，亦可酿酒。根入药，用于跌打损伤；枝、叶用于疔疮发热、暑热感冒，外用于过敏性皮炎。

南方荚蒾
Viburnum fordiae Hance

忍冬科　荚蒾属

灌木，高可达5 m。幼枝、芽、叶柄、花序、萼和花冠外面均被茸毛。叶纸质至厚纸质，宽卵形或菱状卵形，长4~7 cm，边缘基部除外常有小尖齿，下面毛较密。复伞形聚伞花序顶生，第一级辐射枝通常5条；花冠白色，辐状。核果红色，卵圆形。花期4~5月，果期10~11月。

生于林下或灌丛中。常见。

根、茎药用，祛风活血、消炎止痛；外用于湿疹。果多，红色，可栽培观赏。

蝶花荚蒾
Viburnum hanceanum Maxim.

忍冬科　荚蒾属

灌木，高达2 m。叶纸质，圆卵形、近圆形或椭圆形，长4~8 cm，边缘具整齐而稍带波状的锯齿，两面被黄褐色簇状短伏毛。聚伞花序伞形式，花稀疏，外围有2~5朵白色、大型的不孕花；不孕花直径2~3 cm，不整齐4~5裂，裂片倒卵形；可孕花花冠黄白色，辐状。核果红色、稍扁，卵圆形。花期4~5月，果期8~9月。

生于山谷溪流旁或灌木丛中。

蝴蝶戏珠花（蝴蝶荚蒾）
Viburnum plicatum Thunb. var. ***tomentosum*** (Thunb.) Miq.

忍冬科　荚蒾属

落叶灌木，高达3 m。叶纸质，宽卵形、长圆状卵形或椭圆状倒卵形，长4~10 cm，边缘有不整齐三角状锯齿，下面常绿白色，密被茸毛。聚伞花序伞形式；外围有4~6朵白色、大型的不孕花，不整齐4~5裂；中央可孕花直径约3 mm，黄白色。核果先红色后变黑色，宽卵圆形或倒卵圆形。花期4~5月，果期8~9月。

生于山坡、山谷混交林内及沟谷旁灌丛中。

株形、花、果美丽，可栽培观赏。

常绿荚蒾（坚荚蒾）
Viburnum sempervirens K. Koch

忍冬科　荚蒾属

常绿灌木，高可达4 m。叶革质，椭圆形至椭圆状卵形，长4~12 cm，全缘或上部至近顶部具少数浅齿，上面有光泽；叶柄带红紫色。复伞形式聚伞花序顶生，第一级辐射枝5条，花生于第三至第四级辐射枝上；花冠白色，裂片近圆形。核果红色，卵圆形。花期5月，果期10~12月。

生于山谷密林或疏林中。

枝、叶药用，有消肿止痛、活血散瘀之功效。

263.马鞭草科Verbenaceae

白棠子树
Callicarpa dichotoma (Lour.) K. Koch

马鞭草科　紫珠属

灌木，高1~3 m。叶倒卵形或披针形，长2~6 cm，顶端急尖或尾状尖，边缘仅上半部具数个粗锯齿，表面稍粗糙，背面密生细小黄色腺点。聚伞花序腋生，2~3次分歧；花萼杯状，顶端有不明显的4齿或近截平；花冠紫色。果实球形，紫色，直径约2 mm。花、果期5~11月。

生于低山丘陵灌丛中。

全株药用，有活血解毒、清热利湿之功效。叶可提取芳香油。

杜虹花（老蟹眼、粗糠仔）
Callicarpa formosana Rolfe

马鞭草科　紫珠属

灌木，高1~3 m。小枝、叶柄和花序均密被灰黄色星状毛和分枝毛。叶片卵状椭圆形或椭圆形，长6~15 cm，边缘有细锯齿，上面被短硬毛，稍粗糙，背面被灰黄色星状毛。聚伞花序通常4~5次分歧；花冠紫色或淡紫色，裂片钝圆。果实近球形，紫色。花、果期5~11月。

生于山坡和溪边的林中或灌丛中。常见。

根、叶入药，散瘀消肿、止血镇痛。果多紫红，可栽培作庭园观赏。

枇杷叶紫珠（野枇杷、山枇杷）
Callicarpa kochiana Makino

马鞭草科　紫珠属

灌木，高1~4 m。小枝、叶柄与花序密生黄褐色茸毛。叶长椭圆形、卵状椭圆形或长椭圆状披针形，长12~22 cm，边缘有锯齿，背面密生黄褐色星状毛和茸毛。聚伞花序宽3~6 cm，多次分歧；萼筒管状，被茸毛；花冠淡红色或紫红色。果实圆球形，几乎全部包藏于宿存的花萼内。花、果期7~12月。

生于山坡或谷地溪旁林中和灌丛中。

根入药，可治慢性风湿性关节炎及肌肉风湿症；叶可作外伤止血药并治风寒咳嗽、头痛。叶可提取芳香油。

藤紫珠
Callicarpa peii H. T. Chang

马鞭草科　紫珠属

藤本或蔓性灌木，长可达10 m。幼枝、叶柄和花序梗被黄褐色毛。叶片宽椭圆形或宽卵形，长6~11 cm，宽3~7 cm，顶端急尖至渐尖，基部宽楔形或浑圆，全缘，侧脉6~9对，主脉、侧脉和细脉在背面均隆起。聚伞花序，花冠紫红色至蓝紫色。果实紫色，径约2 mm。花期5~7月，果期8~11月。

生于海拔250~1 500 m的山坡林中、林边或谷地溪边。常见。

钝齿红紫珠（小红米果）
Callicarpa rubella Lindl.

马鞭草科　紫珠属

灌木，高约2 m。小枝被黄褐色星状毛并杂有多细胞白的腺毛。叶倒卵形或倒卵状椭圆形，长10~14 cm，基部心形，有时偏斜，边缘具细锯齿或不整齐的粗齿，背面被星状毛并杂有单毛和腺毛；近无柄。聚伞花序，花萼被星状毛或腺毛，花冠紫红色。果实紫红色。花、果期5~11月。

生于山谷、林缘、林中或灌丛中。

全株药用，有消肿止痛、止血、接骨、驱虫之功效。果多，颜色紫红，可栽培作庭园观赏。

灰毛大青（毛赪桐、粘毛赪桐）
Clerodendrum canescens Wall.

马鞭草科　大青属

灌木，高达3.5 m。小枝略四棱形，全体密被平展或倒向长柔毛。叶片心形或宽卵形，长6~18 cm。聚伞花序密集成头状；苞片叶状，卵形或椭圆形；花萼由绿变红色，钟状，有5棱角；花冠白色或淡红色，花冠管纤细。核果近球形，成熟时深蓝色或黑色，藏于红色增大的宿萼内。花、果期4~10月。

生于山坡路边或疏林中。常见。

全草药用，有祛风除湿、退热止痛之功效。

大青（白花鬼灯笼）
Clerodendrum cyrtophyllum Turcz.

马鞭草科　大青属

灌木或小乔木，高1~4 m。叶纸质，椭圆形、卵状椭圆形、长圆形或长圆状披针形，长6~20 cm；叶柄长1~8 cm。伞房状聚伞花序；萼杯状，裂片三角状卵形；花冠白色，花冠管细长，顶端5裂。果实球形，成熟时蓝紫色，为红色的宿萼所托。花、果期6月至翌年2月。

生于丘陵、山地林下或溪谷旁。

根、叶入药，有清热解毒、凉血利尿之功效。

赪桐（状元红）
Clerodendrum japonicum (Thunb.) Sweet

马鞭草科　大青属

灌木，高1~4 m。叶圆心形，长8~35 cm，边缘有疏短尖齿，叶柄长0.5~15.0 cm。二歧聚伞花序组成顶生大而开展的圆锥花序，长15~34 cm；花萼红色，深5裂；花冠红色，花冠管顶端5裂，开展。果实椭圆状球形，绿色或蓝黑色，宿萼增大，初包被果实，后向外反折成星状。花、果期5~11月。

生于林下、山谷、溪边或疏林中。

全株药用，有祛风利湿、消肿散瘀之功效。常栽培作观赏花卉。

尖齿臭茉莉（臭茉莉、臭牡丹）
Clerodendrum lindleyi Decne. ex Planch.

马鞭草科　大青属

灌木，高0.5~3.0 m。叶纸质，宽卵形或心形，长10~22 cm，两面被柔毛，叶缘有不规则锯齿或波状齿。伞房状聚伞花序密集，顶生；苞片多，披针形；花萼钟状，萼齿线状披针形；花冠紫红色或淡红色，花冠管长2~3 cm，裂片倒卵形。核果近球形，成熟时蓝黑色，大半被紫红色增大的宿萼所包。花、果期6~11月。

生于山坡、沟边、阔叶林下或路旁。常见。

根、叶或全株药用，有祛风活血、强筋壮骨、消肿和降血压之功效。花美丽，可栽培供观赏。

豆腐柴（臭黄荆、腐婢）
Premna microphylla Turcz.

马鞭草科　豆腐柴属

直立灌木。叶揉之有臭味，卵状披针形、椭圆形、卵形或倒卵形，长3~13 cm，基部渐狭窄下延至叶柄两侧；全缘至有不规则粗齿。聚伞花序组成顶生圆锥花序；花萼杯状，绿色有时带紫色，近整齐的5浅裂；花冠淡黄色。核果紫色，球形至倒卵形。花、果期5~10月。

生于山坡林下或林缘。

叶可制豆腐。根、茎、叶入药，有清热解毒、消肿止血之功效。

黄荆（五指枫）
Vitex negundo Linn.

马鞭草科　牡荆属

灌木或小乔木，高1~5 m。小枝四棱形，密生灰白色茸毛。掌状复叶，小叶5片，长圆状披针形至披针形，全缘或有少数粗锯齿，背面密生灰白色茸毛。聚伞花序排成圆锥花序式，顶生；花萼钟状；花冠淡紫色，顶端5裂，2唇形。核果近球形，宿萼接近果实的长度。花、果期4~10月。

生于山坡路旁或灌木丛中。

茎皮可造纸及制人造棉。根药用，可驱虫；茎叶能消炎止痢；种子为清凉性镇静、镇痛药。嫩枝、叶为良好绿肥。是南雄盆地主要蜜源植物。

牡荆
Vitex negundo Linn. var. ***cannabifolia*** (Sieb. et Zucc. Hand.-Mazz.)

马鞭草科　牡荆属

落叶灌木或小乔木。小枝四棱形。掌状复叶，小叶5片，偶有3片；小叶披针形或椭圆状披针形，边缘有粗锯齿，背面淡绿色，通常被柔毛。圆锥花序顶生，长10~20 cm；花冠淡紫色。果实近球形，黑色。花、果期6~11月。

生于山坡路边灌丛中。

茎皮可造纸及制人造棉。根药用，可驱虫；茎叶治久痢；种子为清凉性镇静镇痛药。嫩枝、叶为良好绿肥。是南雄盆地主要蜜源植物。

藤本类 Vines

3.五味子科 Schisandraceae

黑老虎（臭饭团）
***Kadsura coccinea* (Lem.) A. C. Smith**

五味子科　南五味子属

木质藤本。叶革质，长圆形至卵状披针形，长7~18 cm，顶端钝或短渐尖，基部宽楔形或近圆形，全缘。花单生于叶腋，雌雄异株；雄花花被片10~16，红色，椭圆形；雌花花被片与雄花相似，心皮50~80枚。聚合果近球形，红色或暗紫色，直径5~10 cm。花期4~7月，果期7~11月。

生于高海拔的山地林中。常见。

根药用，能行气活血、消肿止痛。果成熟后味甜，可食。

异形南五味子（海风藤）
***Kadsura heteroclita* (Roxb.) Craib**

五味子科　南五味子属

常绿木质藤本。小枝具椭圆形点状皮孔。叶卵状椭圆形至阔椭圆形，长6~15 cm，基部阔楔形或近圆钝，全缘或上半部边缘有疏离的小锯齿。花单生于叶腋，雌雄异株；花被片11~15，白色或浅黄色，椭圆形至倒卵形。聚合果近球形，直径2.5~4.0 cm。花期5~8月，果期8~12月。

生于山谷、溪边、密林中。少见。

藤及根称"鸡血藤"，药用，有行气止痛、祛风除湿之功效。果成熟后味甜，可食；入药有强生补肾、止咳祛痰之功效。

南五味子
Kadsura longipedunculata Finet et Gagnep.

五味子科　南五味子属

藤本。叶纸质，长圆状披针形、倒卵状披针形，长5~13 cm，基部楔形或近圆钝，边缘有疏齿。花单生叶腋，雌雄异株；花被片11~15，白色或浅黄色，椭圆形；雌花心皮40~60枚。聚合果球形，直径1.5~3.5 cm；成熟心皮倒卵圆形。花期6~9月，果期9~12月。

生于山坡、山谷、溪边、密林中。常见。

藤、根及种子供药用，有活血、消肿之效。果成熟后味甜，可食；入药为滋补强壮剂和镇咳药。

翼梗五味子
Schisandra henryi Clarke.

五味子科　五味子属

落叶木质藤本。当年生枝具宽1.0~2.5 mm的翅棱；内芽鳞紫红色，宿存于新枝基部。叶卵形或近圆形，长5~14 cm，基部楔形；叶柄红色，长2.5~5.0 cm，具叶基下延的薄翅。雄花花被片黄绿色，6~7片，近圆形；雌花花被片与雄花的相似。聚合果有小浆果15~45个，红色。花期4~6月，果期5~10月。

生于山地沟谷边、山坡林下或灌丛中。常见。

根、茎药用，有通经活血、强筋骨之效；果实入药可滋肾固精、敛肺止咳。

8.番荔枝科Annonaceae

瓜馥木
Fissistigma oldhamii (Hemsl.) Merr.

番荔枝科　瓜馥木属

藤状灌木。小枝被黄褐色柔毛。叶革质，卵圆形或倒披针形，长5~13 cm，顶端圆形或微凹，基部阔楔形或圆形。花单生或3朵组成密伞花序；萼片阔三角形；外轮花瓣卵状长圆形，内轮花瓣较狭。果圆球状，直径约1.8 cm，密被黄棕色茸毛。花期4~9月，果7月至翌年2月成熟。

生于低海拔山谷水旁灌木丛中。常见。

花可提制瓜馥木花油或浸膏，用于调制化妆品、皂用香精的原料。根药用，可活血散瘀、消炎止痛。果成熟时味甜可食。

香港瓜馥木
Fissistigma uonicum (Dunn) Merr.

番荔枝科　瓜馥木属

攀缘灌木。叶纸质，长圆形，长4~20 cm，宽1~5 cm，顶端急尖，基部圆形或宽楔形，叶背淡黄色。花黄色，有香气，1~2朵聚生于叶腋。果圆球状，直径约4 cm，成熟时黑色，被短柔毛。花期3~6月，果期6~12月。

生于丘陵山地林中。常见，果少见。

叶可制酒、饼、药。果味甜，可食。

光叶紫玉盘
Uvaria boniana Finet et Gagnep.

番荔枝科　紫玉盘属

攀缘灌木。除花外全株无毛。叶纸质，长圆形至长圆状卵圆形，长4~15 cm，宽1.8~5.5 cm，渐尖或急尖，基部楔形或圆形；网脉不明显。花紫红色，1~2朵与叶对生或腋外生；花梗柔弱，长2.5~5.5 cm。果球形或椭圆状卵圆形，直径约1.3 cm，成熟时紫红色。花期5~10月，果期6月至翌年4月。

生于丘陵山地疏林、密林中较湿润的地方。少见。

15.毛茛科 Ranunculaceae

钝齿铁线莲
Clematis apiifolia DC. var. *obtusidentata* Rehd. et Wils.

毛茛科　铁线莲属

藤本。小枝和花序梗、花梗密生贴伏短柔毛。叶对生，三出复叶；小叶片卵形或宽卵形，常有不明显3浅裂，边缘有锯齿。聚伞花序多花；萼片4，白色，狭倒卵形；无花瓣。瘦果纺锤形或狭卵形，宿存花柱长约1.5 cm。花期7~9月，果期9~10月。

生于山地林边。常见。

全株入药，有消炎消肿、利尿通乳之功效。

厚叶铁线莲
Clematis crassifolia Benth.

毛茛科　铁线莲属

藤本。茎带紫红色，有纵条纹。叶对生，三出复叶；小叶厚革质，长椭圆形、椭圆形或卵形，长5~12 cm。圆锥状聚伞花序多花，长而疏展；花直径2.5~4.0 cm；萼片4，开展，白色或略带水红色，披针形或倒披针形。瘦果镰状狭卵形。花期12月至翌年1月，果期2月。

生于山地、山谷、溪边、路旁的密林或疏林中。常见。

根及根状茎药用，祛风除湿、清热定惊、消炎止痛。

山木通
Clematis filamentosa Dunn

毛茛科　铁线莲属

木质藤本。三出复叶；小叶片革质，卵圆形，长3~9 cm，顶端锐尖至渐尖，基部圆形、浅心形或斜肾形。聚伞花序腋生或顶生，常有1~7朵花；萼片4~6枚，白色，披针形；无花瓣。瘦果狭卵形，宿存花柱长达3 cm。花期4~6月，果期7~11月。

生于山谷、山坡林缘或疏林、灌丛中。常见。

全株药用，可消炎解毒、活血止痛、利尿。

小蓑衣藤
Clematis gouriana Roxb ex DC.

毛茛科　铁线莲属

藤本。一回羽状复叶；有小叶5片，小叶片卵形或披针形，纸质，长2~6 cm，基部圆形或浅心形，基出脉3条。圆锥聚伞花序；萼片4枚，开展，白色，倒卵形或椭圆形。瘦果菱形，宿存花柱长达3 cm，被稀疏羽状长柔毛。花、果期9~11月。

生于山坡山谷疏林、灌丛中。常见。

茎和根药用，有行气活血、祛风止痛的作用。

单叶铁线莲
Clematis henryi Oliv.

毛茛科 铁线莲属

木质藤本。主根下部膨大成瘤状。单叶，叶片卵状披针形，长10~15 cm，基部浅心形，边缘具刺头状的浅齿，基出脉3~5条；叶柄长2~6 cm。聚伞花序腋生，常仅一花；花钟状；萼片4枚，白色或淡黄色，卵圆形。瘦果狭卵形，宿存花柱长达4.5 cm。花期11~12月，果期翌年3~4月。

生于溪边、山谷、林下及灌丛中，缠绕于树上。常见。

根、叶药用，有行气活血、抗菌消炎之功效。

锈毛铁线莲
Clematis lechenaultiana DC.

毛茛科 铁线莲属

木质藤本。各部密被锈色柔毛。三出复叶；小叶纸质，卵圆形至卵状披针形，长5.0~8.5 cm，顶端渐尖或有短尾，基部圆形或浅心形，常偏斜，上部边缘有钝锯齿，基出脉3~7条。聚伞花序腋生，常3花；萼片4枚，黄色。瘦果狭卵形，宿存花柱长3.0~3.5 cm。花期1~2月，果期3~4月。

见于大源、九峰、坪石、梅花；生于山谷、山坡灌丛中。常见。

叶药用，消炎解毒、祛风活血。

21. 木通科 Lardizabalaceae

白木通（三叶木通）
Akebia trifoliata (Thunb.) Koidz. subsp. ***australis*** (Diels) T. Shimizu

木通科 木通属

落叶木质藤本。叶为三出复叶；小叶革质，卵圆形或长卵圆形，长4~6 cm，顶端圆或凹入，基部圆或阔楔形。总状花序腋生；雄花生于花序上部，萼片通常3枚，淡紫色；雌花生于花序下部，萼片暗紫色。浆果椭圆形，长6~8 cm，果肉多汁。花期3~4月，果期7~9月。

生于山地灌木丛、林缘和沟谷中。常见。

茎、根、果实药用，有消炎利尿、活血通经之功效。果味甜可食。

野木瓜（七叶莲）
Stauntonia chinensis DC.

木通科　野木瓜属

木质藤本。掌状复叶有小叶5~7片；小叶长圆形或长圆状披针形，边缘略加厚。花雌雄同株，通常3~4朵组成伞房花序式的总状花序；总花梗基部为大型的芽鳞片所包托；雄花萼片外面淡黄色或乳白色，内面紫红色，蜜腺状花瓣6枚，舌状；雌花萼片与雄花相似但稍大。果长圆形，长7~10 cm。花期3~4月，果期6~10月。

生于山地密林、山腰灌丛或山谷溪边疏林中。

全株药用，有舒筋活络、镇痛排脓、解热利尿之功效；对三叉神经痛、坐骨神经痛有较好的疗效。果味甜可食。

22.大血藤科 Sargentoboxaceae 大血藤
Sargentodoxa cuneata (Oliv.) Rehd. et Wils.

大血藤科　大血藤属

落叶木质藤本。藤径粗达9 cm。三出复叶，或兼具单叶；小叶革质，顶生小叶近棱状倒卵圆形，长4.0~12.5 cm；侧生小叶斜卵形，比顶生小叶略大。总状花序；雄花与雌花同序或异序，同序时雄花生于基部。聚合果圆形，由多数浆果组成，成熟时黑蓝色。花期4~5月，果期6~9月。

生于山坡灌丛、疏林和林缘。常见。

根及茎均可供药用，有通经活络、散瘀止痛、理气行血作用。作农药有杀虫功效。

23.防己科 Menispermaceae 粉叶轮环藤（金锁匙、百解藤）
Cyclea hypoglauca (Schauer) Diels

防己科　轮环藤属

藤本。叶纸质，阔卵状三角形至卵形，长2.5~7.0 cm，基部截平至圆；掌状脉5~7条；叶柄纤细，通常明显盾状着生。花序腋生，雄花序为间断的穗状花序状，花瓣4~5枚，通常合生成杯状；雌花序为总状花序状，雌花萼片2枚，近圆形，花瓣2枚，不等大。核果红色。

生于林缘或山地灌丛。常见。

根药用，有清热解毒、祛风镇痛之功效。

细圆藤
Pericampylus glaucus (Lam.) Merr.

防己科 细圆藤属

木质藤本。叶纸质至薄革质，三角状卵形至三角状近圆形，长3.5~8.0 cm，顶端钝或圆，有小凸尖，基部近截平至心形。聚伞花序伞房状，被茸毛；雄花萼片6枚，花瓣6枚，楔形或有时匙形，边缘内卷；雌花萼片和花瓣与雄花相似。核果红色或紫色。花期4~6月，果期9~10月。

生于林中、林缘或灌丛中。常见。

枝条可编藤器。根、叶药用，可治毒蛇咬伤。

金线吊乌龟（金线吊蛤蟆、铁秤砣）
Stephania cepharantha Hayata

防己科 千金藤属

草质落叶藤本。块根团块状或近圆锥状，小枝紫红色。叶三角状扁圆形至近圆形，长2~6 cm；掌状脉7~9条。雌雄花序均为头状花序，具盘状花托；雄花序总状花序式排列；雌花序单个腋生，萼片1，偶有2~3，花瓣2，肉质。核果阔倒卵圆形，成熟时红色。花期4~5月，果期6~7月。

生于村边、旷野、林缘等处土层深厚肥沃的地方。常见。

块根含多种生物碱，有清热解毒、消肿止痛之功效；又为兽医用药，称为"白药"、"白药子"或"白大药"。

粉防己
Tephania tetrandra S. Moore

防己科 千金藤属

草质藤本。叶纸质，阔三角形，长4~7 cm，基部微凹或近截平；掌状脉9~10条，网脉甚密、明显。花序头状，总状式排列；雄花萼片4枚，通常倒卵状椭圆形，花瓣5枚，肉质，边缘内折；雌花萼片和花瓣与雄花的相似。核果成熟时近球形，红色。花期夏季，果期秋季。

生于村边、旷野、路边灌丛中。常见。

块根入药，称为"粉防己"，可祛风除湿、消肿止痛。

28.胡椒科 Piperaceae

山蒟（石楠藤）
***Piper hancei* Maxim.**

胡椒科 胡椒属

攀缘藤本，长可达10 m。茎、枝节上生根。叶近革质，卵状披针形或椭圆形，长6~12 cm；叶鞘长约为叶柄之半。花单性，雌雄异株，聚集成与叶对生的穗状花序；雄花序长6~10 cm，苞片近圆形，短柄，盾状；雌花序长约3 cm，于果期延长，苞片与雄花序的相同，柄略长。浆果球形，黄色。花期3~8月。

生于山地溪涧边、密林或疏林中，攀缘于树上或石上。常见。

茎、叶药用，治风湿、腰膝无力、咳嗽、感冒等。可作垂直绿化植物。

57.蓼科 Polygonaceae

杠板归（刺犁头、穿叶蓼）
***Polygonum perfoliatum* Linn.**

蓼科 蓼属

一年生草本。茎攀缘，茎、叶脉、叶柄具稀疏的倒生皮刺。叶三角形，长3~7 cm，基部截形或微心形；叶柄盾状着生于叶片的近基部；托叶鞘叶状，圆形或近圆形，贯茎。总状花序呈短穗状；苞片卵圆形，每苞片内具花2~4朵；花被白色或淡红色，果时增大，呈肉质，深蓝色。瘦果球形。花期6~8月，果期7~10月。

生于山谷、荒地、灌丛间。广布。

全草药用，有清热解毒、收敛去腐、行血利尿之功效。

廊茵（刺蓼）
***Polygonum senticosum* (Meisn.) Franch. et Sav.**

蓼科 蓼属

茎攀缘，四棱形，沿棱具倒生皮刺。叶片三角形，长4~8 cm，基部戟形，两面被短柔毛，下面沿叶脉具稀疏的倒生皮刺；叶柄粗壮，具倒生皮刺；托叶鞘筒状，边缘具叶状翅，翅肾圆形。花序头状，顶生或腋生；苞片长卵形，每苞内具花2~3朵；花被淡红色。瘦果近球形，具3条棱，包于宿存花被内。花、果期6~9月。

生于山坡、山谷疏林下。常见。

全草入药，有解毒消肿、利湿止痒之功效。

103.葫芦科 Cucurbitaceae

盒子草
Actinostemma tenerum Griff.

葫芦科 盒子草属

柔弱草本，枝纤细。叶形变异大，心状戟形、心状狭卵形或披针状三角形，不分裂或3~5裂或仅在基部分裂，边缘波状或具小圆齿，长3~12 cm，宽2~8 cm。卷须细，2歧。雄花总状，有时圆锥状，小花序基部具长6 mm的叶状3裂总苞片，花冠裂片披针形；雌花单生、双生或雌雄同序。果实绿色，径1~2 cm。花期7~9月，果期9~11月。

多生于水边草丛中。常见。

种子及全草药用，有利尿消肿、清热解毒、去湿之效。

绞股蓝（五叶参、七叶胆、甘茶蔓）
Gynostemma pentaphyllum (Thunb.) Makino

葫芦科 绞股蓝属

草质攀缘植物。茎具纵棱及槽。叶膜质或纸质，鸟足状，具3~9片小叶；小叶片卵状长圆形或披针形，中央小叶长3~12 cm，侧生的较小，边缘具波状齿或圆齿。花雌雄异株；圆锥花序；花冠淡绿色或白色，5深裂，裂片卵状披针形。果实肉质不裂，球形，成熟后黑色。花期3~11月，果期4~12月。

生于山地灌丛、林中或路旁草丛中。常见。

全草含人参皂苷等多种皂苷成分，有消炎解毒、止咳祛痰和强壮、抗衰老、抗疲劳的功效。全株可制茶作保健饮料。

茅瓜
Solena amplexicaulis (Lam.) Gandhi

葫芦科 茅瓜属

攀缘草本。叶片薄革质，多型，变异极大，卵形、长圆形、卵状三角形或戟形等，不分裂、3~5浅裂至深裂，基部心形，弯缺半圆形。卷须纤细，不分枝。花雌雄异株；雄花10~20朵成伞房状花序，雌花单生于叶腋；花冠黄色，裂片三角形。果实红褐色，长圆状或近球形，直径2~5 cm。花期5~8月，果期8~11月。

常生于山坡路旁、林下、灌丛中。常见。

块根药用，能清热解毒、消肿散结。

多型栝楼
Trichosanthes ovigera Bl.

葫芦科　栝楼属

草质藤本。叶卵状心形至近圆心形，长7~19 cm，不分裂或具3~5齿裂至深裂，基部深心形，边缘具疏细齿或波状齿。卷须2~3歧。花雌雄异株；萼筒狭长，顶端扩大；花冠白色，具丝状长流苏。果卵圆形或纺锤状椭圆形，长5~7 cm，熟时橙红色，顶端具喙。花期5~9月，果期9~12月。

生于山谷沟边林中。常见。

根药用，有消肿散瘀、活血止痛之功效。

钮子瓜（野杜瓜）
Zehneria maysorensis (Wight et Arn.) Arn.

葫芦科　马㼎儿属

草质藤本。叶宽卵形，稀三角状卵形，长、宽均为3~10 cm，基部弯缺半圆形，边缘有小齿或深波状锯齿，不分裂或3~5浅裂。卷须丝状，单一。雌雄同株；雄花常3~9朵成近头状或伞房状花序，雌花单生；花冠白色。果实球状或卵状，直径1.0~1.4 cm，浆果状。花期4~8月，果期8~11月。

生于低海拔山地的林中或灌丛。常见。

全草、果实入药，有清热利湿、化痰、利尿之功效。

112.猕猴桃科 Actinidiaceae

京梨猕猴桃
Actinidia callosa Lindl. var. ***henryi*** Maxim.

猕猴桃科　猕猴桃属

落叶藤本。叶卵形或卵状椭圆形至倒卵形，长8~10 cm，边缘锯齿细小，背面脉腋上有髯毛。花序有花1~3朵；花白色，直径约1.5 cm。果乳头状至长圆柱状，长可达5 cm，墨绿色，有明显的淡褐色圆形斑点。

生于山谷溪涧边或其他湿润处。较少见。

果成熟后味酸甜，可作水果食用或制作果脯、果汁、罐头等。

阔叶猕猴桃（多花猕猴桃）
Actinidia latifolia (Gardn. et Champ.) Merr.

猕猴桃科　猕猴桃属

大型落叶藤本。叶坚纸质，阔卵形或近圆形，长8~15 cm，基部圆形或浅心形、截平或阔楔形，边缘具疏生的硬头小齿，叶背面密被星状茸毛。花序为3~4歧多花的大型聚伞花序；花瓣5~8片，前半部及边缘部分白色，下半部的中央部分橙黄色。果暗绿色，圆柱形或卵状圆柱形，直径2.0~2.5 cm。花期5~6月。

生于灌丛中或疏林缘。常见。

果成熟后味酸甜，可作水果食用或制作果脯、果汁、罐头等。

黄毛猕猴桃
Actinidia fulvicoma Hance

猕猴桃科　猕猴桃属

半常绿藤本。植株各部密被黄褐色绵毛或锈色长硬毛。叶纸质，卵形至卵状长圆形，长8~18 cm，基部通常浅心形，边缘具睫状小齿。聚伞花序，通常3花；花白色，半开展；花瓣5片，倒卵形至倒长卵形。果卵珠形至卵状圆柱形，暗绿色，长1.5~2.0 cm，宿存萼片反折。花期5~6月，果熟期11月。

生于山地疏林中或灌丛中，常见。

果成熟后味酸甜，可作水果食用或制作果脯、果汁、罐头等。

绵毛猕猴桃
Actinidia fulvicoma Hance var. *lanata* (Hemsl.) C. F. Liang

猕猴桃科　猕猴桃属

本变种与"黄毛猕猴桃"区别为：叶阔卵形、卵形至长方卵形，叶面密被糙伏毛或毡毛。

生于山地疏林中或灌丛中。常见。

果成熟后味酸甜，含丰富的多种维生素，可作水果食用或制作果脯、果汁、罐头等。

121.使君子科Combretaceae

华风车子（风车子）
Combretum alfredii Hance

使君子科　风车子属

攀缘状灌木，高1.5~5.0 m。小枝近方形，有纵槽。叶对生或近对生，叶片长椭圆形至阔披针形，长12~16 cm，两面无毛而稍粗糙。穗状花序或组成圆锥花序；萼钟状，外面有黄色而有光泽的鳞片和被粗毛；花瓣黄白色，长倒卵形。果椭圆形，有4翅，轮廓圆形，长1.7~2.5 cm。花期5~8月，果期9月。

生于河边、谷地。常见。

根、叶药用，可清热利胆、健胃驱虫。

142.绣球科Hydrangeaceae

冠盖藤
Pileostegia viburnoides Hook. f. et Thoms.

绣球科　冠盖藤属

常绿攀缘状灌木，长达15 m。叶对生，薄革质，椭圆状倒披针形或长椭圆形，长10~18 cm，基部楔形或阔楔形，边常稍背卷。伞房状圆锥花序顶生，长7~20 cm；萼筒圆锥状，裂片三角形；花瓣卵形，白色。蒴果圆锥形，有5~10条肋纹或棱。花期7~8月，果期9~12月。

生于山谷溪边疏林下、林缘或岩石隙间。常见。

全株药用，有补肾、接骨、活血散瘀、消肿解毒之功效。

143.蔷薇科Rosaceae

小果蔷薇
Rosa cymosa Tratt.

蔷薇科　蔷薇属

攀缘灌木。枝有钩状皮刺。小叶3~5片；小叶片卵状披针形或椭圆形，长2.5~6.0 cm，边缘有紧贴或尖锐细锯齿；托叶膜质，离生。花多朵成复伞房花序；花直径2.0~2.5 cm；萼片卵形，顶端渐尖，常有羽状裂片；花瓣白色，倒卵形，顶端凹。果球形，直径4~7 mm。花期5~6月，果期7~11月。

生于向阳山坡、路旁、溪边或丘陵地。广布种。

全株药用，根有祛风除湿、收敛固脱之作用；叶有解毒消肿之功效；果实治疗不孕症。

软条七蔷薇（亨氏蔷薇、湖北蔷薇）
Rosa henryi Bouleng

蔷薇科 蔷薇属

藤状灌木。枝有短扁、弯曲皮刺。小叶通常5片；小叶片长圆形至椭圆状卵形，长3.5~9.0 cm，顶端长渐尖或尾尖，边缘有锐锯齿；托叶大部贴生叶柄。花5~15朵，成伞形伞房状花序；萼片披针形，全缘或有少数裂片；花瓣白色，宽倒卵形，顶端微凹。果近球形，直径8~10 mm，成熟后褐红色。

生于山谷、林边、田边或灌丛中。常见。

根、果实药用，有消肿止痛、祛风除湿、止血解毒、补脾固涩之功效。

金樱子（刺梨子、糖罐子）
Rosa laevigata Michx.

蔷薇科 蔷薇属

攀缘灌木。枝粗壮，散生扁弯皮刺。小叶革质，通常3片，稀5片；小叶片椭圆状卵形、倒卵形，长2~6 cm，边缘有锐锯齿。花单生于叶腋，直径5~7 cm；花梗和萼筒密被腺毛，随果实成长变为针刺；花瓣白色，宽倒卵形，顶端微凹。果梨形、倒卵形，紫褐色，外面密被刺毛。花期4~6月，果期7~11月。

生于向阳的山野、田边、溪畔灌木丛中。常见。

根、叶、果均入药，根有活血散瘀、祛风除湿、解毒收敛及杀虫等功效；叶外用治疖疮、烧烫伤；果能止腹泻并对流感病毒有抑制作用。

粉团蔷薇
Rosa multiflora Thunb. var. *cathayensis* Rehd. et Wils.

蔷薇科 蔷薇属

藤状灌木。小枝有短、粗且稍弯曲皮刺。小叶5~9片，近花序的小叶有时3片；小叶片倒卵形、长圆形或卵形，边缘有尖锐单锯齿，稀混有重锯齿，上面无毛，下面有柔毛。花多朵排成圆锥状花序；花直径1.5~2.0 cm；花瓣粉红色，宽倒卵形。果近球形，红褐色或紫褐色。花期4~6月。

生于山坡或路旁的灌木林或疏林中。常见。

鲜花含有芳香油，可提制香精用于化妆品。根、叶、花和种子均可入药。

腺毛莓
Rubus adenophorus Rolfe

蔷薇科　悬钩子属

攀缘灌木。小枝具紫红色腺毛、柔毛和宽扁的稀疏皮刺。小叶3片，宽卵形或卵形，长4~11 cm，两面均具稀疏柔毛，边缘具粗锐重锯齿。总状花序，花梗、苞片和花萼均密被长柔毛和紫红色腺毛；萼片披针形或卵状披针形，花后常直立；花瓣倒卵形或近圆形，紫红色。果实球形，红色。花、果期4~7月。

生于山地、山谷、疏林湿润处或林缘。较少见。

根、叶药用，有理气、利湿、止痛止血之功效。果甜可食。

粗叶悬钩子
Rubus alceaefolius Poir.

蔷薇科　悬钩子属

攀缘灌木。全株各部被黄灰色至锈色长柔毛。叶近圆形，长6~16 cm，上面有囊泡状小突起，边缘不规则3~7浅裂；托叶羽状深裂或不规则的撕裂。顶生狭圆锥花序或近总状；苞片大，羽状至掌状或梳齿状深裂；外萼片掌状至羽状条裂；花瓣宽倒卵形或近圆形，白色。聚合果红色。花期7~9月，果期10~11月。

生于向阳山坡、山谷林内或灌丛中。常见。

根和叶入药，有活血祛瘀、清热止血之功效。果甜可食。

周毛悬钩子
Rubus amphidasys Focke ex Diels

蔷薇科　悬钩子属

蔓性小灌木，高0.3~1.0 m。枝、叶柄、总花梗、花梗和花萼密被红褐色毛，常无皮刺。单叶，宽长卵形，长5~11 cm，宽3.5~9.0 cm，顶端短渐尖或急尖，基部心形，两面均被长柔毛，边缘3~5浅裂，有不整齐尖锐锯齿；托叶离生，羽状深条裂。花常5~12朵成近总状花序，顶生或腋生，稀3~5朵簇生。果实扁球形，直径约1 cm，包藏在宿萼内。花期5~6月，果期7~8月。

生于海拔400~1 600 m山坡路旁或山地红黄壤林下。常见。

寒莓
Rubus buergeri Miqe

蔷薇科　悬钩子属

匍匐小灌木。茎常伏地生根。枝、叶背、叶柄、花梗、花萼被茸毛状长柔毛。叶卵形至近圆形，直径5~11 cm，基部心形，边缘5~7浅裂，有不整齐锐锯齿。花成短总状花序或花数朵簇生于叶腋；外萼片顶端常浅裂；花瓣倒卵形，白色。聚合果近球形，直径6~10 mm，紫黑色。花期7~8月，果期9~10月。

生于中、低海拔的林下。常见。

根及全草入药，有活血、清热解毒之功效。

小柱悬钩子（三叶吊秆泡）
Rubus columellaris Tutcher

蔷薇科　悬钩子属

攀缘灌木。枝褐色或红褐色，疏生钩状皮刺。小叶3片，近革质，椭圆形或长卵状披针形，长3~16 cm，顶生小叶比侧生者大得多，边缘有不规则的较密粗锯齿。花3~7朵成伞房状花序；萼片卵状披针形，花后常反折；花瓣匙状长圆形，白色。果实稍呈长圆形，直径达1.5 cm，橘红色或褐黄色。花期4~5月，果期6月。

生于山坡、山谷阔叶林内较阴湿处。常见。

果味甜可食。叶入药内服或外敷治蛇伤。

山莓（三月泡）
Rubus corchorifolius Linn. f.

蔷薇科　悬钩子属

攀缘灌木。叶卵形至卵状披针形，长5~12 cm，基部微心形，通常不育枝上的叶3裂，有不规则锐锯齿或重锯齿。花单生或少数生于短枝上，花直径可达3 cm；花瓣长圆形或椭圆形，白色，顶端圆钝。果实近球形或卵球形，红色，密被细柔毛。花期2~3月，果期4~6月。

生于向阳山坡、溪边、山谷、荒地和灌丛中。常见。

果味甜，可生食。果、根及叶入药，有活血、解毒、止血之功效。

空心泡（三月泡）
Rubus rosaefolius Smith

蔷薇科　悬钩子属
　　直立或攀缘灌木。小叶5~7枚，卵状披针形，长3~5 cm，基部圆形，边缘有尖锐缺刻状重锯齿。花常1~2朵，顶生或腋生；花直径2~3 cm；萼片顶端长尾尖，花后常反折；花瓣长圆形、长倒卵形，白色。果实长圆状卵圆形，长1.0~1.5 cm，红色。花期3~5月，果期6~7月。
　　生于山地林内阴处、草坡或荒坡上。
　　果味甜，可食用。根、嫩枝及叶入药，有清热止咳、止血、祛风湿之效。

宜昌悬钩子
Rubus ichangensis Hemsl. et Ktze.

蔷薇科　悬钩子属
　　攀缘小灌木。叶近革质，近圆形，直径8~14 cm，基部深心形，下面密被灰色或黄灰色茸毛，边缘波状或不明显浅裂，有不整齐粗锐锯齿；托叶大，叶状，缺刻状条裂。花数朵成顶生伞房状或近总状花序，也常单花或数朵生于叶腋；花萼外密被柔毛；花瓣近圆形，白色。果实球形，红色。花期5~6月，果期8~9月。
　　生于山坡林下。常见。

灰毛泡
Rubus irenaeus Focke

蔷薇科　悬钩子属
　　攀缘灌木。叶近革质，卵状披针形，长8~15 cm，基部深心形，边缘浅波状或近基部有小裂片，有稀疏小锯齿。顶生圆锥花序狭窄，长达25 cm；萼片外面疏生柔毛和腺毛，边缘有时被灰白色短柔毛，故呈白色；花瓣直立，椭圆形，白色。果实近球形，红色。花期7~8月，果期10月。
　　生于山坡、山谷林中或灌丛内。
　　果味甜可食。根入药，有利尿、止痛、杀虫之功效。

高粱泡
Rubus lambertianus Ser.

蔷薇科 悬钩子属

藤状灌木。叶宽卵形，长5~10 cm，顶端渐尖，基部心形；边缘明显3~5浅裂或呈波状，有细锯齿。圆锥花序顶生；萼片卵状披针形，顶端渐尖；花瓣倒卵形，白色。果实小，近球形，直径6~8 mm，熟时红色。花期7~8月，果期9~11月。

生于山谷或路旁灌木丛中。常见。

果可食。根、叶供药用，有清热散瘀、止血之功效。

茅莓（三月泡、蛇泡簕）
Rubus parvifolius Linn.

蔷薇科 悬钩子属

灌木，高1~2 m。小叶3片，菱状圆形或倒卵形，长2.5~6.0 cm，下面密被灰白色茸毛，边缘有不整齐粗锯齿或缺刻状粗重锯齿，常具浅裂片。伞房花序；花萼外面密被柔毛和疏密不等的针刺，萼片在花果时均直立开展；花瓣粉红至紫红色。果实卵球形，红色。花期5~6月，果期7~8月。

生于山坡林下、向阳山谷、路旁或荒野。广布种。

果实酸甜多汁，可食用。全株入药，有止痛、活血、祛风湿及解毒之功效。

梨叶悬钩子（蛇泡）
Rubus pirifolius Smith

蔷薇科 悬钩子属

攀缘灌木。枝条细长，密生扁平皮刺。叶近革质，卵形至椭圆状长圆形，长6~11 cm，边缘具不整齐的粗锯齿，叶脉下疏生皮刺。圆锥花序，花直径1.0~1.5 cm；萼片卵状披针形或三角状披针形，顶端2~3裂或全缘；花瓣白色，长椭圆形或披针形。果实直径1.0~1.5 cm，红色。花期4~7月，果期8~10月。

生于山地较荫蔽处。常见。

全株入药，有强筋骨、祛寒湿之功效。果味酸甜可食。

锈毛莓（大叶蛇簕）
Rubus reflexus Ker Gawl.

蔷薇科　悬钩子属

攀缘灌木。叶心状长卵形，长7~14 cm，下面密被锈色茸毛，边缘3~5裂，有不整齐的粗锯齿或重锯齿，顶生裂片长大；托叶宽倒卵形，梳齿状或不规则掌状分裂。花数朵团集于叶腋或成顶生短总状花序；花萼外密被锈色长柔毛和茸毛；花瓣长圆形至近圆形，白色。果实近球形，深红色。花期6~7，果期8~9月。

生于山坡、山谷灌丛或疏林中。常见。

果实味甜可食。根入药，有祛风湿、强筋骨之功效。

深裂锈毛莓
Rubus reflexus Ker Gawl. var. ***lanceolobus*** Metc.

蔷薇科　悬钩子属

本变种与原种"锈毛莓"的区别在于：叶片心状宽卵形或近圆形，边缘5~7深裂，裂片披针形或长圆状披针形。

生于山谷或水沟边疏林中。常见。

根入药，有祛风湿、强筋骨之功效。果实味甜可食。

红腺悬钩子
Rubus sumatranus Miq.

蔷薇科　悬钩子属

直立或攀缘灌木。小枝、叶轴、叶柄、花梗和花序均被紫红色腺毛、柔毛和皮刺。小叶5~7片，卵状披针形，长3~8 cm，边缘具不整齐的尖锐锯齿。花3朵至数朵成伞房状花序；花萼被腺毛和柔毛，在果期反折；花瓣长倒卵形或匙状，白色。果实长圆形，长1.2~1.8 cm，橘红色。花期4~6月，果期7~8月。

生于山地林内、林缘、灌丛内。常见。

果味甜可食。根入药，有清热、解毒、利尿之功效。

147.苏木科 Caesalpiniaceae

阔裂叶羊蹄甲
Bauhinia apertilobata Merr. et Metc.

苏木科　羊蹄甲属

木质藤本。有卷须。叶卵形、阔椭圆形或近圆形，长5~10 cm，基部阔圆形、截形或心形，顶端通常浅裂为2片短而阔的裂片，缺口极阔或呈弯缺状；基出脉7~9条。伞房式总状花序；萼裂片披针形，开花时下反卷；花瓣白色或淡绿白色，近匙形。荚果倒披针形或长圆形，扁平，长7~10 cm，顶具小喙。花期5~7月，果期8~11月。

生于山谷和山坡的疏、密林或灌丛中。常见。

常作垂直绿化材料。

龙须藤
Bauhinia championii (Benth.) Benth.

苏木科　羊蹄甲属

藤本。有卷须。叶卵形或心形，长3~10 cm，顶端锐渐尖、圆钝、微凹或2裂，裂片长度不一，基部截形、微凹或心形；基出脉5~7条。总状花序狭长，腋生，有时与叶对生或数个聚生于枝顶而成复总状花序；花瓣白色，瓣片匙形。荚果倒卵状长圆形或带状，扁平，长7~12 cm。花期6~10月，果期7~12月。

生于丘陵灌丛或山地疏、密林中。常见。

可作垂直绿化材料。茎藤药用，有祛风除湿、活血止痛、健脾理气之功效。

云实
Caesalpinia decapetala (Roth) Allston

苏木科　云实属

有刺藤本。树皮暗红色。枝、叶轴和花序均被柔毛和钩刺。二回羽状复叶；羽片3~10对，对生，基部有刺1对；小叶8~12对，膜质，长圆形，长1.0~2.5 cm。总状花序顶生，长15~30 cm；花瓣黄色，膜质，圆形或倒卵形，盛开时反卷。荚果长圆状舌形，长6~12 cm，脆革质，沿腹缝线膨胀成狭翅，顶端具尖喙。花、果期4~10月。

生于山坡灌丛中及丘陵、河旁等地。常见。

根、茎及果药用，有发表散寒、活血通经、解毒杀虫之功效。可栽培作绿篱。

老虎刺（倒钩藤崖婆簕）
Pterolobium punctatum Hemsl.

苏木科　老虎刺属

攀缘性灌木，高3~10 m。小枝具棱，有黑色、下弯短钩刺。羽片9~14对；小叶片19~30对，狭长圆形，长9~10 mm，基部微偏斜。总状花序，腋生或于枝顶排列成圆锥状；花瓣倒卵形，顶端稍呈啮蚀状。荚果长4~6 cm，翅一边直，另一边弯曲，长约4 cm。花期6~8月，果期9月至翌年1月。

生于山坡疏林阳处、石灰岩山上。较少见。

根药用，治风湿关节痛；枝、叶治疮疗。

148.蝶形花科 Papilionaceae

藤黄檀
Dalbergia hancei Benth.

蝶形花科　黄檀属

木质藤本。枝纤细，小枝有时变钩状或旋扭。羽状复叶；小叶3~6对，狭长圆或倒卵状长圆形，长10~20 mm。总状花序，再集成腋生短圆锥花序；花萼阔钟状，萼齿短，阔三角形；花冠绿白色，芳香，旗瓣椭圆形，基部两侧稍呈截形。荚果扁平，长圆形或带状，长3~7 cm，通常有1颗种子。花期4~5月。

生于山坡灌丛中或山谷溪旁。常见。

根、茎入药，能舒筋活络，治风湿痛。

中南鱼藤
Derris fordii Oliv.

蝶形花科　鱼藤属

攀缘藤本。羽状复叶；小叶2~3对，厚纸质或薄革质，卵状椭圆形或椭圆形，长4~12 cm。圆锥花序腋生，稍短于复叶；花萼钟状，萼齿短，三角形；花冠白色，长约10 mm。荚果长圆形或长椭圆形，扁平，长4~10 cm，两侧具狭翅，有种子1~4颗。花期4~5月，果期10~11月。

生于山谷溪边、灌木林或疏林中。较少见。

根、枝叶有毒，入药有散瘀、止痛、杀虫之功效。

圆叶野扁豆
Dunbaria punctata (Wight & Arn.) Benth.

蝶形花科　野扁豆属

多年生缠绕藤本。茎纤细，柔弱。羽状3小叶，纸质，顶生小叶圆菱形，长1.5~4.0 cm，被黑褐色小腺点，侧生小叶稍小，偏斜。花1~2朵腋生；花萼钟状，裂齿卵状披针形，密被红色腺点和短柔毛；花冠黄色，旗瓣倒卵状圆形，基部具2枚齿状的耳。荚果线状长椭圆形，扁平，长3~5 cm。果期9~10月。

常生于山坡灌丛中和旷野草地上。常见。

根入药，有清热解毒、消肿、止血生肌之功效。

香花崖豆藤（山鸡血藤）
Millettia dielsiana Harms

蝶形花科　崖豆藤属

攀缘灌木，长2~5 m。羽状复叶；小叶5片，纸质，披针形、长圆形至狭长圆形，长5~15 cm。圆锥花序顶生，宽大，长达40 cm；花萼阔钟状，与花梗同被细柔毛，上方2齿几全合生；花冠紫红色，旗瓣密被锈色或银色绢毛。荚果线形至长圆形，长7~12 cm，扁平，密被灰色茸毛。花期5~9月，果期6~11月。

生于山坡阔叶林与灌丛中，或谷地、溪沟和路旁。常见。

藤、根药用，有活血补血、舒筋通络之功效。

厚果崖豆藤
Millettia pachycarpa Benth.

蝶形花科　崖豆藤属

巨大藤本，长达15 m。羽状复叶；小叶6~8对，长圆状椭圆形至长圆状披针形，长10~18 cm。总状圆锥花序，2~6枝生于新枝下部，密被褐色茸毛；花萼杯状，萼齿几不明显；花冠淡紫，旗瓣卵形。荚果深褐黄色，肿胀，长圆形，长5~23 cm，厚约3 cm，果瓣木质，有种子1~5颗。花期4~6月，果期6~11月。

生于山坡常绿阔叶林内。常见。

种子和根含鱼藤酮，磨粉可作杀虫药，能防治多种粮棉害虫。根、种子入药，根可散瘀消肿，种子可消炎止痛。

昆明鸡血藤（网络崖豆藤）
Millettia reticulata Benth.

蝶形花科　崖豆藤属

藤本。羽状复叶长10~20 cm；小叶3~4对，硬纸质，卵状长椭圆形或长圆形，长5~6 cm。圆锥花序顶生，常下垂，花密集；花萼阔钟状至杯状，萼齿短而钝圆；花冠红紫色，旗瓣卵状长圆形。荚果线形，长约15 cm，扁平，果瓣薄而硬，近木质，有种子3~6颗。花期5~11月。

生于山地灌丛及沟谷。常见。

根、藤药用，有补血祛风、通经活络之功效。也可栽培供观赏。

喙果崖豆藤
Millettia tsui Metc.

蝶形花科　崖豆藤属

木质藤本。羽状复叶；小叶3片，近革质，阔椭圆形，长6~18 cm，顶端钝圆骤尖，两面均无毛，光亮。圆锥花序顶生，长15~30 cm；花萼杯状，萼齿阔三角形；花冠淡黄色带微红或微紫色。荚果肿胀，椭圆形或线状长圆形，长3~7 cm，顶端有坚硬的钩状喙，种子间缢缩。花期7~9月，果期10~12月。

生于山地阔叶林中。常见。

根、茎入药，能行血补气。种子煨熟可食。

褶皮黧豆
Mucuna lamellata Wilmot-Dear

蝶形花科　黧豆属

攀缘藤本。羽状复叶具3小叶；小叶薄纸质，顶生小叶菱状卵形，长6~13 cm；侧生小叶明显偏斜。总状花序腋生，长7~27 cm；花萼密被绢质柔毛，萼筒杯状；花冠深紫色，旗瓣宽椭圆形，浅2裂。荚果革质，长圆形，长6.5~10.0 cm，具12~16片薄翅状褶襞。花期4~5月，果期9~10月。

生于灌丛、路旁或山谷。少见。

可栽培供观赏。

野葛
Pueraria lobata (Willd.) Ohwi

蝶形花科　葛属

粗壮藤本。全体被黄色长硬毛，有粗厚的块状根。羽状复叶具3小叶；小叶3裂或全缘，顶生小叶宽卵形或斜卵形，长7~15 cm，侧生小叶斜卵形，稍小。总状花序长15~30 cm；花萼钟形，裂片披针形；花冠紫色。荚果长椭圆形，长5~9 cm，扁平，被褐色长硬毛。花、果期9~12月。

生于山地林中、路旁。常见。

葛根供药用，有解表退热、生津止渴、止泻的功效。

菱叶鹿藿
Rhynchosia dielsii Harms ex Diels

蝶形花科　鹿藿属

草质缠绕藤本。茎纤细，通常密被黄褐色柔毛。羽状3小叶，顶生小叶卵形或菱状卵形，两面密被短柔毛，侧生小叶稍小，斜卵形。总状花序腋生；花疏生，黄色；花萼5裂，裂片三角形；花冠各瓣均具瓣柄，旗瓣倒卵状圆形。荚果长圆形或倒卵形，扁平，成熟时红紫色。花期6~7月，果期8~11月。

生于山坡、路旁灌丛中。较少见。

茎叶或根供药用，可祛风解热。

鹿藿（老鼠眼、黑山豆）
Rhynchosia volubilis Lour.

蝶形花科　鹿藿属

缠绕草质藤本。羽状或有时近指状3片小叶；顶生小叶菱形或倒卵状菱形，长3~8 cm，顶端钝或急尖，两面均被柔毛，侧生小叶较小，常偏斜。总状花序，1~3个腋生；花冠黄色，旗瓣近圆形。荚果长圆形，红紫色，长1.0~1.5 cm，极扁平。花期5~8月，果期9~12月。

生于山坡、路旁草丛中。常见。

根入药，可祛风和血、镇咳祛痰；叶外用治疮疥。

小巢菜
Vicia hirsuta (Linn.) S. F. Gray

蝶形花科　野豌豆属

一年生草本。茎细柔有棱，攀缘或蔓生。偶数羽状复叶，末端卷须分支；小叶4~8对，线形或狭长圆形，长0.5~1.5 cm，顶端平截。总状花序，2~4朵花密集于花序轴顶端，花冠白色、淡蓝青色或紫白色。荚果长圆状菱形，长0.5~1.0 cm，表皮密被棕褐色长硬毛，种子2颗。花、果期2~7月。

生于山沟、河滩、田边或路旁草丛。常见。

为优良牧草及绿肥。全草入药，有活血、平胃、明目、消炎等功效。

救荒野豌豆（大巢菜）
Vicia sativa Linn.

蝶形花科　野豌豆属

一或二年生草本。茎攀缘或斜生，有棱。偶数羽状复叶，卷须有2~3分支；托叶戟形，通常2~4齿裂；小叶2~7对，长椭圆形或近心形，长0.9~2.5 cm。花1~4朵腋生，花冠紫红色或红色。旗瓣长倒卵圆形，先端圆，微凹，中部缢缩。荚果线状长圆形，长4~6 cm。花、果期4~9月。

生于山沟、河滩、田边或路旁草丛。常见。

为优良牧草及绿肥。全草入药，有活血、平胃、明目、消炎等功效。种子有毒。

167.桑科 Moraceae

葡蟠
Broussonetia kaempferi Sieb. var. *australis* Suzuki

桑科　构属

蔓生藤状灌木。叶互生，螺旋状排列，卵状椭圆形，长3.5~8.0 cm，基部心形或截形，边缘细锯齿，齿尖具腺体，不裂，稀为2~3裂。花雌雄异株，雄花序短穗状，雌花集生为球形头状花序。聚花果直径约1 cm，成熟时红色。花期4~6月，果期5~7月。

常生于低海拔的山谷林中或灌丛中。常见。

果稍甜，可食用。全株药用，有消炎止痛的作用。

薜荔（凉粉果、秤砣果）
Ficus pumila Linn.

桑科　榕属

攀缘或匍匐藤本。叶二型，不育枝节上生不定根，叶卵状心形，基部稍不对称，叶柄很短；结果枝上无不定根，叶革质，卵状椭圆形，长5~10 cm，基部圆形至浅心形。榕果单生于叶腋，梨形、倒卵形或近球形，直径3~5 cm，顶部截平，略具短钝头或为脐状凸起，基部收窄成一短柄，熟时黄绿色或微红。花、果期4~12月。

生于旷野或村边的残墙破壁或树上、崖壁上。常见。

果可作凉粉。藤叶药用，能祛风利湿、活血解毒。植株可作攀缘垂直绿化植物。

珍珠莲
Ficus sarmentosa Buch.-Ham. ex J. E. Sm. var. *henryi* (King ex D. Oliv.) Corner

桑科　榕属

攀缘藤状灌木。叶革质，卵状椭圆形，长6~20 cm，顶端渐尖，基部圆形至楔形，背面密被褐色柔毛或长柔毛，小脉网结成蜂窝状。榕果成对腋生，近球形或圆锥形，直径1.0~1.5 cm。花、果期全年。

生于山坡、山谷、沟边，常攀缘于石上或大树上。常见。

根、茎入药，有祛风除湿、消肿止痛、解毒杀虫之功效。

170. 大麻科 Cannabinaceae

葎草
Humulus japonica Sieb. et Zucc.

大麻科　葎草属

缠绕草本。茎、枝、叶柄均具倒钩刺。叶纸质，肾状五角形，掌状5~7深裂，长7~10 cm，基部心形，表面粗糙，疏生糙伏毛，背面有柔毛和黄色腺体，边缘具锯齿。雄花小，黄绿色，圆锥花序长15~25 cm；雌花序球果状。瘦果成熟时露出苞片外。花期春、夏季，果期秋季。

常生于沟边、荒地、废墟、林缘边。广布。

全草药用，能清热解毒、凉血。果穗可代啤酒花用。

173.卫矛科 Celastraceae

过山枫
Celastrus aculeatus Merr.

卫矛科 南蛇藤属

木质藤本。叶椭圆形或长方形，长5~10 cm，基部阔楔，稀近圆形，边缘上部具疏浅细锯齿，常呈淡红棕色。聚伞花序短，腋生或侧生，通常3花；花瓣长方披针形，长约4 mm。蒴果近球状，直径7~8 mm。花期3~4月，果期8~9月。

生于山地灌丛或疏林中。常见。

根皮入药，用于白血病、风湿痹症、痛风、水肿、胆囊炎、高血压症。

圆叶南蛇藤
Celastrus kusanoi Havata

卫矛科 南蛇藤属

落叶藤状小灌木。叶纸质，阔椭圆形至圆形，长6~10 cm，边缘上部具稀疏浅锯齿，侧脉3~4对，较疏离，小脉连成疏网。聚伞花序腋生和侧生。蒴果近球状，直径7~10 mm；种子圆球状或稍弯近新月状，有红色假种皮。花期2~4月。

生于山地林缘。常见。

根入药，用于治疗咽喉痛、肺痨、跌打损伤、骨折。

扶芳藤
Euonymus fortunei (Turcz.) Hand.-Mazz.

卫矛科 卫矛属

常绿藤状灌木。叶薄革质，椭圆形或长倒卵形，长3.5~8.0 cm，边缘齿浅不明显，侧脉细微和小脉均不明显。聚伞花序3~4次分枝；末端小聚伞花序密集，有花4~7朵，分枝中央有单花；花白绿色，4数。蒴果粉红色，近球状，直径6~12 mm；种子椭圆状，假种皮鲜红色，全包种子。花期6月，果期10月。

生于林缘、村边或匍匐石上。较少见。

茎叶入药，有行气活血、舒筋散瘀、止血、杀虫之功效。

190.鼠李科Rhamnaceae

翼核果
***Ventilago leiocarpa* Benth.**

鼠李科 翼核果属

藤状灌木。叶薄革质,卵状长圆形或卵状披针形,4~8 cm,边缘有不明显的疏细锯齿。花5基数,单生或2至数朵簇生于叶腋,或排成顶生聚伞总状或聚伞圆锥花序;萼片二型;花瓣倒卵形,顶端微凹。核果近球形,顶部具翅,翅长形,长3~5 cm。花期3~5月,果期4~7月。

生于山地路旁、水边、林缘或疏林下或灌丛中。常见。

根入药,有补气血、舒筋络之功效。

193.葡萄科Vitaceae

广东蛇葡萄(田浦茶、粤蛇葡萄)
***Ampelopsis cantoniensis* (Hook. et Arn.) Planch.**

葡萄科 蛇葡萄属

木质藤本。卷须2叉分枝,相隔2节间断与叶对生。叶为二回或上部为一回羽状复叶,二回羽状复叶者基部1对小叶常为3小叶,小叶通常卵形、卵状长圆形,长3~11 cm。花序为伞房状多歧聚伞花序,与叶对生。果实近球形,直径0.5~0.6 cm。花期4~7月,果期8~11月。

生于山谷林中或山坡灌丛。常见。

全株入药,可清热解毒、润肠。南雄常用作凉茶材料,名"大叶藤婆茶"。

三裂蛇葡萄
***Ampelopsis delavayana* Planch.**

葡萄科 蛇葡萄属

木质藤本。卷须2~3叉分枝,相隔2节间断与叶对生。叶为3小叶,中央小叶披针形或椭圆状披针形,长5~13 cm,侧生小叶卵状椭圆形或卵状披针形,较中叶稍小,基部不对称,边缘有粗锯齿。多歧聚伞花序与叶对生。果实近球形,直径约0.8 cm。花期6~8月,果期9~11月。

生于山谷林中或山坡灌丛或林中,常见。

根皮药用,可消肿止痛、舒筋活血、止血。

牯岭蛇葡萄
Ampelopsis heterophylla (Thunb.) Sieb. & Zucc. var. *kulingensis* (Rehd.) C. L. Li

葡萄科　蛇葡萄属

本变种与原种"异叶蛇葡萄"区别在于：叶片显著呈五角形，上部侧角明显外倾，植株被短柔毛或几无毛。花期5~7月，果期8~9月。

生于沟谷林下或山坡灌丛。常见。

乌蔹莓
Cayratia japonica (Thunb.) Gagnep.

葡萄科　乌蔹莓属

草质藤本。卷须2~3叉分枝，相隔2节间断与叶对生。叶为鸟足状5小叶，中央小叶长椭圆形或椭圆状披针形，长2.5~4.5 cm，侧生小叶稍小，边缘每侧有6~15个锯齿。复二歧聚伞花序腋生；萼碟形，边缘全缘或波状浅裂；花瓣4枚，三角状卵圆形。果近球形，直径约1 cm。花期3~8月，果期8~11月。

生于山谷林中或山坡灌丛及村边荒野。常见。

全草入药，有凉血解毒、利尿消肿之功效。南雄常用作凉茶材料，名为"藤婆茶"。

异叶爬山虎（草叶藤、上树蛇）
Parthenocissus dalzielii Gagnep.

葡萄科　地锦属

木质藤本。卷须总状5~8分枝，卷须顶端膨大，遇附着物扩大成吸盘状。叶二型，短枝上常为3小叶，长枝上为单叶；单叶卵圆形，长3~7 cm，边缘有细牙齿，3小叶者，中央小叶长椭圆形，侧生小叶基部极不对称。花为多歧聚伞花序。果近球形，成熟时紫黑色。花期5~7月，果期7~11月。

生于山崖陡壁、山坡或山谷林中或灌丛岩石缝中。常见。

秋季叶色鲜红，十分美丽，用作城市垂直绿化。

三叶崖爬藤
Tetrastigma hemsleyanum Diels & Gila

葡萄科　崖爬藤属

草质藤本。卷须不分枝。叶为3小叶，小叶披针形至卵状披针形，长3~10 cm，侧生小叶基部不对称，边缘有锯齿。花序长1~5 cm，花序梗、花梗被柔毛；花瓣4枚，卵圆形，顶端有小角。浆果红色，近球形或倒卵球形，直径约0.6 cm。花期4~6月，果期8~11月。

生于林中阴处或缠绕树上。常见。

全株供药用，有活血散瘀、解毒、化痰的作用。

小果葡萄
Vitis balanseana Planch.

葡萄科　葡萄属

木质藤本。卷须2叉分枝。叶心状卵圆形或阔卵形，长4~14 cm，基部心形，边缘有细齿。圆锥花序疏散，长4~13 cm；花瓣5枚，花盘5裂。浆果球形，成熟时紫黑色，直径0.5~0.8 cm。花期2~8月，果期6~11月。

生于山坡灌丛、沟谷林中。常见。

果味甜，可食用。藤和叶入药，有祛湿消肿、利尿之功效。

蘡薁（野葡萄、华北葡萄）
Vitis bryoniaefolia Bunge

葡萄科　葡萄属

木质藤本。卷须2叉分枝，与叶对生。叶长圆状卵形，长2.5~8.0 cm，叶片3~5深裂或浅裂，稀混生有不裂叶者，边缘缺刻粗齿或成羽状分裂，下面密被蛛丝状茸毛和柔毛。花杂性异株；圆锥花序与叶对生；花瓣5，呈帽状黏合脱落。浆果球形，成熟时紫红色，直径0.5~0.8 cm。花期4~8月，果期6~10月。

生于山谷林中、灌丛、沟边或田埂。常见。

全株供药用，能祛风湿、消肿痛。藤可造纸。果可酿果酒。

刺葡萄
Vitis davidii (Roman. du Caill.) Foex.

葡萄科　葡萄属

木质藤本。茎密被皮刺。卷须2叉分枝，与叶对生。叶卵圆形或卵状椭圆形，长5~12 cm，基部心形，基缺凹成钝角，边缘有锯齿，不分裂或微3浅裂。花杂性异株；圆锥花序基部分枝发达，长7~24 cm，与叶对生；花瓣5，呈帽状黏合脱落。浆果球形，成熟时紫红色，直径1.2~2.5 cm。花期4~6月，果期7~10月。

生于山坡、沟谷林中或灌丛。常见。

根供药用，祛风除湿、舒筋活血。果可食用或酿酒。

锈毛刺葡萄
Vitis davidii (Roman. du Caill.) Foex var. ***ferruginea*** Merr. et Chun

葡萄科　葡萄属

木质藤本。小枝圆柱形，被皮刺。卷须2叉分枝，每隔2节间断与叶对生。叶卵圆形或卵椭圆形，长5~12 cm，宽4~16 cm，基部心形，基缺凹成钝角，边缘有锯齿，基生脉五出，叶片下面脉上被锈色短柔毛；托叶早落。花杂性异株；圆锥花序基部分枝发达，与叶对生；花瓣5，呈帽状黏合脱落。果实球形，成熟时紫红色，直径1.2~2.5 cm。花期4~6月，果期7~8月。

生于山坡林中或灌丛，海拔500~1 200 m。较少见。

狭叶葡萄
Vitis tsoii Merr.

葡萄科　葡萄属

木质藤本。小枝密被短柔毛。卷须不分枝，与叶对生。叶卵状披针形或三角状长卵形，长3.5~9.0 cm，边缘有尖锐锯齿或细牙齿。花杂性异株；圆锥花序狭窄，长2~6 cm，与叶对生，下部分枝不发达。浆果圆球形，成熟时紫黑色，直径0.5~0.8 cm。花期4~5月，果期6~9月。

生于山坡林中或灌丛。常见。

大果俞藤
Yuaanstro orientalis (Metc.) C. L. Li

葡萄科　俞藤属

木质藤本。卷须2叉分枝，与叶对生。叶为掌状5小叶，小叶倒卵状披针形或倒卵形，长5~9 cm，边缘上部有锯齿，下面常有白粉，两面干时网脉突起。花序为复二歧聚伞花序，被白粉；花瓣5枚，花蕾时黏合。果圆球形，直径1.5~2.5 cm，紫红色。花期5~7月，果期10~12月。

生于林中或灌木丛，攀缘在树上或铺散在山坡地。常见。

果可食。全株入药，有祛风通络、散瘀消肿之功效。

201.清风藤科 Sabiaceae

白背清风藤（灰背清风藤）
Sabia discolor Dunn.

清风藤科　清风藤属

常绿木质藤本。叶纸质，卵形、椭圆状卵形或椭圆形，长4~9 cm，叶背苍白色。聚伞花序呈伞状，有花4~5朵；花瓣5片，卵形或椭圆状卵形，有脉纹。分果片初时红色，成熟时蓝黑色，倒卵状圆形或倒卵形。花期3~4月，果期5~8月。

生于山地灌木林间。常见。

根、枝入药，可祛风除湿、止痛。

尖叶清风藤
Sabia swinhoei Hemsl.

清风藤科　清风藤属

常绿木质藤本。小枝纤细，被长而垂直的柔毛。叶纸质，椭圆形、卵状椭圆形或卵形，长5~12 cm，顶端渐尖或尾状尖，叶背被短柔毛或仅在脉上有柔毛；聚伞花序有花2~7朵；花瓣5枚，浅绿色。分果片深蓝色，近圆形或倒卵形，基部偏斜。花期3~4月，果期7~9月。

生于山谷林间。较少见。

全株药用，可活血化瘀、舒筋活络。

212. 五加科 Araliaceae

常春藤
Hedera nepalensis K. Koch. var. ***sinensis*** (Tobl) Rehd.

五加科　常春藤属

常绿攀缘灌木。茎灰棕色或黑棕色，有气生根。叶革质，在不育枝上通常为三角状卵形，边缘全缘或3裂；花枝上的叶片通常为椭圆状卵形至椭圆状披针形。伞形花序单个顶生，或2~7个总状排列或伞房状排列成圆锥花序。果球形，红色或黄色。花期9~11月，果期翌年3~5月。

常攀缘于林缘树木、林下路旁、岩石和房屋墙壁上。常见。

全株药用，有舒筋活血、消肿解毒、祛风除湿之功效。常栽培供观赏。

223. 紫金牛科 Myrsinaceae

酸藤子（酸果藤）
Embelia laeta (Linn.) Mez

紫金牛科　酸藤子属

攀缘灌木或藤本。叶坚纸质，倒卵形或长圆状倒卵形，顶端圆形、钝或微凹，长3~6 cm，全缘。总状花序，生于前年生无叶枝上，有花3~8朵；萼片卵形或三角形；花瓣白色或带黄色，分离，卵形或长圆形。果球形，直径约5 mm。花期12月至翌年3月，果期4~6月。

生于山坡林下、林缘或草坡、灌丛中。常见。

根、叶入药，可散瘀止痛、收敛止泻。嫩枝和叶可生食，味酸、解渴，果亦可食，有强壮补血的功效。根、叶作兽药，可治牛伤食腹胀、热病口渴。

网脉酸藤子
Embelia rudis Hand.-Mazz.

紫金牛科　酸藤子属

攀缘灌木。枝条密布皮孔。叶坚纸质，长圆状卵形或卵形，长5~10 cm，边缘具细或粗锯齿，细脉网状，明显隆起。总状花序腋生；花萼基部连合，萼片卵形；花瓣分离，淡绿色或白色。果球形，蓝黑色或带红色，具腺点。花期10~12月，果期4~7月。

生于山坡灌丛、疏林、密林中或溪边。常见。

根、茎可供药用，有清凉解毒、滋阴补肾的作用。

228. 马钱科 Loganiaceae 大茶药（胡蔓藤、钩吻、断肠草）
Gelsemium elegans (Gardn. et Champ.) Benth.

马钱科　胡蔓藤属

常绿木质藤本。叶对生，纸质，卵形、卵状长圆形或卵状披针形，长5~12 cm。花密集，组成顶生和腋生的三歧聚伞花序；花冠黄色，漏斗状，长12~19 mm，花冠裂片卵形，内面有淡红色斑点。蒴果卵形或椭圆形，长10~15 mm，明显地具有2条纵槽。花、果期7月至翌年3月。

生于山地路旁灌丛中或丘陵山坡疏林下。常见。

全株有剧毒，误食可致命。全株药用，有消肿止痛、拔毒杀虫之功效；可作兽药，对猪、牛、羊有驱虫功效。

229. 木樨科 Oleaceae 清香藤
Jasminum lanceolarium Roxb.

木樨科　素馨属

大型攀缘灌木。叶对生或近对生，三出复叶；小叶片椭圆形、卵圆形、卵形或披针形，长3.5~16.0 cm，顶生小叶等长于侧生小叶。复聚伞花序常呈圆锥状；花芳香，花冠白色，高脚碟状，裂片4~5枚。果球形或椭圆形，两心皮基部相连或仅一心皮成熟，黑色。花期4~10月。

生于山坡、灌丛、山谷密林中。常见。

全株药用，治风湿跌打。

230. 夹竹桃科 Apocynaceae 链珠藤（春根藤）
Alyxia sinensis Champ. ex Benth.

夹竹桃科　链珠藤属

藤状灌木。植株具乳汁。叶革质，对生或3片叶轮生，通常圆形或卵圆形、倒卵形，顶端圆或微凹，长1.5~3.5 cm，边缘反卷。聚伞花序；花冠先淡红色后褪变白色，花冠筒长2.3 mm，近花冠喉部紧缩。核果卵形，长约1cm，2~3个组成链珠状。花期4~9月，果期5~11月。

生于矮林或灌木丛中。常见。

根有小毒，入药有清热镇痛、消痈解毒之功效。

酸叶胶藤
Ecdysanthera rosea Hook. et Arn.

夹竹桃科　花皮胶藤属

木质藤本。植株具乳汁。叶纸质，阔椭圆形，长3~7 cm，叶背被白粉。聚伞花序圆锥状，宽松展开，多歧，顶生，着花多朵；花小，粉红色；花冠近坛状，裂片卵圆形，向右覆盖。蓇葖2个，叉开成近直线，圆筒状披针形，长达15 cm。花期4~12月，果期7月至翌年1月。

生于山谷、水沟旁较湿润处。常见。

植株含胶，质地良好，是一种野生橡胶植物。全株药用，有健胃、清热、消肿、收敛之功效。

大花帘子藤
Pottsia grandiflora Markgr.

夹竹桃科　帘子藤属

攀缘灌木，长达5 m。具乳汁。叶柄间具钻状腺体。叶薄纸质，卵圆形至椭圆状卵圆形；花多朵组成总状式的聚伞花序，顶生或腋生，具长总花梗；花蕾圆筒形，上部膨大，呈圆锥状；花冠紫红色或粉红色，花冠裂片基部向右覆盖，开花时裂片向下反折；雄蕊着生在花冠筒喉部；蓇葖双生，下垂，线状长圆形，长达25 cm，直径6 mm。花期4~8月，果期8~12月。

生于海拔400~1 100 m的山地疏林中，或山坡路旁灌木丛中，山谷密林中常攀缘树上。常见。

羊角拗
Strophanthus divaricatus (Lour.) Hook. et Arn.

夹竹桃科　羊角拗属

藤状灌木。叶纸质，椭圆状长圆形或椭圆形，边全缘。聚伞花序顶生，通常有花3朵，冠漏斗状，花冠裂片黄色，基部卵状披针形，顶端延长成一长尾带状，长达10 cm。蓇葖广叉开，木质，椭圆状长圆形，基部膨大，长10~15 cm。花期3~7月，果期6月至翌年2月。

生于丘陵山地，路旁疏林中或山坡灌木林中。南雄较少见。

全株有毒，尤其种子，误食可致死。药用作强心剂，可强心消肿、止痛杀虫、止痒。

细梗络石
Trachelospermum gracilipes Hook. f.

夹竹桃科　络石属

攀缘灌木。叶膜质，椭圆形或卵状椭圆形，长4.0~8.5 cm。花序顶生，有花多朵；花萼裂片紧贴在花冠筒上，裂片卵状披针形；花冠筒圆筒形，花冠喉部膨大，花冠白色，芳香。蓇葖双生，叉开，线状披针形，长10~28 cm。花期4~6月，果期8~10月。

生于山地路旁或密林，攀缘于树上。

全株药用，可祛风除湿、活血散瘀。

络石
Trachelospermum jasminoides (Lindl.) Lem.

夹竹桃科　络石属

常绿木质藤本。植株具乳汁。叶革质或近革质，椭圆形至卵状椭圆形或宽倒卵形，长2~10 cm。二歧聚伞花序，花多朵组成圆锥状；花白色，芳香；花蕾顶端钝，花冠筒圆筒形，中部膨大。蓇葖双生，叉开，线状披针形，长10~20 cm。花、果期3~12月。

生于山野、溪边、路旁、林缘或阔叶林中，常缠绕于树上或攀缘于墙壁、岩石上。广布种。

乳汁有毒。全株药用，有祛风活络、止痛消肿、清热解毒之功效；也用作治血吸虫腹水病。花芳香，可提取络石浸膏。

231.萝藦科 Asclepiadaceae

牛皮消
Cynanchum auriculatum Royle ex Wight

萝藦科　鹅绒藤属

蔓性半灌木。宿根肥厚，呈块状；茎被微柔毛。叶对生，膜质，被微毛，宽卵形至卵状长圆形，长4~12 cm，基部心形。聚伞花序伞房状；花冠白色，辐状，裂片反折，副花冠浅杯状，裂片椭圆形，肉质。蓇葖双生，披针形，长8 cm。花期6~9月，果期7~11月。

生于林缘、路旁灌丛中或河流、水沟边潮湿地。常见。

块根药用，可养阴清热、润肺止咳。

娃儿藤
Tylophora ovata (Lindl.) Hook. ex Steud.

萝藦科　娃儿藤属

攀缘灌木。茎、叶柄、叶的两面、花序梗、花梗及花萼外面均被锈黄色柔毛。叶卵形，长2.5~6.0 cm，基部浅心形。聚伞花序伞房状，丛生于叶腋；花冠辐状，裂片长圆状披针形，淡黄色或黄绿色；副花冠裂片卵形，背部肉质隆肿。蓇葖双生，圆柱状披针形，长4~7 cm。花期4~8月，果期8~12月。

生于山地灌丛、山谷或向阳阔叶林中。常见。

全株可药用，有祛风、止咳、化痰、催吐、散瘀之功效。

232. 茜草科 Rubiaceae

流苏子
Coptosapelta diffusa (Champ. ex Benth.) Van Steenis

茜草科　流苏子属

木质藤本。叶近革质，卵形、卵状长圆形至披针形，长3~7 cm。花单生于叶腋，花梗纤细；花冠白色或黄色，高脚碟状，裂片5枚，开放时反折。蒴果扁球形，中间有一浅沟，直径5~8 mm；种子近圆形，边缘流苏状。花期5~7月，果期5~12月。

生于山地或丘陵的林中或灌丛中。常见。

根入药，可祛风止痒。

羊角藤
Morinda umbellata Linn. subsp *obovata* Y. Z. Ruan

茜草科　巴戟天属

藤本。叶纸质或革质，倒卵状披针形或倒卵状长圆形，长6~9 cm，上面常具蜡质，光亮，下面淡棕黄色或禾秆色。头状花序具花6~12朵，花序3~11个，伞状排列于枝顶；各花萼下部彼此合生；花冠白色，稍呈钟状，4~5裂。聚花核果由3~7朵花发育而成，红色，近球形或扁球形。花期6~7月，果期10~11月。

攀缘于山地林下、溪旁、路旁的灌木上。常见。

全株入药，有止咳、清热之功效。

黐花（大叶白纸扇、大叶玉叶金花、贵州玉叶金花）
***Mussaenda esquirolii* Lévl.**

茜草科　玉叶金花属

直立或藤状灌木，高1~3 m。嫩枝密被短柔毛。叶薄纸质，宽卵形或宽椭圆形，长10~20 cm。聚伞花序顶生；花萼管陀螺形，萼裂片近叶状，白色，披针形，长达1 cm；花瓣倒卵形，白色，长3~4 cm；花冠黄色，裂片卵形。浆果近球形，直径约1 cm。花、果期4~10月。

生于山地或疏林下。常见。

根药用，可祛风除湿，枝、叶有清热解毒、消炎止痛的作用。

玉叶金花（野白纸扇）
***Mussaenda pubescens* Ait.f.**

茜草科　玉叶金花属

攀缘灌木。叶对生或轮生，薄纸质，卵状长圆形或卵状披针形，长5~8 cm，下面密被短柔毛。聚伞花序顶生，密花；花叶阔椭圆形，白色，长2.5~5.0 cm，纵脉5~7条；花冠黄色，裂片长圆状披针形。浆果近球形，顶部有萼檐脱落后的环状疤痕。花期4~6月。

生于灌丛、溪谷、山坡或村旁。常见。

茎和叶入药，有清凉消暑、清热疏风之功效。晒干可代茶叶泡饮。

臭鸡矢藤
***Paederia foetida* Linn.**

茜草科　鸡矢藤属

藤木。叶膜质，卵形或披针形，长5~10 cm，基部浑圆，有时心形，在下面脉上被微毛。圆锥花序腋生或顶生；花萼钟形，萼檐裂片钝齿形；花冠紫蓝色，裂片短。果阔椭圆形，压扁，顶部冠以圆锥形的花盘和微小宿存的萼檐裂片。花期5~6月。

产于北乡、廊田，生于山谷灌丛中。

鸡矢藤
Paederia scandens (Lour.) Merr.

茜草科 鸡矢藤属

缠绕藤本。叶纸质或近革质，卵形、卵状长圆形至披针形，长5~9 cm，两面无毛。圆锥花序式的聚伞花序腋生和顶生，分枝对生；萼管陀螺形，萼裂片三角形；花冠浅紫色，外面被粉末状柔毛，里面被茸毛。果球形，平滑，顶冠以宿存的萼檐裂片和花盘；小坚果无翅。花期5~7月。

生于山谷灌丛中。常见。

茎和叶入药，有清热解毒、消炎镇痛之功效。

毛鸡矢藤
Paederia scandens (Lour.) Merr. var. ***tomentosa*** (Bl.) Hand.-Mazz.

茜草科 鸡矢藤属

本变种与原种"鸡矢藤"的区别是：小枝被柔毛或茸毛；叶上面被柔毛或无毛，下面被小茸毛或近无毛。花序常被小柔毛，花冠外面常有海绵状白毛。花期4~6月。

生于山谷或山坡疏林下。常见。

全株入药，有清热解毒、祛痰止咳之功效。

金剑草（红丝线）
Rubia alata Roxb.

茜草科 茜草属

草质攀缘藤本。茎、枝均有4棱或4翅，棱上有倒生皮刺。叶4片轮生，薄革质，线形、披针状线形或狭披针形，长3.5~9.0 cm，常有短小皮刺，两面粗糙；叶柄2长2短，有倒生皮刺。花序多回分支的圆锥花序式；花冠稍肉质，白色或淡黄色。浆果黑色，球形或双球形。花期4~7月，果期秋、冬季。

生于山坡林缘或灌丛中或村边。常见。

东南茜草
Rubia argyi (Lévl. et Vant) Hara ex Lauener

茜草科　茜草属

多年生草质藤本。茎、枝均有4条直棱，或4狭翅，棱上有倒生钩状皮刺。叶4片轮生，偶有6片轮生，通常1对较大，另1对较小，叶纸质，心形至阔卵状心形，长1~5 cm，两面粗糙。聚伞花序分枝成圆锥花序式；花冠白色，裂片5枚，伸展。浆果近球形，成熟时黑色。花期9~11月。

生于林缘、灌丛。常见。

根及根状茎药用，可祛风除湿、活血止血。

多花茜草
Rubia wallichiana Decne.

茜草科　茜草属

草质攀缘藤本。茎、枝均有4条钝棱，棱上生有乳突状倒生短刺。叶4或6片轮生，薄纸质至近膜质，披针形，长通常2~7 cm，中脉上常有短小皮刺。花序由多数小聚伞花序排成圆锥花序式；萼管近球形，浅2裂；花冠紫红色、绿黄色或白色。浆果球形，单生或孪生，黑色。

生于林缘和灌丛中。常见。

根及根状茎药用，有祛风除湿、活血止血之功效。

钩藤
Unearia rhynchophylla (Miq.) Miq. ex Havii.

茜草科　钩藤属

木质藤本。嫩枝较纤细，方柱形或略有4条棱，无毛。叶纸质，椭圆形或椭圆状长圆形，长5~12 cm，下面有时有白粉。头状花序直径18~20 mm，单生于叶腋，总花梗具一节；花冠黄色，花冠管外面无毛，花冠裂片卵圆形。果序直径约20 mm。花、果期5~12月。

生于山谷溪边的疏林或灌丛中。常见。

带钩藤茎入药，有清血平肝、息风定惊和降血压的作用。

233.忍冬科 Caprifoliaceae

华南忍冬
Lonicera confusa (Sweet) DC.

忍冬科 忍冬属

半常绿藤木。幼枝、叶柄、总花梗、苞片、小苞片和萼筒均密被短柔毛。叶纸质，卵形至卵状长圆形，长3~6 cm。花有香味，双花腋生或于侧生短枝顶集合成具2~4节的短总状花序；花冠白色，后变黄色，唇形，唇瓣略短于冠筒。果实黑色，椭圆形或近圆形。花期4~5月，果期10月。

生于丘陵地的山坡、阔叶林和灌丛中及路旁或河边。常见。

花供药用，为华南地区中药材"金银花"的主要品种。

忍冬（金银花）
Lonicera japonica Thunb.

忍冬科 忍冬属

半常绿藤本。幼枝密被开展的硬直糙毛、腺毛和短柔毛。叶纸质，卵形至长圆状卵形，长3~6 cm，基部圆形或近心形，上部叶通常两面均密被短糙毛，下部叶常无毛。花冠白色，后变黄色，长3.0~4.5 cm，唇形，上唇裂片顶端钝形，下唇带状而反曲。果实圆形，熟时蓝黑色。花期4~6月，果期10~11月。

生于路旁、山坡灌丛或疏林中。常见。

为常用中药"金银花"，可清热解毒、凉血。

皱叶忍冬
Lonicera rhytidophylla Hand.-Mazz.

忍冬科 忍冬属

常绿藤本。幼枝、叶柄和花序均被黄褐色毡毛。叶革质，宽椭圆形、卵形、卵状矩圆形至矩圆形，长3~10 cm，边缘背卷，上面叶脉显著凹陷而呈皱纹状，下面有白色毡毛。双花成腋生小伞房花序，或在枝端组成圆锥状花序，总花梗基部常具苞状小形叶；苞片与萼筒等长；花冠白色，后变黄色。果实蓝黑色，椭圆形，长7~8 mm。花期6~7月，果熟期10~11月。

生于海拔400~1 100 m山地灌丛或林中。常见。

243.桔梗科Campanulaceae

大花金钱豹
Campanumoea javanica Bl.

桔梗科　金钱豹属

草质缠绕藤本。具乳汁，具胡萝卜状根。叶对生，具长柄，叶片心形或心状卵形，边缘有浅锯齿，长3~11 cm。单花腋生，花萼5裂至基部，裂片卵状披针形或披针形；花冠白色或黄绿色，内面紫色，钟状，裂至中部。浆果黑紫色或紫红色，球状。

生于灌丛中及疏林中。常见。

果实味甜，可食。根入药，可健脾胃、补肺气、祛痰止咳。

羊乳（四叶参、轮叶党参）
Codonopsis lanceolata (Sieb. et Zucc.) Trautv.

桔梗科　党参属

多年生缠绕藤本。叶在主茎上互生，在小枝顶端通常2~4片簇生，披针形至菱状卵形，长3~10 cm。花单生或对生于小枝顶端；花梗长1~9 cm，花萼贴生至子房中部，筒部半球状，裂片卵状三角形；花冠阔钟状，直径2~4 cm，浅裂，裂片三角状，黄绿色或乳白色内有紫色斑。蒴果下部半球状，上部有喙。花、果期7~8月。

生于山地灌木林下、沟边阴湿地或阔叶林内。常见。

根入药，有滋补强壮、补虚通乳、排脓解毒之功效。

251.旋花科Convolvulaceae

菟丝子（金丝藤）
Cuscuta chinensis Lam.

旋花科　菟丝子属

一年生寄生草本。茎缠绕，黄色，纤细，直径约1 mm，无叶。花序侧生，少花或多花簇生成小伞形或小团伞花序；花萼杯状，中部以下连合，裂片三角状；花冠白色，壶形，裂片三角状卵形，顶端向外反折。蒴果球形，几乎全为宿存的花冠所包围。

生于田边、山坡阳处、路边灌丛，通常寄生于多种植物上。常见。

为有害寄生草本。种子药用，有补肾益精、止泻之功效。

金灯藤（日本菟丝子、大菟丝子）
Cuscuta japonica Choisy

旋花科 菟丝子属

一年生寄生缠绕草本。茎较粗壮，肉质，黄白色，常带紫红色瘤状斑点。无叶。花无柄，形成穗状花序；花萼碗状，肉质，5裂几达基部，背面常有紫红色瘤状突起，花冠钟状，淡红色或绿白色。蒴果卵圆形，近基部周裂。花、果期8~9月。

寄生于草本或灌木上。常见。

有害寄生草本。种子药用，功效同"菟丝子"。

毛牵牛（心萼薯）
Ipomoea biflora (Linn.) Pers.

旋花科 番薯属

攀缘或缠绕草本。茎细长，有细棱，被灰白色倒向硬毛。叶心形或心状三角形，长4~9 cm，基部心形，两面被长硬毛。花序腋生，短于叶柄，通常着生2朵花；花冠白色，狭钟状，长1.2~1.5 cm，冠檐浅裂，裂片圆。蒴果近球形，直径约9 mm。

生于山坡、山谷、路旁或林下。常见于较干燥处。

全草入药，有清热解毒、消痞祛积之功效。

三裂叶薯（小花假番薯）
Ipomoea triloba Linn.

旋花科 番薯属

草本。茎缠绕或有时平卧。叶宽卵形至圆形，长2.5~7.0 cm，全缘或有粗齿或深3裂，基部心形。花序腋生，单花或少花至数朵花成伞形状聚伞花序；花冠漏斗状，长约1.5 cm，淡红色或淡紫红色，冠檐裂片短而钝。

产于乐城、廊田、长来、坪石。生于丘陵路旁、荒草地或田野。

花多，花期长，可栽培作棚架观赏植物。

篱栏网（小花山猪菜、鱼黄草）
Merremia hederacea (Burm. f.) Hall. f.

旋花科　鱼黄草属

缠绕或匍匐草本。下部茎上常生须根；茎细长，有细棱。叶心状卵形，长1.5~7.5 cm，基部心形或深凹，全缘或通常具不规则的粗齿或锐裂齿，有时为深或浅3裂。聚伞花序腋生，有3~5朵花，萼片宽倒卵状匙形；花冠黄色，钟状，长0.8 cm。蒴果扁球形或宽圆锥形，4瓣裂。花期7~9月。

生于灌丛或路旁草丛。常见。

全草及种子有清热解毒、利咽的作用。

牵牛（喇叭花）
Pharbitis nil (Linn.) Choisy

旋花科　牵牛属

一年生缠绕草本。茎上被长毛。叶宽卵形或近圆形，深或浅3裂，偶5裂，宽4.5~14.0 cm，基部心形。花腋生，单一或通常2朵着生于花序梗顶；萼片披针状线形，外面被开展的刚毛；花冠漏斗状，长5~8 cm，蓝紫色或紫红色，花冠管色淡。蒴果近球形，3瓣裂。花期8~11月。

生于山坡灌丛、干燥河谷路边、园边宅旁、山地路边。常见。

常作垂直绿化。种子为常用中药"牵牛子"，可泻水下气、消肿杀虫。

飞蛾藤
Porana racemosa Roxb.

旋花科　飞蛾藤属

攀缘或缠绕藤本。叶卵形，长6~11 cm，基部深心形；掌状脉基出，7~9条。圆锥花序腋生；苞片叶状，无柄或具短柄，抱茎；萼片线状披针形，果时全部增大；花冠漏斗形，白色，管部带黄色，5裂至中部，裂片开展。蒴果卵形，长7~8 mm。花期9~10月。

生于山谷灌丛或多生于石灰岩山地灌丛，少见。

全草药用，有暖胃、补血、去瘀之效。

257.紫葳科 Bignoniaceae

凌霄（红花倒水莲）
Campsis grandiflora (Thunb.) Schum.

紫葳科 凌霄属

木质藤本。叶对生，奇数羽状复叶；小叶7~9片，卵形至卵状披针形，顶端尾状渐尖，两侧不等大，长3~6 cm，边缘有粗锯齿。顶生疏散的短圆锥花序；花萼钟状，长3 cm，分裂至中部；花冠漏斗状钟形，内面鲜红色，外面橙黄色，长约5 cm，裂片半圆形。花期5~8月。

生于山谷疏林下，攀附于其他植物之上。少见。

花为通经利尿药，根有散瘀消肿之功效。花多色艳，为棚架和垂直绿化优良植物。

297.菝葜科 Smilacaceae

菝葜
Smilax china Linn.

菝葜科 菝葜属

攀缘灌木。根状茎粗厚，坚硬，为不规则的块状。茎疏生刺。叶薄革质或坚纸质，圆形、卵形或其他形状，长3~10 cm；叶柄具宽0.5~1.0 mm的鞘，几乎都有卷须。伞形花序具十几朵或更多的花，常呈球形；花绿黄色。浆果熟时红色，有粉霜。花期2~5月，果期9~11月。

生于林下、灌丛中、路旁或山坡上。常见。

根状茎可以提取淀粉。根茎药用，可祛风活血、散瘀解毒。

土茯苓
Smilax glabra Roxb.

菝葜科 菝葜属

攀缘灌木。根状茎粗厚，块状，常由匍匐茎相连接，粗2~5 cm。茎枝无刺。叶薄革质，狭椭圆状披针形至狭卵状披针形，长6~12 cm，叶柄具狭鞘，有卷须。伞形花序通常具十余朵花；花绿白色，六棱状球形。浆果直径7~10 mm，熟时紫黑色，具粉霜。花、果期7月至翌年4月。

生于灌丛或疏林中。常见。

根状茎富含淀粉，可用来制糕点或酿酒，南雄常用作煲汤材料。亦可入药，称"土茯苓"，有利湿解毒、消肿散结、健脾胃之功效。

牛尾菜
Smilax riparia A. DC.

菝葜科 菝葜属

多年生草质藤本。叶形状变化较大，长7~15 cm，下面绿色，无毛；叶柄长7~20 mm，通常在中部以下有卷须。伞形花序总花梗较纤细，长3~5 cm。浆果直径7~9 mm。花期6~7月，果期10月。

生于林下、灌丛、山沟或山坡草丛中。常见。

嫩苗可供蔬食，肉质根常作煲汤材料。根状茎入药，有活血、散瘀、止咳祛痰的作用。

310.百部科 Stemonaceae

大百部
Stemona tuberosa Lour.

百部科 百部属

攀缘藤本。块根长达30 cm。叶对生或轮生，卵状披针形、卵形或宽卵形，长6~24 cm，宽2~17 cm，顶端渐尖至短尖，基部心形，边缘稍波状，纸质或薄革质；叶柄长3~10 cm。花单生或2~3朵排成总状花序，生于叶腋；花被片黄绿色带紫色脉纹；雄蕊紫红色。蒴果。花期4~7月，果期5~8月。

生于海拔370~2 240 m的山坡丛林下、溪边、路旁以及山谷和阴湿岩石中。

根入药，外用于杀虫、止痒、灭虱，内服有润肺、止咳、祛痰之效。

311.薯蓣科 Dioscoreaceae

大青薯
Dioscorea benthamii Prain et Burkill

薯蓣科 薯蓣属

缠绕草质藤本。茎右旋。叶片纸质，通常对生，卵状披针形至长圆形或倒卵状长圆形，长2~9 cm，宽0.7~4.0 cm，顶端凸尖至渐尖，基部圆形，全缘，表面绿色，背面粉绿色，基出脉3~7；雌雄异株。雄穗状花序的花序轴明显地呈"之"字状曲折。蒴果不反折，三棱状扁圆形。花期5~6月，果期7~9月。

生于海拔300~900 m的山地、山坡、山谷、水边、路旁的灌丛中。常见。

黄独
Dioscorea bulbifera Linn.

薯蓣科　薯蓣属

缠绕草质藤本。块茎卵圆形或梨形，直径4~10 cm，表面密生须根。叶腋内有紫棕色球形或卵圆形珠芽，最大者可达300 g；单叶互生；叶片宽卵状心形或卵状心形，长约15 cm，顶端尾状渐尖。花序穗状，下垂，常数个丛生于叶腋。蒴果反折下垂，三棱状长圆形。花、果期7~11月。

生于山沟阔叶林边缘、溪边。常见。

块茎及零余子药用，可凉血降火、消炎解毒；零余子切片贴太阳穴可治头痛，磨汁冲服可催吐。

薯莨
Dioscorea cirrhosa Lour.

薯蓣科　薯蓣属

木质藤本，长可达20 m。块茎外皮黑褐色，断面新鲜时红色，直径可达20 cm。茎下部有刺。单叶，茎下部的互生，中部以上的对生；叶革质，长椭圆状卵形至卵圆形，或卵状披针形，长5~20 cm，背面粉绿色。雌雄异株；穗状花序。蒴果，近三条棱状扁圆形。花期4~6月，果期7月至翌年1月。

生于阔叶林中或山地灌丛中。较少见。

块茎入药能活血、补血、收敛固涩。

福州薯蓣
Dioscorea futschauensis Uline ex R.Knuth

薯蓣科　薯蓣属

缠绕草质藤本。根状茎横生，不规则长圆柱形。单叶互生，近革质，茎基部叶掌状7裂，基部深心形，中部以上叶为卵状三角形，两面沿叶脉疏生白色刺毛。花雌雄异株；花序总状，通常分枝成圆锥花序。蒴果三条棱形，每棱翅状，半圆形，宽1.0~1.2 cm。花、果期6~10月。

生于山坡灌丛和林缘、沟谷边或路旁。常见。

根状茎作"萆薢"入药，清热解毒、利尿。

柳叶薯蓣
Dioscorea lineari-cordata Prain et Burkill

薯蓣科　薯蓣属

缠绕草质藤本。块茎长圆柱形。单叶，在茎下部的互生，中部以上的对生；叶片纸质，线状披针形至披针形或线形，长5~15 cm，基部圆形、微心形至心形，有时箭形，背面常有白粉，基出脉5~7；叶腋内有珠芽。穗状花序。蒴果三条棱状扁圆形，宽2~3 cm。花、果期6~7月。

生于山坡灌丛或疏林中。常见。

五叶薯蓣
Dioscorea pentaphylla Linn.

薯蓣科　薯蓣属

缠绕草质藤本。块茎形状不规则，通常为长卵形。茎疏生短柔毛，有皮刺。掌状复叶有3~7片小叶；小叶片常为倒卵状椭圆形、长椭圆形或椭圆形，表面疏生贴伏短柔毛至近无毛，背面疏生短柔毛；叶腋内有珠芽。穗状花序。蒴果三条棱状长椭圆形，长2.0~2.5 cm，成熟时黑色。花、果期8月至翌年2月。

生于林边或灌丛中。常见。

块茎入药，可治消化不良、消食积滞、跌打损伤、肾虚腰痛。

薯蓣
Dioscorea polystachya Turcz.

薯蓣科　薯蓣属

缠绕草质藤本。块茎长圆柱形，垂直生长，长可达1 m，断面干时白色。茎通常带紫红色。叶片变异大，卵状三角形至宽卵形或戟形，长3~9 cm，基部心形或近截形，边缘常3浅裂至3深裂；叶腋内常有珠芽。穗状花序。蒴果三条棱状扁圆形或三条棱状圆形，外面有白粉。花、果期6~11月。

生于山坡、山谷林下、灌丛或杂草中。常见。

块茎可食用。块茎为常用中药"淮山"、"山药"，有利湿止泻、补肺益肾之功效。

草本类 Herbs

15.毛茛科 Ranunculaceae

蕨叶人字果

Dichocarpum dalzielii (Drumm. et Hutch.) W.T. Wang et Hsiao

毛茛科　人字果属

多年生草本。叶全部基生，为鸟趾状复叶；中央指片菱形，中部以上具3~4对浅裂片，边缘有锯齿，侧生指片有5枚或7枚小叶。花葶高20~28 cm；复单歧聚伞花序有3~8花；萼片白色，倒卵状椭圆形；花瓣金黄色，瓣片近圆形。蓇葖倒"人"字状叉开，狭倒卵状披针形。4~5月开花，5~6月结果。

生于山地密林下、溪边。常见。

根药用，主治红肿疮毒。

禹毛茛（小茴茴蒜）
Ranuncuius cantoniensis DC.

毛茛科　毛茛属

多年生草本，高25~80 cm。全株各部密被糙毛。叶为三出复叶，基生叶和下部叶有长达15 cm的叶柄；叶片宽卵形至肾圆形，长3~6 cm；小叶2~3中裂，边缘密生锯齿或齿牙；上部叶渐小，3全裂。花序顶生，花黄色；花瓣5枚，椭圆形，基部狭窄成爪。聚合果近球形。花、果期4~7月。

生于田边、沟旁水湿地。广布。

全草药用，有消炎止痢、祛风除湿、清热退黄之功效。

毛茛
Ranuncuius japonicus Thunb.

毛茛科　毛茛属

多年生草本。全株各部被微柔毛。基生叶多数，圆心形或五角形，长与宽3~10 cm，3深裂；裂片再2~3浅裂或深裂；下部叶与基生叶相似，向上叶变小，叶柄变短；最上部叶线形，全缘。聚伞花序有多数花；花瓣5，黄色，倒卵状圆形，基部有短爪。聚合果近球形，长6~8 mm。花、果期4~9月。

生于田边、沟旁水湿地。常见。

全草药用，可消炎止痢、祛风除湿。

石龙芮
Ranuncuius sceleratus Linn.

毛茛科　毛茛属

一年生草本。全株各部无毛。基生叶长1~4 cm，3深裂不达基部；裂片倒卵状楔形，不等的2~3裂，顶端有粗圆齿；上部叶较小，3全裂，裂片披针形至线形，全缘。聚伞花序；花瓣5枚，倒卵形，近等长于花萼。聚合果长圆形，长8~12 mm。花、果期5~8月。

生于田边、沟旁水湿地。常见。

全草药用，有化结散瘀、祛风消肿、清肝利胆之功效。

天葵
Semiaquilegia adoxoides (DC.) Makino

毛茛科　天葵属

多年生草本，高10~32 cm。叶基生和茎生，掌状3出复叶；基生叶长1.2~3.0 cm，小叶扇状菱形或倒卵形，3深裂，裂片又有2~3个小裂片，叶柄基部扩大成鞘状；茎生叶与基生叶相似，较小。单歧或褐尾状聚伞花序；萼片5，白色；花瓣5，匙形，顶端近截平，基部囊状。蓇葖微呈星状展开，顶端具一小细喙。

生于山坡、荒野。常见。

根叫"天葵子"，有清热解毒、消肿止痛、利尿等作用。块根也可作土农药，防治蚜虫、红蜘蛛、稻螟等虫害。

尖叶唐松草
Thalictrum acutifolium (Hand.-Mazz.) B. Boivin

毛茛科　唐松草属

多年生草本，高达60 cm。基生叶2~3片，二回三出复叶；顶生小叶卵形或菱状卵形，长2.5~4.0 cm，顶端急尖或钝，不明显的3浅裂或不裂；侧生小叶较小。花序稀疏；萼片4枚，早落，白色带粉红色；无花瓣；雄蕊多数，长达5 mm，花丝上部倒披针形，下部丝形。瘦果扁，梭形，有时弯曲成镰状。花期4~6月。

生于山谷或林缘湿润处。常见。

全草药用，有消肿解毒、明目、止泻、凉血之功效。花多美丽，可栽培供观赏。

18.睡莲科 Nymphaeaceae

睡莲
Nymphaea tetragona Georgi

睡莲科　睡莲属

多年水生草本。根状茎短粗。叶纸质，心状卵形或卵状椭圆形，长5~12 cm，宽3.5~9.0 cm，基部具深弯缺，约占叶片全长的1/3，下面带红色或紫色，具小点；叶柄长达60 cm。花直径3~5 cm；花梗细长；花萼基部四棱形，萼片长2.0~3.5 cm，宿存；花瓣白色，长2.0~2.5 cm，内轮不变成雄蕊；雄蕊比花瓣短。浆果球形，直径2.0~2.5 cm，为宿存萼片包裹。花期6~8月，果期8~10月。

生于池沼中。少见。

根状茎含淀粉，供食用或酿酒。全草可作绿肥。著名的水生观赏花卉。

莼菜
Brasenia schreberi J. F. Gmel.

睡莲科　莼属

多年生水生草本。根状茎具叶及匍匐枝，后者在节部生根，并生具叶枝条及其他匍匐枝。叶椭圆状矩圆形，长3.5~6.0 cm，宽5~10 cm，下面蓝绿色，两面无毛，从叶脉处皱缩；叶柄长25~40 cm，和花梗均有柔毛。花直径1~2 cm，暗紫色；花梗长6~10 cm；萼片及花瓣条形，长1.0~1.5 cm，先端圆钝。坚果矩圆卵形。花期6月，果期10~11月。

生于池塘、河湖或沼泽。常见。

国家一级保护植物。本种富胶质，嫩茎叶作蔬菜食用。

19.小檗科Berberidaceae

八角莲
Dysosma versipellis (Hance) M. Cheng ex Ying

小檗科　八角莲属

多年生草本，植株高达60 cm。茎生叶2枚，薄纸质，盾状，近圆形，直径达30 cm，4~9掌状浅裂，裂片顶端锐尖，边缘具细齿。花梗纤细、下弯；花深红色，5~8朵簇生于离叶基部不远处；花瓣6，勺状倒卵形，长约2.5 cm。浆果近圆形，直径约3.5 mm。花期3~6月，果6~10月成熟。

生于山坡林下、灌丛中、溪旁阴湿处。少见。

根状茎供药用，可祛瘀止痛、清热解毒；外用治毒蛇咬伤等。

24.马兜铃科Aristolochiaceae

圆叶细辛（尾花细辛）
Asarum caudigerum Hance

马兜铃科　细辛属

多年生草本。叶阔卵形或卵状心形，长4~10 cm，基部耳状或心形；叶柄长5~20 cm。花被绿色，被紫红色圆点状短毛丛；花被裂片直立，下部靠合如管，直径8~10 mm，喉部稍缢缩，花被裂片上部卵状长圆形，顶端骤窄成细长尾尖，尾长可达1.2 cm。花期3~5月，果期6~10月。

生于林下、溪边或路旁阴湿地。常见。

全草入药，有祛寒止咳、活血通经之功效，多作"土细辛"用，或作兽药。

金耳环
Asarum insigne Diels

马兜铃科　细辛属

多年生草本。根状茎粗短，根丛生，稍肉质，有浓烈的麻辣味。叶片长卵形、卵形或三角状卵形，长10~15 cm，宽6~11 cm，基部耳状深裂，叶面中脉两旁有白色云斑，叶背可见细小颗粒状油点。花紫色，直径3.5~5.5 cm；花被管钟状，中部以上扩展成一环突，然后缢缩，花被裂片中部至基部有一半圆形白色垫状斑块。花期3~4月。

生于海拔450~700 m林下阴湿地或土石山坡上。较少见。

全草具浓烈麻辣味，为广东产"跌打万花油"的主要原料之一。

29.三白草科 Saururaceae

蕺菜（鱼腥草、狗贴耳）
Houttuynia cordata Thunb.

三白草科　蕺菜属

多年生腥臭草本，高30~60 cm。茎下部伏地，节上轮生小根，有时带紫红色。叶心形或阔卵形，长4~10 cm，基部心形，背面常呈紫红色；叶脉5~7条，基出；托叶条形，下部与叶柄合生而成鞘，略抱茎。花序长约2 cm；总苞片白色，花瓣状。蒴果长2~3 mm。花期4~7月。

生于沟边、溪边或林下湿地上。广布种。

全株入药，有清热解毒、祛湿消肿之功效。南雄常用作凉茶材料。

三白草（塘边藕）
Saururus chinensis (Lour.) Baill.

三白草科　三白草属

多年生湿生草本，高约1 m。茎有纵长粗棱和沟槽。叶阔卵形至卵状披针形，长4~15 cm，基部心形，茎顶端的2~3片叶于花期常为白色，呈花瓣状；叶柄基部与托叶合生成鞘状，略抱茎。花序白色，长12~20 cm；花小，生于苞片腋内。果近球形，表面多疣状凸起。花期4~6月。

生于低湿沟边、塘边或溪旁。常见。

全株药用，有清热解毒、利水消肿之功效。

30. 金粟兰科 Chloranthaceae 丝穗金粟兰（银线金粟兰、四块瓦）
Chloranthus fortunei (A. Gray) Solms-Laub.

金粟兰科　金粟兰属

多年生草本，高15~40 cm。茎直立，有明显的节，下部节上生1对鳞状叶。叶对生，通常4片生于茎上部，纸质，宽椭圆形、长椭圆形或倒卵形，长5~11 cm，边缘具圆锯齿。穗状花序顶生，单一；花白色，有香气。核果球形，长约3 mm。花期4~5月，果5~6月成熟。

生于山坡或灌丛中阴湿地。常见。

全草药用，抗菌消炎、舒筋活血、消肿止痛。

单穗金粟兰
Chloranthus monostachys R. Br.

金粟兰科　金粟兰属

多年生草本，高50~80 cm。茎有明显的节，下部节上生1对鳞状叶。叶对生，通常4片生于茎上部，宽椭圆形或卵状椭圆形，长12~16 cm，边缘具圆齿。穗状花序单生枝顶，花白色。核果近球形，长约2.5 mm。花期5~7月，果8~10月成熟。

生于山坡林下阴湿地或沟谷溪边。常见。

全草入药，有消炎止痛之功效。

草珊瑚（九节茶）
Sarcandra glabra (Thunb.) Nakai

金粟兰科　草珊瑚属

常绿亚灌木，高50~120 cm。茎与枝均有膨大的节。叶椭圆形、卵形至卵状披针形，长6~17 cm，边缘具粗锐锯齿；叶柄基部合生成鞘状。穗状花序顶生，通常分枝，多少成圆锥花序状；花黄绿色。核果球形，熟时亮红色。花期6月，果期8~10月。

生于山坡、沟谷林下阴湿处。常见。

全株药用，有祛风活血、消肿止痛、抗菌消炎、接骨之功效。

32.罂粟科 Papaveraceae

血水草
Eomecon chionantha Hance

罂粟科　血水草属

多年生草本，具红黄色液汁。叶基生，叶片心形或心状肾形，长5~20 cm，基部耳垂，边缘呈波状，掌状脉5~7条，网脉明显；叶柄长10~30 cm，基部略扩大成狭鞘。花葶高20~40 cm，有3~5花，排列成聚伞状伞房花序；花瓣倒卵形，白色。蒴果狭椭圆形，长约2 cm。花期3~6月，果6~10月成熟。

生于山沟及林下阴湿处。常见。

全草有毒，入药有清热解毒、活血散瘀之功效。

博落回（号筒秆）
Macleaya cordata (Willd.) R. Br.

罂粟科　博落回属

多年生高大草本。茎高1~4 m，中空，基部木质化。叶宽卵形或近圆形，长5~27 cm，通常7或9深裂或浅裂，背面多白粉，基出脉通常5，细脉网状，常呈淡红。大型圆锥花序多花，顶生和腋生；萼片倒卵状长圆形，舟状，黄白色；花瓣无。蒴果狭倒卵形或倒披针形，长1.3~3.0 cm。花、果期6~11月。

生于山地荒坡、林边或丘陵草地上。常见。

全草有大毒，不可内服，有麻醉镇痛、消肿作用；作农药可防治稻椿象、稻苞虫、钉螺等害虫。

33.紫堇科 Fumariaceae

台湾黄堇（北越紫堇）
Corydalis balansae Prain

紫堇科　紫堇属

草本，高30~50 cm。叶二回羽状全裂，羽片3~5对；小羽片常1~2对，长2.0~2.5 cm，卵圆形，2~3裂至具3~5圆齿状裂片。总状花序多花而疏离；花黄色至黄白色，近平展；外花瓣勺状，具龙骨状突起；距短囊状，约占花瓣全长的1/4。蒴果线状长圆形，长约3 cm。花、果期4~6月。

生于山谷或沟边湿地。常见。

全草药用，有清热降火的功能。花多鲜艳，可作花卉栽培。

尖距紫堇（地锦苗、红花鸡距草）
Corydalis sheareri S. Moore

紫堇科　紫堇属

草本，高20~60 cm。基生叶数枚，长12~30 cm，二回羽状全裂，裂片卵形，中部以上具齿状深齿；茎生叶与基生叶同形，较小。总状花序顶生，有10~20朵花；萼片近圆形，具缺刻状流苏；花瓣紫红色，平伸，上花瓣舟状卵形，背部具短鸡冠状突起，距圆锥形，末端极尖，长为花瓣片的1.5倍。花、果期3~6月。

生于水边或林下潮湿地。常见。

全草入药，可活血散瘀、清热利尿。花多鲜艳，可作花卉栽培。

伏生紫堇（夏天无）
Corydalis decumbens (Thunb.) Pers.

紫堇科　紫堇属

块茎小，圆形，直径4~15 mm；茎高10~25 cm，柔弱，细长，不分枝，具2~3叶。叶二回三出，小叶片倒卵圆形，全缘或深裂。总状花序疏具3~10花；花梗长10~20 mm；花近白色至淡粉红色或淡蓝色；萼片早落；外花瓣顶端下凹，常具狭鸡冠状突起；上花瓣长14~17 mm；距稍短于瓣片，平直或稍上弯。蒴果线形。

生于海拔80~300 m的山坡或路边。较少见。

块茎含多种生物碱，有舒筋活络、活血止痛的功能。对风湿关节痛、跌打损伤、腰肌劳损和高血压有明显的治疗作用。

39.十字花科Cruciferae

荠（荠菜、菱角菜）
Capsella bursapastoris (Linn.) Medk.

十字花科　荠属

一或二年生草本，高10~50 cm。基生叶丛生呈莲座状，大头羽状分裂，长可达12 cm；茎生叶窄披针形或披针形，基部箭形，抱茎，边缘有缺刻或锯齿。总状花序，果期延长达20 cm；花瓣白色，卵形，有短爪。短角果倒三角形或倒心状三角形，扁平。花、果期4~6月。

生于山坡、田边及路旁。常见。

全草入药，有利尿止血、清热明目、消积之功效。茎叶可作蔬菜食用。

碎米荠
Cardamine hirsuta L.

十字花科　碎米荠属

一年生小草本，高15~35 cm。基生叶有小叶2~5对，顶生小叶肾形或肾圆形，长4~10 mm，宽5~13 mm，边缘有3~5圆齿，侧生小叶卵形或圆形，较顶生的形小；茎生叶有小叶3~6对，生于茎下部的与基生叶相似，生于茎上部的顶生小叶菱状长卵形，顶端3齿裂，侧生小叶长卵形至线形。总状花序生于枝顶，花小；萼片绿色或淡紫色，花瓣白色。长角果线形，稍扁。花期2~4月，果期4~6月。

生于山坡、路旁、荒地及耕地的草丛中。

全草可作野菜食用；也供药用，能清热去湿。

臭荠
Coronopus didymus (Linn.) J. E. Smith

十字花科　臭荠属

一或二年生匍匐草本，高5~30 cm。全株有臭味。叶为一或二回羽状全裂，裂片3~5对，线形或窄长圆形。花极小，直径约1 mm；花瓣白色，长圆形，比萼片稍长，或无花瓣。短角果肾形2裂，果瓣半球形，成熟时分离成2瓣。花期3月，果期4~5月。

生于路旁或荒地。常见。

广州葶苈（微子葶苈）
Rorippa cantoniensis (Lour.) Ohwi

十字花科　葶苈属

一或二年生草本，高10~30 cm。基生叶具柄，基部扩大贴茎，叶片羽状深裂或浅裂，长4~7 cm，裂片4~6枚，边缘具2~3缺刻状齿；茎生叶渐缩小，无柄，基部呈短耳状抱茎。总状花序顶生，花黄色，生于叶状苞片腋部；花瓣4枚，倒卵形。短角果圆柱形，长6~8 mm。花期3~4月，果期4~6月。

生于田边路旁、山沟、河边或潮湿地。常见。

全草药用，有清热解毒、镇咳之功效。可作野菜食用。

葶菜（塘葛菜）
Rorippa indica (Linn.) Hiem

十字花科　葶菜属
　　一或二年生直立草本，高20~40 cm。基生叶及茎下部叶具长柄，叶形多变化，通常大头羽状分裂，顶端裂片大，边缘具不整齐牙齿状；茎上部叶片宽披针形或匙形，边缘具疏齿。总状花序；花瓣4枚，黄色，匙形。长角果线状圆柱形，短而粗，长1~2 cm。花、果期4~8月。
　　生于路旁、田边、河边或山坡路旁等较潮湿处。常见。
　　全草入药，有解表健胃、止咳化痰、平喘、清热解毒、散热消肿等功效。嫩茎叶可作野菜食用。

40.堇菜科 Violaceae

毛堇菜
Viola thomsonii Oudem.

堇菜科　堇菜属
　　多年生草本，高10~15 cm。全株被短柔毛；叶均基生；叶片卵形、卵状披针形、三角状卵形或长圆状卵形，长3~4 cm，基部心形，边缘具疏钝齿。花淡紫色；萼片卵状披针形，基部附属物截平；花瓣卵圆形或倒卵形；距稍弯，长3~5 mm。花期3~4月。
　　生于山坡草地。常见。
　　全草入药，治痈疮肿毒、目赤肿痛。

深圆齿堇菜
Viola davidi Franch.

堇菜科　堇菜属
　　多年生草本。匍匐茎细长。叶基生，近圆形或卵圆形，长与宽1~3 cm，基部心形，边缘少数圆而深的锯齿。花小，白色或有时淡紫色；萼片5，披针形，基部附属物截形；花瓣5，倒卵形或长圆形，下面一片有紫色条纹；距囊状，长约2 mm。蒴果椭圆形。花期3~5月，果期6~9月。
　　生于溪旁草坡或密林下。常见。
　　可盆栽或作庭园地被植物。

蔓茎堇菜（七星莲）
Viola diffusa Ging.

堇菜科　堇菜属

一年生草本。全体被糙毛或白色柔毛，花期生出地上匍匐枝，通常生不定根。基生叶丛生，呈莲座状；叶片卵形或卵状长圆形，长1.5~3.5 cm，基部明显下延于叶柄。花小，淡紫色或浅黄色；距极短，稍露出萼片附属物之外。花期3~5月，果期5~8月。

生于山地林下、林缘、草坡、溪谷旁。常见。

全草入药，有清热解毒、凉血去湿、消炎止痛的功效。可盆栽或作庭园地被植物。

长萼堇菜（紫花地丁）
Viola inconspicua Blume

堇菜科　堇菜属

多年生草本。叶均基生，呈莲座状；叶片三角形、三角状卵形或戟形，长1.5~7.0 cm，基部宽心形，弯缺成宽半圆形，稍下延于叶柄成狭翅，边缘具圆锯齿。花淡紫色，有暗色条纹；花瓣长圆状倒卵形；距管状，直，末端钝。花、果期3~11月。

生于林缘、山坡草地、田边及溪旁等处。常见。

全草入药，有清热解毒之功效。花色艳丽，可盆栽或作庭园地被植物。

亮毛堇菜
Viola lucens W. Beck.

堇菜科　堇菜属

低矮小草本，高5~7 cm。无地上茎，具匍匐枝。叶基生，莲座状；叶长圆状卵形或长圆形，长1~3 cm，基部心形或圆，边缘具圆齿，两面密生白色状长柔毛；叶柄密被长柔毛。花淡紫色；花瓣倒卵形，长1.0~1.1 cm。蒴果卵圆形。花、果4~9月。

生于山坡草丛或路旁等处。较少见。

张氏堇菜
Viola changii J. S. Zhou et F. W. Xing

堇菜科　堇菜属

多年生草本。无地上茎，高8~10 cm，具匍匐枝。叶基生，莲座状，叶片卵形至卵圆形，宽约1.5 cm，基部狭心形；叶片下面深紫色，上面深绿色，密被短柔毛；托叶边缘具流苏，基部与叶柄合生。花白色至浅紫色，花径1.8~2.2 cm；花梗高6~8 cm，中部具2枚小苞片；距钝，长2 mm。蒴果长6~7 mm，椭圆形。花期3~5月，果期7~9月。

生于林缘石缝湿润处。常见。

堇菜
Viola verecunda A. Gray

堇菜科　堇菜属

多年生草本，高5~20 cm。叶宽心形、卵状心形或肾形，长1.5~3.0 cm，基部宽心形，两侧垂片平展，边缘具向内弯的浅波状圆齿。花白色或淡紫色，腋生；花瓣长约1 cm，下方花瓣顶端微凹，下部有深紫色条纹；距呈浅囊状，长1.5~2.0 mm。花、果期5~10月。

生于湿草地、山坡草丛、灌丛、林缘、田野、宅旁等处。常见。

全草药用，有清热解毒、散瘀消肿的作用。花色艳丽，可盆栽或作庭园地被植物。

紫花堇菜
Viola grypoceras A. Gray

堇菜科　堇菜属

多年生草本，具发达主根。根状茎短粗；地上茎数条，果期高可达30 cm，直立或斜升。基生叶心形或宽心形，边缘具钝锯齿，密布褐色腺点；茎生叶三角状心形或狭卵状心形；托叶狭披针形，边缘具流苏状长齿。花淡紫色；花梗自茎基部或茎生叶的叶腋抽出，远超于叶，中部以上有2枚线形小苞片；距长6~7 mm，通常向下弯，稀直伸。蒴果椭圆形。花期4~5月，果期6~8月。

生于林下、路边。较少见。

全草作药用，能清热解毒、消肿去瘀。

42.远志科 Polygalaceae

华南远志
Polygala glomerata Lour.

远志科 远志属

一年生直立草本，高10~25 cm。茎被卷曲短柔毛。叶互生，叶片倒卵形、椭圆形或披针形，长2.6~10.0 cm，宽1.0~1.5 cm。总状花序腋上生，长仅1 cm，花少而密集；花大，长约4.5 mm；萼片5；花瓣3，淡黄色或白带淡红色。蒴果圆形，径约2 mm。花期4~10月，果期5~11月。

生于山坡草地或灌丛中。常见。

本种全草入药，有清热解毒、消积、祛痰止咳、活血散瘀之功效。

香港远志
Polygala hongkongensis Hemsl.

远志科 远志属

直立草本至亚灌木，高15~50 cm。叶片纸质，茎下部叶小，卵形，上部叶披针形，长4~6 cm，顶端渐尖，基部圆形。总状花序顶生；花瓣3，白色或紫色，龙骨瓣盔状，顶端具流苏状鸡冠状附属物。蒴果近圆形，具阔翅，顶端具缺刻。花期5~6月，果期6~7月。

生于沟谷林下或灌丛中。常见。

全草药用，有活血、化痰、解毒之功效。

狭叶远志（狭叶香港远志）
Polygala hongkongensis Hemsl. var. ***stenophylla*** (Hayata) Migo

远志科 远志属

本变种不同于"香港远志"的主要特征为：叶狭披针形，小，长1.5~3.0 cm，宽3~4 mm，内萼片椭圆形，长约7 mm，花丝4/5以下合生成鞘。

生于沟谷林下、林缘或山坡草地。常见。

全草入药，有祛风、解毒之功效。

齿果草（莎草莽）
Salomonia cantoniensis Lour.

远志科　齿果草属

一年生直立草木，高5~25 cm。茎细弱，多分枝，具狭翅。叶片膜质，卵状心形，长5~16 mm，基部心形，全缘或微波。穗状花序顶生，花极小；花瓣3，淡红色，龙骨瓣舟状，无鸡冠状附属物。蒴果肾形，两侧具2列三角状尖齿。花期7~8月，果期8~10月。

生于山坡林下、灌丛中或草地。常见。

全草入药，清热解毒、消炎抗菌、散瘀镇痛。

45.景天科 Crassulaceae

东南景天
Sedum alfredi Hance

景天科　景天属

多年生肉质草本，茎高10~30 cm。上部叶常聚生，线状楔形、匙形至匙状倒卵形，长1.2~3.0 cm，顶端钝。聚伞花序蝎尾状，常二歧；花无梗；萼片5，倒披针形至线状匙形，基部无距；花瓣5，黄色，披针形，基部稍合生。蓇葖斜叉开。花期4~5月，果期6~7月。

生于山坡林下石上。常见。

茎、叶肉质，耐旱，可栽植作屋顶绿色隔热层或盆栽观赏。植株对锌、镉、铅等重金属有超强吸收能力，是土壤修复的优良植物。全草入药，可清热凉血、消肿拔毒。

珠芽景天
Sedum bulbiferum Makino

景天科　景天属

多年生肉质草本。茎下部常横卧、生根。叶腋常有圆球形、小形珠芽着生。下部叶卵状匙形，上部叶匙状倒披针形，长10~15 mm，顶端钝。花序聚伞状，分枝3，常再二歧分枝；萼片5，披针形至倒披针形，有短距；花瓣5，黄色，披针形。蓇葖略叉开。花期4~5月，果期6~7月。

生于低山、平地树荫下或潮湿岩石上。常见。

茎、叶肉质，耐旱，可栽植作屋顶绿色隔热层。全草药用，消炎解毒、散寒理气。

大叶火焰草
Sedum drymarioides Hance

景天科　景天属

一年生草本，高7~25 cm。植株全体有腺毛。茎分枝多，细弱。下部叶对生或4叶轮生，上部叶互生，椭圆形或倒卵状椭圆形，长2~4 cm，顶端急尖，圆钝，基部宽楔形并下延成柄。花序疏圆锥状；萼片5，长圆形至披针形；花瓣5，白色，长圆形，顶端渐尖。花期4~5月，果期6~8月。

生于阴湿岩石上。较少见。

可栽培作观赏植物。全草入药，清热凉血，消肿解毒。

凹叶景天
Sedum emarginatum Migo

景天科　景天属

多年生草本，高10~15 cm。叶对生，匙状倒卵形，长1~2 cm，顶端圆，有微缺。花序聚伞状顶生，常有3个分枝；花无梗；萼片5，披针形至狭长圆形；花瓣5，黄色，线状披针形至披针形，长6~8 mm。蓇葖略叉开，腹面有浅囊状隆起。花期4~6月，果期6~7月。

生于山坡阴湿处、路旁。常见。

全草药用，清热解毒、散瘀消肿。茎、叶肉质，耐旱，可栽植作屋顶绿色隔热层。

佛甲草
Sedum lineare Thunb.

景天科　景天属

多年生肉质草本，茎高10~20 cm。3~4叶轮生，叶线形，长2.0~2.5 cm。聚伞花序蝎尾状，顶生，中央有一朵有短梗的花，另有2~3分枝，分枝常再2分枝，着生花无梗；萼片5，线状披针形；花瓣5，黄色，披针形。蓇葖略叉开，长4~5 mm。花期4~5月，果期6~7月。

生于林下石上或平地草坡上。常见。

全草药用，清热解毒、散瘀消肿、凉血止血。

龙泉景天
Sedum lungtsuanense S. H. Fu

景天科　景天属

一年生肉质草本。全株均被疏柔毛。叶互生，极疏远，匙形，长7~13 mm，顶端急尖，基部渐狭成柄。聚伞花序分枝广展；萼片5，倒卵状匙形或椭圆形，基部有短距；花瓣5，黄色，狭披针形，长4.5~5.0 mm。蓇葖果长约4.5 mm。花期4~5月，果期6~7月。

生于林下山坡石上。常见。

繁缕景天
Sedum stellariifolium Franch.

景天科　景天属

一或二年生草本。植株被腺毛。茎直立，有多数斜上的分枝，高10~15 cm。叶互生，正三角形或三角状宽卵形，长7~15 mm，宽5~10 mm，先端急尖，基部宽楔形至截形。总状聚伞花序；花顶生，花梗长5~10 mm，萼片5，长1~2 mm，先端渐尖；花瓣5，黄色，披针状长圆形；雄蕊10，较花瓣短；花柱短。蓇葖下部合生，上部略叉开。花期6~7月，果期8~9月。

生于山坡或山谷土上或石缝中。少见。

47.虎耳草科 Saxifragaceae

虎耳草
Saxifraga stolonifera W. Curt.

虎耳草科　虎耳草属

多年生草本。鞭匐枝细长，紫红色，常生根并长出新植株。全株密被锈色长毛和腺毛。叶心形、肾形至扁圆形，直径4~9 cm，基部圆形至心形，边缘浅裂或有不规则钝齿，背面常红紫色。圆锥花序疏松；花瓣白色，中上部具紫红色斑点，基部具黄色斑点，下面2枚披针形，长于上面3枚数倍。花期5~8月，果期7~11月。

生于林下、灌丛、草甸和阴湿岩隙。常见。

全草有小毒，入药有清热祛风、凉血解毒之功效。叶形、花美丽奇特，常栽培供观赏。

48.茅膏菜科 Droseraceae

光萼茅膏菜
Drosera peltata Smith var. ***glabrata*** Y. Z. Ruan

茅膏菜科　茅膏菜属

多年生直立草本或攀缘状，高10~40 cm。鳞茎状球茎紫色，球形。基生叶密集成近一轮，圆形或扁圆形；茎生叶稀疏，盾状，叶片半月形或半圆形，长2~3 mm，叶缘密具单一或成对而一长一短的头状黏腺毛。螺状聚伞花序生枝顶，具花3~22朵；花瓣楔形，白色。花、果期6~9月。

生于高海拔疏林下、草丛或灌丛中以及田边、水旁、草坪。常见。

球茎药用有祛风除湿、散结止痛、抗癌抗疟的作用。

53.石竹科 Caryophyllaceae

簇生卷耳
Cerastium fontanum Baumg subsp. ***triviale*** (Link) Jalas

石竹科　卷耳属

二年或多年生草本，高15~30 cm。全株被腺柔毛。基生叶近匙形或倒卵状披针形；茎生叶卵形至披针形，基部略抱茎。花多数，组成密集的聚伞花序；萼片5枚，长圆状披针形；花瓣5枚，白色，倒卵状长圆形，顶端2浅裂。蒴果圆柱形，长为宿存萼的2倍，顶端10齿裂。花期4~6月，果期6~7月。

生于山地林缘杂草间或疏松沙质土壤中。常见。

全草入药，能清热解毒、消肿止痛。

剪红纱花
Lychnis senno Sieb. et Zucc.

石竹科　剪秋罗属

多年生草本，高50~100 cm。全株被粗毛。根簇生，稍肉质。茎单生，直立，不分枝或上部分枝。叶片椭圆状披针形，长4~12 cm，宽2~3 cm，基部楔形，顶端渐尖，两面被柔毛，边缘具缘毛。二歧聚伞花序；花直径3.5~5.0 cm，花萼筒状；花瓣深红色，不规则深多裂。蒴果椭圆状卵形，微长于宿存萼。花期7~8月，果期8~9月。

生于海拔150~2 000 m的疏林下或灌丛草地。南雄偶见。

全草或根入药，治跌打损伤、热淋、小便不利、感冒、风湿关节炎、腹泻等。

鹅肠菜（牛繁缕）
Myosoton aquaticum (Linn.) Moench

石竹科　鹅肠菜属

二年或多年生草本。叶片卵形或宽卵形，长2.5~5.5 cm，基部稍心形。顶生二歧聚伞花序；苞片叶状；花梗细，花后伸长并向下弯；萼片卵状披针形；花瓣白色，2深裂至基部，裂片线形或披针状线形，长3.0~3.5 mm。蒴果卵圆形，稍长于宿存萼。花期3~6月，果期6~9月。

生于低海拔至中海拔山谷、溪边、旷野、菜地。广布种。

全草药用，可祛风解毒。幼苗可作野菜和饲料。

漆姑草
Sagina japonica (Swartz) Ohwi

石竹科　漆姑草属

一年或二年生小草本，高5~20 cm。茎丛生，稍披散。叶片线形，长5~20 mm，顶端急尖。花小，单生枝端；萼片5，卵状椭圆形；花瓣5，狭卵形，稍短于萼片，白色。蒴果卵圆形，微长于宿存萼，5瓣裂。花期3~5月，果期5~6月。

生于低海拔至中海拔山谷林下、旷野。常见。

全草可供药用，有解毒消肿之功效。

雀舌草
Stellaria alsine Grimm

石竹科　繁缕属

二年生草本，高15~25 cm。茎丛生，多分枝。叶长圆状披针形，长5~20 mm，基部楔形，半抱茎。聚伞花序通常具3~5朵花，顶生或花单生于叶腋；花梗细，果时稍下弯；萼片5枚，披针形，中脉明显；花瓣5枚，白色，2深裂几达基部。蒴果卵圆形，6齿裂。花期5~6月，果期7~8月。

生于低海拔至中海拔耕地、山谷或旷野。常见。

全株药用，可强筋骨、治刀伤、解疮毒。

网脉繁缕
Stellaria reticulivena Hayata

石竹科　繁缕属

一年生草本，高20~30 cm。茎铺散，渐上升，四棱形，被柔毛。叶片圆卵形，长1.5~2.5 cm，宽8~12 mm，顶端长渐尖，基部圆形，无柄，基生叶较小，具柄，网脉明显。聚伞花序顶生；花瓣5，白色，2深裂。蒴果卵圆形，长约3 mm，6齿裂至中部。花期5~6月，果期7~8月。

生于路边、林下。南雄少见。

巫山繁缕
Stellaria wushanensis Williams

石竹科　繁缕属

一年生草本，高10~20 cm。茎疏丛生，上部直立，多分枝。叶片卵状心脏形至卵形，长2.0~3.5 cm，宽1.5~2.0 cm，顶端尖或急尖；叶柄长1~2 cm。聚伞花序常1~3朵，顶生或腋生；花梗长为花萼的4倍；萼片5；花瓣5，顶端2裂深达花瓣1/3；雄蕊10，有时7~9，短于花瓣；花柱3，线形，有时为2或4；中下部的腋生花为雌花，常无雄蕊，有时缺花瓣和雄蕊，而只有2花柱。蒴果卵圆形，具3~5种子。花期4~6月，果期6~7月。

生于中海拔山地或丘陵地区。较少见。

无心菜
Arenaria serpyllifolia L.

石竹科　无心菜属

一或二年生草本。茎丛生，直立或铺散，密生白色短柔毛。叶片卵形，长4~12 mm，宽3~7 mm，无柄，顶端急尖，茎下部的叶较大，茎上部的叶较小。聚伞花序，具多花；苞片草质，通常密生柔毛；花梗长约1 cm，纤细，密生柔毛或腺毛；萼片5；花瓣5，白色，长为萼片的1/3~1/2。蒴果卵圆形，顶端6裂。花期6~8月，果期8~9月。

生于海拔550~3 980 m沙质或石质荒地、田野、园圃、山坡草地。常见。

全草入药，清热解毒，可治睑腺炎(即麦粒肿)和咽喉痛等病。

56. 马齿苋科 Portulacaceae

马齿苋
Portulaca oleracea L.

马齿苋科　马齿苋属

一年生草本。茎伏地铺散，多分枝，圆柱形，淡绿色或带暗红色。叶互生，有时近对生，叶片扁平，肥厚，倒卵形，似马齿状，长1~3 cm，顶端圆钝或平截；叶柄粗短。花无梗，直径4~5 mm，常3~5朵簇生枝端，午时盛开；花瓣5，黄色。蒴果卵球形，长约5 mm，盖裂。花期5~8月，果期6~9月。

生于菜园、农田、路旁，为田间常见杂草。

全草供药用，有清热利湿、解毒消肿、消炎、止渴、利尿作用；种子明目；嫩茎叶可作蔬菜，味酸。

57. 蓼科 Polygonaceae

金线草
Antenoron filiforme (Thunb.) Rob. et Vaut.

蓼科　金线草属

多年生草本。全株被糙伏毛。茎高50~80 cm，节部膨大。叶长椭圆形，长6~15 cm；托叶鞘筒状，褐色，长5~10 mm。总状花序呈穗状，通常数个，花排列稀疏；花被4深裂，红色，花被片卵形。瘦果卵形，双凸镜状，包子宿存花被内。花、果期7~8月。

生于山坡林缘、山谷、路旁。常见。

全草入药，有行气止痛、活血调经、消炎止痢之功效。

短毛金线草
Antenoron filiforme (Thunb.) Rob. et Vaut. var. ***neofiliforme*** (Nakai) A. J. Li

蓼科　金线草属

本变种与原种的主要区别是：叶顶端长渐尖，两面疏生短糙伏毛。

生于海拔150~2 200 m山坡林下、林缘、山谷湿地。常见。

野荞麦（金荞麦）
Fagopyrum dibotrys (D. Don) Hara

蓼科　荞麦属

多年生草本，高50~100 cm。叶三角形，长4~12 cm，基部心形，有三角状的叶耳，基出脉3条；托叶鞘筒状，长5~10 mm。花序伞房状；苞片卵状披针形，每苞内具花2~4朵；花被5深裂，白色，长椭圆形。瘦果宽卵形，具3条锐棱。花、果期5~10月。

生于山谷湿地、山坡灌丛。常见。

国家二级保护植物。块根药用，有清热解毒、活血散瘀、健脾利湿之功效。种子可供食用。

火炭母
Polygonum chinense Linn.

蓼科　蓼属

多年生草本。直立或蜿蜒状，长70~100 cm。叶环形或长卵形，长4~10 cm，基部截形或宽心形，叶柄基部通常具叶耳。上部叶近无柄或抱茎。花序头状，排成圆锥状；苞片宽卵形，每苞内具花1~3朵；花被白色或淡红色，果时增大，呈肉质，蓝黑色。瘦果宽卵形，具3棱，包于宿存的花被内。花、果期7~10月。

生于溪旁、村边、旷野。广布种。

全草药用，有清热利湿、凉血解毒之功效。

虎杖（酸筒秆、大叶蛇总管）
Polygonum cuspidatum Sieb. et Zucc.

蓼科　蓼属

多年生草本。茎高1~2 m，粗壮，空心，散生红色或紫红斑点。叶宽卵形或卵状椭圆形，长5~12 cm，基部宽楔形、截形或近圆形；托叶鞘膜质，常破裂。花单性，雌雄异株，花序圆锥状；苞片漏斗状，每苞内具花2~4朵；花被淡绿色；雌花花被片外面3片，背部具翅。花、果期8~10月。

生于山坡灌丛、山谷、路旁、田边湿地。常见。

根状茎供药用，有清热解毒、消炎之功效。嫩茎微酸味，可食用。

水蓼（辣蓼）
Polygonum hydropiper Linn.

蓼科　蓼属

一年生草本，高40~70 cm。茎节部膨大。叶披针形或椭圆状披针形，长4~8 cm，具辛辣味；通常托叶鞘内藏有花簇。总状花序呈穗状，长3~8 cm，通常下垂；苞片漏斗状，每苞内具花3~5朵；花被5深裂，绿色，上部白色或淡红色。瘦果卵形，双凸镜状或具3棱，包于宿存花被内。花、果期5~10月。

生于低海拔至高海拔的山地林下、水沟边、旷地。

全草入药，有消肿解毒、止泻止痢、杀虫止痒之功效。茎、叶捣碎可作调味剂。

蓼子草
Polygonum criopolitanum Hance

蓼科　蓼属

一年生草本，高10~15 cm。全株各部被长糙伏毛及稀疏的腺毛。茎自基部分枝，平卧，节部生根。叶狭披针形或披针形，长1~3 cm；叶柄极短或近无柄。花序头状，顶生；苞片卵形，每苞内具1花；花被5深裂，淡紫红色，花被片卵形。瘦果椭圆形，双凸镜状。花、果期5~11月。

生于山谷、沟边、田埂等潮湿地。常见。

全草入药，可祛风利湿、散瘀止痛、消肿解毒。

酸模叶蓼
Polygonum lapathifolium Linn.

蓼科　蓼属

一年生草本，高40~90 cm，茎节部膨大。叶披针形或宽披针形；长5~15 cm，上面常有一个大的黑褐色新月形斑点。总状花序呈穗状，花紧密，通常由数个花穗再组成圆锥状；花被淡红色或白色，4~5深裂。瘦果宽卵形，双凹，包于宿存花被内。花期6~8月，果期7~9月。

生于田边、路旁、水边、荒地或沟边湿地。常见。

全草药用，有清热解毒、利湿止痒之功效。

粗糙蓼（小花蓼）
Polygonum muricatum Meissn.

蓼科 蓼属

一年生草本。茎多分枝，具纵棱，高80~100 cm。茎、叶脉、叶柄生稀疏的倒生短皮刺。叶卵形或长圆状卵形，长2.5~6.0 cm，基部宽截形、圆形或近心形。总状花序呈穗状，极短，由数个穗状花序再组成圆锥状；每苞片内具2朵花；花被白色或淡紫红色。瘦果具3棱，包于宿存花被内。花期7~8月，果期9~10月。

生于山谷水边、田边湿地。常见。

全草入药，有祛风利湿、散瘀止痛、解毒消炎之功效。

尼泊尔蓼
Polygonum nepalense Meissn.

蓼科 蓼属

一年生草本，高30~50 cm。茎下部叶有柄，上部叶近无柄，抱茎。叶卵形或三角状卵形，长3~5 cm，基部宽楔形；茎上部叶较小。花序头状，基部常具1叶状总苞片；每苞内具1花；花被通常4裂，淡紫红色或白色。瘦果宽卵形，双凸镜状，密生洼点，包于宿存花被内。花期5~8月，果期7~10月。

生于山谷水边、山坡、旷野。较少见。

全草入药，散瘀止痛、祛风利湿、解毒消肿。

腋花蓼（习见蓼）
Polygonum plebeium R. Brown

蓼科 蓼属

一年生草本。茎平卧，自基部分枝，长10~40 cm。叶狭椭圆形或倒披针形，长0.5~1.5 cm，顶端钝或急尖；叶柄极短或近无柄。花3~6朵，簇生于叶腋，遍布于全植株；花被5深裂，绿色，边缘白色或淡红色。瘦果宽卵形，具3条锐棱或双凸镜状。花期5~8月，果期6~9月。

生于田边、路旁、水边湿地。常见。

全草药用，有清热利尿、消炎止泻、驱虫之功效。全株可作猪饲料。

掌叶蓼
Polygonum palmatum Dunn

蓼科 蓼属

多年生草本。茎直立粗壮，高可达1 m，具纵棱，被糙伏毛及短星状毛，上部多分枝。叶掌状深裂，长7~15 cm，宽8~16 cm，裂片5~7；托叶鞘膜质。花序头状，通常数个再集成圆锥状，顶生或腋生，花序梗密生短星状毛及糙伏毛；苞片披针形，每苞内具2~3花；花被5深裂，淡红色。瘦果卵形，具3棱，包于宿存花被内。花期7~8月，果期9~10月。

生于海拔350~1 500 m山谷水边、山坡林下湿地。较少见。

柔茎蓼
Polygonum tenellum Blume var. *micranthum* (Meissn.) C. Y. Wu

蓼科 蓼属

一年生草本。茎细弱，通常自基部分枝，红褐色，高20~50 cm，下部自节部生根。叶线状披针形或狭披针形，长3~6 cm，基部通常圆形。总状花序穗状，花排列紧密；每苞内具花2~4朵；花被片5，椭圆形。瘦果卵形，双凸镜状，包于宿存花被内。花期5~9月，果期6~10月。

生于低海拔田边湿地或山谷溪边。常见。

戟叶蓼
Polygonum thunbergii Sieb. et Zucc.

蓼科 蓼属

一年生草本，高30~90 cm。全株具倒生皮刺和刺毛。叶戟形，长4~8 cm，基部截形或近心形，中部裂片卵形或宽卵形，侧生裂片较小，卵形。花序头状，分枝；苞片披针形，每苞内具花2~3朵；花被淡红色或白色。瘦果宽卵形，具3棱，包于宿存花被内。花期7~9月，果期8~10月。

生于山谷溪边、旷野湿草地。常见。
全草入药，有清热解毒、止泻之功效。

小果酸模
Rumex microcarpus Campd.

蓼科 酸模属

一年生草本。茎直立，高40~80 cm，上部分枝，具浅沟槽。茎下部叶长椭圆形，长10~15 cm，顶端急尖或稍钝，基部楔形，茎上部叶较小；托叶鞘膜质，早落。花序圆锥状，通常具叶；花被片6，成2轮，黄绿色，内花被片果时增大。瘦果卵形，具3锐棱。花期4~6月，果期5~7月。

生于河边、田边路旁、山谷湿地。常见。

全草药用，可消炎止血、清热解毒、通便杀虫。嫩茎叶可作蔬菜及饲料。

长刺酸模
Rumex trisetifer Stokes

蓼科 酸模属

一年生草本，高30~100 cm。茎具沟槽。叶长圆形至披针形，长8~16 cm，边缘波状，茎上部叶较小；托叶鞘膜质，早落。花序总状，具叶，再组成大型圆锥状花序。花两性，花被片6，成2轮，黄绿色，内花被片果时增大，边缘每侧具1个针刺。瘦果椭圆形，具3条锐棱。花期5~6月，果期6~7月。

生于田边湿地、水边、山坡草地。常见。

全株入药，有清热、凉血、杀虫之功效。嫩茎、叶可作蔬菜及饲料。

59.商陆科 Phytolaccaceae

美洲商陆
Phytolacca americana Linn.

商陆科 商陆属

多年生草本，高1~2 m。根肥大，倒圆锥形。茎常带紫红色。叶长椭圆形或卵状椭圆形，质柔嫩肉质，长15~30 cm。总状花序直立，顶生或侧生，长约15 cm；花被片通常5，卵圆形，白色或淡红色。果序下垂，浆果扁球形，熟时紫黑色。花期夏秋季。

原产美洲，现已逸为野生；生于山谷、村旁、路边。常见。

根入药有止咳、利尿、消肿之功效。

61. 藜科 Chenopodiaceae 土荆芥 （鹅脚草、杀虫芥、山柴胡）
Chenopodium ambrosioides Linn.

藜科 藜属

一年或多年生草本，高50~150 cm，揉之有强烈气味。叶片长圆状披针形至披针形，基部渐狭具短柄，边缘具稀疏不整齐的大锯齿或割裂状，下部叶长达15 cm，上部叶渐狭小而近全缘。花两性，通常3~5个团集于上部叶腋；花被裂片5，绿色。胞果扁球形，完全包于花被内。花期春、夏季，果期秋、冬季。

生于低海拔的山谷疏林或村旁、旷野。常见。

全草入药，有祛风消肿、驱虫止痒、驱逐蚊蝇之功效。

小藜
Chenopodium serotinum Linn.

藜科 藜属

一年生草本，高20~80 cm。茎具条棱及绿色色条。叶片卵状长圆形，长2.5~5.0 cm，通常3浅裂；中裂片两边近平行，边缘具深波状锯齿；侧裂片位于中部以下，通常各具2浅裂齿。花两性，数个团集于上部的枝上形成顶生圆锥状花序；花被裂片宽卵形。胞果包在花被内。种子双凸镜状，黑色。花期4~5月。

生于田间、荒地、道旁垃圾堆等处。常见。

全草药用，有祛湿、清热解毒之功效。嫩苗可食用。

63. 苋科 Amaranthaceae 土牛膝
Achyranthes aspera Linn.

苋科 牛膝属

多年生草本，高20~120 cm。茎四棱形，节部稍膨大，分枝对生。叶片纸质，倒卵形或长圆形，顶端圆钝，边缘波状。穗状花序顶生，花后反折；苞片披针形，小苞片刺状，常带紫色，基部两侧各有1个薄膜质翅；花被片披针形，长渐尖，花后变硬且锐尖。花期6~8月，果期10月。

生于山坡疏林或村庄附近空旷地。常见。

根药用，有清热解毒、利尿之功效。

牛膝
Achyranthes bidentata Bl.

苋科　牛膝属

多年生草本，高70~120 cm。茎有棱角或四方形，绿色或带紫色，分枝对生。叶片椭圆形或椭圆状披针形，长4.5~12.0 cm，顶端尾尖，两面有柔毛。穗状花序顶生或腋生，花期后反折；小苞片刺状，基部两侧各有1卵形膜质小裂片；花被片披针形。胞果长圆形，黄褐色。花期7~9月，果期9~10月。

生于山坡林下或村庄附近空旷地。常见。

根入药，生用可活血通经，熟用能补肝肾、强腰膝。兽医用作治牛软脚症、跌伤断骨等。

柳叶牛膝
Achyranthes longifolia (Makino) Makino

苋科　牛膝属

本种和"牛膝"相近，区别为：叶片窄披针形，长10~20 cm，宽2~5 cm，顶端尾尖，叶背常呈紫红色。小苞片针状，长3.5 mm，基部有2耳状薄片；仅有缘毛。花、果期9~11月。

生于山坡、山谷、溪边、路旁。常见。

根供药用，药效和牛膝略同。

喜旱莲子草（空心莲子草）
Alternanthera philoxeroides (Mart.) Griseb.

苋科　莲子草属

多年生草本。茎基部匍匐，上部上升。叶片长圆形、长圆状倒卵形或倒卵状披针形，长2.5~5.0 cm，顶端急尖或圆钝。花密生，成具总花梗的头状花序，单生于叶腋，球形，直径8~15 mm；苞片及小苞片白色；花被片长圆形，长5~6 mm，白色。花期5~10月。

生于旷地或池沼、水沟内。广布。

外来入侵植物。全草入药，有清热利水、凉血解毒之功效。茎、叶可作饲料。

虾钳菜
Alternanthera sessilis (Linn.) R.Brown ex DC.

苋科　莲子草属

多年生草本。叶片形状及大小多变，有条状披针形、长圆形、倒卵形、卵状长圆形，长1~8 cm。头状花序1~4个，腋生，无总花梗，初为球形，后渐成圆柱形；苞片及小苞片白色；花被片卵形，白色。胞果倒心形，侧扁，翅状，包在宿存花被片内。花期5~7月，果期7~9月。

生于村庄附近的草坡、水沟、田边或沼泽等潮湿处。常见。

全草入药，可清热解毒、消炎止血、利尿通便。嫩叶可作饲料或作野菜食用。

刺苋
Amaranthus spinosus Linn.

苋科　苋属

多年生草本，高30~100 cm。茎直立，有纵条纹，绿色或带紫色。叶片菱状卵形或卵状披针形，顶端圆钝，具微凸头；叶柄旁有2刺。圆锥花序；苞片在花序基部变成尖锐直刺，在顶生花穗的上部为狭披针形；花被片绿色。胞果长圆形，包裹在宿存花被片内。花、果期7~11月。

生于旷地、路旁或园圃。常见。

全草药用，有清热解毒、散血消肿之功效。嫩茎叶可作野菜食用或作饲料。

皱果苋
Amaranthus viridis Linn.

苋科　苋属

一年生草本，高40~80 cm。茎绿色或带紫色。叶片卵形、卵状长圆形或卵状椭圆形，长3~9 cm，顶端尖凹或凹缺，有芒尖。圆锥花序顶生或侧生，由穗状花序组成；花被片长圆形或宽倒披针形。胞果扁球形，不裂，极皱缩。花期6~8月，果期8~10月。

生于村庄附近的杂草地上或田野间。常见。

全草入药，有清热解毒、消炎镇痛之功效。嫩茎叶可食用，也可作饲料。

青葙
Celosia argentea Linn.

苋科　青葙属

一年生草本，高0.3~1.0 m。叶片长圆状披针形、披针形，长5~8 cm。花多数，密生，在茎端或枝端成塔状或圆柱状、穗状花序；花被片长圆状披针形，初为白色顶端带红色、粉红色，后成白色。胞果卵形，包裹在宿存花被片内。花期5~8月，果期6~10月。

生于旷野、田边、丘陵、山坡、河边及路旁。常见。

种子供药用，有清肝明目、杀虫的作用。花序宿存经久不凋，可供观赏。嫩茎叶浸去苦味后，可作野菜食用。全株可作饲料。

67. 牻牛儿苗科 Geraniaceae

野老鹳草（卡罗林老鹳草）
Geranium carolinianum Linn.

牻牛儿苗科　老鹳草属

一年生草本，高20~60 cm。叶片圆肾形，宽4~6 cm，基部心形，掌状5~7裂近基部；裂片楔状倒卵形或菱形，上部羽状深裂，小裂片条状长圆形。花序呈伞形状；萼片长卵形或近椭圆形；花瓣淡紫红色，倒卵形。蒴果长约2 cm，果瓣由喙上部先裂向下卷曲。花期4~7月，果期5~9月。

原产美洲，现已逸为野生；生于潮湿山坡、路旁、田野、杂草丛中。广布。

全草入药，有祛风收敛和止泻之效。

69. 酢浆草科 Oxalidaceae

酢浆草
Oxalis corniculata Linn.

酢浆草科　酢浆草属

草本。根茎稍肥厚。叶基生或茎上互生，掌状3小叶；叶柄长1~13 cm；小叶无柄，倒心形，宽4~22 mm，顶端凹入，基部宽楔形。花单生或数朵集为伞形花序状，总花梗与叶近等长；花瓣5枚，黄色，长圆状倒卵形。蒴果长圆柱形，长1.0~2.5 cm，5条棱。花、果期2~9月。

生于旷地、田野上。广布。

全草入药，能解热利尿、消肿散淤、凉血利尿。茎叶含草酸，可用以磨镜或擦铜器，使其具光泽。

红花酢浆草
Oxalis corymbosa DC.

酢浆草科　酢浆草属

多年生直立草本。无地上茎，地下部分有球状鳞茎。叶基生，掌状3小叶；叶柄长5~30 cm或更长；小叶扁圆状倒心形，宽1.5~6.0 cm，顶端凹入，基部宽楔形。二歧聚伞花序，通常排列成伞形花序式，花瓣5，倒心形，长1.5~2.0 cm，淡紫色至紫红色。蒴果角果状。花、果期3~12月。

原产南美热带地区，现已逸为野生；生于旷地或菜地上。广布。

全草入药，清热解毒、活血消肿、消炎杀菌。花美丽，可栽培作观赏植物。

71.凤仙花科 Balsaminaceae

睫毛萼凤仙花
Impatiens blepharosepala Pritz. ex Diels

凤仙花科　凤仙花属

一年生草本。叶常密生于茎或分枝上部，长圆状披针形或卵状披针形，长7~12 cm，基部楔形，有2枚球状腺体，边缘有粗锯齿。总花梗腋生，花1~2朵，紫色；侧生萼片2枚，卵形，边缘有睫毛；唇瓣宽漏斗状，基部突然延长成内弯的长距。蒴果条形。花期5~11月。

生于山谷路旁草丛中、沟边、山坡阴湿处。常见。

根药用，可活血止血。花美丽，可栽培供观赏。

华凤仙
Impatiens chinensis Linn.

凤仙花科　凤仙花属

一年生草本，高30~60 cm。茎节略膨大。叶对生，硬纸质，线形或线状披针形，长2~10 cm，基部近心形或截形，边缘疏生刺状锯齿。花单生或2~3朵簇生于叶腋，紫红色或白色；侧生萼片2枚，线形；唇瓣漏斗状，基部渐狭成内弯或旋卷的长距。蒴果椭圆形，顶端喙尖。花、果期5~11月。

常生于水沟旁、田边或沼泽地。常见。

全草入药，可清热解毒、消肿拔脓、活血散瘀。花美丽，可栽培供观赏。

鸭跖草状凤仙花（竹节草）
***Impatiens commelinoides* Hand.-Mazz.**

凤仙花科　凤仙花属

一年生草本，高20~40 cm。叶片卵形或卵状菱形，长2.5~6.0 cm，顶端急尖或渐尖，边缘具粗锯齿，有糙缘毛。花单生叶腋；花蓝紫色、紫红色；侧生萼片2枚，宽卵形；唇瓣宽漏斗状，基部渐狭成长内弯或螺旋状卷曲的长距。花期6~11月，果期11月。

生于田边或山谷、沟旁。常见。

全株可作猪饲料。花美丽，可栽培供观赏。

管花凤仙
***Impatiens tubulosa* Hemsl. ex Forb. & Hemsl.**

凤仙花科　凤仙花属

草本，高30~60 cm。叶片倒披针形，长6~13 cm，基部狭楔形下延，边缘具圆齿，齿端具胼胝状小尖。总状花序有花2~5朵；花白色；侧生萼片4枚，外面2枚斜卵形；唇瓣囊状，口部略斜上，基部渐狭成长约2 cm上弯的距；旗瓣背面中肋具绿色狭龙骨状突起。花期8~11月。

生于林下或沟边阴湿处。常见。

全株可作猪饲料。花美丽，可栽培供观赏。全草入药，有消炎镇痛之功效。

72.千屈菜科 Lythraceae

圆叶节节菜
***Rotala rotundifolia* (Buch.-Ham. ex Roxb.) Koehne**

千屈菜科　节节菜属

一年生草本，高5~30 cm。茎带紫红色。叶对生，近圆形、阔倒卵形或阔椭圆形，长5~10 mm，基部钝形，或无柄时近心形。花单生于苞片内，组成顶生稠密的穗状花序；花极小，几无梗；萼筒阔钟形，半透明；花瓣4枚，淡紫红色。蒴果椭圆形，3~4瓣裂。花、果期12月至次年6月。

生于水田或潮湿的地方。常见。

为水稻田的主要杂草之一，可用作猪饲料。全草入药，有散瘀止血、除湿解毒之功效。

77.柳叶菜科 Onagraceae

南方露珠草
Circaea mollis Sieb. & Zucc.

柳叶菜科　露珠草属

多年生草本，植株高30~120 cm。茎被弯曲毛，茎节红色。叶对生，狭披针形至狭卵形，长3~16 cm。顶生总状花序常于基部分枝；萼片淡绿色或带白色；花瓣白色，阔倒卵形，顶端深下凹。果梨形或球形，基部不对称地渐狭至果梗。花期7~9月，果期8~10月。

生于山谷、旷地。较少见。

全草入药，有清热解毒、理气止痛、生肌拔毒、杀虫之功效。

长籽柳叶菜
Epilobium pyrricholophum Franch. & Savat

柳叶菜科　柳叶菜属

多年生草本，高25~80 cm。茎常多分枝，密被曲柔毛与腺毛。叶对生，花序上的互生，卵形至宽卵形，茎上部的有时披针形，长2~5 cm，边缘有不规则疏齿。花单生叶腋；萼片4，被曲柔毛与腺毛；花瓣粉红色至紫红色，倒卵形至倒心形，顶端有凹缺。蒴果长3.5~7.0 cm，被腺毛。花期7~9月，果期8~11月。

生于溪沟旁、池塘与水田湿处。常见。

全草入药，有收敛止血之功效。花艳丽，可栽培供观赏。

水龙
Ludwigia adscendens (L.) Hara

柳叶菜科　丁香蓼属

多年生浮水或上升草本。浮水茎节上常簇生白色海绵状贮气的根状浮器，具多数须状根。叶倒卵形、椭圆形或倒卵状披针形，长3.0~6.5 cm，宽1.2~2.5 cm。花单生于上部叶腋；花瓣乳白色，基部淡黄色。蒴果圆柱状，具10条纵棱，长2~3 cm，径3~4 mm，不规则开裂。花期5~8月，果期8~11月。

生于海拔100~600 m水田、浅水塘。常见。

全草入药，清热解毒，利尿消肿，也可治蛇咬伤。也可作猪饲料。

草龙
Ludwigia hyssopifolia (G. Don) Exell

柳叶菜科　丁香蓼属

一年生直立草本，茎高60~200 cm。茎基部常木质化，3或4条棱。叶披针形至线形，长2~10 cm，顶端渐狭或锐尖。花腋生，萼片4枚，卵状披针形，常有3条纵脉；花瓣4枚，黄色，倒卵形或近椭圆形。蒴果近圆柱状，长1.0~2.5 cm。花、果期几乎四季。

生于田边、水沟、河滩、塘边等湿地上。常见。

全草入药，有清热解毒、祛腐生肌之功效。

毛草龙
Ludwigia octovalvis (Jacq.) Raven

柳叶菜科　丁香蓼属

多年生直立草本，高50~150 cm。茎基木质化或亚灌木状，稍具纵棱。全株密被柔毛。叶披针形至线状披针形，长4~12 cm。萼片4枚，卵形，基出三脉；花瓣黄色，倒卵状楔形，长7~14 mm，具侧脉4~5对。蒴果圆柱状，具8条棱，长2.5~3.5 cm，被粗毛。花期6~9月，果期8~11月。

生于田边、塘边、沟谷旁及空旷湿润处。常见。

全草药用，有清热解毒、祛腐生肌之功效。

78.小二仙草科 Haloragidaceae　小二仙草（豆瓣草）
Haloragis micrantha (Thunb.) R. Br. ex Sieb. & Zucc.

小二仙草科　小二仙草属

多年生草本，高5~45 cm。茎带赤褐色。叶对生，卵形或卵圆形，长0.6~1.7 cm，基部圆形，边缘具稀疏锯齿；叶面淡绿色，背面带紫褐色；茎上部叶逐渐缩小而变为苞片。顶生圆锥花序，由纤细的总状花序组成，花极小；花瓣4，淡红色。坚果近球形，有8纵钝棱。花期4~8月，果期5~10月。

生于荒坡草丛中。常见。

全草入药，有清热解毒、利水除湿、散瘀消肿之功效。全草为羊的好饲料。

104. 秋海棠科 Begoniaceae

粗喙秋海棠
Begonia crassirostris Lrmsch.

秋海棠科　秋海棠属

多年生草本，高达120 cm。茎有膨大的节。叶片两侧极不相等，斜卵形，长8.5~17.0 cm，基部极偏斜，呈微心形，边缘有大小不等浅齿。花白色，2~4朵，腋生，二歧聚伞状；花被片4，外轮2枚呈长方形，内轮2枚长圆形。蒴果近球形，直径1.5 cm，顶端具粗厚长喙，无翅。花期4~5月，果期7月。

生于溪边或林下岩石上。常见。

全草入药，有清热解毒、利湿退黄之功效。花淡雅，可作阴生植物栽培供观赏。

紫背天葵
Begonia fimbristipula Hance

秋海棠科　秋海棠属

多年生无茎草本。叶均基生，具长柄；叶宽卵形，长4~15 cm，基部心形至深心形，边缘有大小不等重锯齿，有时呈缺刻状，叶下面常带紫色。花葶高6~18 cm；花粉红色，一至三回二歧聚伞状花序；雄花花被片4，雌花花被片3。蒴果下垂，倒卵状长圆形，小，具不等3翅。花期5~8月。

生于山谷、沟边、林中阴湿的岩石上。常见。

全株可作饮料或药用，有清热解毒、润燥止咳、消炎止痛之效。花美丽，可作阴生植物栽培供观赏。

裂叶秋海棠
Begonia palmata D. Don

秋海棠科　秋海棠属

多年生肉质草本。叶片两侧不相等，斜卵形或偏圆形，长12~20 cm，基部微心形至心形，边缘有疏浅齿，掌状3~7浅裂至深裂。花玫瑰色、白色至粉红色，4至数朵；呈二至三回二歧聚伞状花序；雄花花被片4，宽椭圆至宽卵形；雌花花被片4~5，斜卵形。蒴果下垂，倒卵球形，具不等3翅。花、果期8~10月。

生于沟边灌丛下、林下。常见。

全草药用，有清热润肺、散瘀消肿之功效。花艳丽，可作阴生植物栽培供观赏。

120. 野牡丹科 Melastomataceae

地菍
Melastoma dodecandrum Lour.

野牡丹科　野牡丹属

多年生草本。茎匍匐上升，逐节生根。叶片坚纸质，卵形或椭圆形，长1~4 cm，3~5基出脉，侧脉互相平行。聚伞花序顶生，有花1~3朵，基部有叶状总苞2；花萼管长约5 mm，裂片间具1小裂片；花瓣淡红色至紫红色，菱状倒卵形。果坛状球形，肉质。花期5~7月，果期7~9月。

生于山坡矮草丛中，为酸性土壤常见的植物。常见。

果可食用，亦可酿酒。全株药用，有涩肠止痢、舒筋活血、补血安胎、清热燥湿之功效；根可解木薯中毒。花多鲜艳，可作观赏地被植物。

金锦香
Osbeckia chinensis Linn.

野牡丹科　金锦香属

直立草本或亚灌木，高20~60 cm。叶坚纸质，线形或线状披针形，长2~5 cm，两面被糙伏毛，3~5基出脉。头状花序顶生，有花2~10朵，基部具叶状总苞2~6枚；萼管通常带红色，裂片4枚；花瓣4枚，淡紫红色或粉红色，倒卵形。蒴果紫红色，卵状球形。花期7~9月，果期9~11月。

生于荒山草坡、田边或疏林下阳光充足处。较少见。

全草入药，能清热解毒、收敛止血，又能治蛇咬伤。花色鲜艳，可作绿地观赏植物。

楮头红
Sarcopyramis nepalensis Wall.

野牡丹科　肉穗草属

直立草本，高10~30 cm。叶膜质，阔卵形或卵形，基部微下延，长5~10 cm，边缘具细锯齿，3~5基出脉，叶面被疏糙伏毛。聚伞花序顶生，有花1~3朵；花萼四棱形，棱上有狭翅，裂片具流苏状长缘毛膜质的盘；花瓣粉红色，倒卵形。蒴果杯形，具棱4条，膜质冠伸出萼1倍。花期8~10月，果期9~12月。

生于高海拔的密林下、阴湿的地方或溪边。较少见。

全草入药，有清肺热、去肝火之功效。

123. 金丝桃科 Hypericaceae

湖南连翘（黄海棠）
Hypericum ascyron Linn.

金丝桃科　金丝桃属

多年生草本，高0.3~1.3 m。茎及枝条具4棱，分枝对生。叶对生，阔披针形至狭长圆形，长4~10 cm，基部楔形或心形而抱茎。花3~7朵组成聚伞花序；花直径约3 cm，金黄色；萼片卵圆形，结果时直立；雄蕊极多数，5束。蒴果卵珠形，成熟后顶端5裂。花期7~8月，果期9~10月。

生于中海拔山坡林下或草丛中。常见。

全株药用，有活血、清热、解毒之功效；种子泡酒服可治胃病、解毒和排脓；叶作茶叶代用品泡饮。花可供观赏。

赶山鞭（乌腺金丝桃、野金丝桃）
Hypericum attenuatum Choisy

金丝桃科　金丝桃属

多年生草本，高15~70 cm。茎圆柱形，常有2条纵线棱。叶片狭长圆形或长圆状倒卵形，长1.0~4.2 cm，基部渐狭或微心形，略抱茎，两面散生黑腺点。花黄色，直径约1.5 cm，多花组成圆锥状聚伞花序；萼片卵状披针形，花瓣表面及边缘散生黑腺点。蒴果卵珠形或长圆状卵珠形，具条状腺斑。花期7~8月，果期8~9月。

生于高海拔山地草坡。常见。

全草入药，有消肿解毒、散瘀活血之功效，并可治多汗症。

地耳草（田基黄、雀舌草）
Hypericum japonicum Thunb. ex Murray

金丝桃科　金丝桃属

草本，高10~45 cm。茎具4条纵线棱，散布淡色腺点。叶无柄，通常卵形或卵状披针形，长0.2~1.8 cm，基部心形抱茎至截形，全面散布透明腺点。聚伞花序顶生，疏散；萼片长2.0~5.5 mm，果时直伸，花瓣白色、淡黄至橙黄色，椭圆形或长圆形。蒴果椭圆形，花期3~10月，果期6~10月。

生于田边、沟边、草地以及荒地上。广布种。

全草入药，能清热解毒、止血消肿、健脾利湿。

三腺金丝桃
Triadenum breviflorum (Wall. ex Dyer) Y. Kimura

金丝桃科 三腺金丝桃属

多年生草本，高15~50 cm。根茎匍匐。茎通常单一，上升。叶片狭椭圆形至长圆形，长2~7 cm，宽0.6~1.5 cm，全缘，坚纸质，上面绿色，下面白绿色，全面散布透明腺点，中脉在上面凹陷，下面凸起。花序聚伞状，1~3花，6~11个在茎或分枝上腋生；花瓣白色。蒴果卵珠形，长6~8 mm，宽3~4 mm，先端锐尖，3片裂。花期7~8月，果期8~9月。

生于水沟旁草地、潮湿地及田埂上。偶见。

128.椴树科 Tiliaceae

田麻
Corchoropsis tomentosa (Thunb.) Makino

椴树科 田麻属

一年生草本，高30~60 cm。嫩枝与茎有星状短柔毛。叶卵形或狭卵形，长2.5~6.0 cm，边缘有钝牙齿，两面均密生星状短柔毛，基出脉3条。花单生于叶腋，有细长梗；萼片5枚，狭披针形；花瓣5枚，黄色，倒卵形。蒴果角状圆筒形，长1.7~3.0 cm，有星状柔毛。花、果期秋季。

生于山地、丘陵、林缘、沟边。常见。

茎皮纤维可代黄麻制作绳索或麻袋。全株药用，有清热湿、解毒止血之功效。

甜麻（假黄麻）
Corchorus aestuans Linn.

椴树科 黄麻属

一年生草本，高约1 m。叶卵形或阔卵形，长4.5~6.5 cm，边缘有锯齿，近基部1对锯齿往往延伸成尾状的小裂片。聚伞花序腋生，有花1~4朵；萼片5或4枚，舟状；花瓣5枚，与萼片近等长，倒卵形，黄色。蒴果长筒形，长约2.5 cm，具6条纵棱，成熟时3~4瓣裂。花期7月。

生于荒地、旷野、村旁。常见。

纤维可作为黄麻代用品。全株入药，可清凉解热。

长钩刺蒴麻
Triumfetta pilosa Roth

椴树科　刺蒴麻属

亚灌木，高达1 m。嫩枝被黄褐色长茸毛。叶厚纸质，卵形或长卵形，长3~7 cm，基部圆形或微心形，下面密被黄褐色厚星状茸毛，基出脉3条，边缘有不整齐锯齿。聚伞花序1至数个腋生；萼片狭披针形，被毛；花瓣黄色，与萼片等长。蒴果有被毛的刺，刺端有钩。花期夏季。

常生于干燥的低坡灌丛中。

根、叶药用，有活血调经、散瘀消肿之功效。

130.梧桐科Sterculiaceae

马松子（野路葵）
Melochia corchorifolia Linn.

梧桐科　马松子属

亚灌木状草本，高不及1 m。叶薄纸质，卵形至披针形，稀有不明显的3浅裂，长2.5~7.0 cm，基部圆形或心形，边缘有锯齿。花排成密聚伞花序或团伞花序；萼钟状，5浅裂，外面被长柔毛和刚毛；花瓣5枚，白色，后变为淡红色。蒴果圆球形，有5条棱。花期夏、秋季。

生于田野间或低丘陵地原野间。常见。

茎皮富含纤维，可与黄麻混纺以制麻袋。根、叶入药，有清热利湿、止痒退疹之功效。

132.锦葵科Malvaceae

黄葵（假山稔）
Abelmoschus moschatus (Linn.) Medicus

锦葵科　黄葵属

草本或亚灌木，高1~2 m。叶通常掌状5~7深裂，直径6~15 cm，裂片边缘具不规则锯齿，基部心形，两面均疏被硬毛；叶柄长7~15 cm，疏被硬毛。花单生于叶腋；花萼佛焰苞状，5裂，常早落；花黄色，内面基部暗紫色，直径7~12 cm。蒴果长圆形，顶端尖，被黄色长硬毛。花期6~10月。

生于平原、山谷、溪涧旁或山坡灌丛中。常见。

种子具麝香味，可提制芳香油，是名贵的高级调香料。可供园林观赏用。全株药用，有清热利湿、拔毒排脓之功效。

赛葵
Malvastrum coromandelianum (L.) Garcke

锦葵科　赛葵属

亚灌木，高达1 m。叶卵状披针形或卵形，长3~6 cm，边缘具粗锯齿，上面疏被长毛，下面疏被长毛和星状长毛。花单生于叶腋；小苞片线形，长5 mm；萼浅杯状，5裂，裂片卵形，基部合生；花瓣5枚，黄色，倒卵形。果扁球形，分果片8~12，肾形。花、果期3~12月。

原产美洲，现已逸为野生。常见。

全草入药，药物名"赛葵"，有清热利湿、拔毒生肌、活血散瘀之功效

白背黄花稔
Sida rhombifolia Linn.

锦葵科　黄花稔属

亚灌木，高0.5~1.0 m。叶菱形或长圆状披针形，长2.5~4.5 cm，基部宽楔形，边缘具锯齿，下面被灰白色星状柔毛。花单生于叶腋；萼杯形，被星状短绵毛，裂片5，三角形；花黄色，直径约1 cm，花瓣倒卵形。果半球形，分果片8~10，顶端具2短芒。花期秋、冬季。

生于山坡灌丛间、旷野和沟谷旁。广布。

全草入药，消炎解毒，祛风除湿，消肿止痛。

地桃花（肖梵天花）
Urena lobata L.

锦葵科　梵天花属

亚灌木，高达1 m。茎下部的叶近圆形，长4~5 cm，顶端浅3裂，基部圆形或近心形，边缘具锯齿；中部的叶卵形，长5~7 cm；上部的叶长圆形至披针形；叶上面被柔毛，下面被灰白色星状茸毛。花腋生，淡红色，直径约15 mm；花瓣5枚，倒卵形。果扁球形，分果片被星状短柔毛和锚状刺。花期7~10月。

生于空旷地、草坡或疏林下。常见。

茎皮富含坚韧的纤维，常作麻类的代用品。全草药用，有清热解毒、祛风除湿之功效。

梵天花（狗脚迹）
Urena procumbens Linn.

锦葵科　梵天花属

小灌木，高80 cm。下部叶掌状3~5深裂达中部以下，裂片菱形或倒卵形，呈葫芦状，基部圆形至近心形，具锯齿，两面均被星状短硬毛。花单生或近簇生；萼短于小苞片或近等长，卵形；花冠淡红色，花瓣长10~15 mm。果球形，直径约6 mm，具刺和长硬毛，刺端有倒钩。花期6~9月。

生于荒地、山坡灌丛中。常见。

全株药用，有消肿解毒、散瘀止痛、化痰止咳之功效。

136. 大戟科 Euphorbiaceae

铁苋菜（海蚌含珠）
Acalypha australis Linn.

大戟科　铁苋菜属

一年生草本，高0.2~0.5 m。叶膜质，长卵形、近菱状卵形或阔披针形，长3~9 cm，边缘具圆锯齿。雌雄花同序、腋生；雌花苞片1~2片，卵状心形，花后增大，苞腋具雌花1~3朵；雄花生于花序上部，排列成穗状或头状；花萼裂片4枚。蒴果直径4 mm，具3个分果片。花、果期4~12月。

生于村旁、荒地、路旁。

全草药用，有清热解毒、利湿、收敛止血之功效。

飞扬草
Euphorbia hirta Linn.

大戟科　大戟属

一年生草本。茎单一，高30~60 cm，被褐色多细胞粗硬毛。叶对生，菱状椭圆形或卵状披针形，长1~5 cm，基部略偏斜，中部以上有细锯齿。花序于叶腋处密集成头状；总苞钟状，边缘5裂；雌花1朵，伸出总苞之外。蒴果三棱状，长、宽1.0~1.5 mm，成熟时分裂为3个分果片。花、果期6~12月。

生于路旁、草丛、灌丛及山地疏林中。

全草药用，有祛湿止痒、消炎止痢之功效。

地锦
Euphorbia humifusa Willd.

大戟科 大戟属

一年生草本。茎匍匐，多分枝，基部常红色或淡红色。叶对生，长圆形或椭圆形，长5~10 mm，基部偏斜，边缘常于中部以上具细锯齿。总苞陀螺状，高与直径各约1 mm，边缘4裂；雄花数朵，近与总苞边缘等长；雌花1朵，子房柄伸出至总苞边缘。蒴果三棱状卵球形。花、果期5~10月。

生于原野荒地、路旁、田间、山坡等地。

全草入药，有清热解毒、利尿、通乳、杀虫之功效。

叶下珠（珍珠草）
Phyllanthus urinaria Linn.

大戟科 叶下珠属

一年生草本，高10~60 cm。茎基部多分枝，枝具翅状纵棱。叶纸质，因叶柄扭转而成羽状排列，长圆形或倒卵形，长4~10 mm，基部稍偏斜。花雌雄同株；雄花2~4朵簇生于叶腋，通常仅1朵开花；雌花单生于小枝中下部的叶腋内。蒴果圆球状，直径1~2 mm，红色。花期4~6月，果期7~11月。

生于旷野平地、旱田、山地路旁或林缘。常见。

全草药用，有解毒、消炎、清热止泻、利尿之功效。

黄珠子草
Phyllanthus virgatus Forst. f.

大戟科 叶下珠属

一年生草本，高15~40 cm。枝条通常自茎基部发出，上部扁平而具棱。叶纸质，线状披针形或狭椭圆形，长5~25 mm，基部圆而稍偏斜。通常2~4朵雄花和1朵雌花同簇生于叶腋；雄花萼片6枚，宽卵形或近圆形；雌花花萼深6裂，裂片长圆形。蒴果近球形。花期4~5月，果期6~11月。

生于山地草坡、沟边草丛或路旁灌丛中。常见。

全株入药，有清热利湿、健胃消积之功效。

广州地构叶（地构叶）
Speranskia cantonensis (Hance) Pax et Hoffm.

大戟科　地构叶属

草本，高50~70 cm。叶纸质，卵状椭圆形至卵状披针形，长2.5~9.0 cm，边缘具圆钝锯齿，两面均被短柔毛。总状花序，通常上部雄花，下部雌花；雄花花萼裂片卵形，花瓣倒心形；雌花花萼裂片卵状披针形，无花瓣；花柱3枚，各2深裂，裂片羽状撕裂。蒴果扁球形，具瘤状突起。花期2~5月，果期10~12月。

生于低山、草地或灌丛中。少见。

全草药用，有祛风除湿、通经活血之功效。

143.蔷薇科 Rosaceae

龙芽草
Agrimonia pilosa Ledeb.

蔷薇科　龙芽草属

多年生草本，高30~120 cm。茎被柔毛。叶为间断奇数羽状复叶，通常有小叶5~7片，杂有小型小叶，向上减少至3片小叶；小叶片倒卵形至倒卵状椭圆形，长1.5~5.0 cm，边缘有锯齿，两面被疏毛。花序穗状总状顶生，花瓣黄色。瘦果倒卵圆锥形，外面有10条肋，顶端有数层钩刺，靠合。花、果期5~12月。

生于路旁、草地、灌丛、林缘及疏林下。常见。

全草入药，有收敛、止血、活血、凉血之功效。

蛇莓（蛇泡草）
Duchesnea indica (Andr.) Focke

蔷薇科　蛇莓属

多年生草本。匍匐茎多数，长30~100 cm。小叶片倒卵形至菱状长圆形，长2.0~3.5 cm，顶端圆钝，边缘有钝锯齿。花单生于叶腋，花梗长3~6 cm，萼片卵形，顶端锐尖；副萼片倒卵形，比萼片长，顶端常具3~5锯齿；花瓣倒卵形，黄色。瘦果卵形，长约1.5 mm。花期6~8月，果期8~10月。

生于山坡、河岸、荒地等。常见。

全草药用，能散瘀消肿、收敛止血、清热解毒；茎叶捣敷治疗疮有特效；果实煎服能治支气管炎。

翻白草
Potentilla discolor Bunge

蔷薇科　委陵菜属

多年生草本。根粗壮，下部常肥厚呈纺锤形。基生叶有小叶2~4对；小叶片长圆形或长圆状披针形，长1~5 cm，顶端圆钝，边缘具圆钝锯齿，下面密被白色或灰白色绵毛；茎生叶1~2，掌状3~5片小叶。聚伞花序有花多朵，疏散；花瓣黄色，倒卵形，顶端微凹或圆钝。瘦果近肾形。花、果期5~9月。

生于荒地、山坡草地及疏林下。常见。

全草入药，能清热解毒、止血、止痒。块根含丰富淀粉，可食。

蛇含委陵菜（五爪龙）
Potentilla kleiniana Wight et Arn.

蔷薇科　委陵菜属

多年生宿根草本。花茎上升或匍匐，常节处生根并发育出新植株。基生叶近于鸟足状，共5片小叶；小叶片倒卵形或长圆倒卵形，边缘有多数急尖或圆钝锯齿；下部茎生叶有5片小叶，上部茎生叶有3片小叶。聚伞花序密集枝顶如假伞形；花瓣黄色，倒卵形，顶端微凹。瘦果近圆形，具皱纹。花、果期4~9月。

生于田边、水旁及山坡草地。常见。

全草药用，有清热解毒、止咳化痰之功效。

三叶委陵菜
Potentilla freyniana Bornm

蔷薇科　委陵菜属

多年生草本。基生叶掌状三出复叶；小叶片长圆形、卵形或椭圆形，边缘有多数急尖锯齿；茎生叶1~2，小叶与基生叶小叶相似，叶边锯齿减少。伞房状聚伞花序顶生，多花，松散；花瓣淡黄色，长圆状倒卵形，顶端微凹或圆钝。成熟瘦果卵球形。花、果期3~6月。

生于山坡草地、溪边及疏林下阴湿处。少见。

根或全草入药，有清热解毒、止痛止血之功效。

147. 苏木科 Caesalpiniaceae

决明
Cassia tora Linn.

苏木科　决明属

一年生亚灌木状草本，高1~2 m。小叶3对，膜质，倒卵形或倒卵状长椭圆形，长2~6 cm。花腋生，通常2朵聚生；萼片稍不等大；花瓣黄色，下面2片略长，长1.2~1.5 cm。荚果纤细，近四棱形，两端渐尖，长达15 cm。花、果期8~11月。

生于山坡、旷野及河滩沙地上。常见。

种子称为"决明子"，有清肝明目、利水通便之功效。也是优质绿肥植物。

148. 蝶形花科 Papilionaceae

合萌
Aeschynomene indica Linn.

蝶形花科　合萌属

一年生草本或亚灌木状，高30~100 cm。一回羽状复叶，具20~30对小叶；小叶线状长圆形，长5~15 mm，基部歪斜。总状花序1.5~2.0 cm；花冠淡黄色，具紫色纵脉纹。荚果线状长圆形，长3~4 cm，荚节4~10。花期7~8月，果期8~10月。

生于田野、荒坡。

为优良绿肥植物。全草入药，能清热利尿、解毒。

链荚豆
Alysicarpus vaginalis (Linn.) DC.

蝶形花科　链荚豆属

多年生草本，高30~90 cm。叶仅有单小叶；小叶形状及大小变化很大，茎上部小叶通常为卵状长圆形至线状披针形，长3.0~6.5 cm，下部小叶为心形、近圆形或卵形，长1~3 cm。总状花序，有花6~12朵，成对排列于节上；花冠紫蓝色，略伸出于萼外。荚果扁圆柱形，长1.5~2.5 cm，荚节4~7，荚节间不收缩。花期7~9月，果期9~11月。

多生于空旷草坡、旱田边、路旁。

为良好绿肥植物，亦可作饲料。全草入药，治刀伤、骨折。

铺地蝙蝠草
Christia obcordata (Poir.) Bahn. f. ex Meeuwen

蝶形花科　蝙蝠草属

多年生平卧草本，长15~60 cm。茎与枝极纤。三出复叶；小叶膜质，顶生小叶多为肾形、圆三角形或倒卵形，顶端截平而略凹；侧生小叶较小，倒卵形、心形或近圆形。总状花序，每节生1朵花；花萼半透明，5裂，上部2裂片稍合生；花冠蓝紫色或玫瑰红色。荚果有荚节4~5，完全藏于萼内。花期5~8月，果期9~10月。

生于旷野草地、荒坡及丛林中。

全草入药，有利水通淋、散瘀、解毒之功效。

响铃豆
Crotalaria albida Heyne ex Roth

蝶形花科　猪屎豆属

多年生灌木状草本，基部常木质。叶片倒卵形、长圆状椭圆形或倒披针形，长1~4 cm，顶端钝或圆。总状花序，有花20~30朵；花萼2枚唇形，深裂，上面2萼齿宽大，下面3萼齿披针形；花冠淡黄色，旗瓣椭圆形，龙骨瓣弯曲，中部以上变狭形成长喙。荚果短圆柱形，长约10 mm，稍伸出花萼之外。花、果期5~11月。

生于荒地路旁及山坡疏林下。较少见。

全草药用，可清热解毒、消肿止痛。

农吉利（野百合）
Crotalaria sessiliflora Linn.

蝶形花科　猪屎豆属

直立草本，高30~100 cm。叶片形状常变异较大，通常为线形或线状披针形，两端渐尖，长3~8 cm，下面密被丝质短柔毛。总状花序或密生于枝顶，形似头状；花萼2枚，唇形，密被棕褐色长柔毛；花冠蓝色或紫蓝色，包被萼内。荚果短圆柱形，长约10 mm。花、果期5月至翌年2月。

生于荒地路旁及山谷草地。少见。

全草药用，有清热解毒、消肿止痛、破血除瘀之功效。

鸡头薯
Eriosema chinense Vog.

蝶形花科　鸡头薯属

多年生草本。茎高20~50 cm，不分枝，全株密被毛；块根纺锤形，肉质。托叶宿存；叶仅具单小叶，披针形，长3~7 cm，宽0.5~1.5 cm，近无柄。总状花序腋生，极短，有花1~2朵；苞片线形；花萼钟状，5裂；花冠淡黄色，长约为花萼的3倍。荚果菱状椭圆形，长8~10 mm，成熟时黑色；种子2颗，肾形，黑色。花期5~6月，果期7~10月。

生于海拔300~1 300 m山野间土壤贫瘠的草坡上。常见。

块根可供食用和提取淀粉；入药有滋阴、清热解毒、祛痰、消肿之功效。

小叶三点金
Desmodium microphyllum (Thunb.) DC.

蝶形花科　山蚂蝗属

多年生草本。茎纤细，多分枝，通常红褐色。羽状三出复叶，有时仅为单小叶；小叶薄纸质，顶生小叶长10~12 mm；侧生小叶较小。总状花序；花萼5深裂，密被黄褐色长柔毛；花冠粉红色。荚果长12 mm，两缝线浅齿状，通常有荚节3~4，被小钩状毛和缘毛。花期5~9月，果期9~11月。

生于荒地草丛中或灌木林中。常见。

根供药用，有解毒散瘀、消食利尿、通经之功效。

鸡眼草
Kummerowia striata (Thunb.) Schindl.

蝶形花科　鸡眼草属

一年生草本，高10~45 cm。披散或平卧，多分枝。三出羽状复叶；小叶纸质，倒卵形或长圆形，长6~22 mm。花小，单生或2~3朵簇生于叶腋；花梗下端具2枚大小不等的苞片，萼基部具4枚小苞片；花萼钟状，带紫色，5裂；花冠粉红色或紫色。荚果圆形或倒卵形，稍侧扁，长3.5~5.0 mm。花期7~9月，果期8~10月。

生于路旁、田边、溪旁、山坡草地。

全草药用，有利尿通淋、解热止痢之功效。可作饲料和绿肥。

天蓝苜蓿
Medicago lupulina L.

蝶形花科　苜蓿属

一、二年生或多年生草本，高15~60 cm，全株被柔毛或有腺毛。茎平卧或上升，多分枝。叶茂盛，羽状三出复叶；托叶卵状披针形，长可达1 cm，常齿裂；下部叶柄较长，长1~2 cm，上部叶柄比小叶短；小叶倒卵形、阔倒卵形或倒心形，长5~20 mm，宽4~16 mm，两面均被毛。花序小头状，具花10~20朵；总花梗细，比叶长；花冠黄色。荚果肾形。花期7~9月，果期8~10月。

生于河岸、路边、田野及林缘。常见。

常用作绿肥。

截叶铁扫帚
Lespedeza cuneata (Dum.-Cours.) G. Don

蝶形花科　胡枝子属

小灌木，高达1 m。小叶3片，楔形或线状楔形，长1~3 cm，下面密被伏毛。总状花序腋生，具2~4朵花；花萼狭钟形，密被伏毛，5深裂；花冠淡黄色或白色，旗瓣基部有紫斑。荚果宽卵形或近球形，被伏毛，长2.5~3.5 mm。花期7~8月，果期9~10月。

生于山谷、荒地、山坡草丛、灌丛中。

全草入药，有清热解毒、利湿消积之功效。

白花草木樨
Melilotus alba Medic. ex Desr.

蝶形花科　草木樨属

一、二年生草本，高70~200 cm。茎直立，圆柱形，中空，多分枝。羽状三出复叶，托叶尖刺状锥形；小叶长圆形或倒披针状长圆形。总状花序长9~20 cm，腋生，具花40~100朵；花长4~5 mm；花梗短；萼钟形；花冠白色。荚果椭圆形至长圆形，长3.0~3.5 mm。花期5~7月，果期7~9月。

生于田边、路旁荒地及湿润的沙地。广布。

是优良的饲料植物与绿肥。

田菁
Sesbania cannabina (Retz.) Poir.

蝶形花科　田菁属

亚灌木状草本，高3.0~3.5 m。茎折断有白色黏液。羽状复叶；小叶20~30对，线状长圆形，长8~20 mm，两侧不对称。总状花序，具2~6朵花；花萼斜钟状，萼齿短三角形，各齿间有1~3腺状附属物；花冠黄色，旗瓣横椭圆形至近圆形。荚果长圆柱形，长12~22 cm，种子间具横膈。花、果期7~12月。

生于水田、水沟等潮湿地。常见。

茎、叶可作绿肥及牲畜饲料。

狸尾豆（长苞狸尾草）
Uraria lagopodioides (Linn.) Desv ex DC.

蝶形花科　狸尾豆属

多年生草本，高可达60 cm。多为3片小叶，稀兼有单小叶；顶生小叶近圆形或椭圆形，长2~6 cm，侧生小叶较小。总状花序顶生，长3~6 cm，花排列紧密；花萼5裂，上部2裂片三角形，下部3裂片刺毛状；花冠淡紫色。荚果小，包藏于萼内，有荚节1~20。花、果期8~10月。

生于旷野坡地灌丛中。

全草药用，有散结消肿、清热解毒、驱虫之功效；嫩茎叶捣烂绞汁服治毒蛇咬伤。

丁葵草
Zornia gibbosa Spanog.

蝶形花科　丁葵草属

多年生、纤弱多分枝草本，高20~50 cm。托叶披针形，长1 mm；小叶2枚，卵状长圆形、倒卵形至披针形，长0.8~1.5 cm。总状花序腋生，长2~6 cm，花2~10朵疏生于花序轴上；花冠黄色。荚果通常长于苞片，有荚节2~6。花期4~7月，果期7~9月。

生于田边、村边稍干旱的旷野草地上。常见。

药用可解热毒、散痈疽、治疗疾，和蜜捣敷治牛马疗，亦治蛇咬伤。

169.荨麻科 Urticaceae

大叶苎麻
Boehmeria longispica Steud.

荨麻科　苎麻属

亚灌木或多年生草本，高0.6~1.5 m。叶对生，同对叶稍不等大；叶纸质，近圆形、圆卵形或卵形，长7~17 cm，顶端骤尖，或不明显3骤尖，边缘有锯齿，上面粗糙，有短糙伏毛。穗状花序单生于叶腋，雌雄异株；雌团伞花序直径2~4 mm，有极多数雌花。瘦果倒卵球形，长约1 mm。花、果期6~9月。

生于丘陵或低山山地灌丛、疏林、田边或溪边。常见。

茎皮纤维可代麻供纺织用。叶药用，可清热解毒、消肿。

苎麻（野麻）
Boehmeria nivea (Linn.) Gaudich.

荨麻科　苎麻属

亚灌木或灌木，高0.5~2.0 m。叶互生，草质，宽卵形，长6~15 cm，基部圆形或浅心形，边缘有牙齿，上面稍粗糙，下面密被雪白色毡毛。圆锥花序腋生，植株上部的为雌性，其下的为雄性；长2~9 cm，下垂；雌团伞花序直径0.5~2.0 mm，有多数密集的雌花。瘦果近球形，长约0.6 mm。花、果期6~11月。

生于山谷林边及草坡、村旁。常见。

茎皮纤维强韧、耐水湿，为优质的纺织原料。根、叶药用，根为利尿解热药，并有安胎作用；叶为止血剂。

悬铃叶苎麻
Boehmeria tricuspis (Hance) Makino

荨麻科　苎麻属

亚灌木或多年生草本，茎高50~150 cm。叶对生，纸质，扁五角形或扁圆卵形，茎上部叶常为卵形，长8~18 cm，顶部3骤尖或3浅裂，基部截形、浅心形或宽楔形，边缘有粗牙齿，上面粗糙，有糙伏毛，下面密被短柔毛。穗状花序单生于叶腋。花期7~8月。

生于低山山谷疏林下、沟边或田边。常见。

皮纤维坚韧，可纺纱织布，也可做高级纸张。根、叶药用，治外伤出血、跌打肿痛、风疹、荨麻疹等症。

密球苎麻
Boehmeria densiglomerata W. T. Mrang

荨麻科　苎麻属

多年生草本，茎高30~45 cm。叶对生，草质，心形或圆卵形，长5.0~9.5 cm，顶端渐尖，基部近心形或心形，边缘具牙齿，两面有稍密的短糙伏毛。花序长2.5~5.5 cm，两性花序下部有少数分枝，雄性花序分枝，雌性花序不分枝，穗状；雌花花被纺锤形或倒卵形。瘦果卵球形，长1.0~1.2 mm。花期6~8月。

生于山谷沟边或林中。常见。

全草药用，可祛风除湿。

锐齿楼梯草
Elatostema cyrtandrifolium (Zoll. et Mor.) Miq.

荨麻科　楼梯草属

多年生草本，茎高14~40 cm。叶草质或膜质，斜椭圆形或斜狭椭圆形，长5~12 cm，顶端长渐尖或渐尖，基部不等侧，边缘在基部之上有牙齿，上面散生少数短硬毛。花序雌雄异株；苞片大，宽卵形或三角状卵形，小苞片多数，密集。瘦果卵球形，有6条或更多的纵肋。花期4~9月。

生于山谷阴湿处或疏林中。常见。

糯米团（蜂巢草）
Gonostegia hirta (Bl.) Miq.

荨麻科　糯米团属

多年生草本。茎蔓生、铺地或渐升，长50~100 cm。叶对生，草质或纸质，宽披针形至狭披针形、长圆状披针形，长3~10 cm，上面稍粗糙，基出脉3~5条。团伞花序腋生，通常两性，有时单性，雌雄异株。瘦果卵球形，白色或黑色，有光泽。花期5~9月。

生于丘陵或低山林中、灌丛中、沟边草地。常见。

全草药用，治消化不良、积食胃痛等症，外用治血管神经性水肿、疔疮疖肿、外伤出血等。全草可作猪饲料。

毛花点草
Nanocnide lobata Wedd.

荨麻科　花点草属

多年生草本，高17~40 cm。茎柔软，铺散丛生。叶膜质，宽卵形至三角状卵形，长1.5~2.0 cm，边缘具4~5枚不等大的粗齿，下部的叶较小，近扇形，叶柄长于叶。雄花序常生于枝的上部叶腋，雌花序由多数花组成团聚伞花序。瘦果卵形，压扁，外面围以宿存花被片。花期4~6月，果期6~8月。

生于山谷溪旁和石缝、路旁阴湿地区和草丛中。较少见。

全草入药，有清热解毒、止咳之功效。

紫麻
Oreocnide frutescens (Thunb.) Miq.

荨麻科　紫麻属

灌木，高1~3 m。小枝褐紫色或淡褐色。叶纸质，卵形或狭卵形，长3~15 cm，顶端尾状渐尖，边缘有粗牙齿，下面常被灰白色毡毛。花序呈簇生状，团伞花簇直径3~5 mm。瘦果卵球状，两侧稍压扁；花托熟时常增大成壳斗状，包围果的大部分。花期3~5月，果期6~10月。

生于山谷和林缘半阴湿处或石缝。常见。

茎皮纤维细长坚韧，可供制绳索、麻袋和人造棉。全株入药，有行气活血之功效。

赤车
Pellionia radicans (Sieb. et Zucc.) Wedd.

荨麻科　赤车属

多年生草本，长20~60 cm。茎下部卧地，节处生根。叶草质，斜狭菱状卵形或披针形，长1.5~4.5 cm，基部在狭侧钝，在宽侧耳形，边缘有小牙齿，半离基三出脉。花通常雌雄异株；雄花序为稀疏的聚伞花序，雌花序有多数密集的花。瘦果近椭圆球形，有小瘤状突起。花期5~10月。

生于林下、灌丛中阴湿处或溪边。常见。

全草药用，有消肿、祛瘀、止血之功效。

长茎赤车
Pellionia radicans (Sieb. et Zucc.) Wedd. f. *grandis* Gagnep.

荨麻科　赤车属

与"赤车"的区别在于：叶较大，长达9 cm，宽达3.5 cm。

生于山谷林中阴处、石上或溪边。常见。

湿生冷水花
Pilea aquarum Dunn

荨麻科　冷水花属

草本，高10~30 cm。茎肉质，带红色。叶膜质，椭圆形或卵状椭圆形，长1.5~6.0 cm，边缘有钝圆齿，基出脉3条。花雌雄异株；雄花序聚伞圆锥状，具梗；雌花序聚伞状，密集成簇生状。瘦果近圆形，双凸透镜状，表面有细疣点。花、果期3~8月。

生于山谷溪边或林中。常见。

全草入药，有消炎止痛的作用。

波缘冷水花
Pilea cavaleriei Lévl.

荨麻科　冷水花属

草本。根状茎匍匐，地上茎直立，多分枝，高5~30 cm。叶集生于枝顶部，多汁，宽卵形、菱状卵形或近圆形，长8~20 mm，宽6~18 mm，先端钝，近圆形或锐尖，在近叶柄处常有不对称的小耳突，边缘全缘，稀波状。叶脉不明显；叶柄纤细；托叶小，宿存。聚伞花序常密集成近头状。雄花淡黄色，花被片4，雌花花被片3。瘦果卵形。花期5~8月，果期8~10月。

生于海拔200~1 500 m林下石上湿处。常见。

小叶冷水花（透明草）
Pilea microphylla (Linn.) Liebm.

荨麻科 冷水花属

纤细小草本，高3~17 cm。铺散或直立，茎肉质，多分枝。叶同对的不等大，倒卵形至匙形，长3~7 mm，边缘全缘，稍反曲。雌雄同株，有时同序，聚伞花序密集成近头状。瘦果卵形，熟时褐色，光滑。花期夏、秋季。

常生于路边石缝和墙上阴湿处。常见。

全草药用，能清热解毒、安胎；外用治疗烧伤、烫伤。

多枝雾水葛
Pouzolzia zeylanica (Linn.) Berm. var. ***microphylla*** (Wedd.) W. T. Wang

荨麻科 雾水葛属

多年生草本，高12~60 cm。茎常铺地，多分枝，末回小枝常多数，生有很小的叶子。茎下部叶对生，上部叶及分枝的叶通常全部互生，叶片草质，叶形变化较大，卵形、狭卵形至披针形。团伞花序通常雌雄花混生。瘦果卵球形。花期秋季。

生于山谷、草地、田边或草坡上。常见。

全草药用，可清热利湿、祛腐生肌、消肿散毒。

189.蛇菰科 Balanophoraceae

短穗蛇菰
Balanophora cavaleriei H. Lévl.

蛇菰科 蛇菰属

肉质草本，高2~8 cm。根茎淡黄褐色，直径1.5~3.0 cm，通常呈杯状，表面常有不规则的纵纹，密被颗粒状小疣瘤和明显淡黄色、星芒状小皮孔。花茎长1.5~3.0 cm，常被鳞苞片遮盖；鳞苞片3~8枚，稍肉质，阔卵形或卵圆形，长达1.2 cm。花雌雄同株，花序卵形或卵圆形，雄花着生于花序基部。花期9~11月。

生于阔叶林中。少见。

全草入药，有清热凉血、消肿解毒之功效。

194.芸香科 Rutaceae

松风草
Boenninghausenia albiflora (Hook.) Reichenb. ex Meissn.

芸香科　松风草属

常绿草本。二至三回羽状复叶；末回羽片具3小叶，小叶倒卵形、菱形或椭圆形，长1.0~2.5 cm，老叶常变褐红色。花序有花甚多，花枝纤细；花瓣白色，有时顶部桃红色，长圆形或倒卵状长圆形，有透明油点。分果片长约5 mm，每分果片有种子4颗；种子肾形，褐黑色，表面有细瘤状凸体。花、果期4~11月。

生于山谷林中。常见。

全草药用，可消肿镇痛、止血生肌；又作驱虫药。

213.伞形科 Umbelliferae

积雪草（崩大碗、雷公根）
Centella asiatica (Linn.) Urban

伞形科　积雪草属

多年生草本。茎匍匐，细长，节上生根。叶圆形、肾形或马蹄形，宽1.5~5.0 cm，边缘有钝锯齿，叶柄长1.5~2.7 cm，基部叶鞘透明，膜质。伞形花序2~4个，聚生于叶腋；每一伞形花序有花3~4朵，聚集成头状。果两侧扁压，圆球形，每侧有纵棱数条。花、果期4~10月。

生于旷野、荒地或沟边。广布。

全草入药，可清热利湿、消肿解毒。

鸭儿芹
Cryptotaenia japonica Hassk.

伞形科　鸭儿芹属

多年生草本，高20~100 cm。基生叶或中部叶有长柄，叶鞘边缘膜质；通常为3片小叶；中间小叶片呈菱状倒卵形；两侧小叶片斜倒卵形至长卵形；叶边缘有不规则的尖锐重锯齿；上部的茎生叶近无柄。复伞形花序呈圆锥状；总苞片1枚，呈线形或钻形；花瓣白色。果线状长圆形。花期4~5月，果期6~10月。

生于山地、山沟及林下阴湿地。常见。

全草入药，可温肺止咳、发表散寒、活血调经；外敷治蛇咬伤。茎可作蔬菜食用。

红马蹄草
Hydrocotyle nepalensis Hook.

伞形科　天胡荽属

多年生草本，高5~45 cm。茎匍匐，有斜上分枝，节上生根。叶圆形或肾形，宽3.5~9.0 cm，边缘通常5~7浅裂，基部心形；叶柄长4~27 cm。伞形花序数个簇生于茎端叶腋；小伞形花序有花20~60朵，常密集成球形的头状花序。果近圆形，两侧扁压，成熟后常呈黄褐色或紫黑色。花、果期5~11月。

生于山坡、路旁、阴湿地、水沟和溪边草丛中。常见。

全草入药，可散瘀消肿、止血止痛。

天胡荽
Hydrocotyle sibthorpioides Lam.

伞形科　天胡荽属

多年生草本。茎细长而匍匐，平铺地上成片，节上生根。叶圆形或肾圆形，宽0.8~2.5 cm，基部心形，两耳有时相接，不分裂或5~7裂，裂片阔倒卵形，边缘有钝齿；叶柄长0.7~9.0 cm。伞形花序与叶对生。果略呈心形，宽1.2~2.0 mm，中棱在果熟时极为隆起，成熟时有紫色斑点。花、果期4~9月。

生长在湿润的草地、河沟边、林下。常见。

全草入药，可清热、利尿、消肿、解毒。

破铜钱
Hydrocotyle sibthorpioides Lam.var.***batrachium***(Hance)Hand.-Mazz.ex Shan

伞形科　天胡荽属

与原种的区别在于：叶片较小，3~5深裂几达基部，侧裂片间有一侧或两侧仅裂达基部1/3处，裂片均呈楔形。

喜生于路旁、草地、沟边、湖滩、溪谷。常见。

全草入药，功效同天胡荽。

水芹
Oenanthe javanica (Bl.) DC.

伞形科　水芹属

多年生草本，高15~80 cm。叶一至二回羽状分裂，末回裂片卵形至菱状披针形，长2~5 cm，边缘有牙齿或圆齿状锯齿。复伞形花序顶生，花序梗长2~16 cm；无总苞；小总苞片线形，长2~4 mm；小伞形花序有花20余朵；花瓣白色。果近于四角状椭圆形或筒状长圆形，长2.5~3.0 mm。花期6~7月，果期8~9月。

生于浅水低洼的地方或池沼、水沟旁。常见。

茎叶可作蔬菜食用。全草药用，有祛风清热、镇痛、降血压的功效。

西南水芹
Oenanthe linearis Wallich ex de Candolle

伞形科　水芹属

多年生草本，高50~80 cm。叶二至四回羽状分裂，末回羽片条裂成短而钝的线形小裂片。花序梗长2~23 cm，与叶对生；无总苞；小总苞片线形，少数，较花柄为短；小伞形花序有花13~30朵；花瓣白色。果长圆形或近圆球形。花期6~8月，果期8~10月。

生于山坡、山谷林下阴湿地或溪旁。常见。

幼苗可作蔬菜食用。全草入药，用于胃痛、咳嗽。

隔山香
Ostericum citrodorum (Hance) Yuan et Shan

伞形科　山芹属

多年生草本，高0.5~1.3 m。叶为二至三回羽状分裂，叶柄长5~30 cm，基部略膨大成短三角形的鞘，稍抱茎；末回裂片长披针形，长3.0~6.5 cm，边缘密生极细的齿。复伞形花序；总苞片6~8枚，披针形；小伞形花序有花10余朵，花白色。果椭圆形至广卵圆形，长3~4 mm，金黄色。花期6~8月，果期8~10月。

生于山坡灌木林下或林缘、草丛中。常见。

根入药，有疏风清热、活血化瘀、行气止痛等功效。

紫花前胡（前胡）
Peucedanum decursiva (Miq.) Maxim.

伞形科　前胡属

多年生草本，高1~2 m。茎具浅纵沟纹，紫色。基生叶有长柄，基部叶鞘膨大成兜状；叶片三出式一至二回羽状分裂，末回裂片基部下延成翅状与侧裂片相汇合，边缘锯齿较密；茎上部叶退化膨大成紫色的叶鞘。复伞形花序顶生和侧生，总苞片呈宽阔鞘状，花瓣深紫色。果椭圆形，长约6 mm。花、果期8~10月。

生于山坡、林缘或灌丛、草地。常见。

根入药，有止咳祛痰、健胃、镇痛、活血散风等功效；外用能消肿。

直刺变豆菜
Sanicula orthacantha S. Moore

伞形科　变豆菜属

多年生草本，高8~35 cm。基生叶掌状3全裂，中裂片楔状倒卵形或菱状楔形，侧裂片斜楔状倒卵形，裂片顶端2~3浅裂，边缘有不规则的锯齿或刺毛状齿；茎生叶略小于基生叶。花序通常2~3分枝，花瓣白色、淡蓝色或紫红色。果卵形，外面有直而短的皮刺，有时皮刺基部连成薄层。花、果期4~9月。

生于山涧林下、路旁、沟谷及溪边。常见。

全草入药，有清热解毒之功效，也可治麻疹热毒未尽，跌打、损伤。

窃衣（蚁菜）
Torilis scabra (Thunb.) DC.

伞形科　窃衣属

一或二年生草本，高10~90 cm。茎被短硬毛。叶一至二回羽状，两面疏生紧贴的粗毛，末回裂片披针状长圆形，边缘有条裂状的粗齿至缺刻或分裂。复伞形花序顶生或腋生，花序梗有倒生的刺毛；总苞片通常无，稀有一钻形或线形的苞片；小伞形花序有花4~12朵，伞辐2~4 cm，长1~5 cm，粗壮，有纵棱及向上紧贴的粗毛；花瓣白色、紫红或蓝紫色。果实长圆形。花、果期4~11月。

生于山坡、林下、路旁、河边及空旷草地上。广布。

232.茜草科 Rubiaceae

阔叶丰花草
Borreria latifolia (Aubl.) K. Schum.

茜草科　丰花草属

多年生草本，高30~80 cm。茎和枝均为明显的四棱柱形，棱上具狭翅。叶椭圆形或卵状长圆形，长2~7 cm；托叶膜质，顶部有数条长于鞘的刺毛。花数朵丛生于托叶鞘内，无梗；花冠漏斗形，浅紫色，罕有白色，顶部4裂。蒴果椭圆形，被毛，成熟时从顶部纵裂至基部。花、果期5~7月。

生于废墟和荒地上。常见。

为优良牧草和绿肥。

拉拉藤
Galium aparine Linn. var. ***echinospermum*** (Wallr.) Guf.

茜草科　拉拉藤属

蔓生或攀缘状草本，通常高30~90 cm。茎有4条棱；棱上、叶缘、叶脉均有倒生的小刺毛，触感明显粗糙。叶4~8片轮生，带状披针形或长圆状倒披针形，长1.0~5.5 cm。聚伞花序，花冠黄绿色或白色。果有1或2个近球状的分果片，密被钩毛。花期3~7月，果期4~11月。

生于山坡或草丛。广布。

全草药用，可清热解毒、消肿止痛、利尿、散瘀。

四叶葎
Galium bungei Steud.

茜草科　拉拉藤属

多年生草本，高5~50 cm。茎有4条棱。叶4片轮生，卵状长圆形、卵状披针形或线状披针形，长0.5~3.5 cm，中脉和边缘常有刺状硬毛。聚伞花序顶生和腋生，总花梗常三歧分枝；花冠黄绿色或白色，辐状；果片近球状，通常双生，有小疣点、小鳞片或短钩毛。花期4~9月，果期5月至翌年1月。

生于山地、丘陵、旷野、田间、沟边。

全草药用，可清热解毒、利尿、消肿。

小叶猪殃殃
Galium trifidum Linn.

茜草科　拉拉藤属

多年生草本，高15~50 cm。茎纤细，具4条棱。叶常4片或有时5~6片轮生，倒披针形，有时狭椭圆形，长3~14 mm，有时在边缘有极微小的倒生刺毛。聚伞花序腋生和顶生，通常有花3或4朵；花冠白色，辐状，花冠裂片3，卵形。果片近球状，双生或单生，直径1.0~2.5 mm，光滑无毛。花、果期3~8月。

生于旷野、沟边、山地林下、草坡、灌丛、沼泽地。常见。

全草入药，有清热解毒、通经活络、利尿消肿、安胎、抗癌之功效。

金毛耳草
Hedyotis chrysotricha (Palib.) Merr.

茜草科　耳草属

多年生草本，高约30 cm。叶薄纸质，阔披针形、椭圆形或卵形，长2~3 cm，上面疏被短硬毛，下面被浓密黄色茸毛。聚伞花序腋生，有花1~3朵，被金黄色疏柔毛；花冠白色或紫色，漏斗形，裂片线状长圆形。果近球形，被扩展硬毛，成熟时不开裂。花期几乎全年。

生于山谷阔叶林下或山坡灌木丛中。常见。

全草入药，有清热利湿、消肿解毒、舒筋活血之功效。

伞房花耳草
Hedyotis corymbosa (Linn.)Lam.

茜草科　耳草属

一年生草本。茎和枝方柱形，纤细，直立或蔓生。叶近无柄，膜质，线形，长1~2 cm。花序腋生，伞房花序式排列，花2~4朵；萼管球形，萼裂片狭三角形；花冠白色或粉红色。蒴果膜质，球形，有不明显纵棱，萼裂片宿存。花、果期几乎全年。

生于水田和田埂或湿润的草地上。常见。

全草入药，有清热解毒、利尿消肿、活血止痛之功效，对恶性肿瘤、肝炎、泌尿系统感染、支气管炎有一定疗效。

白花蛇舌草
Hedyotis diffusa Willd.

茜草科　耳草属

一年生纤细披散草本。茎稍扁，从基部开始分枝。叶无柄，膜质，线形，长1~3 cm。花单生或双生于叶腋；萼管球形，萼檐裂片长圆状披针形；花冠白色，管形，花冠裂片卵状长圆形。蒴果膜质，扁球形，萼裂片宿存。花期春季。

生于水田、田埂和湿润的旷地。广布。

全草入药，有清热解毒、利尿消肿、消炎止痛之功效。

粗毛耳草
Hedyotis mellii Tutch

茜草科　耳草属

直立粗壮草本，高30~90 cm。茎和枝近方柱形。叶纸质，卵状披针形，长5~9 cm，两面均被疏短毛。聚伞花序顶生和腋生，多花，稠密，排成圆锥花序式；花与花梗均被干后呈黄褐色短硬毛；冠筒短，花冠裂片披针形，顶端外反。蒴果椭圆形，疏被短硬毛，脆壳质，成熟时开裂为两个果片。花期6~7月。

生于山地丛林或山坡上。常见。

全草入药，有清热解毒、消食化积、消肿、止血之功效。

纤花耳草
Hedyotis tenelliflora Bl.

茜草科　耳草属

柔弱披散草本，高15~40 cm。枝的上部方柱形，有4条锐棱。叶无柄，薄革质，线形或线状披针形，长2~5 cm，上面变黑色，密被圆形、透明的小鳞片。花无梗，1~3朵簇生于叶腋内；花冠白色，漏斗形，裂片长圆形。蒴果卵形或近球形，萼裂片宿存。花期4~11月。

生于山谷两旁坡地或田埂上。常见。

草入药，有清热解毒、消肿止痛、行气活血之功效。

广东新耳草
Neanotis kwangtungensis (Merr. et Metcalf) W. H. Lewis

茜草科　新耳草属

匍匐草本。茎具棱，常在下部的节上生根。叶椭圆形，长4.0~6.5 cm，边缘具极短而稀疏缘毛；托叶顶端分裂为数条线形裂片。花序腋生或生于小枝顶端，花具短梗；萼管杯形，裂片阔三角形；花冠裂片长圆形，具明显的脉纹。果近球形，有外反的宿存萼檐裂片。花、果期8~9月。

生于潮湿的缓坡或溪流两旁的林下。常见。

薄柱草
Nertera sinensis Hemsl.

茜草科　薄柱草属

簇生小草。茎纤细，近匍匐，节上生根。叶小，纸质，长圆状披针形，长7~16 mm，宽3.5~5.0 mm。花小，直径1.3 mm，单朵顶生，无花梗；花冠浅绿色，辐形。核果深蓝色，球形，直径约2 mm，内有小核4颗。花期7~8月。

生于海拔500~1 300 m的山坡、路旁、沟边、河边岩石上。少见。

广州蛇根草
Ophiorrhiza cantoniensis Hance

茜草科　蛇根草属

草本，高30~50 cm。茎基部匍地，节上生根。叶片纸质，长圆状椭圆形，有时卵状长圆形或长圆状披针形，长12~16 cm，顶端渐尖，全缘。花序顶生，圆锥状或伞房状；花二型，花柱异长；花冠白色或微红，喉部里面中部有一环白色长柔毛，裂片5，盛开时反折；长柱花：雄蕊5，生于冠管中部稍低，花柱与冠管近等长，柱头多少露出管口之外；短柱花：雄蕊生于花冠喉部下方。蒴果僧帽状。花期冬、春季，果期春、夏季。

我国特有，常生于密林下沟谷边。常见。

东南蛇根草
Ophiorrhiza mitchelloides (Masam.) Lo.

茜草科 蛇根草属

草本。全株几被多细胞长毛；茎通常平卧或匍匐上升，节上生根。叶阔卵形或阔卵状近圆形，长1~2 cm，宽0.7~1.8 cm。花序顶生，有花1~5朵；花二型；长柱花：花冠白色，漏斗状高脚碟形，外面有5裂刚毛状长毛，冠管长约1.5 cm，里面中部稍上有一环白色密毛，雄蕊生于冠管中部，花丝极短，花柱长约14 mm；短柱花：雄蕊生于花冠喉部，花柱长约7 mm。蒴果倒心状，被长毛。花期4月，果期6月。

我国特有，生于阔叶林下或林缘。常见。

233.忍冬科Caprifoliaceae

接骨草（走马箭）
Sambucus chinensis Lindl.

忍冬科 接骨木属

草木或半灌木，高1~2 m。茎有棱条，髓部白色。羽状复叶；小叶2~3对，狭卵形，长6~13 cm，顶端长渐尖，基部钝圆，边缘具细锯齿。复伞形花序顶生，大而疏散；杯形不孕性花不脱落；萼筒杯状，萼齿三角形；花冠白色，仅基部连合。果实红色，近圆形。花、果期4~9月。

生于山坡、林下、沟边和草丛中。常见。

全株药用，药物名"走马箭"，有祛风消肿、舒筋活络、解毒消炎之功效。

235.败酱科Valerianaceae

白花败酱（攀倒甑）
Patrinia villosa (Thunb.) Juss.

败酱科 败酱属

多年生草本，高0.5~1.5 m。基生叶丛生，叶片卵形、宽卵形，长4~25 cm，边缘具粗钝齿，不分裂或大头羽状深裂；茎生叶对生，与基生叶同形。上部叶较窄小，常不分裂。由聚伞花序组成顶生圆锥花序或伞房花序；花冠钟形，白色，5深裂。瘦果倒卵形，与宿存增大的圆翅状苞片贴生。花、果期6~11月。

生于山地林下、林缘或灌丛、草丛中。常见。

全草药用，有清热解毒、消肿排脓、活血祛瘀之功效。幼苗嫩叶作蔬菜食用，也作猪饲料用。

238.菊科 Compositae

下田菊
Adenostemma lavenia (Linn.) O. Kuntze

菊科　下田菊属

一年生草本，高30~100 cm。叶宽卵形，长4~12 cm，基部稍下延成叶柄，边缘具粗锯齿。头状花序小，在顶端排列成散伞房状或伞房圆锥状花序；总苞半球形，总苞片2层，狭长椭圆形，绿色；花冠白色，下部被黏质腺毛，上部扩大，有5齿。瘦果倒披针形，熟时黑褐色。花、果期8~10月。

生于水边、路旁、沼泽地、林下及山坡灌丛中。常见。

全草入药，有清热利湿、解毒消肿之功效。

胜红蓟（藿香蓟）
Ageratum conyzoides Linn.

菊科　藿香蓟属

一年生草本，高30~80 cm。茎枝被稠密开展的长茸毛。中部茎叶卵形或椭圆形，长3~8 cm；自中部叶向上或向下及腋生小枝上的叶渐小；边缘有圆锯齿，两面被白色稀疏的柔毛。头状花序4~18个在茎顶排成紧密的伞房状花序，花冠淡紫色。瘦果黑褐色，5条棱，顶端有5枚芒状的鳞片。花、果期全年。

生于山谷、山坡林下或林缘，河边或山坡草地，田边或荒地上。广布。

全草入药，有清热解毒和消炎止血的作用。茎、叶稍肉质，常作绿肥。

杏香兔儿风
Ainsliaea fragrans Champ.

菊科　兔儿风属

多年生草本，高25~60 cm。叶聚生于茎的基部，莲座状或呈假轮生，卵形或卵状长圆形，长2~11 cm，基部深心形，边全缘或具疏离的胼胝体状小齿，下面多少带紫红色，被较密的长柔毛。头状花序于花葶排成间断的总状花序；总苞片约5层；花白色，开放时具杏仁香气。花期11~12月。

产于沙坪、九峰、乐城等地；生于山坡灌木林下或路旁、沟边草丛中。

全草药用，有清热解毒、利尿散结等功效。

灯台兔儿风
Ainsliaea macroclinidioides Hayata

菊科 兔儿风属

多年生草本，高25~65 cm。叶聚生于茎的中部呈莲座状，纸质，阔卵形至卵状披针形，长4~10 cm，基部通常浅心形略下延，边缘具芒状疏齿。头状花序于茎的上部作总状花序式排列；总苞圆筒形，总苞片呈紫红色；花冠管状，5深裂，裂片偏于一侧，线形。花期8~11月。

生于山坡、河谷林下或湿润草丛中。常见。

珠光香青
Anaphalis margaritacea (L.) Benth. et Hook. f.

菊科 香青属

一年生草本。茎直立或斜升，高30~60 cm，不分枝，被灰白色绵毛。下部叶在花期常枯萎，中部叶开展，线形或线状披针形，长5~9 cm，宽0.3~1.2 cm，多少抱茎，上部叶渐小，全部叶上面被蛛丝状毛，下面被灰白色厚绵毛。头状花序多数，复伞房状，总苞宽钟状或半球状；雌株头状花序外围有多层雌花，中央有3~20雄花；花冠长3~5 mm。瘦果长椭圆形，长0.7 mm。花、果期8~11月。

生于海拔300~3 400 m亚高山或低山草地、石砾地、山沟及路旁。常见。

黄花蒿
Artemisia annua Linn.

菊科 蒿属

一年生草本，高1~2 m。植株有浓烈的挥发性香气。茎下部叶三回栉齿状羽状深裂，中轴两侧有狭翅；中部叶二回栉齿状的羽状深裂，小裂片栉齿状三角形；上部叶与苞片一回栉齿状羽状深裂。头状花序球形，下垂或倾斜，在分枝上排成总状花序；总苞片3~4层；花深黄色。花、果期8~11月。

生于路旁、荒地、山坡、林缘。常见。

全株含挥发油和青蒿素，为抗疟疾的主要有效成分，有清热解毒、解暑抗疟、祛风止痒之功效。

奇蒿
Artemisia anomala S. Moore

菊科 蒿属

多年生草本，高80~150 cm。叶纸质，下部叶与中部叶卵形或长卵形，长9~12 cm，边缘具细锯齿；上部叶与苞片叶小，无柄。头状花序长圆形或卵形，在分枝上端排成密穗状花序；总苞片3~4层；花冠狭管状，檐部具2裂齿。花、果期6~11月。

生于林缘、路旁、沟边、河岸、灌丛及荒坡地。常见。

全草入药，称"刘寄奴"或"南刘寄奴"，有活血、通经、清热、解毒、消炎、止痛、消食之功效；亦用于治血丝虫病；还可代茶泡饮作清凉解热药。

茵陈蒿（绵茵陈）
Artemisia capillaris Thunb.

菊科 蒿属

半灌木状草本，高0.4~1.2 m。植株有浓烈的香气。茎、枝初时密生绢质柔毛，后渐稀疏或脱落无毛。中部叶一至二回羽状全裂，小裂片狭线形或丝线形；上部叶与苞叶羽状5全裂或3全裂，基部裂片半抱茎。头状花序卵球形，在小枝端偏向外侧生长，排成复总状花序；花冠狭管状或狭圆锥状。花、果期7~10月。

生于河岸、路旁及低山坡地区。常见。

嫩苗与幼叶入药，中药称"茵陈"或"绵茵陈"，有清热利湿之功效。幼嫩枝叶可作蔬菜及家畜饲料。

五月艾
Artemisia indica Willd.

菊科 蒿属

半灌木状草本，高80~150 cm。植株具浓烈的香气。叶背面密被灰白色蛛丝状茸毛；基生叶与茎下部叶二回羽状分裂或大头羽状深裂；中部叶一至二回羽状全裂或为大头羽状深裂；上部叶羽状全裂；苞叶3全裂或不分裂。头状花序卵形，在分枝上排成穗状花序式的总状花序；花冠檐部紫红色。花、果期8~10月。

生于路旁、林缘、坡地及灌丛。广布。

全草入药，有祛风消肿、清热解毒、止血消炎的作用。嫩苗作蔬菜或腌制酱菜。南雄有在清明前后用嫩芽和米粉制作"艾粿"的传统。

白苞蒿（白花蒿、鸭脚艾）
Artemisia lactiflora Wall. ex DC.

菊科　蒿属

多年生草本，高50~150 cm。基生叶与茎下部叶宽卵形或长卵形，花期叶多凋谢；中部叶一至二回羽状全裂，每侧有裂片3~4枚，中轴微有狭翅；上部叶与苞叶略小，羽状深裂或全裂，边缘有小裂齿或锯齿。头状花序长圆形，在小枝上排成密穗状花序；花冠狭管状，檐部具2裂齿。花、果期8~11月。

生于林下、林缘、灌丛边缘、山谷。常见。

全草入药，有清热解毒、理气止痛、活血散瘀、破血通经等作用，也用于治血丝虫病。

牡蒿
Artemisia japonica Thunb.

菊科　蒿属

多年生草本，高50~130 cm。叶纸质，两面无毛；基生叶与茎下部叶倒卵形或宽匙形，花期凋谢；中部叶匙形，长2.5~3.5 cm，上端有3~5枚浅或深裂片；上部叶小，上端具3浅裂或不分裂。头状花序多数，卵球形或近球形，在分枝上通常排成穗状花序；花冠狭圆锥状，檐部具2~3裂齿。花、果期7~10月。

生于林缘、林中空地、疏林下、旷野、灌丛、丘陵山坡、路旁。常见。

全草入药，有清热解毒、消暑去湿、消炎散瘀之功效。嫩苗作菜蔬，又作家畜饲料。

三褶脉紫菀
Aster ageratoides Turcz.

菊科　紫菀属

多年生草本，高40~100 cm。叶纸质，卵状披针形或椭圆形，长2~15 cm，边缘有3~7对锯齿，上面被短糙毛，下面被短茸毛；离基三出脉，侧脉3~4对。头状花序排列成伞房或圆锥伞房状；总苞倒锥状或半球状，舌状花10余朵，舌片线状长圆形，紫色、浅红色或白色。花、果期7~12月。

生于林下、林缘、灌丛及山谷湿地。常见。

全草入药，有清热解毒、止咳祛痰、止血、利尿之功效。

微糙叶紫菀
Aster ageratoides Turcz. var. *scaberulus* (Miq.) Ling

菊科 紫菀属

本变种与原种"三褶脉紫菀"区别是：叶通常卵圆形或卵圆状披针形，下部渐狭或急狭成具狭翅或无翅的短柄，质较厚，上面密被微糙毛，下面密被短柔毛，有明显的腺点，且沿脉常有长柔毛。总苞较大，舌状花白色或带红色。

生于林下、林缘、灌丛及山谷湿地。广布。

全草入药，有清热解毒、祛痰止咳、疏风之功效。

短舌紫菀
Aster sampsonii (Hance) Hemsl.

菊科 紫菀属

多年生草本，高50~80 cm。下部叶匙状长圆形，下部渐狭成长柄，边缘有具小尖头的疏锯齿；中部叶椭圆形，长3~4 cm，全缘或有1~2对锯齿；上部叶小，线形；全部叶上面被短糙毛，下面被短毛且有腺点。头状花序疏散伞房状排列；总苞片线状披针形；舌状花10余朵，舌片白色或浅红色。花、果期7~10月。

生于山坡、草地或灌丛中。较少见。

根入药，有理气活血、消积之功效；全草用于治骨折。

钻叶紫菀
Aster subulatus Michx.

菊科 紫菀属

一年生草本，高25~150 cm。基生叶倒披针形，花后凋落；茎中部叶、上部叶线状披针形，有时具钻形尖头，全缘，无柄。头状花序小，排成圆锥状；总苞钟形，总苞片线状披针形；舌状花细狭，淡红色；管状花多数，短于冠毛。瘦果冠毛淡褐色。花、果期9~11月。

生于荒坡、灌丛、草地、路旁。广布。

全草药用，有清热利湿、解毒之功效。

陀螺紫菀
Aster turbinatus S. Moore

菊科 紫菀属

多年生草木，高60~100 cm。中部叶长圆形或椭圆状披针形，长3~12 cm，有浅齿，基部有抱茎的圆形小耳；上部叶渐小，卵圆形或披针形；全部叶厚纸质，两面被短糙毛，下面沿脉有长糙毛。头状花序单生或2~3个簇生于上部叶腋；总苞片常带紫红色；舌状花20余朵，舌片蓝紫色。花、果期8~11月。

生于低山山谷、溪岸或林下。较少见。

全草入药，有清热解毒、健脾止痢、止痒之功效；根治小儿疳积、消化不良。

金盏银盘
Bidens biternata (Lour.) Merr. & Sherff

菊科 鬼针草属

一年生草本，高30~150 cm。一回羽状复叶，顶生小叶卵形，边缘具均匀的锯齿，一侧常深裂成一小裂片，两面均被柔毛；侧生小叶1~2对，下部的一对三出复叶状分裂或仅一侧具1裂片。头状花序直径7~10 mm；总苞片条形；舌状花通常3~5朵，舌片淡黄色。瘦果条形，具4条棱，顶端芒刺3~4枚。

生于路边、村旁及荒地中。常见。

全草入药，有清热解毒、散瘀活血之功效。

鬼针草
Bidens pilosa L.

菊科 鬼针草属

一年生草本，高30~100 cm，钝四棱形。茎下部叶较小；中部叶具长1.5~5.0 cm无翅的柄，三出，小叶3枚；顶生小叶较大，上部叶小。头状花序直径8~9 mm，有长1~6 cm的花序梗；总苞基部被短柔毛，苞片7~8枚；无舌状花，盘花筒状。瘦果黑色。花、果期6~11月。

生于村旁、路边及荒地中。广布种。

为我国民间常用草药，有清热解毒、散瘀活血之功效，主治上呼吸道感染、咽喉肿痛、急性阑尾炎、急性黄疸型肝炎等症，外用治疮疖、毒蛇咬伤、跌打肿痛。

三叶鬼针草
Bidens pilosa L.var. **radiata** Sch.-Bip.

菊科 鬼针草属

一年生草本，高30~100 cm。叶常具3小叶，稀5或7叶，下部有时有单叶，小叶卵形或卵状椭圆形，长约7 cm；侧生小叶较小，边缘有锯齿，两面无毛。头状花序近球形，外层总苞片匙形；舌状花通常4~5朵，舌片通常白色。瘦果纺锤形，具3条棱，顶端芒刺2~3枚。

生于村旁、路边及荒地中。常见。

为常用草药，有清热解毒、散瘀活血之功效。

狼杷草
Bidens tripartita Linn.

菊科 鬼针草属

一年生草本，高50~150 cm。叶对生，中部叶具柄，有狭翅，长4~13 cm，长椭圆状披针形，常近基部浅裂成对小裂片，边缘具疏锯齿；上部叶较小，3裂或不分裂。头状花序单生于枝端，具较长的花序梗；总苞盘状，外层苞片条形或匙状倒披针形，长1.0~3.5 cm，叶状；无舌状花。瘦果顶端芒刺通常2枚。

生于路边及荒野。常见。

全草入药，有清热解毒、养阴敛汗之功效。

台北艾纳香
Blumea formosana Kitam.

菊科 艾纳香属

草本，高40~80 cm。中部叶狭或宽倒卵状长圆形，长12~20 cm，边缘有疏生的点状细齿或小尖头，上面被短柔毛，下面被紧贴的白色茸毛；上部叶渐小，长圆形或长圆状披针形。头状花序直径约1 cm，排列成顶生的圆锥花序；总苞球状钟形；花黄色，花冠管状，冠毛污黄色或黄白色。花期8~11月。

生于低山山坡、草丛、溪边或疏林下。常见。

全草入药，有清热解毒、利尿消肿之功效。

东风草（大头艾纳香）
Blumea megacephala (Randeria) Chang et Tseng

菊科　艾纳香属

攀缘状草质藤本。下部和中部叶卵形、卵状长圆形或长椭圆形，长7~10 cm，边缘有疏细齿或点状齿；上部的叶较小，边缘有细齿。头状花序通常1~7个在腋生小枝顶端排列成总状或近伞房状花序；总苞半球形，长约1 cm；花黄色，管状。瘦果圆柱形，有10条棱；冠毛白色，糙毛状。花期8~12月。

生于林缘或灌丛中，或山坡、丘陵阳处。常见。

全草入药，可祛风除湿、活血调经。

柔毛艾纳香
Blumea mollis (D. Don) Merr.

菊科　艾纳香属

多年生草本，高60~90 cm。茎具沟纹，被白色长柔毛。下部叶倒卵形，长7~9 cm，边缘有不规则密细齿，两面被绢状长柔毛；中、上部的叶渐小。头状花序通常3~5个簇生于分枝上端成密伞房状花序，密被长柔毛；总苞筒形，总苞片紫色或淡红色；花冠紫红色或下半部白色，管状。瘦果冠毛白色，糙毛状。花期全年。

生于荒野、草地、田边。常见。

全草入药，有清热解毒、消炎之功效。

天名精
Carpesium abrotanoides Linn.

菊科　天名精属

多年生草本，高60~150 cm。叶长椭圆形或倒披针形，长6~15 cm，基部渐狭，叶面粗糙，边缘具不规整的钝齿，齿端有腺体状胼胝体。头状花序腋生；总苞钟球形，成熟时开展成扁球形，总苞片卵圆形；花冠黄色，筒状。瘦果长约3.5 mm。花、果期6~10月。

生于村旁、路边荒地、溪边及林缘。常见。

果实入药，可消肿杀虫；全草有清热解毒、止血利尿的作用。

烟管头草
Carpesium cernuum Linn.

菊科　天名精属

多年生草本，高50~100 cm。茎下部叶长圆形或匙状长椭圆形，长6~12 cm，基部长渐狭下延，两面被柔毛，边缘具稍不规整具胼胝尖的锯齿；中部叶椭圆形至长椭圆形，具短柄；上部叶渐小，近全缘。头状花序单生于茎端及枝端，开花时下垂；总苞壳斗状，直径1~2 cm，总苞片叶状，披针形，小花筒状。花、果期7~10月。

生于路边荒地及山坡、沟边等处。常见。

全草入药，有清热解毒、消炎祛痰、截疟之功效。

金挖耳（倒盖菊）
Carpesium divaricatum Sieb. & Zucc.

菊科　天名精属

多年生草本，高25~150 cm。下部叶卵形或卵状长圆形，长5~12 cm，基部圆形或稍呈心形，边缘具粗大胼胝尖的牙齿，叶柄与叶片近等长；中部叶长椭圆形，基部楔形，叶柄较短，无翅；上部叶渐变小。头状花序单生于茎端及枝端；总苞卵状球形；雌花筒状，冠檐4~5齿裂。瘦果长3.0~3.5 mm。

生于路旁及山坡灌丛中。常见。

全草药用，可清热解毒、消炎退肿。

石胡荽
Centipeda minima (Linn.) A. Br. et Aschers

菊科　石胡荽属

一年生小草本，高5~20 cm。茎匍匐状。叶互生，楔状倒披针形，长7~18 mm，顶端钝，边缘有少数锯齿。头状花序小，扁球形，直径约3 mm，单生于叶腋；总苞半球形；总苞片椭圆状披针形；花冠管状，淡紫红色。花、果期6~10月。

生于稻田、路旁、荒野阴湿地。常见。

本种即中草药"鹅不食草"，能通窍散寒、祛风利湿、散瘀消肿。

大蓟
Cirsium japonicum DC.

菊科 蓟属

多年生草本，高30~80 cm。基生叶较大，长8~20 cm，羽状深裂或几全裂，基部渐狭成翼柄，柄翼边缘有针刺及刺齿；侧裂片6~12对，边缘有稀疏、大小不等小锯齿，齿顶针刺长可达6 mm。头状花序直立，生于茎端；总苞钟状，直径3 cm；总苞片有针刺；小花红色或紫色；冠毛浅褐色。花、果期4~11月。

生于山坡林中、林缘、灌丛、荒地、田间、路旁或溪旁。常见。

根或全株药用，有凉血止血、消肿止痛之功效。

总序蓟
Cirsium racemiforme Ling & Shih.

菊科 蓟属

多年生草本，高达1.8 m。中上部茎叶椭圆形或长椭圆形，长9~21 cm，基部扩大耳状半抱茎，羽状浅裂或半裂，边缘有缘毛状针刺及刺齿；上部叶渐小；叶下面灰白色，被密厚茸毛。头状花序直立，4~8个在枝端排成总状花序；总苞钟状，直径2.5~3.0 cm；总苞片顶部具刺；小花紫红色，不等5浅裂。花、果期4~6月。

生于山谷、山坡及山脚林缘、林下潮湿地或山坡草地。常见。

根入药，可健脾开胃、凉血止血。

小蓬草
Conyza canadensis (Linn.) Cronq.

菊科 白酒草属

一年生草本，高50~150 cm。下部叶倒披针形，长6~10 cm，基部渐狭成柄，边缘具疏锯齿或全缘；中部和上部叶较小，线状披针形或线形，近无柄。头状花序多数；排列成顶生多分枝的圆锥花序；总苞近圆柱状，总苞片线状披针形或线形。瘦果线状披针形，冠毛污白色。花期5~9月。

生于旷野、荒地、田边和路旁，为常见的杂草。广布。

嫩茎、叶可作猪饲料。全草入药，有消炎止血、祛风除湿之功效。

白酒草
Conyza japonica (Thunb.) Less.

菊科 白酒草属

一或二年生草本，高20~45 cm。全株被白色长柔毛或短糙毛。叶通常密集于茎较下部，呈莲座状；基部叶倒卵形或匙形，长6~7 cm，边缘有圆齿或粗锯齿；中部叶基部宽而半抱茎；上部叶渐小。头状花序在茎枝端密集成球状或伞房状；总苞半球形，花黄色。瘦果长圆形，冠毛污白色或稍红色。花期5~9月。

常生于山谷田边、山坡草地或林缘。常见。

根或全草入药，有消肿镇痛、祛风化痰之功效。

野茼蒿
Crassocephalum crepdioides (Benth) S. Moore

菊科 野茼蒿属

直立草本，高20~120 cm。叶草质，椭圆形或长圆状椭圆形，长7~12 cm，边缘有不规则锯齿或重锯齿，或基部羽状裂。头状花序在茎端排成伞房状；总苞钟状，长1.0~1.2 cm；总苞片线状披针形；小花全部管状，花冠红褐色或橙红色。瘦果狭圆柱形，赤红色；冠毛极多数，绢毛状。花期7~12月。

生于山坡路旁、水边、灌丛中，是一种广泛分布的杂草。

全草入药，有健脾、消肿之功效。嫩茎叶是味美的野菜或作猪饲料。

芫荽菊
Cotula anthemoides L.

菊科 山芫荽属

一年生小草本。茎具多数铺散的分枝，多少被淡褐色长柔毛。叶互生，二回羽状分裂，两面疏生长柔毛或几无毛。头状花序单生枝端或叶腋或与叶成对生，直径约5 mm；总苞盘状；总苞片2层；边缘花雌性，多数，无花冠；盘花两性，少数，花冠管状，黄色，4裂。瘦果倒卵状矩圆形，扁平，边缘有粗厚的宽翅。花、果期9月至翌年3月。

生于河边湿地，是稻田杂草。常见。

野菊（野黄菊）
Dendranthema indicum (Linn.) Des Moul.

菊科　菊属

多年生草木，高0.2~1.0 m。叶卵形、长卵形或椭圆状卵形，长3~7 cm，羽状半裂、浅裂或有浅锯齿。头状花序直径1.5~2.5 cm，在茎枝顶排成疏松的伞房圆锥花序或伞房花序；总苞片卵形或卵状三角形；舌状花黄色，舌片顶端全缘或2~3齿。花期6~11月。

生于山坡草地、灌丛、河边水湿地、田边及路旁。广布。

全草入药，有清热解毒、疏风散热、散瘀、明目、降血压之功效。花的浸液对杀灭孑孓及蝇蛆也非常有效。

鱼眼菊（鱼眼草）
Dichrocephala integrifolia (Linn. f.) Kuntze

菊科　鱼眼菊属

草本，高12~50 cm。中部茎叶大头羽状分裂，基部渐狭成具翅的柄；自中部向上或向下的叶渐小同形，基部叶通常不裂；全部叶边缘具重粗锯齿或缺刻状，两面被稀疏的短柔毛。头状花序球形，直径3~5 mm；总苞片膜质，微锯齿状撕裂；外围雌花多层，紫色，线形，顶端通常2齿。花、果期全年。

生于山坡、山谷、旷地、耕地、荒地或水沟边。广布。

全草药用，有活血调经、解毒消肿之功效。

鳢肠（旱莲草、黑墨草）
Eclipta prostrata (Linn.) Linn.

菊科　鳢肠属

一年生草本，高达60 cm。茎被贴生糙毛。叶长圆状披针形或线形，长3~10 cm，边全缘或稍具齿，两面被密硬糙毛。头状花序直径6~8 mm，有长2~4 cm的花序梗；总苞球状钟形，总苞片长圆形或长圆状披针形；雌花舌片短，顶端2浅裂或全缘；中央的两性花管状，白色。花期6~9月。

生于河边、田边或路旁。常见。

全草入药，有凉血、止血、消肿、强壮之功效。

地胆草
Elephantopus scaber Linn.

菊科 地胆草属

草本，高20~60 cm。基部叶莲座状，倒披针汤匙形，长5~18 cm，边缘具圆齿状锯齿；茎叶少数而小，倒披针形或长圆状披针形；全部叶上面被疏长糙毛，下面密被长硬毛和腺点。复头状花序顶生，排成伞房状，基部被3个叶状苞片所包围，苞片宽卵形，长1.0~1.5 cm；花淡紫色或粉红色。花期7~11月。

生于山坡、路旁或山谷林缘。常见。

全草入药，有清热解毒、消肿利尿之功效。

一点红（红背叶）
Emilia sonchifolia (Linn.) DC.

菊科 一点红属

一年生草本，高25~40 cm。下部叶密集，大头羽状分裂，长5~10 cm，侧生裂片通常4对，具波状齿，上面深绿色，下面常变紫色，两面被短卷毛；中部茎叶疏生，较小，卵状披针形，基部箭状抱茎；上部叶少数，线形。头状花序长8 mm，通常在枝端排列成疏伞房状；总苞圆柱形；小花粉红色或紫色。花、果期4~10月。

常生于山坡荒地、田埂、路旁。常见。

全草药用，有清热解毒、凉血散瘀之功效。

菊芹（败酱叶菊芹、飞机草）
Erechtites valerianaefolia (Wolf.) DC.

菊科 菊芹属

一年生草本，高50~100 cm。叶长圆形至椭圆形，边缘有不规则的重锯齿或羽状深裂；裂片6~8对，具锯齿至不规则裂片。头状花序多数，在茎端和上部叶腋排列成较密集的伞房状圆锥花序；总苞圆柱状钟形；小花多数，淡黄紫色，花冠丝状；中央小花细管状。

生于田边、路旁，是一种田间杂草。广布。

嫩茎、叶可作蔬菜食用或作饲料。

一年蓬
Erigeron annuus (Linn.) Pers.

菊科　飞蓬属

一或二年生草本，高30~100 cm。中部和上部叶较小，长圆状披针形，边缘有不规则的齿或近全缘；最上部叶线形。头状花序排列成圆锥花序；总苞半球形，总苞片披针形；雌花舌状，舌头白色或淡天蓝色，线形；中央的两性花管状，黄色。花期5~9月。

原产北美洲，常生于路边旷野或山坡荒地。广布。

根及全草入药，有清热解毒、抗疟之功效。

假臭草
Eupatorium catarium Veldkamp.

菊科　泽兰属

一年生草本，高0.3~1.0 m，全株被长毛。叶对生，草质，卵圆形至菱形，长2.5~8.0 cm，基部圆楔形，叶两面粗涩；叶边缘有粗锯齿。头状花序多数，生于茎枝顶；总苞钟状，小花25~30朵，蓝紫色。花、果期全年。

生于山坡林缘、灌丛或山坡草地上、村舍旁及田间。广布。

为外来入侵的恶性杂草。

华泽兰（大泽兰、土牛膝、多须公）
Eupatorium chinense Linn.

菊科　泽兰属

多年生草本或亚灌木，高0.7~1.5 m。叶对生，几乎无柄；中部茎叶卵形，长4.5~10.0 cm，基部圆形；叶两面粗涩，被白色短柔毛及黄色腺点；向上及向下部的茎叶渐小；全部茎叶边缘有规则的圆锯齿。头状花序多数，在茎顶排成伞状花序；总苞钟状；花白色、粉色或红色。花、果期6~11月。

生于山谷、山坡林缘、林下、灌丛或山坡草地上、村舍旁及田间。常见。

根药用，有清热解毒、凉血之功效。

牛膝菊
Galinsoga parviflora Cav.

菊科 牛膝菊属

一年生草本，高10~80 cm。叶对生，卵形或长椭圆状卵形，长1.5~5.0 cm，三出基脉或不明显五出脉，叶两面粗涩，被白色疏短柔毛，边缘具浅钝锯齿。头状花序半球形，多数在茎枝顶端排成伞房花序；总苞半球形；舌状花白色，舌片顶端3齿裂。花、果期7~10月。

生于林下、河谷地、荒野、田间。广布。

全草药用，有止血、消炎之功效。嫩茎叶供食用，可炒食，作汤和火锅用料。

鼠麴草
Gnaphalium affine D. Don

菊科 鼠麴草属

一年生草木，高10~50 cm。茎上部不分枝，有沟纹，被白色厚绵毛。叶无柄，匙状倒披针形或倒卵状匙形，长5~7 cm，两面被白色绵毛。头状花序，在枝顶密集成伞房花序；雌花多数，两性花较少。花期1~4月及8~11月。

生于低海拔旱地或湿润草地上，以稻田中最常见。广布。

茎叶入药，有利肺平喘、祛痰止咳、补脾利湿之功效。可成片栽培作地被观赏。

细叶鼠麴草
Gnaphalium japonicum Thunb.

菊科 鼠麴草属

一年生细弱草本。茎稍直立，与叶密被白色绵毛。基生叶在花期宿存，呈莲座状、线状剑形或线状倒披针形，长3~9 cm，宽3~7 mm，基部渐狭，下延，边缘多少反卷，上面绿色，下面白色，茎叶少数。头状花序少数，花黄色；雌花多数，两性花少数。瘦果纺锤状圆柱形。花期1~5月。

生于草地或耕地上，喜阳。

丝棉草
Gnaphalium luteo-album Linn.

菊科　鼠麴草属

一年生草本，高10~40 cm。下部叶匙形，长3~6 cm，基部稍狭下延，两面被白色厚绵毛；上部叶匙状长圆形，基部略抱茎。头状花序径2~3 mm，在枝顶密集成伞房花序，花淡黄色；总苞近钟形，总苞片黄色或亮褐色；雌花多数，两性花少数。花期5~9月。

生于耕地、路旁或山坡草丛中。常见。

多茎鼠麴草
Gnaphalium polycaulon Pers.

菊科　鼠麴草属

一年生草本，高10~25 cm。茎多分枝，下部匍匐或斜升，密被白色绵毛。下部叶倒披针形，长2~4 cm，基部长渐狭，下延，两面被白色绵毛；中部和上部的叶较小。头状花序多数，在茎枝顶端密集成穗状花序；总苞卵形，总苞片麦秆黄色或污黄色，膜质。花期1~4月。

生于耕地、草地或湿润山地上。常见。

全草药用，可祛痰、止咳、平喘、祛风湿。

泥胡菜
Hemistepta lyrata (Bunge) Bunge

菊科　泥胡菜属

一年生草本，高30~100 cm。叶长4~20 cm，大头羽状深裂或几乎全裂，顶裂片大，侧裂片通常4~6对，向基部渐小；有时全部叶不裂或下部叶不裂，叶下面灰白色，被茸毛。头状花序在茎枝顶端排成疏松伞房花序；总苞宽钟状或半球形，总苞片长三角形；小花紫色或红色。花、果期3~8月。

生于路旁、耕地上。广布。

全草入药，有清热解毒、消肿祛痰、止血活血之功效。

羊耳菊（山白芷、白牛胆）
Inula cappa (Buch.-Ham.) DC.

菊科　旋覆花属

亚灌木，高约1 m。茎被绢状或绵状密茸毛。叶长圆形或长圆状披针形，长10~16 cm，上面被基部疣状的密糙毛，下面被白色绢状厚茸毛。头状花序倒卵圆形，多数密集于枝端成聚伞圆锥花序；总苞近钟形，总苞片线状披针形；舌状花黄色，舌片短小，有3~4枚裂片；中央的小花管状。花、果期6~12月。

生于丘陵地、荒地、灌丛或草地。常见。

根药用，有祛风散寒、活血舒筋之功效。

小苦荬
Ixeridium dentatum (Thunb.) Tzvel.

菊科　小苦荬属

多年生草本，高10~50 cm。基生叶长倒披针形或长椭圆形，长1.5~15.0 cm，不分裂，中下部边缘有稀疏的缘毛状或长尖头状锯齿，基部渐狭成翼柄；茎生叶少，不分裂，基部扩大耳状抱茎。头状花序多数，在枝顶排成伞房状花序；总苞圆柱状，总苞片宽卵形；舌状小花5~7朵，黄色。花、果期4~8月。

生于山坡林下、潮湿处或田边。常见。

全草入药，可消炎止痛。

窄叶小苦荬
Ixeridium gramineum (Fisch.) Tzvel.

菊科　小苦荬属

多年生草本，高6~30 cm。基生叶匙状长椭圆形、长椭圆形、披针形或线形，长3.5~7.5 cm，羽状浅裂或深裂或具齿，基部渐狭成柄；茎生叶少，通常不裂，较小，基部稍抱茎。头状花序多数，在枝顶排成伞房花序或伞房圆锥花序；总苞圆柱状，总苞片宽卵形；舌状小花黄色。花、果期3~9月。

生于山坡草地、林缘、林下、沟边、荒地。常见。

全草入药，可清热解毒。

稻槎菜
Lapsana apogonoides Maxim.

菊科　稻槎菜属

一或二年生矮小草本，高7~20 cm。茎细，自基部发出簇生分枝及莲座状叶丛。基生叶长3~7 cm，大头羽状全裂或几乎全裂；茎生叶向上渐小。头状花序小，果期下垂或歪斜，在枝顶排列成疏松的伞房状圆锥花序；花序梗纤细，总苞椭圆形或长圆形，总苞片卵状披针形；舌状小花黄色。花、果期1~6月。

生于田野、荒地及路边。常见。

常用作猪饲料。全草药用，有清热凉血、消肿解毒之功效。

大头橐吾
Ligularia japonica (Thunb.) Less.

菊科　橐吾属

多年生草本，高50~150 cm。茎下部叶具长20~100 cm的柄，基部鞘状抱茎，叶片肾形，直径约40 cm，掌状3~5全裂，裂片再作掌状浅裂；茎中上部叶较小，具短柄，鞘状抱茎。头状花序辐射状，排列成伞房状；总苞半球形，总苞片宽长圆形；舌状花黄色，舌片长圆形，长4.0~6.5 cm。花、果期4~9月。

生于水边、山坡草地及林下。较少见。

根、全草药用，可舒筋活血、解毒消肿。植株、花美丽，可栽培供观赏。

黄瓜菜
Paraixeris denticulata (Houtt.) Nakai

菊科　黄瓜菜属

一或二年生草木，高30~120 cm。中下部茎叶卵形、琴状卵形、椭圆形或披针形，长3~10 cm，有宽翼柄，基部圆耳状扩大抱茎，上部茎叶渐小。头状花序多数，在茎枝顶端排成伞房花序或伞房圆锥状花序；总苞圆柱状，总苞片外层极小，卵形；舌状小花黄色；花、果期5~11月。

生于山坡林缘、林下、田边、路旁。常见。

全草药用，有清热解毒、消炎镇痛之功效。

假福王草（堆莴苣）
Paraprenanthes sororia (Miq.) Shih

菊科 假福王草属

一年生草本，高50~150 cm。下部及中部茎叶大头羽状半裂或深裂或几乎全裂，有长4~7 cm的翼柄，顶裂片大，宽三角状戟形或宽卵状三角形，边缘有锯齿或重锯齿，侧裂片1~2对，上部茎叶渐小。总状花序多数，沿茎枝顶端排成圆锥状花序；总苞圆柱状，总苞片淡紫红色；舌状小花粉红色。花、果期5~8月。

生于山坡、山谷灌丛、林下。常见。

全草药用，有清热解毒、止泻、止咳润肺之功效。

福王草
Prenanthes tatarinowii Maxim

菊科 福王草属

多年生草本，高50~150 cm。中下部茎叶心形或卵状心形，长8~14 cm，有长8~14 cm的叶柄，边缘全缘或有锯齿，或大头羽状全裂；向上的茎叶渐小，同形。头状花序多数沿茎枝排成疏松的圆锥状花序；总苞狭圆柱状；舌状小花紫色或粉红色。瘦果线形，有5条纵肋。花、果期8~10月。

生于山地阔叶林中、林缘。常见。

翅果菊（山莴苣、野莴苣）
Pterocypsela indica (Linn.) Shih.

菊科 翅果菊属

一或二年生草木，高0.4~2.0 m。茎叶形状变化大，常为线形、线状披针形，长达10~30 cm，边全缘或羽状、倒羽状分裂。总状花序沿茎枝顶端排成圆锥花序；总苞长1.5 cm，总苞片外层卵形，边缘染紫红色，舌状小花淡黄色。瘦果椭圆形，边缘有宽翅。花、果期4~11月。

生于山谷、山坡林缘及林下、灌丛中或水沟边、山坡草地或田间。广布。

全草药用，有清热解毒、活血祛瘀之功效。

千里光
Senecio scandens Buch.-Ham. ex D. Don

菊科 千里光属

多年生攀缘草本。叶片卵状披针形至长三角形，长2.5~12.0 cm，通常具浅或深齿，基部具1~3对较小的侧裂片；上部叶渐小。头状花序排列成复聚伞圆锥花序；总苞圆柱状钟形，外层总苞片条状披针形；舌状花8~10朵，舌片黄色，具3枚细齿；管状花多数，花冠黄色。

生于灌丛中，攀缘于灌木、岩石上或溪边。广布。

全草有小毒，药用可清热解毒、凉血消肿、清肝明目。花多、持久，可栽培供观赏。

闽粤千里光
Senecio stauntonii DC.

菊科 千里光属

多年生草木，高40~60 cm。茎常曲折。基生叶在花期迅速枯萎；茎叶无柄，卵状披针形至狭长圆状披针形，长5~12 cm，基部具圆耳，半抱茎，边缘具浅疏细齿。头状花序，排列成顶生疏伞房花序；总苞钟状，总苞片线状披针形；舌状花8~13朵，舌片黄色。花期10~11月。

生于灌丛、田野、水边及疏林中。常见。

全草入药，可祛腐生肌、清光明目。

华麻花头（广东升麻）
Serratula chinensis S. Moore

菊科 麻花头属

多年生草本，高60~120 cm。中部茎叶椭圆形、卵状椭圆形，长9~13 cm；上部叶小，近无柄，与中部茎叶同形；叶边缘有锯齿，两面粗糙。头状花序少数，单生茎枝顶端；总苞碗状，直径约3 cm，外层总苞片染紫红色；小花两性，花冠紫红色，花冠裂片线形。花、果期7~10月。

生于山坡草地或林缘、林下、灌丛中或丛缘。常见。

根药用，清热解毒、升阳透疹。花大、艳丽，可栽培供观赏。

腺梗豨莶
Siegesbeckia pubescens Makino

菊科 豨莶属

一年生草本，高30~110 cm。茎枝被灰白色长柔毛和糙毛。中部叶卵形或卵圆形，长3.5~12.0 cm，基部下延成翼，边缘有粗齿；上部叶渐小，披针形或卵状披针形，叶两面被柔毛。头状花序排列成松散圆锥花序；花梗、总苞片背面密生紫褐色头状具柄腺毛，外层总苞片线状匙形；舌状花舌片顶端2~3齿裂。花、果期5~10月。

生于林缘、林下、河谷、溪边、旷野、耕地。常见。

全草入药，有祛风消肿、凉血、降血压、平肝、止痛之功效。

蒲儿根（矮千里光）
Sinosenecio oldhamianus (Maxim.) B. Nord.

菊科 蒲儿根属

多年生草本，高40~80 cm。茎被白色蛛丝状毛及疏长柔毛。下部茎叶卵状圆形或近圆形，长3~8 cm，基部心形，边缘具浅至深重锯齿，叶柄、叶下面被白蛛丝状毛；上部叶渐小。头状花序排列成顶生复伞房状花序；总苞片长圆状披针形，紫色；舌状花黄色；管状花多数，花冠黄色。花期1~12月。

生于林缘、溪边、潮湿岩石边及草坡、田边。常见。

全草有小毒，入药有解毒、活血之功效。

一枝黄花
Solidago decurrens Lour.

菊科 一枝黄花属

多年生草本，高35~100 cm。叶椭圆形、卵形或宽披针形，长2~5 cm，下部楔形渐窄，有具翅的柄，边缘中部以上有细齿或全缘；向上叶渐小。头状花序较小，在茎上部排列成长6~25 cm的总状花序；总苞片披针形或狭披针形；舌状花黄色。花、果期4~11月。

生于阔叶林缘、林下、灌丛中及山坡草地上。常见。

全草入药，疏风解毒、退热行血、消肿止痛。含皂苷，家畜误食会中毒。

裸柱菊
Soliva anthemifolia (Juss.) R. Br.

菊科 裸柱菊属

一年生矮小草本。茎极短，平卧。叶长5~10 cm，二至三回羽状分裂，裂片线形，全缘或3裂，两面被长柔毛。头状花序近球形，无梗，生于茎基部，直径6~12 mm；总苞片长圆形或披针形；边缘的雌花多数，无花冠；中央的两性花少数，花冠管状，黄色。花、果期全年。

生于荒地、田野。常见。

全草有小毒，入药有化气散结、消肿解毒之功效。

苣荬菜
Sonchus arvensis Linn.

菊科 苦苣菜属

多年生草本，高30~150 cm。基生叶与中下部茎叶倒披针形或长椭圆形，羽状或倒向羽状深裂、半裂或浅裂，长6~24 cm，侧裂片2~5对；上部茎叶及接花序分枝下部的叶披针形或线钻形，小或极小。头状花序排成顶生伞房状花序；总苞钟状，总苞片披针形；舌状小花多数，黄色。花、果期1~9月。

生于山坡、林间、水旁、村边或河边。常见。

全草药用，清热解毒。

苦苣菜
Sonchus oleraceus Linn.

菊科 苦苣菜属

一或二年生草本，高40~150 cm。基生和中下部叶长椭圆形或倒披针形，通常羽状深裂、大头羽状深裂，边缘有不规则的尖齿，基部渐狭成翼柄，柄基圆耳状抱茎；上部叶小抱茎；有2枚尖锐的叶耳。头状花序在茎枝顶端排列成紧密的伞房花序或总状花序；总苞宽钟状，舌状小花多数，黄色。花、果期5~12月。

生于山坡或山谷林缘、林下或平地田间、空旷处或近水处。广布。

全草入药，有祛湿、清热解毒之功效。叶作蔬菜或饲料。

南方兔儿伞
Syneilesis australis Ling

菊科　兔儿伞属

多年生草本。茎单生，具槽沟，直立，高达1 m，基部被毛；中部叶疏生；下部茎叶具长柄；叶片掌状深裂；主脉掌状；叶柄长3~8 cm，基部半抱茎。头状花序盘状，多数在茎端排成复伞房状。总苞圆柱形，总苞片5；小花约10，全部管状，结实；花冠长9~10 mm。瘦果圆柱形，长4~5 mm，无毛，具肋。花期2~8月。

生于山地林下。少见。

夜香牛
Vernonia cinerea (Linn.) Less.

菊科　斑鸠菊属

多年生草本，高20~100 cm。下部和中部叶菱状卵形、菱状长圆形或卵形，长3.0~6.5 cm，边缘具疏锯齿或波状；上部叶渐小，狭长圆状披针形或线形。头状花序径6~8 mm，在茎枝端排列成伞房状圆锥花序；总苞钟状，总苞片绿色或有时变紫色，外层线形；花淡红紫色。花期几乎全年。

生于山坡旷野、荒地、田边、路旁。常见。

全草入药，有疏风散热、拔毒消肿、安神镇静、消积化滞之功效。

咸虾花
Vernonia patula (Dryand.) Merr.

菊科　斑鸠菊属

一年生草本，高30~90 cm。叶卵形或卵状椭圆形，长2~9 cm，基部宽楔状，上面被疏短毛或近无毛，下面被灰色绢状柔毛。头状花序通常2~3个生于枝顶端，直径8~10 mm；总苞扁球状，长6~7 mm，总苞片披针形；花淡红紫色。花期几乎全年。

常见于荒坡旷野、田边、路旁。较少见。

全草药用，可发表散寒、清热止泻。

蟛蜞菊
Wedelia chinensis (Osbeck.) Merr.

菊科　蟛蜞菊属

多年生匍匐草本。基部各节生出不定根。叶长圆形或线形，长3~7 cm，全缘或有1~3对疏粗齿，两面疏被贴生的短糙毛。头状花序直径15~25 mm，单生于枝顶或叶腋内；花序梗长3~10 cm；总苞钟形；舌状花黄色，舌片顶端2~3深裂。花期3~9月。

生于路旁、田边、沟边或湿润草地上。较少见。

根或全草药用，可清热解毒、祛瘀消肿。全年开花不断，是优良的地被植物。

苍耳
Xanthium sibiricum Patrin ex Widder

菊科　苍耳属

一年生草本，高20~100 cm。叶三角状卵形或心形，长4~9 cm，边缘有不规则的粗锯齿，叶下面苍白色，被糙伏毛。雄性的头状花序球形，总苞片长圆状披针形；雌性的头状花序椭圆形，内层总苞片结合成囊状，卵形或椭圆形，在瘦果成熟时变坚硬，外面疏生具钩状的刺。花、果期7~10月。

常生于丘陵、低山、荒野路边、田边。广布。

种子油与"桐油"的性质相仿，可作油漆、油墨、肥皂、油毡、硬化油及润滑油的原料。果实药用，可散风除湿、通窍止痛。

黄鹌菜
Youngia japonica (Linn.) DC.

菊科　黄鹌菜属

一年生草本，高20~100 cm。基生叶倒披针形，长8~14 cm，琴状或羽状半裂，顶裂片较大，卵形或倒卵形，侧裂片3~7对，向下渐小，边缘有波状齿，向上茎叶仅有1~2片，较小。头状花序排成伞房花序；总苞圆柱状，总苞片最外层宽卵形；舌状小花黄色。花、果期4~10月。

生于山坡、山谷及山沟林缘、林下、林间草地及潮湿地、沼泽地、田间与荒地上。常见。

根或全草药用，有清热解毒、利尿消肿、止痛之功效。

异叶黄鹌菜
Youngia heterophylla (Hemsl.) Babcock et Stebbins

菊科　黄鹌菜属

一或二年生草本，高30~100 cm。茎直立，单生或簇生。基生叶大头羽状深裂或几全裂，顶裂片大，侧裂片小，1~8对；中上部茎叶通常大头羽状三全裂或戟形不裂；最上部茎叶披针形，不分裂；花序梗下部及花序分枝枝权上的叶小，线钻形；全部叶或仅基生叶下面紫红色。头状花序多数，在茎枝顶端排成伞房花序，含11~25枚舌状小花。总苞圆柱状，长6~7 mm；舌状小花黄色。花、果期4~10月。

生于海拔420~2 250 m山坡林缘、林下及荒地。少见。

卵裂黄鹌菜
Youngia pseudosenecio (Vant.) Shih

菊科　黄鹌菜属

一年生草本，高50~150 cm。基生叶及中下部茎叶长倒披针形，长达27 cm，羽状深裂或大头羽状深裂，顶裂片椭圆形，边缘有少数较大锯齿，侧裂片3~7对，较疏离，椭圆形或三角形，向下方的侧裂片渐小；中上部茎叶向上渐小。头状花序排成狭圆锥花序；总苞圆柱状，总苞片卵形；舌状花黄色。花、果期4~11月。

生于山坡、沟谷、水边、屋边。常见。

根或全草药用，有清热解毒、利尿消肿、止痛之功效。

239.龙胆科Gentianaceae

华南龙胆（地丁、紫花地丁）
Gentiana loureirii Griseb.

龙胆科　龙胆属

多年生草本，高3~8 cm。茎丛生，紫红色。基生叶莲座状，狭椭圆形，长1.5~3.0 cm；茎生叶疏离，椭圆形或椭圆状披针形，长0.5~1.0 cm，边缘密生短睫毛，基部连合成鞘状。花单生于小枝顶端；花萼钟形，裂片披针形或线状披针形；花冠紫色，漏斗形，裂片卵形。花、果期2~9月。

生于路旁、荒山坡及林下。常见。

全草药用，有清热利湿、解毒消肿之功效。

香港双蝴蝶
Tripterospermum nienkui (Marq.) C. J. Wu

龙胆科　双蝴蝶属

多年生缠绕草本。基生叶丛生，卵形，下面有时呈紫色；茎生叶卵形或卵状披针形，长5~9 cm，基部近心形或圆形，叶柄扁平，基部抱茎。花单生于叶腋或2~3朵排成聚伞花序；花萼钟形，萼筒沿脉具翅，裂片披针形；花冠紫色、蓝色或绿色带紫斑，狭钟形。浆果紫红色，近圆形。花、果期9月至翌年1月。

生于山谷密林中或山坡路旁疏林中。常见。

全草入药，有解毒消肿、凉血止血之功效。

239A.睡菜科Menyanthaceae

荇菜（莕菜）
Nymphoides peltata (Gmel.) O. Kuntze

睡菜科　莕菜属

多年生水生草本。叶片飘浮，近革质，圆形或卵圆形，直径1.5~8.0 cm，基部心形，下面紫褐色，叶柄长5~10 cm，基部变宽，呈鞘状，半抱茎。花多数，簇生于节上；花冠金黄色，分裂至近基部，冠筒喉部具5束长柔毛。花、果期4~10月。

生于池塘或不甚流动的河溪、水田中。常见。

全草入药，可清热利尿、消肿解毒。茎、叶可作饲料。

240.报春花科Primulaceae

蓝花琉璃繁缕
Anagallis arvensis L. f. ***coerulea*** (Schreb.) Baumg

报春花科　琉璃繁缕属

一或二年生草本，高10~30 cm。茎匍匐或上升，四棱形，棱边狭翅状，主茎不明显。叶交互对生或有时3枚轮生，卵圆形至狭卵形，长7~25 mm，宽3~15 mm，全缘，先端钝或稍锐尖，基部近圆形，无柄。花单出腋生；花梗纤细，长2~3 cm，果时下弯；花冠辐状，浅蓝色，分裂近达基部。蒴果球形，直径约3.5 mm。花期3~4月。

生于田野及荒地中。常见。

广西过路黄（四叶一枝花）
Lysimachia alfredii Hance

报春花科 珍珠菜属

多年生草本，茎高15~45 cm。叶对生，茎下部的较小，常呈圆形，上部茎叶较大，茎端的2对密聚成轮生状，卵形至卵状披针形，长3.5~11.0 cm，两面均被糙伏毛，密布黑色腺条和腺点。总状花序缩短成近头状；花萼裂片狭披针形；花冠黄色，裂片披针形。蒴果近球形。花、果期4~8月。

生于山谷溪边、沟旁湿地、林下和灌丛中。常见。

全草入药，有祛风燥湿、活血止血之功效。植株、花美丽，可栽培供观赏。

泽珍珠菜
Lysimachia candida Lindl.

报春花科 珍珠菜属

一或二年生草本。茎单生或数条簇生，直立，高10~30 cm，单一或有分枝。基生叶匙形或倒披针形，具有狭翅的柄；茎叶互生，很少对生，叶片倒卵形、倒披针形或线形，无柄或近于无柄。总状花序顶生；苞片线形；花冠白色；雄蕊稍短于花冠，花丝贴生至花冠的中下部。蒴果球形。花期3~6月，果期4~7月。

生于海拔2 100 m以下的田边、溪边和山坡路旁潮湿处。常见。

全草入药。广西民间用全草捣烂，敷治痈疮和无名肿毒。

过路黄
Lysimachia christinae Hance

报春花科 珍珠菜属

茎柔弱，平卧延伸，长20~60 cm。叶对生，卵圆形、近圆形至肾圆形，先端锐尖或圆钝以至圆形，基部截形至浅心形，透光可见密布的透明腺条。花单生叶腋；花梗通常不超过叶长；花冠黄色。蒴果球形，直径4~5 mm。花期5~7月，果期7~10月。

生于沟边、路旁阴湿处和山坡林下。常见。

为民间常用草药，功能为清热解毒、利尿排石。治胆囊炎、黄疸性肝炎、结石、跌打损伤、毒蛇咬伤、毒蕈及药物中毒；外用治化脓性炎症、烧伤、烫伤。

临时救
Lysimachia congestiflora Hemsl.

报春花科　珍珠菜属

多年生草本。茎下部匍匐，节上生根。叶对生，茎端的2对近密聚，卵形、阔卵形以至近圆形，长1.5~4.0 cm，基部近圆形或截形，常沿中肋和侧脉染紫红色。花2~4朵集生于枝端成近头状，在花序下方的一对叶腋有时具单花；花梗极短；花萼裂片披针形；花冠黄色，内面基部紫红色。花、果期5~10月。

生于路旁、沟边、疏林下湿润处。常见。

全草入药，有理脾消积、清热解毒、活血通经之功效。

细梗香草
Lysimachia capillipes Hemsl.

报春花科　珍珠菜属

株高40~60 cm，干后有浓郁香气。茎通常2至多条簇生，直立，具棱，棱边有时呈狭翅状。叶互生，卵形至卵状披针形，长1.5~7.0 cm，宽1~3 cm，先端锐尖或有时渐尖，边缘全缘或微皱，呈波状。花单出腋生；花梗纤细，丝状，长1.5~3.5 cm；花萼长2~4 mm，深裂近达基部；花冠黄色，长6~8 mm，分裂近达基部。蒴果近球形。花期5~7月，果期8~10月。

生于海拔300~2 000 m山谷林下和溪边。少见。

全草入药，江西民间用以治疗流行性感冒有良好疗效。

延叶珍珠菜
Lysimachia decurrens Forst. F.

报春花科　珍珠菜属

多年生草本，高40~90 cm。茎粗壮，有棱角。叶互生，叶片披针形或椭圆状披针形，长6~13 cm，基部下延至叶柄成狭翅，叶柄基部沿茎下延。总状花序顶生，长10~25 cm；花萼裂片狭披针形，边缘有腺状缘毛，背面具黑色短腺条；花冠白色或带淡紫色，裂片匙状长圆形。蒴果球形或略扁。花、果期4~7月。

生于村旁荒地、路边、山谷溪边疏林下及草丛中。常见。

全草药用，有活血调经、消肿散结之功效。

五岭过路黄
Lysimachia fistulosa var. *wulingensis* Chen et C. M. Hu

报春花科 珍珠菜属

多年生草本，高20~35 cm。茎明显四棱形。叶对生，茎端的2~3对密聚成轮生状，叶片披针形，长4~9 cm，基部下延。总状花序生于茎端和枝端，缩短成头状花序状；花萼裂片披针形；花冠黄色，裂片倒卵状长圆形。蒴果球形。花、果期5~10月。

生于山谷溪边、草地和林下。常见。

大叶过路黄
Lysimachia fordiana Oliv.

报春花科 珍珠菜属

多年生草本，高30~50 cm。叶对生，茎端的2对近轮生状，叶片阔椭圆形至菱状卵圆形，质厚，稍肉质，长6~18 cm，下面粉绿色，两面密布黑色腺点。花序为顶生缩短成近头状的总状花序；花冠黄色，裂片长圆形。蒴果近球形。花、果期5~7月。

生于密林中和山谷溪边湿地。常见。

全草药用，有清肝明目、利水消肿之功效。花美丽，可栽培供观赏。

星宿菜
Lysimachia fortunei Maxinl.

报春花科 珍珠菜属

多年生草本，高30~70 cm。叶互生，近于无柄，叶片长圆状披针形至狭椭圆形，长4~11 cm，两面均有黑色腺点，干后成粒状突起。总状花序顶生，细瘦，长10~20 cm；花萼裂片卵状椭圆形；花冠白色，裂片椭圆形或卵状椭圆形。蒴果球形。花、果期6~11月。

生于沟边、田边等低湿处。广布。

全草入药，可清热利湿、活血调经。

黑腺珍珠菜
Lysimachia heterogenea Klatt

报春花科　珍珠菜属

多年生草本。茎直立，高40~80 cm，四棱形，棱边有狭翅和黑色腺点，上部分枝。基生叶匙形，茎叶对生，无柄，叶片披针形或线状披针形，长4~13 cm，宽1~3 cm，先端稍锐尖或钝，基部钝或耳状半抱茎，两面密生黑色粒状腺点。总状花序生于茎端和枝端，苞片叶状，花冠白色。蒴果球形，直径约3 mm。花期5~7月，果期8~10月。

生于水边湿地，常见。

阔叶假排草
Lysimachia sikokiana Miq. subsp. *petelotii* (Merr.) C. M. Hu

报春花科　珍珠菜属

多年生草本，株高10~40 cm。叶互生，通常较明显聚集于茎端，下部叶退化成鳞片状或仅存叶痕，叶卵圆形、椭圆形以至阔卵状披针形，长4~12 cm；下面苍绿色，密被带紫色连接成斑块状的小腺点。花单生或2~3朵生于叶腋不发育的短枝端；花冠黄色，裂片长圆形。蒴果不规整地瓣裂。花期5月，果期8~9月。

生于林下及溪边湿地。较少见。

假婆婆纳
Stimpsonia chamaedryoides Wright ex A. Gray

报春花科　假婆婆纳属

一年生小草本，高6~18 cm。全体被多细胞腺毛。基生叶椭圆形至阔卵形，长8~25 mm，基部圆形或稍呈心形，边缘有不整齐的钝齿；茎叶卵形至近圆形，位于茎下部的长可达15 mm，向上渐次缩小成苞片状，边缘齿较深且锐尖。花单生于叶腋；花冠白色，裂片楔状倒卵形，顶端微凹。花期4~5月。

生于丘陵、低山草坡和林缘。较少见。

全草入药，有活血、消肿止痛之功效。

242.车前草科 Plantaginaceae

车前（车前草）
Plantago asiatica Linn.

车前草科　车前草属

多年生草本，高20~60 cm。根茎短，稍粗。叶基生呈莲座状，宽卵形至宽椭圆形，长4~12 cm，边缘波状，基部宽楔形或近圆形，多少下延，两面疏生短柔毛；叶柄长5~20 cm，基部扩大成鞘。穗状花序，长20~40 cm，紧密或稀疏，下部常间断；花冠白色，裂片狭三角形。花、果期4~9月。

生于草地、沟边、河岸湿地、田边、路旁或村边空旷处。

全草入药，有清热解毒、祛湿利尿之功效。

243.桔梗科 Campanulaceae

轮叶沙参
Adenophora tetraphylla (Thunb.) Fisch.

桔梗科　沙参属

一年生草本。茎高大，可达1.5 m，不分枝。茎生叶3~6枚轮生，叶片卵圆形至条状披针形，长2~14 cm，边缘有锯齿，两面疏生短柔毛。花序狭圆锥状，聚伞花序大多轮生，生数朵花或单花。花萼裂片钻状；花冠筒状细钟形，口部稍缢缩，蓝色、蓝紫色，长7~11 mm。蒴果球状圆锥形，长5~7 mm，直径4~5 mm。花期7~9月。

生于海拔2 000 m以下草地和灌丛中。少见。

桃叶金钱豹（长叶轮钟草）
Campanumoea lancifolia (Roxb.) Merr.

桔梗科　金钱豹属

直立或蔓生草本。有乳汁。叶对生，偶有3枚轮生，卵形至披针形，长6~15 cm，边缘具齿。花单朵顶生兼腋生，有时3朵组成聚伞花序；花萼贴生至子房下部，裂片5枚，相互间远离，丝状或条形，边缘有分枝状细长齿；花冠白色或淡红色，管状钟形。浆果球状，熟时紫黑色。花期7~10月。

生于山谷、林缘、路旁、灌丛及草地中。较少见。

根药用，有益气补虚、祛瘀止痛之功效。

袋果草
Peracarpa carnosa (Wall.) Hook. f. et Thoms.

桔梗科　袋果草属

纤细草本。有白色乳汁。茎肉质，直径约1 mm，无毛。叶多集中于茎上部，具长3~15 mm的叶柄，叶片膜质或薄纸质，卵圆形或圆形，基部平钝或浅心形，顶端圆钝或多少急尖，长8~25 mm，宽7~20 mm，边缘波状，但弯缺处有短刺。花梗细长而常伸直，长1~6 cm；花萼无毛，筒部倒卵状圆锥形；花冠白色或紫蓝色。果倒卵状，长4~5 mm。花期3~5月，果期4~11月。

生于海拔3 000 m以下的林下及沟边潮湿岩石上。少见。

蓝花参
Wahlenbergia marginata (Thunb.) A. DC.

桔梗科　蓝花参属

多年生草本，高10~40 cm。有白色乳汁。叶互生，常在茎下部密集，下部的匙形、倒披针形或椭圆形；上部的条状披针形或椭圆形，长1~3 cm。花梗极细长，长可达15 cm；花萼筒部倒卵状圆锥形，裂片三角状钻形；花冠钟状，蓝色，长5~8 mm，裂片倒卵状长圆形。蒴果倒圆锥状，有10条不甚明显的肋。花、果期2~5月。

生于田边、路边、沟边和荒地。常见。

根药用，有益气补虚、祛痰、截疟之功效。

244.半边莲科 Lobeliaceae

半边莲
Lobelia chinensis Lour.

半边莲科　半边莲属

多年生草本，高6~15 cm。茎细弱，匍匐，节上生根。叶互生，近无柄，椭圆状披针形至条形，长8~25 mm。花通常1朵，生于分枝的上部叶腋；花梗细长；花萼筒倒长锥状，裂片披针形；花冠粉红色或白色，背面裂至基部，裂片全部平展于下方，呈一个平面。花、果期5~10月。

生于水田边、沟边及潮湿草地上。常见。

全草药用，有清热解毒、利尿消肿之功效。

线萼山梗菜（东南山梗菜）
Lobelia melliana E. Wimm.

半边莲科　半边莲属

多年生草本，高80~150 cm。叶螺旋状排列，镰状卵形至镰状披针形，长6~15 cm，顶端长尾状渐尖，边缘具睫毛状小齿，近无柄。总状花序顶生，下部花的苞片与叶同形，向上变狭至条形，长于花；花萼裂片线形；花冠淡红色唇形，上唇裂片条状披针形，下唇裂片披针状椭圆形，外展。花、果期8~10月。

生于沟谷、道路旁、水沟边或林中潮湿地。较少见。

全草入药，有祛痰止咳、利尿消肿、清热解毒之功效。

铜锤玉带草
Pratia nummularia (Lam.) A. Br. et Aschers.

半边莲科　铜锤玉带属

多年生草本。茎平卧，节上生根，被开展柔毛。叶片圆卵形或心形，长0.8~1.8 cm，基部斜心形，边缘有牙齿，两面疏生短柔毛。花单生于叶腋；花萼筒坛状，裂片条状披针形；花冠紫红色、淡紫色、绿色或黄白色，2唇形，上唇2裂片条状披针形，下唇3裂片。浆果紫红色，椭圆状球形。花、果期全年。

生于田边、路旁以及丘陵、低山草坡或疏林中的潮湿地。常见。

全草药用，有消炎解毒、补虚、凉血之功效。可栽培作地被植物。

249.紫草科 Boraginaceae

柔弱斑种草
Bothriospermum tenellum (Hornem.) Fisch. et Mey.

紫草科　斑种草属

一年生草本，高15~30 cm。茎细弱，直立或平卧，多分枝，被糙伏毛。叶椭圆形或狭椭圆形，长1.0~2.5 cm，两面被向上贴伏的糙伏毛或短硬毛。花序柔弱，长10~20 cm；花萼长1.0~1.5 mm，果期增大1倍，外面密生伏毛；花冠蓝色或淡蓝色，裂片圆形，喉部有5个梯形的附属物。花、果期2~10月。

生于山坡路边、田间草丛、山坡草地及溪边阴湿处。广布。

全草入药，有止咳、止血之功效。

弯齿盾果草
Thyrocarpus glochidiatus Maxim.

紫草科 盾果草属

多年生草本，高10~30 cm。茎细弱，自下部分枝，有伸展的长硬毛和短糙毛。基生叶匙形或狭倒披针形，长1.5~6.5 cm，两面都有具基盘的硬毛；茎生叶较小，卵形至狭椭圆形。花生于苞腋或腋外；花冠淡蓝色或白色，裂片倒卵形至近圆形，喉部附属物线形。小坚果4个，黑褐色，齿的顶端明显膨大并向内弯曲。花、果期4~6月。

生于山坡草地、田埂、路旁等处。常见。

全草入药，有清热解毒、消肿之功效。

盾果草
Thyrocarpus sampsonii Hance

紫草科 盾果草属

多年生草本，高20~45 cm。基生叶匙形，长3.5~19.0 cm，两面都有具基盘的长硬毛和短糙毛；茎生叶较小，无柄，狭长圆形或倒披针形。花生于苞腋或腋外；花冠淡蓝色或白色，裂片近圆形，开展，喉部附属物线形。小坚果4个，黑褐色，齿长约为碗状突起高的一半，伸直，内层碗状突起不向里收缩。花、果期5~7月。

生于山坡草丛或灌丛下、路边。常见。

全草药用，清热解毒、消肿。

附地菜
Trigonotis peduncularis (Trev.) Benth. ex Baker et Moore

紫草科 附地菜属

一或二年生草本，高5~30 cm。基生叶呈莲座状，叶片匙形，长2~5 cm，顶端圆钝，两面被糙伏毛；茎上部叶长圆形或椭圆形。花序生于茎顶，幼时卷曲，后渐次伸长；花冠淡蓝色或粉色，筒部甚短，裂片平展，倒卵形。小坚果4个，斜三棱锥状四面体形。早春开花。

生于丘陵草地、林缘、田间及荒地。常见。

全草入药，能温中健胃、消肿止痛、止血。嫩叶可供食用。

250.茄科 Solanaceae

十萼茄（红丝线）
Lycianthes biflora (Lour.) Bitter

茄科　红丝线属

灌木或亚灌木，高0.5~1.5 m。小枝、叶下面、叶柄、花梗及萼的外面密被茸毛。上部叶常假双生，大小不相等；叶片椭圆状卵形、宽卵形。花序无柄，通常2~3花；萼杯状，萼齿10，钻状线形；花冠淡紫色或白色，星形，顶端深5裂。浆果球形，成熟时深红色，萼宿存。花、果期5~11月。

生于荒野、村旁、林下、路旁、水边及山谷中。常见。

全株入药，可祛痰止咳、清热解毒。

苦蘵（灯笼泡、灯笼草）
Physalis angulata Linn.

茄科　酸浆属

一年生草本，高30~50 cm。叶片卵形至卵状椭圆形，长3~6 cm。花单生于叶腋；花萼5中裂，裂片披针形，生缘毛；花冠淡黄色，喉部常有紫色斑纹。果萼卵球状，直径1.5~2.5 cm，纸质，绿色；浆果球形，藏于果萼内，直径约1.2 cm。花、果期5~12月。

常生于山谷林下及村边路旁。常见。

全草入药，有清热、利尿、解毒之功效。果萼奇异，可于庭园栽培供观赏。

毛苦蘵
Physalis angulata Linn. var. ***villosa*** Bonati

茄科　酸浆属

与原种"苦蘵"不同在于：全体密生长柔毛，果时不脱落。

生于荒坡草丛。较少见。

全草入药，有清热解毒、化痰止咳之功效。

少花龙葵
Solanum americanum Miller

茄科　茄属

草本，高可达1 m。叶膜质，卵形至卵状长圆形，长4~8 cm，基部楔形下延至叶柄而成翅，两面均具疏柔毛。花序近伞形，腋外生，着生1~6朵花；萼5裂达中部，裂片卵形；花冠白色，裂片卵状披针形。浆果球状，幼时绿色，成熟时黑色。全年均开花结果。

生于溪边、密林阴湿处或林边、荒地。常见。

叶可供蔬食。入药有清凉解毒、平肝之功效。

牛茄子（颠茄）
Solanum capsicoides Allioni

茄科　茄属

多年生草本，高0.5~2.0 m。茎、枝具细直刺。叶卵形、卵状椭圆形或椭圆形，长5~15 cm，边缘3~7浅裂或半裂，叶脉两面具疏刺。聚伞花序，具花1~4朵，花梗被直刺和纤毛；萼杯状，裂片卵形；花冠白色，5裂，裂片披针形。浆果近球状，直径约3.5 cm，成熟后橙红色。花、果期6~9月。

生于溪边、路旁和山谷向阳处。常见。

根入药，有散瘀消肿、止痛拔毒之功效。

白英（山甜菜）
Solanum lyratum Thunb.

茄科　茄属

草质藤本。茎及小枝均密被具节长柔毛。叶多数为琴形，长3~6 cm，基部常3~5深裂；少数在小枝上部的叶为心形，较小；叶两面均被白色发亮的长柔毛。聚伞花序顶生或腋外生，疏花；萼环状，萼齿5枚，圆形；花冠蓝紫色或白色，5深裂。浆果球状，成熟时红黑色。花期夏、秋季，果期秋末。

生于山谷草地或路旁、田边。常见。

全草入药，有清热利湿、解毒、消肿、抗癌之功效。

龙葵
Solanum nigrum Linn.

茄科　茄属

一年生草本，高可达1 m。叶卵形，长3~10 cm，基部楔形至阔楔形而下延至叶柄。蝎尾状花序腋外生，由3~10朵花组成；萼小，浅杯状，裂片卵圆形；花冠白色，冠檐5深裂，裂片卵圆形。浆果球形，熟时黑色。几乎全年开花结果。

生于田边、荒地及村庄附近。常见。

全株入药，可散瘀消肿、清热解毒。

251.旋花科 Convolvulaceae

长梗毛娥房藤（苞叶小牵牛）
Jacquemontia tamnifolia L. Griseb

旋花科　房藤属

一年生草本或藤本，高20~60 cm，直立或匍匐。茎、叶、花序被多细胞节毛。叶宽卵形至心形，基部耳状。花序顶生，10~20朵聚成头状；花单性，雄花花被片蓝色，雌花花被片黄色；苞片长披针形，宿存。花期9~10月。

生于荒地、田边、路边。常见。

土丁桂（银花草）
Evolvulus alsinoides (Linn.) Linn.

旋花科　土丁桂属

多年生草本。茎平卧或上升，细长，具贴生的柔毛。叶长圆形、椭圆形或匙形，长15~25 mm，顶端钝及具小短尖，两面多少被贴生疏柔毛。总花梗丝状，长2.5~3.5 cm；花单一或数朵组成聚伞花序，花柄长；花冠辐状，直径7~8 mm，蓝色或白色。蒴果球形，直径3.5~4.0 mm。花期5~9月。

生于草坡、灌丛及路边。常见。

全草药用，有散瘀止痛、清湿热之功效。

252.玄参科 Scrophulariaceae

毛麝香
Adenosma glutinosum (Linn.) Druce

玄参科　毛麝香属

直立草本，高30~100 cm。茎上部四方形，中空，密被长柔毛和腺毛。叶披针状卵形至宽卵形，长2~10 cm，边缘具不整齐的齿，两面被长柔毛。花单生于叶腋或集成较密的总状花序；萼5深裂，与花梗、小苞片同被长柔毛及腺毛；花冠紫红色或蓝紫色，上唇卵圆形，下唇3裂。花、果期7~10月。

生于荒山坡、疏林下湿润处。常见。

全草药用，有祛风除湿、消肿解毒、散瘀行气、杀虫止痒之功效。

黑草
Buchnera cruciata Hamilt.

玄参科　黑草属

直立草本，高8~50 cm。全体被弯曲短毛；茎纤细而粗糙，简单或上部多少分枝。基生叶排列成莲座状，倒卵形，无明显的柄，长2.0~2.5 cm；茎生叶条形或条状矩圆形，无柄，下部的对生，常具2至数枚钝齿，上部的互生或近于对生，狭而全缘。穗状花序着生于茎或分枝的顶端；花冠蓝紫色，狭筒状。蒴果圆柱状，长约5 mm。花、果期4月至翌年1月。

生于旷野、山坡及疏林中，常见。

中华石龙尾
Limnophila chinensis (Osbeck) Merr.

玄参科　石龙尾属

草本，高5~50 cm。茎下部匍匐而节上生根。叶对生或3~4片轮生，无柄，长0.5~5.0 cm，卵状披针形至条状披针形，略抱茎，边缘具锯齿，下面脉上被长柔毛。花单生于叶腋或排列成顶生的圆锥花序；花冠紫红色、蓝色，稀为白色。蒴果宽椭圆形，两侧扁。花、果期10月至翌年5月。

生于水旁或田边湿地。常见。

全草入药，有清热利尿、凉血解毒之功效。

石龙尾
Limnophila sessiliflora (Vahl.) Blume

玄参科　石龙尾属

多年生两栖草本。茎细长，沉水部分无毛；气生部分被短柔毛。沉水叶长5~35 mm，多裂；气生叶全部轮生，椭圆状披针形，具圆齿或开裂，长5~18 mm，宽3~4 mm，密被腺点。花无梗，单生于气生茎和沉水茎的叶腋；花冠紫蓝色或粉红色。蒴果近于球形，两侧扁。花、果期7月至翌年1月。

生于水塘、沼泽、水田或路旁、沟边湿处。常见。

长蒴母草（长果母草）
Lindernia anagallis (Burm.f.) Pennell

玄参科　母草属

一年生草本，长10~40 cm。茎下部匍匐，节上生根。叶三角状卵形、卵形，长0.4~2.0 cm。花单生于叶腋，花梗在果期达2 cm，萼仅基部连合，5齿，狭披针形；花冠白色或淡紫色，上唇直立，卵形，2浅裂，下唇开展，3裂。蒴果条状披针形，比萼长2倍。花、果期4~11月。

多生于林边、溪旁及田野的较湿润处。常见。

全草药用，有清热解毒、活血调经之功效。

细茎母草
Lindernia pusilla (Willd.) Boldingh

玄参科　母草属

一年生草本，长6~30 cm。茎铺散或有时长蔓，茎枝有沟棱。叶卵形至心形，长约12 mm，两面有稀疏压平的粗毛。花对生叶腋，有花3~5朵；萼仅基部连合，齿5枚，狭披针形；花冠紫色，上唇直立，宽卵形，下唇向前伸展。蒴果卵球形，与宿萼近等长。花、果期5~11月。

生于山谷、路旁、水旁、草地、田中和林下等潮湿处。常见。

全草药用，可清热解毒、利尿消肿。

旱田草
Lindernia ruellioides (Colsm.) Pennell

玄参科　母草属

一年生草本，高10~15 cm。茎常分枝而长蔓，节上生根。叶柄基部多少抱茎；叶片长圆形、椭圆形、卵状长圆形，长1~4 cm，边缘除基部外密生整齐而急尖的细锯齿。花为顶生的总状花序，有花2~10朵；花冠紫红色，上唇直立，2裂，下唇开展，3裂。蒴果圆柱形，比宿萼长约2倍。花、果期6~11月。

生于草地、平原、山谷及林下。常见。

全草药用，可清热解毒、止血生肌。

葡茎通泉草
Mazus miquelii Makino

玄参科　通泉草属

多年生草本，高10~15 cm。茎有直立茎和匍匐茎，着地部分节上常生不定根。基生叶常多数呈莲座状，倒卵状匙形，有长柄，边缘具粗锯齿，或缺刻状羽裂；茎生叶在直立茎上互生，在匍匐茎上的对生，具短柄，卵形或近圆形。总状花序顶生；花萼钟状漏斗形；花冠紫色或白色而有紫斑。蒴果圆球形，稍伸出于萼筒。花、果期2~8月。

生于路旁、荒地、田野及疏林等潮湿处。广布。

全草入药，有止痛、健胃、解毒之功效。

通泉草
Mazus pumilus (N. L. Burm.) Steenis

玄参科　通泉草属

一年生草本，高3~30 cm。茎直立上升或倾卧状上升，着地部分节上常长出不定根。叶倒卵状匙形至卵状倒披针形，长2~6 cm，基部下延成带翅的叶柄，边缘具不规则的粗齿或基部有1~2浅羽裂。总状花序顶生；花萼钟状；花冠白色、紫色或蓝色。蒴果球形。花、果期4~10月。

生于湿润的草坡、沟边、路旁、田野及林缘。常见。

全草入药，有止痛、健胃、解毒之功效。

沙氏鹿茸草
Monochasma savatieri Franch.

玄参科　鹿茸草属

多年生草本，高15~23 cm。常有残留的隔年枯茎，全体因密被绵毛而呈灰白色，上部还具腺毛。茎多数，丛生，通常不分枝。叶交互对生，下部者间距极短，密集，向上逐渐疏离，叶片下方者最小，通常长12~20 mm，宽2~3 mm，先端锐尖。总状花序顶生；花少数，单生于叶腋；萼筒状，膜质；花冠淡紫色或白色，长约为萼的两倍，花管细长，近喉处扩大。蒴果长圆形，长约9 mm。花期3~4月。

生于山坡向阳处杂草中，亦见于马尾松林下。常见。

野甘草
Scoparia dulcis Linn.

玄参科　野甘草属

直立草本或为半灌木状，高可达100 cm。枝有棱角及狭翅。叶对生或轮生，菱状卵形至菱状披针形，长达3.5 cm，边缘前半部有齿。花单朵或成对生于叶腋，花梗细；萼齿4枚，卵状长圆形；花冠小，白色，喉部生有密毛，瓣片4枚，上方一枚稍大。蒴果卵圆形至球形。

生于荒地、路旁、山坡。常见。

全株入药，有清热解毒、利尿消肿、生津止渴、疏风止痒之功效。

阴行草
Siphonostegia chinensis Benth.

玄参科　阴行草属

一年生草本，高30~80 cm。茎密被无腺短毛。叶对生，长0.8~5.5 cm，两面皆密被短毛，二回羽状全裂，裂片约3对，下方2对羽状分裂，小裂片1~3枚。花对生于茎枝上部；苞片叶状，羽状深裂或全裂；花萼管长10~15 mm，具10条显著主脉；花冠上唇红紫色，镰状弓曲，额稍圆；下唇黄色，顶端3裂，褶壁高隆成袋状伸长。花期6~8月。

生于山坡与草地中。常见。

全草药用，可破血通经、敛疮消肿、利湿。

腺毛阴行草
Siphonostegia laeta S. Moore

玄参科　阴行草属

一年生草本，高30~70 cm。茎密被褐色细腺毛。叶对生，长1.5~2.5 cm，两面密被细腺毛，近掌状3深裂，中裂片较大，羽状半裂至浅裂，侧裂片仅外侧羽状半裂。花对生；苞片叶状，稍羽裂或近于全缘；萼管状钟形，具10条主脉；花冠黄色，盔背部微带紫色，盔略镰状弯曲，下唇顶端3裂，褶壁稍隆起。花期7~9月。

生于草丛或灌木林中较阴湿处。常见。

全草药用，有清热利湿、消炎止痛之功效。

独脚金
Striga asiatica (L.) O. Kuntze

玄参科　独脚金属

一年生半寄生草本，株高10~30 cm，直立，全体被刚毛。茎单生，少分枝。叶较狭窄，仅基部的为狭披针形，其余的为条形，长0.5~2.0 cm，有时鳞片状。花单朵腋生或在茎顶端形成穗状花序；花萼有棱10条，长4~8 mm，5裂几达中部，裂片钻形；花冠通常黄色，少红色或白色，长1.0~1.5 cm，花冠筒顶端急剧弯曲，上唇短2裂。蒴果卵状，包于宿存的萼内。花期秋季。

生于庄稼地和荒草地，寄生于寄主的根上。少见。

全草药用，为治小儿疳积良药。

单色蝴蝶草
Torenia concolor Lindl.

玄参科　蝴蝶草属

匍匐草本。茎具4棱。叶片三角状卵形或长卵形，长1~4 cm，先端钝或急尖，基部宽楔形或近于截形，边缘具锯齿。果期花梗可长达5 cm，花单朵腋生或顶生；果期萼长达2.3 cm，具5枚宽翅，萼齿2枚，长三角形；花冠蓝色或蓝紫色。花、果期5~11月。

生于林下、山谷、田野及路旁。常见。

全草药用，可清热利湿、和胃止呕、活血化瘀。

紫斑蝴蝶草
Torenia fordii Hook. f.

玄参科 蝴蝶草属

直立粗壮草本，全体被柔毛，高25~40 cm。叶片宽卵形至卵状三角形，长3~5 cm，宽2.5~4.0 cm，被白色柔毛，边缘具三角状急尖的粗锯齿，先端略尖，基部突然收狭成宽楔形。总状花序顶生；花梗果期长可达2 cm；花冠黄色，两侧裂片先端蓝色，中裂片先端橙黄色。蒴果圆柱状，两侧扁，具4槽，长9~11 mm，宽2~3 mm。花、果期7~10月。

生于山边、溪旁或疏林下。常见。

黄花蝴蝶草
Torenia flava Buch.-Ham. ex Benth.

玄参科 蝴蝶草属

直立草本，高25~40 cm。叶卵形或椭圆形，长3~5 cm，基部渐狭成柄，边缘具带短尖的圆齿，上面疏被柔毛。总状花序顶生，长10~20 cm；萼狭筒状，具5条棱，萼齿5枚，狭披针形；花冠筒上端红紫色，下端暗黄色；花冠裂片4枚，黄色。花、果期6~11月。

生于空旷干燥处及林下、溪旁湿处。常见。

全草药用，用于治疗阴囊肿大。花美丽，可栽培供观赏。

蚊母草
Veronica peregrina Linn.

玄参科 婆婆纳属

一至二年生草本，高12~18 cm。茎直立，呈丛生状。叶对生，倒披针形，长1.5~2.0 cm，下部叶有短柄，全缘或有细锯齿。花单生于苞腋；苞片线状倒披针形；花萼4深裂，裂片狭披针形；花冠白色，略带淡紫红色。蒴果扁圆形，顶端凹入。花期4~5月。

生于园圃、荒地、溪旁或湿地。常见。
全草入药，有活血止血、消肿止痛之功效。嫩苗味苦，水煮去苦味后可食。

阿拉伯婆婆纳
Veronica persica Hort. ex Poir.

玄参科　婆婆纳属

草本，高10~40 cm。叶圆形或宽卵形，长1.0~3.5 cm，基部浅心形，边缘具粗钝齿，两面被柔毛。单花腋生；苞片叶状；花冠紫色、蓝色或蓝紫色，裂片圆形至卵形。蒴果肾形，被腺毛。花期3~5月。

生于荒地、路边。常见。

全草入药，有祛风除湿、活血壮腰、截疟之功效。可栽培作林下观赏地被。

婆婆纳
Veronica polita Fries

玄参科　婆婆纳属

铺散草本，高10~25 cm。叶2~4对生，心形或卵形，长5~10 mm，每边有2~4个深刻的钝齿，两面被白色长柔毛。单花腋生；苞片叶状；花萼裂片卵形，三出脉，疏被短硬毛；花冠淡紫色、蓝色、粉色或白色，裂片圆形至卵形。蒴果近肾形，密被腺毛。花期3~10月。

生于荒地。常见。

茎叶味甜，可食。全草药用，有补肾壮阳、凉血止血、理气止痛之功效。

水苦荬
Veronica undulate Wall.

玄参科　婆婆纳属

多年生肉质草本，高15~40 cm。叶片长圆形，有时为条状披针形，基部心形，叶缘通常有尖锯齿。总状花序顶生；花序轴、花萼和蒴果上具大头针状腺毛；花梗在果期挺直，横叉开，与花序轴几乎成直角，花冠红色或淡紫色。蒴果近球形，顶端微凹。花期4~9月。

生于水边及沼地、田间。常见。

全草药用，有解热利尿、活血止血、消肿止痛之功效。

长穗腹水草
Veronicastrum longispicatum (Merr.) Yamazaki

玄参科　腹水草属

亚灌木或蔓生灌木，高达1 m。叶片卵形至卵状披针形，长8~18 cm，基部常圆钝，少浅心形，顶端尾状渐尖，边缘具三角状锯齿。穗状花序腋生，有时顶生于侧枝上，长3~10 cm；花萼裂片钻形；花冠白色或紫色，裂片狭三角形。蒴果卵形，幼时被毛。花、果期7~12月。

生于山谷、林下及灌丛中。常见。

全草药用，有清热解毒、活血化瘀、消肿之功效。

253.列当科 Orobanchaceae

野菰
Aeginetia indica Linn.

列当科　野菰属

一年生寄生草本，高15~40 cm。叶生于茎基部，肉红色，卵状披针形或披针形，长5~10 mm。花常单生于茎端，稍俯垂，花梗长10~30 cm，常具紫红色的条纹；花萼一侧裂开至近基部，紫红色、黄色或黄白色，具紫红色条纹；花冠带黏液，常与花萼同色，不明显的2唇形，顶端5浅裂。花、果期4~10月。

生于土层深厚、湿润及枯叶多的地方，常寄生于禾本科植物根上。常见。

根和花药用，可清热解毒、消肿、止咳。

254.狸藻科 Lentibulariaceae

黄花狸藻
Utricularia aurea Lour.

狸藻科　狸藻属

水生草本。叶全部沉水，轮生，三至四回深裂成细根状，近分枝处有近球形的捕虫囊。花葶直立，长5~25 cm，伸出水面，中部以上具3~8朵疏离的花；花萼2裂达基部，上唇稍长，稍肉质；花冠黄色，唇形，上唇宽卵形或近圆形，下唇较大，横椭圆形，喉凸隆起成浅囊状。花、果期6~12月。

生于池塘和稻田中。常见。

全草药用，有消炎止痛之功效。

挖耳草
Utricularia bifida L.

狸藻科　狸藻属

陆生小草本。假根少数，丝状。叶器于开花前凋萎或于花期宿存。捕虫囊生于匍匐枝及叶器上，球形，侧扁。花序直立，长2~40 cm，中部以上具1~16朵疏离的花；苞片基生，长约1 mm；花梗丝状；花萼2裂达基部；花冠黄色，长6~10 mm；距钻形。蒴果宽椭圆球形或长球形，长2.5~3.0 mm。花、果期6月至翌年1月。

生于沼泽地、稻田或沟边湿地。常见。

256.苦苣苔科Gesneriaceae

旋蒴苣苔
Boea hygrometrica (Bunge) R. Br.

苦苣苔科　旋蒴苣苔属

多年生草本。叶全部基生，莲座状，无柄，近圆形、圆卵形、卵形，两面被白色或淡褐色贴伏长茸毛，边缘具牙齿或波状浅齿，叶脉不明显。聚伞花序伞状；花序梗长10~18 cm，花梗长1~3 cm，被毛；花冠淡蓝紫色，直径6~10 mm，筒长约5 mm，上唇2裂，下唇3裂；雌蕊不伸出花冠外。蒴果长圆形，长3.0~3.5 cm，直径1.5~2.0 mm，螺旋状卷曲。花期7~8月，果期9月。

生于海拔200~1 320 m的山坡路旁、岩石上。常见。

短序唇柱苣苔
Chirita depressa Hook. F.

苦苣苔科　唇柱苣苔属

低矮多年生草本。根状茎短而粗。叶丛生，具短而宽的叶柄；叶片宽卵形或椭圆形，长约10 cm，边缘有浅钝齿，叶、花冠、花萼被白色短柔毛或短腺毛。花序腋生，具短梗和2苞片，有少数花；花萼5裂达基部；花冠紫色，长约4 cm，筒漏斗状筒形，比裂片长3倍，上唇2裂，下唇3裂；雄蕊花丝着生于花冠筒中部，膝状弯曲，退化雄蕊3，雌蕊与花冠筒近等长。

生于阴湿石壁上。较少见。

长瓣马铃苣苔
Oreocharis auricula (S. Moore) Clarke

苦苣苔科 马铃苣苔属

多年生草本。叶全部基生；叶片长圆状椭圆形，长2.0~8.5 cm，宽1~5 cm，侧脉每边7~9条，在下面隆起；叶柄长2~4 cm，与叶背、花序均密被褐色绢状绵毛。聚伞花序2次分枝，具4~11花；花序梗长6~12 cm；花冠细筒状，蓝紫色，喉部缢缩，近基部稍膨大。蒴果长约4.5 cm。花期6~7月，果期8月。

生于海拔400~1 600 m山谷、沟边及林下潮湿岩石上。

大花石上莲
Oreocharis maximowiczii Clarke

苦苣苔科 马铃苣苔属

多年生无茎草本。植株各部被毛。叶全部基生；叶片狭椭圆形，长3.0~7.4 cm，宽1.7~3.0 cm，边缘具不规则的细锯齿；叶柄长2.0~3.5 cm。聚伞花序2次分枝，每花序具5~10花；花梗长6~15 mm；花萼5裂至近基部；花冠钟状粗筒形，长2.0~2.5 cm，粉红色、淡紫色，筒长1.7 cm，为檐部的3倍，喉部不缢缩；雄蕊分生，雌蕊略伸出花冠外。蒴果倒披针形，长约5 cm。花期4月。

生于山坡路旁及林下岩石上，海拔210~800 m。常见。

259.爵床科 Acanthaceae

白接骨
Asystasiella chinensis (S. Moore) E. Hoss.

爵床科 白接骨属

草本。茎高达1 m。叶纸质，卵形至椭圆状长圆形，长5~20 cm，边缘微波状，具浅齿，基部下延成柄。总状花序顶生，长6~12 cm，花单生或对生；主花轴和花萼被有柄腺毛；花冠淡紫红色，漏斗状，外疏生腺毛，花冠筒细长，长3.5~4.0 cm，裂片5，略不等。蒴果长18~22 cm，上部具4粒种子，下部实心细长似柄。

生于林下或溪边。常见。

叶和根状茎入药，有止血作用。

钟花草
Codonacanthus pauciflorus (Nees) Nees

爵床科　钟花草属

纤细草本。茎直立或基部卧地，通常多分枝，被短柔毛。叶薄纸质，椭圆状卵形或狭披针形，长6~9 cm，宽2.0~4.5 cm，顶端急尖或渐尖，边全缘或有时呈不明显的浅波状，两面被微柔毛；叶柄长5~10 mm。花序疏花；花在花序上互生，相对的一侧常为无花的苞片；花梗长1~3 mm；萼长约2 mm；花冠管短于花檐裂片，下部偏斜，花冠白色或淡紫色，长7~8 mm。蒴果长1.5 cm。花期10月。

生于海拔800~1 500 m的密林下或潮湿的山谷。较少见。

狗肝菜（路边青、青蛇仔）
Dicliptera chinensis (Linn.) Nees

爵床科　狗肝菜属

草本，高30~80 cm。茎具6条钝棱和浅沟，节常膨大膝曲状。叶卵状椭圆形，长2~7 cm，基部阔楔形。花序由3~4个聚伞花序组成；总苞片阔倒卵形或近圆形，长6~12 mm，具脉纹；花萼裂片5枚，钻形；花冠淡紫红色，2唇形，上唇阔卵状近圆形，有紫红色斑点，下唇长圆形，3浅裂。

生于疏林下、溪边、路旁。常见。

全株药用，有清热凉血、生津利尿之功效。

水蓑衣
Hygrophila salicifolia (Vahl.) Nees

爵床科　水蓑衣属

草本，高80 cm。茎四棱形。叶近无柄，长椭圆形、披针形或线形，长4~12 cm，两端渐尖，两面被白色长硬毛。花簇生于叶腋，无梗；花萼圆筒状5深裂至中部；花冠淡紫色或粉红色，上唇卵状三角形，下唇长圆形，喉凸上有疏而长的柔毛。蒴果比宿存萼稍长。花期秋季。

生于沟溪边或沼泽地上。常见。

全草入药，有健胃消食、散瘀消肿之功效。

爵床（六角英）
Justicia procumbens Linn.

爵床科　爵床属

草本，高20~50 cm。茎基部匍匐，通常有短硬毛。叶椭圆形，长1.5~3.5 cm，两面常被短硬毛。穗状花序顶生或生于上部叶腋，长1~3 cm；苞片1枚，小苞片2枚，均披针形，有缘毛；花萼裂片4枚，线形，有膜质边缘和缘毛；花冠粉红色，2唇形，下唇3浅裂。花期夏、秋季。

生于山坡林间草丛中。常见。

全草入药，有清热解毒、散瘀消肿、祛风止痛之功效。

九头狮子草
Peristrophe japonica (Thunb.) Bremek.

爵床科　山蓝属

草本，高20~50 cm。叶卵状长圆形，长5~12 cm。花序顶生或生于上部叶腋，由2~8聚伞花序组成，花序下托以2枚总苞状苞片，一大一小，卵形，羽脉明显，内有1至少数花；花萼裂片5枚，钻形；花冠粉红色至微紫色，2唇形，下唇3裂。蒴果上部具4颗种子。花期夏、秋季。

生于路边、旷野或林下。常见。

全草药用，有解表发汗、清热解毒、行气活血、祛风消炎之功效。

少花马蓝（少花黄猄草）
Strobilanthes oliganthus Miq.

爵床科　马蓝属

草本，高40~50 cm。茎基部节膨大膝曲，上面具4条棱，有沟槽。叶柄长3.5~4.0 cm，叶片宽卵形至椭圆形，长4~10 cm，边缘具疏锯齿。花数朵集生成头状的穗状花序；苞片叶状，长约1.5 cm；花萼5裂，裂片条形；花冠管圆柱形，稍弯曲，向上扩大成钟形，冠檐裂片5枚，几乎相等。

生于林下或阴湿草地。常见。

全草入药，可清热散寒。

263. 马鞭草科 Verbenaceae

马鞭草（透骨草、土马鞭）
Verbena officinalis Linn.

马鞭草科　马鞭草属

多年生草本，高30~120 cm。茎四方形，节和棱上有硬毛。叶卵圆形至倒卵形或长圆状披针形，长2~8 cm，基生叶的边缘通常有粗锯齿和缺刻，茎生叶多数3深裂，裂片边缘有不整齐锯齿。穗状花序细弱；花萼有硬毛，5脉；花冠淡紫色至蓝色，裂片5枚。果成熟时4瓣裂。花、果期6~10月。

常生于路边、山坡、溪边或林旁。广布。

全草药用，有散瘀通经、清热解毒、止痒驱虫之功效。

兰香草（山薄荷、婆绒花）
Caryopteris incana (Thunb.) Miq.

马鞭草科　莸属

小灌木，高26~60 cm。叶厚纸质，披针形、卵形或长圆形，长1.5~9.0 cm，边缘有粗齿。聚伞花序紧密；花萼杯状，萼长4~5 mm，外面密被短柔毛；花冠淡紫色或淡蓝色，2唇形，下唇中裂片较大并延长，边缘流苏状。蒴果倒卵状球形，被粗毛，果瓣有宽翅。花、果期6~10月。

产于坪石、云岩、沙坪等地；生于较干旱的山坡、路旁或林边。

全草药用，可疏风解表、祛痰止咳、散瘀止痛、活血调经。

264. 唇形科 Labiatae

筋骨草
Ajuga ciliata Bunge

唇形科　筋骨草属

多年生草本，高25~40 cm。茎四棱形，紫红色或绿紫色，通常无毛。叶卵状椭圆形至狭椭圆形，长4.0~7.5 cm，边缘具不整齐重牙齿，两面被糙伏毛。穗状聚伞花序顶生，由多数轮伞花序密聚排列组成；苞叶大，叶状，有时呈紫红色；花冠紫色，具蓝色条纹，冠檐2唇形。小坚果卵状三棱形。花、果期4~9月。

生于山谷溪旁、阴湿的草地上、林下湿润处及路旁草丛中。常见。

全草入药，可清热解表、祛痰止咳。

金疮小草（熊胆草）
***Ajuga decumbens* Thunb.**

唇形科 筋骨草属

一或二年生草本，茎长10~20 cm。茎具匍匐茎，被长柔毛。基生叶较茎生叶长而大，叶匙形或倒卵状披针形，长3~14 cm，基部渐狭下延，两面被长毛。轮伞花序排列成间断的穗状花序；花冠淡蓝或淡红紫色，稀白色，冠檐2唇形，上唇直立，下唇伸长，3裂。花、果期3~11月。

生于溪边、路旁及山地林缘。常见。

全草入药，有清热解毒、消炎止痛之功效。

广防风（马衣叶、土防风）
***Anisomeles indica* (Linn.) Kuntze**

唇形科 广防风属

草本，高1~2 m。茎四棱形，具浅槽，密被贴生短柔毛。叶阔卵圆形，长4~12 cm，基部截状阔楔形，边缘有不规则的牙齿，两面被毛。轮伞花序在枝顶排列成稠密或间断的长穗状花序；苞叶叶状，向上渐变小；花冠淡紫色，冠檐2唇形，上唇直伸。

生于旷野、村边、林缘或路旁。常见。

全草药用，可祛风发表、行气消滞、止痛。

风轮菜（野凉粉藤）
***Clinopodium chinense* (Benth.) O. Kuntze**

唇形科 风轮菜属

多年生草本，高可达1 m，茎基部匍匐生根，四棱形，密被短柔毛及腺毛。叶卵圆形，长2~4 cm，边缘具均匀的圆齿状锯齿，两面被毛。轮伞花序多花密集，半球状；苞叶叶状，向上渐小至苞片状；花萼狭管状，常染紫红色，裂齿2唇形；花冠紫红色，冠筒向上渐扩大，冠檐2唇形。花、果期5~10月。

生于山坡、草丛、沟边、灌丛、林下。常见。

全草药用，可清热泻火、活血解毒、消肿拔毒。

瘦风轮菜
Clinopodium gracile (Benth.)Matsum.

唇形科　风轮菜属

纤细草本，高8~30 cm。茎自匍匐茎生出，柔弱，四棱形，具槽，被倒向的短柔毛。叶卵形，长1.2~3.4 cm，边缘具疏齿或圆齿状锯齿。轮伞花序分离或密集于茎端成短总状花序，疏花；花萼管状，果时下倾，裂齿2唇形；花冠白至紫红色，冠筒向上渐扩大，冠檐2唇形。花、果期6~10月。

生于村边、路旁、旷野。广布。

全草入药，可散瘀解毒、祛风散热、止血。

紫花香薷
Elsholtzia argyi Lévl.

唇形科　香薷属

草本，高0.5~1.0 m。茎四棱形，具槽，紫色，槽内被白色短柔毛。叶卵形至阔卵形，长2~6 cm，边缘在基部以上具圆齿。穗状花序长2~7 cm，顶生，偏向一侧；花萼管状，萼齿5枚，顶端具芒刺，边缘具长缘毛。花冠玫瑰红紫色，冠檐2唇形，边缘被长柔毛。花、果期9~11月。

生于山坡灌丛中、林下、溪旁及河边草地。常见。

全株药用，可清热解暑、消炎利尿。

小野芝麻
Galeobdolon chinense (Benth.) C. Y. Wu

唇形科　小野芝麻属

一年生草本。根有时具块根。茎高10~60 cm，四棱形，具槽，密被污黄色茸毛。叶卵圆形至阔披针形，长1.5~4.0 cm，宽1.1~2.2 cm，先端钝至急尖，基部阔楔形，边缘具圆齿状锯齿。轮伞花序2~4花；花萼管状钟形；花冠粉红色，长约2.1 cm，外面被白色长柔毛，冠筒内面下部有毛环，冠檐2唇形。小坚果三棱状倒卵圆形，长约2.1 mm。花期3~5月。

生于海拔50~300 m疏林中。较少见。

活血丹（连钱草、金钱薄荷、透骨消）
Glechoma longituba (Nakai) Kupr

唇形科　活血丹属

多年生草本，高10~30 cm。茎基部通常呈淡紫红色，具匍匐茎，逐节生根。叶心形或近肾形，长1.8~2.6 cm，边缘具粗圆齿，叶柄长为叶片的1~2倍。轮伞花序通常有2朵花；花萼管状，上唇3齿，较长，下唇2齿，略短；花冠淡蓝色、蓝色至紫色，下唇具深色斑点。花、果期4~6月。

生于林缘、疏林下、草地中、溪边等阴湿处。常见。

全草或茎叶入药，可活血通络、祛风消肿。可栽培作园林地被植物。

细锥香茶菜
Isodon coetsa Kudo

唇形科　香茶菜属

多年生草本或亚灌木，高0.5~2.0 m。茎钝四棱形，具4槽。叶卵圆形，长3~9 cm，边缘在基部以上具圆齿。狭圆锥花序顶生或腋生；花萼钟形，略呈2唇形，果时花萼增大，稍弯曲，明显10脉；花冠紫色、紫蓝色，冠檐2唇形，上唇反折，顶端4圆裂，下唇宽卵圆形，内凹，舟形。花、果期10月至翌年2月。

生于灌丛、溪边、林缘等处。常见。
全草入药，可行血、止痛。

线纹香茶菜（熊胆草）
Isodon lophanthoides (Ham. ex D. Don) H. Hara

唇形科　香茶菜属

多年生草本，高15~100 cm。茎四棱形，具槽。叶卵形、阔卵形或长圆状卵形，长1.5~9.0 cm，边缘具圆齿，两面被硬毛。圆锥花序顶生及侧生，长7~20 cm；花萼钟形，萼齿5，2唇形；花冠白色或粉红色，具紫色斑点，冠檐2唇形，上唇极外反，具4深圆裂，下唇稍长于上唇，伸展。花、果期8~12月。

生于沼泽地上或林下潮湿处。常见。

全草入药，可清热利湿、凉血散瘀；还可解草乌中毒。

大萼香茶菜
Isodon macrocalyx (Dunn) Kudo

唇形科　香茶菜属

多年生草本，高0.4~1.5 m。茎上部钝四棱形，被贴生的微柔毛。叶卵圆形，长7~10 cm，基部骤然渐狭下延，边缘有整齐的圆齿状锯齿。总状圆锥花序长6~10 cm；花萼宽钟形，明显呈2唇形，果时花萼明显增大；花冠浅紫色、紫色或紫红色，冠檐2唇形，上唇外反，下唇内凹，舟形。花、果期7~10月。

生于林下、灌丛中、山坡或路旁等处。常见。

全草入药，有清热解毒、活血化瘀之功效。

南方香简草
Keiskea australis C. Y. Wu et H. W. Li

唇形科　香简草属

直立草本。茎高50~80 cm，钝四棱形，具浅槽，疏被短柔毛。叶卵圆形至卵状长圆形，长2.5~11.0 cm，宽1.3~5.5 cm，先端短渐尖或锐尖，基部阔楔形至圆形或偏斜的浅心形，边缘具近于整齐的圆齿，有时具腺点；叶柄长1~4 cm。花序为顶生的总状花序；花萼钟形；花冠深紫色，冠筒长约9 mm；雄蕊4，前对远伸出花冠外，后对内藏；花柱丝状，伸出花冠外。花期10月。

生于海拔600~700 m山谷疏林下。常见。

益母草（红花艾）
Leonurus japonicus Houttuyn

唇形科　益母草属

一或二年生草本，高30~120 cm。茎钝四棱形，有倒向糙伏毛。叶掌状3至多裂，裂片再1~2次分裂，小裂片条形或条状披针形。轮伞花序腋生，具8~15朵花；花萼管状钟形，显著5条脉，齿5枚；花冠粉红至淡紫红色，冠檐2唇形，上唇直伸，内凹，下唇3裂。花期4~7月。

生于村边、路旁、荒野等处。常见。

全草药用，可活血调经、祛瘀生新；种子称"茺蔚"，入药有益精明目、平肝、降血压的作用。

小鱼仙草
Mosla dianthera (Buch.-Ham.) Maxim.

唇形科　石荠苎属

一年生草本。茎高至1 m，四棱形，具浅槽，多分枝。叶卵状披针形或菱状披针形，长1.2~3.5 cm，宽0.5~1.8 cm，先端渐尖或急尖，边缘具锐尖的疏齿，近基部全缘，纸质，散布凹陷腺点。总状花序生于主茎及分枝的顶部；花冠淡紫色，长4~5 mm。花、果期5~11月。

生于海拔175~2 300 m山坡、路旁或水边。

民间用全草入药，治感冒发热、中暑头痛、热痱、皮炎、湿疹、肾炎水肿等症。此外还可灭蚊。

罗甸假糙苏
Paraphlomis gracilis (Hemsl.) Kudo var. ***lutienensis*** (Sun) C. Y. Wu

唇形科　假糙苏属

直立草本，高约1 m。茎四棱形，具槽。叶狭披针形，通常长6~12 cm，向上渐变小，基部下延成无柄状，边缘有锯齿，两面被糙伏毛。轮伞花序通常具4~8花；花萼倒圆锥状，齿5，顶端钻形；花冠黄色，冠檐2唇形，上唇直伸，内凹，下唇稍宽大，3裂。花期6~7月。

生于溪旁荫蔽处。少见。

假糙苏
Paraphlomis javanica (Bl.) Prain

唇形科　假糙苏属

草本，高约50 cm。茎钝四棱形，具槽，被倒向平伏毛。叶椭圆形或椭圆状卵形，长7~15 cm，边缘有具小突尖的圆齿状锯齿，两面疏被毛；叶柄长达8 cm。轮伞花序多花；花萼明显管状，口部骤然开张，果时膨大，常变红色，齿5枚，近相等；花冠通常黄色或淡黄色，冠檐2唇形。小坚果倒卵珠状三棱形，黑色。花、果期6~12月。

生于山地林下。常见。

全草药用，有润肺止咳、补血调经之功效。

野紫苏
Perilla frutescens (Linn.) Britt. var. ***acuta*** (Thunb.) Kudo

唇形科　紫苏属

一年生直立草本，高0.3~2.0 m。茎绿色或紫色，钝四棱形，被短疏柔毛。叶卵形，长4.5~7.5 cm，宽2.8~5.0 cm，两面被疏柔毛，边缘有粗锯齿。轮伞花序具2朵花，组成长1.5~15.0 cm的穗状花序；花冠白色至紫红色。果萼小，长4~5 mm，下部被疏柔毛，具腺点；小坚果土黄色。花、果期8~12月。

生于山地路旁、村边荒地。常见。

全株可作香料用。全草药用，有清湿热、散风寒、消痈肿、理气化痰之功效。

北刺蕊草
Pogostemon septentrionalis C.Y.Wu et Y. C. Huang

唇形科　刺蕊草属

草本或亚灌木，高1.5~2.0 m。茎钝四棱形，节稍膨大。叶卵圆形或菱状卵圆形，长4~10 cm，边缘具不整齐的重牙齿，草质，两面被短的粗伏毛。聚伞花序，排列成连续或不连续的穗状花序；花萼狭钟形，齿等长，三角形；花冠紫色，比花萼稍长或近等长。花、果期9~12月。

生于山谷坡地上。少见。

全草药用，可祛风除湿、活血止痛。

夏枯草
Prunella vulgaris Linn.

唇形科　夏枯草属

多年生草木，高20~30 cm。茎下部伏地，钝四棱形，紫红色。叶卵状长圆形或卵圆形，大小不等，长1.5~6.0 cm。轮伞花序密集组成顶生穗状花序，长2~4 cm；苞片宽心形，浅紫色；花萼钟状，2唇形；花冠紫色、蓝紫色或红紫色，冠檐2唇形，上唇多呈盔状，下唇裂片顶端边缘具流苏状小裂片。花、果期4~10月。

生于荒坡、草地、溪边及路旁湿润地上。常见。

全株入药，可入肝经、祛肝风、行经络；常用作凉茶主要原料。

南丹参
Salvia bowleyana Dunn

唇形科　鼠尾草属

多年生草本，高约1 m。茎钝四棱形，被下向长柔毛。羽状复叶，有小叶7片，小叶卵圆状披针形，边缘具锯齿。轮伞花序8至多花，组成长14~30 cm顶生总状花序或总状圆锥花序；花冠淡紫色、紫色至蓝紫色，冠檐2唇形，上唇略作镰刀形，两侧折合，下唇稍短，3裂。花期3~7月。

生于山地、山谷、路旁、林下或水边。较少见。

根及根状茎药用，可祛瘀止痛、活血通经、清心除烦。花美丽，可栽培供观赏。

贵州鼠尾草
Salvia cavaleriei Lévl.

唇形科　鼠尾草属

一年生草本，高12~32 cm。下部叶为羽状复叶，顶生小叶长卵圆形或披针形，基部偏斜，边缘有稀疏的钝锯齿，下面紫色，侧生小叶1~3对，常较小；上部的叶为单叶，或裂为3裂片，或于叶的基部裂出一对小的裂片。轮伞花序2~6花；花冠蓝紫色或紫色，冠檐2唇形。花期7~9月。

生于林下或水沟边。常见。

全草或根药用，可清热、止血、活血。

地梗鼠尾草
Salvia scapiformis Hance

唇形科　鼠尾草属

一年生草本，高20~26 cm。叶常为根出或近根出叶，稀有茎生叶，根出叶多为单叶，间或有分出一片或一对小叶而成复叶；叶边缘具浅波状圆齿，下面青紫色。轮伞花序具花6~10朵，组成总状或总状圆锥花序；花萼筒状，2唇形；花冠紫色或白色，上唇直伸，两侧折合，下唇3裂。花期4~5月。

生于山地林下。常见。

全草药用，可清热解毒、消炎止咳。

钟萼鼠尾草
Salvia scapiformis Hance var. *carphocalyx* Stip.

唇形科　鼠尾草属

本变种与原种不同在于：萼钟形，结果时长6~7 mm，膜质，干时黄色，轮伞花序密集。

生于林下溪边。常见。

半枝莲（狭叶韩信草）
Scutellaria barbata D. Don

唇形科　黄芩属

多年生草本，高12~35 cm。茎四棱形。叶长圆状披针形或卵圆状披针形，长1.3~3.2 cm，边缘具疏而钝的浅牙齿。花生于叶腋，花萼长约2 mm，盾片高约1 mm；花冠紫蓝色，筒基部囊大，向上渐宽，冠檐2唇形，上唇盔状，下唇中裂片梯形，全缘。小坚果扁球形，具小疣状突起。花、果期4~7月。

生于水田边、溪边或湿润草地上。常见。

全草入药，可清热解毒、消肿散瘀、抗癌。

韩信草（大力草）
Scutellaria indica Linn.

唇形科　黄芩属

多年生草本，高12~28 cm。叶心状卵圆形或卵圆形至椭圆形，长1.5~3.0 cm，边缘密生整齐圆齿，两面被微柔毛或糙伏毛。花对生，在茎或分枝顶上排列成总状花序；花萼果时明显增大，盾片果时竖起，增大1倍。花冠蓝紫色，冠檐2唇形，上唇盔状，下唇中裂片圆状卵圆形，具深紫色斑点。花、果期2~6月。

生于山地或丘陵地、疏林下、路旁空地及草地上。常见。

草药用，可清热解毒、活血散瘀、舒筋活络。

地蚕
Stachys geobombycis C. Y. Wu

唇形科 水苏属

多年生草本，高40~50 cm。茎四棱形，具4槽。叶长圆状卵圆形，长4.5~8.0 cm，基部浅心形或圆形，边缘有整齐的粗大圆齿，两面被疏柔毛状刚毛。轮伞花序4~6朵花，组成穗状花序；花萼倒圆锥形，齿5枚，三角形；花冠淡紫色至紫蓝色，冠筒圆柱形，冠檐2唇形。花期4~5月。

生于荒地、田地及草丛湿地上。

肉质的根茎可供食用。全草入药，有祛风除湿、益肾润肺、滋阴补肾之功效。

血见愁（山藿香）
Teucrium viscidum Bl.

唇形科 香科科属

多年生草本，高30~70 cm。叶卵圆形至卵状长圆形，长3~10 cm，边缘为带重齿的圆齿。假穗状花序生于茎及短枝上部，由具2朵花的轮伞花序组成；花萼小，钟形，萼齿5枚，果时花萼呈圆球形；花冠白色、淡红色或淡紫色，唇片与冠筒成大角度的钝角。花期6~11月。

生于山地林下润湿处。常见。

全草入药，有凉血散瘀、止血止痛、解毒消肿之功效。

266.水鳖科 Hydrocharitaceae

无尾水筛
Blyxa aubertii Rich.

水鳖科 水筛属

沉水草本。茎极度短缩。叶基生，线形，长5~17 cm，顶端渐尖，基部渐狭，边缘有细锯齿；直脉7~9条，中脉明显。佛焰苞梗长2.7~8.0 cm，花单生于佛焰苞内；萼片3枚，线状披针形，绿紫红色；花瓣3枚，白色，长条形。果圆柱形，种子纺锤形，两端无尾状附属物。花、果期5~9月。

生于水田及水沟中。常见。

全草入药，可清热解毒、祛湿。

267. 泽泻科 Alismataceae

宽叶泽苔草
Caldesia grandis Samuel.

泽泻科 泽苔草属

多年生水生或沼生草本。叶基生；叶片扁圆形，长约4.5 cm，宽约6.5 cm，先端凹；叶柄长15~50 cm，中下部具横膈，顶端呈叶枕状，基部鞘状；植株可自叶鞘内生出具繁殖芽的枝条。花葶直立，高30~60 cm；花序分枝轮生；花两性，外轮花被片3枚，绿色，内轮花被片白色。小坚果具3~5脊，果喙比果长。花、果期7~9月。

生于湖沼浅水处。少见。

叶片、花等美丽，用于花卉观赏。

野慈姑
Sagittaria trifolia (Sims) Makino

泽泻科 慈姑属

多年生沼生草本。根状茎末端膨大或否。挺水叶箭形，通常顶裂片短于侧裂片；叶柄基部渐宽，鞘状。花葶直立挺水，高15~70 cm；花序总状或圆锥状，具花多轮，每轮2~3朵花，花单性；外轮花被片3，内轮花被片白色或淡黄色；雌花通常1~3轮，生于花序下部。瘦果倒卵形，具翅。花、果期5~10月。

生于沼泽、水田、沟溪浅水处。常见。

全草入药，可解毒疗疮、清热利胆。可栽培作湿地观赏植物。

276. 眼子菜科 Potamogetonaceae

菹草
Potamogeton crispus L.

眼子菜科 眼子菜属

多年生沉水草本，具近圆柱形的根茎。茎稍扁，多分枝。叶条形，无柄，长3~8 cm，宽3~10 mm，先端钝圆，叶缘多少呈浅波状，具疏或稍密的细锯齿；叶脉3~5条，平行。穗状花序顶生，花序梗棒状，较茎细；花小，淡绿色。果实卵形，长约3.5 mm，果喙长可达2 mm。花、果期4~7月。

生于池塘、水沟、水稻田、灌渠及缓流河水中。广布种。

本种为草食性鱼类的良好天然饵料。

280.鸭跖草科 Commelinaceae

饭包草
Commelina bengalensis Linn.

鸭跖草科　鸭跖草属

多年生匍匐草本。茎披散，节上生根，上部上升，被疏柔毛。叶卵形，长3~7 cm，叶鞘口沿有疏而长的睫毛。总苞片下部合生成漏斗状，常数个集于枝顶；花序下面一枝梗细长，具1~3朵不孕的花，伸出佛焰苞，上面一枝有花数朵，结实，不伸出佛焰苞；花瓣蓝色，圆形，具柄。花期夏、秋季。

生于林缘、草丛、湿地。广布。

全草药用，有清热解毒、消肿利尿之功效。

鸭跖草
Commelina communis Linn.

鸭跖草科　鸭跖草属

一年生披散草本。茎匍匐生根，长可达1 m。叶披针形至卵状披针形，长3~9 cm。总苞片佛焰苞状，具柄，折叠状；聚伞花序，下面一枝有花1朵，具长梗，不孕；上面一枝具花3~4朵，梗短，几乎不伸出佛焰苞；花瓣深蓝色，内面2枚具爪，长近1 cm。蒴果椭圆形，2片裂。花期夏、秋季。

生于路边、湿地。广布。

全株作猪饲料。全草药用，为消肿利尿、清热解毒的良药。

大苞鸭跖草
Commelina paludosa Bl.

鸭跖草科　鸭跖草属

多年生草本。茎常直立，有时基部节上生根。叶披针形至卵状披针形，长7~20 cm，叶鞘长1.8~3.0 cm。总苞片漏斗状，长约2 cm，无柄，常数个在茎顶端集成头状；蝎尾状聚伞花序有花数朵，几乎不伸出；花瓣蓝色，匙形或倒卵状圆形，内面2枚具爪。蒴果卵球状3条棱形，3片裂。花期8~10月。

生于林下及山谷溪边。常见

全草药用，可消肿利尿、清热解毒。

聚花草
Floscopa scandens Lour.

鸭跖草科　聚花草属

直立草本，高30~60 cm。根状茎节上密生须根。叶片椭圆形至披针形，长4~12 cm，上面有鳞片状突起。圆锥花序多个，顶生并兼有腋生，下部总苞片叶状，上部的比叶小得多；萼片浅舟状；花瓣蓝色或紫色，倒卵形，稍比萼片长。蒴果卵圆状，侧扁。花、果期7~11月。

生于水边、山沟边草地及林中。常见。

全草药用，有清热解毒、活血消肿之功效。

牛轭草
Murdannia loriformis (Hassk.) Rolla Rao et Kammathy

鸭跖草科　水竹叶属

多年生草本。主茎不发育，多条可育茎从叶丛中发出，披散或上升，下部节上生根，长10~15cm。主茎上的叶密集，呈莲座状，禾叶状或剑形，长5~30 cm，宽近1 cm；可育茎上的叶较短。蝎尾状聚伞花序单支顶生或2~3支集成圆锥花序；聚伞花序的花几乎集成头状；花瓣紫红色或蓝色。蒴果卵圆状三棱形，长3~4 mm。花、果期5~10月。

生于低海拔的山谷溪边林下、山坡草地。常见。

裸花水竹叶
Murdannia nudiflora (Linn.) Brenan

鸭跖草科　水竹叶属

多年生草本。茎多条自基部发出，披散，下部节上生根。叶几乎全部茎生；叶片禾叶状或披针形，长2.5~10.0 cm。蝎尾状聚伞花序数个，排成顶生圆锥花序；花序有数朵密集排列的花，具纤细而长达4 cm的总梗；萼片草质，卵状椭圆形，浅舟状；花瓣紫色。花、果期6~10月。

生于低海拔的水边潮湿处。常见。

全草药用，可清热凉血、消肿解毒。

杜若
Pollia japonica Thunb.

鸭跖草科　杜若属

多年生草本，高30~80 cm。叶无柄或叶基渐狭而延成带翅的柄；叶片长椭圆形，长10~30 cm，上面粗糙。蝎尾状聚伞花序长2~4 cm，常多个成轮状排列，形成数个疏离的轮；总苞片披针形；花瓣白色，倒卵状匙形。果球状，果皮黑色，直径约5 mm。花、果期7~10月。

生于山谷林下。常见。

全草药用，可益精明目、温中止痛、祛风除湿。

285.谷精草科 Eriocaulaceae

毛谷精草
Eriocaulon australe R. Br.

谷精草科　谷精草属

大型草本。叶狭带形，丛生，长10~35 cm，宽2~3 mm，基部宽4~5 mm，先端加厚而尖，两面疏被长柔毛，对光能见横格，脉10~15条。花葶10个左右，长15~73 cm，鞘状苞片长6~20 cm，被长柔毛；花序熟时近球形，基部平截，灰白色，坚实，不压扁，直径约6 mm。花、果期夏、秋季。

生于水塘、湿地。较少见。

干燥花序作中药"谷精珠"入药。

华南谷精草
Eriocaulon sexangulare Linn.

谷精草科　谷精草属

草本。叶基生，阔线形或线状披针形，长6~35 cm，顶端钝，叶质较厚，对光能见横格，脉15~37条。花葶长10~50 cm，扭转，具4~6条棱，鞘状苞片长4~12 cm，口部斜裂；花序熟时近球形，灰白色，直径约6.5 mm，基部平截；总苞片倒卵形，禾秆色。花、果期夏、秋至冬季。

生于水坑、池塘、稻田。较少见。

花序为中药"谷精珠"，可清肝明目、祛风利尿。

287.芭蕉科Musaceae

野芭蕉
Musa wilsonii Tutch.

芭蕉科　芭蕉属

植株高6~12 m，无蜡粉。叶片长圆形，叶柄细而长，有张开的窄翼。花序下垂，序轴无毛；苞片外面紫黑色，被白粉，每苞片内有花2列；花被片淡黄色，离生花被片倒卵状长圆形，合生花被片长为离生花被片的2倍或以上，先端3齿裂。浆果几圆柱形，长10~13 cm，直径4.4 cm，果身直，成熟时灰深绿色，果内几乎全是种子。

多生于海拔2 700 m以下沟谷潮湿肥沃土中。常见。

花、假茎、根头作菜，假茎亦可作猪饲料，全株可入药，可截疟。

290.姜科Zingiberaceae

华山姜
Alpinia oblongifolia Hayata

姜科　山姜属

多年生草本，高约1 m。叶披针形或卵状披针形，长20~30 cm。花组成狭圆锥花序，长15~30 cm；萼管状，顶端具3齿；花冠管略超出，花冠裂片长圆形，白色，后方的一枚稍大，兜状；唇瓣卵形，顶端微凹。果球形，直径5~8 mm。花、果期5~12月。

生于林荫下。常见。

根茎药用，能温中暖胃、散寒止痛。可提芳香油，作调香原料。

山姜
Alpinia japonica (Thunb.) Miq.

姜科　山姜属

多年生草本，高35~70 cm。叶通常2~5片，披针形、倒披针形或狭长椭圆形，长25~40 cm，两面被短柔毛。总状花序顶生，长15~30 cm；总苞片披针形，开花时脱落；花通常2朵聚生，花冠管长约1 cm，裂片长圆形，后方的一枚呈兜状，卵形，白色而具红色脉纹。果球形。花、果期4~12月。

生于林下阴湿处。常见。

果实药用，为芳香性健胃药；根茎入药，可消肿止痛。

三叶豆蔻
Amomum austrosinense D. Fang

姜科 豆蔻属

多年生草本，高约0.5 m。叶片1~3片，长圆形，长10~40 cm，基部阔圆形至楔形。穗状花序长3~6 cm，自远离基部的根茎上抽出；花无小苞片，白色；花萼管一侧浅裂，花被裂片3。蒴果圆球形，直径8~14 mm，红色。花、果期4~11月。

生于林下阴湿处。常见。

全草入药，治风湿痹痛、跌打肿痛、胃寒痛等症。

阳荷
Zingiber striolatum Diels

姜科 姜属

多年生草本，株高1.0~1.5 m。叶披针形或椭圆状披针形，长25~35 cm。苞片红色，宽卵形或椭圆形，长3.5~5.0 cm；花萼长5 cm，膜质；花冠管白色，长4~6 cm，裂片长圆状披针形，有紫褐色条纹；唇瓣倒卵形，浅紫色。蒴果长3.5 cm，熟时开裂成3瓣，内果皮红色。花、果期7~11月。

生于林下、溪边。常见。

根茎可提取芳香油，用作皂用香精。根状茎药用，有活血调经、镇咳祛痰、消肿解毒等功效。幼嫩芽苞供食用或制泡菜。

293.百合科 Liliaceae

短柄粉条儿菜
Aletris scopulorum Dunn

百合科 粉条儿菜属

植株具球茎。叶呈不明显的莲座状簇生，纸质，条形，长5~15 cm，宽2~4 mm，先端急尖，基部狭而细。花葶高10~30 cm，纤细，有毛，中下部有几枚长7~15 mm的苞片状叶；总状花序长4~11 cm，疏生几朵花；苞片2枚，位于花梗的中部，短于花；花被白色。蒴果近球形。花期3月，果期4月。

生于荒地或草坡上。常见。

天门冬
Asparagus cochinchinensis (Lour.) Merr.

百合科 天门冬属

攀缘草本。根在中部或近末端成纺锤状膨大，粗1~2 cm。茎常弯曲或扭曲，长可达1~2 m。叶状枝通常每3条成簇，扁平，稍镰状，长0.5~8.0 cm；茎、枝上的鳞片状叶基部延伸为硬刺。花通常2朵腋生，淡绿色。浆果直径6~7 mm，熟时红色。花期5~6月，果期8~10月。

生于山坡、路旁、疏林下、山谷或荒地上或栽培。常见。

块根药用，有滋阴润燥、清火止咳之功效。常栽培作花基观赏植物。

九龙盘
Aspidistra lurida Ker-Gawl.

百合科 蜘蛛抱蛋属

根状茎圆柱形，直径4~10 mm，具节和鳞片。叶单生，矩圆状披针形或带形，长13~46 cm，宽2.5~11.0 cm，先端渐尖，有时多少具黄白色斑点；叶柄长10~30 cm。总花梗长2.5~5.0 cm；苞片3~6枚，有时带褐紫色；花被近钟状，直径10~15 mm；花被筒长5~8 mm，上部6~9裂，内面淡橙绿色或带紫色，具2~4条脊状隆起和多数小乳突。

生于海拔600~1 700 m的山坡、林下或沟旁。

根状茎民间药用，有活血祛瘀、接骨止痛之功效。常作观赏花卉栽培。

山菅兰
Dianella ensifolia (Linn.) DC.

百合科 山菅兰属

多年生草本，植株高0.5~2.0 m。根状茎圆柱状，横走。叶狭条状披针形，长30~80 cm，基部稍收狭成鞘状，套叠或抱茎。顶端圆锥花序长10~40 cm，分枝疏散，花常多朵生于侧枝上端；花被片条状披针形，绿白色、淡黄色至青紫色，5脉。浆果近球形，深蓝色。花、果期3~8月。

生于林下、山坡或草丛中。广布。

根状茎药用，有清热解毒、利湿消肿之功效。花多色艳，常栽培供观赏。

散斑竹根七
Disporopsis aspera (Hua) Engl. ex Krause

百合科　竹根七属

根状茎圆柱状，粗3~10 mm。茎高10~40 cm。叶厚纸质，卵形、卵状披针形或卵状椭圆形，长3~8 cm，宽1~4 cm，先端渐尖或稍尾状，基部通常近截形或略带心形，具柄。花1~2朵生于叶腋，黄绿色，多少具黑色斑点，俯垂；花被钟形，长10~14 mm；花被筒口部不缢缩。浆果近球形，直径约8 mm，熟时蓝紫色。花期5~6月，果期9~10月。

生于海拔1 100~2 900 m的林下、荫蔽山谷或溪边。常见。

萱草（黄花菜）
Hemerocallis fulva (Linn.) Linn.

百合科　萱草属

多年生草本。根近肉质，中下部有纺锤状膨大。叶阔线形，长30~60 cm。花葶高60~100 cm，有花6~10朵；花橘红色至橘黄色，内花被裂片下部一般有"八"字形彩斑，边缘波状。花、果期5~7月。

生于山沟边或林下阴湿处。常见。

全草药用，有清热利湿、凉血止血之功效。常栽培供观赏和食用花蕾。

野百合
Lilium brownii F. E. Brown ex Miellez

百合科　百合属

鳞茎球形，直径2.0~4.5 cm。茎高0.7~2.0 m。叶散生，通常自下向上渐小，披针形、窄披针形至条形，长7~15 cm，具5~7脉。花单生或几朵排成近伞形；花梗长3~10 cm，稍弯；花喇叭形，有香气，乳白色，外面稍带紫色，花被片顶端外弯而不卷。蒴果长圆形，有棱。花期5~6月，果期9~10月。

生于山坡、灌木林下、路边、溪旁或石缝中。

鳞茎含丰富淀粉，可食用；亦作药用，有滋阴润肺、清心安神之功效。常栽培作观赏花卉。

阔叶山麦冬
Liriope muscari (Decaisne) L. H. Bailey

百合科　山麦冬属

多年生草本。根细长，有时局部膨大成纺锤形的小块根。叶密集成丛，线形，革质，长25~65 cm，具9~11条脉，有明显的横脉。花葶通常长于叶；总状花序，多花；花4~8朵簇生于苞片腋内；花被片紫色或红紫色。果球形，成熟时变黑紫色。花、果期7~11月。

生于山地、山谷林下或潮湿处。常见。

块根药用，有滋阴润肺、清心宁神、益胃生津之功效。

山麦冬
Liriope spicata (Thunb.) Lour.

百合科　山麦冬属

多年生草本。根稍粗，近末端处常膨大成肉质小块根。叶线形，长25~60 cm，基部常包以褐色的叶鞘，背面粉绿色，具5条脉，边缘具细锯齿。总状花序具多数花；花通常3~5朵簇生于苞片腋内；花被片淡紫色或淡蓝色。果近球形。花、果期5~10月。

生于山坡或山谷林下、路旁或湿地。常见。

块根药用，有滋阴润肺、止咳之功效。

麦冬
Ophiopogon japonicus (L. f.) Ker-Gawl.

百合科　沿阶草属

根较粗，中间或近末端常膨大成椭圆形或纺锤形的小块根；小块根长1.0~1.5 cm，宽5~10 mm，淡褐黄色。茎很短。叶基生成丛，禾叶状，长10~50 cm，宽1.5~3.5 mm，具3~7条脉，边缘具细锯齿。花葶长6~15（~27）cm，通常比叶短，总状花序长2~5 cm，具几朵至十几朵花；花单生或成对着生于苞片腋内；花被片常稍下垂而不展开，白色或淡紫色。花期5~8月，果期8~9月。

生于海拔2 000 m以下的山坡阴湿处、林下或溪旁。常见。

本种小块根是中药"麦冬"，有生津解渴、润肺止咳之功效。

多花黄精
***Polygonatum cyrtonema* Hua**

百合科　黄精属

多年生草本。根状茎肥厚，通常连珠状或结节成块。茎高50~100 cm。叶互生，椭圆形、卵状披针形至长圆状披针形，长10~18 cm。花序伞形，具花2~7朵，总花梗长1~4 cm；花被黄绿色。浆果黑色，直径约1 cm。花期5~6月，果期8~10月。

生于林下、灌丛或山坡阴处。

根状茎药用，可补气滋阴、健脾、润肺、益肾。

油点草
***Tricyrtis macropoda* Miq.**

百合科　油点草属

多年生草本，植株高可达1 m。茎具糙毛。叶卵状椭圆形，长8~16 cm，两面疏生短糙伏毛，基部心形抱茎或圆形而近无柄。二歧聚伞花序；花被片绿白色或白色；内面具多数紫红色斑点，外轮3枚在基部向下延伸而呈囊状；柱头3裂，每裂片上端又2深裂。蒴果直立，长2~3 cm。花、果期6~10月。

生于山地林下、草丛或岩石缝隙中。广布。

全草或根药用，有补虚止咳之功效。花形奇特，可栽培作观赏花卉。

牯岭藜芦
***Veratrum schindleri* Loes. f.**

百合科　藜芦属

多年生草本，植株高约1 m。基部具棕褐色带网眼的纤维网。叶宽椭圆形或狭长圆形，长约30 cm，基部收狭为柄，叶柄通常长5~10 cm。圆锥花序长而扩展；总轴和枝轴生灰白色绵状毛；花被片伸展或反折，淡黄绿色、绿白色或褐色，顶端钝。蒴果直立，长1.5~2.0 cm。花、果期6~10月。

生于山坡林下阴湿处。少见。

根药用，可通窍、催吐、散瘀、消肿。

295. 延龄草科 Trilliaceae

七叶一枝花
Paris polyphylla Sm.

延龄草科　重楼属

多年生草本。植株高35~100 cm。根状茎粗厚，密生多数环节和许多须根。茎通常带紫红色。叶7~10片，轮生，长圆形或倒卵状披针形，长7~15 cm。花梗长5~16 cm；外轮花被片叶状，绿色，4~6枚，长4.5~7.0 cm；内轮花被片线形，通常比外轮长。蒴果紫色，3~6瓣裂开。种子具鲜红色外种皮。花、果期4~11月。

生于山地林下。常见。

根茎药用，有清热解毒、散瘀消肿、祛痰止咳、止痛之功效。花奇特、美丽，可栽培供观赏。

华重楼
Paris polyphylla Sm. var. *chinensis* (Franch.) Hara

延龄草科　重楼属

本变种与原种"七叶一枝花"的区别在：叶5~8片轮生，倒卵状披针形、长圆状披针形或倒披针形。内轮花被片狭条形，通常中部以上变宽，较外轮短。花、果期5~10月。

生于林下阴处或沟边的草丛中。常见。

根茎入药，有清热解毒、消肿止痛、凉肝定惊之功效。

296. 雨久花科 Pontederiaceae

鸭舌草
Monochoria vaginalis (Burm. f.) Presl ex Kunth

雨久花科　雨久花属

水生草本，高12~35 cm。叶片形状和大小变化较大，心状宽卵形、长卵形至披针形，长2~7 cm，基部圆形或浅心形；叶柄长10~20 cm，基部扩大成开裂的鞘，鞘长2~4 cm，顶端有舌状体。总状花序从叶柄中部抽出；花序通常3~5朵，蓝色；花被片卵状披针形或长圆形。花、果期8~10月。

生于稻田、沟旁、浅水池塘等水湿处。常见。

嫩茎和叶可作蔬菜和猪饲料。全草药用，有清热利湿、排脓解毒之功效。

302. 天南星科 Araceae

菖蒲
Acorus calamus L.

天南星科　菖蒲属

多年生草本。根茎横走，稍扁，分枝，直径5~10 mm，外皮黄褐色，芳香，肉质根多数，长5~6 cm，具毛发状须根。叶基生，基部两侧膜质叶鞘宽4~5 mm；叶片剑状线形，长90~150 cm，中部宽1~3 cm，基部宽、对折，中部以上渐狭，草质，绿色，光亮；中肋在两面均明显隆起。叶状佛焰苞剑状线形，肉穗花序斜向上或近直立，花黄绿色。浆果长圆形，红色。花期6~9月。

生于海拔2 600 m以下的水边、沼泽湿地或湖泊浮岛上，也常有栽培。常见。

金钱蒲
Acorus gramineus Soland.

天南星科　菖蒲属

多年生草本，高20~30 cm。根茎较短，芳香，节间短；根茎上部分枝密，呈丛生状。叶片质地较厚，线形，长20~30 cm，无中肋，平行脉多数；叶基对折。花序柄长2.5~9.0 cm，叶状佛焰苞短，长3~9 cm，为肉穗花序长的1~2倍，或比肉穗花序短。果黄绿色。花、果期5~8月。

生于水旁湿地或石上。广布。

根茎入药，能理气止痛、开窍化痰、辟秽杀虫。可栽培于石山、水景中供观赏。

尖尾芋
Alocasia cucullata (Lour.) Schott

天南星科　海芋属

直立草本。地上茎圆柱形，黑褐色，具环形叶痕。叶柄绿色，长25~30 cm，基部强烈扩大成宽鞘；叶片宽卵状心形，顶端骤狭近尾尖，长10~20 cm。花序柄长20~30 cm；佛焰苞近肉质，管部长圆状卵形；檐部狭舟状，长5~10 cm；肉穗花序比佛焰苞短。浆果近球形。花期5月。

生于溪谷湿地或田边。较少见。

全株药用，解毒退热、消肿镇痛。本品有毒，内服久煎6小时以上方可避免中毒。常栽培作阴生观赏植物。

海芋
Alocasia macrorrhiza (Linn.) Schott

天南星科　海芋属

大型常绿草本，高可达3 m。具匍匐根茎，有直立的地上茎。叶柄粗厚，长可达1.5 m；叶片箭状卵形，边缘波状，长50~90 cm。佛焰苞管部长3~5 cm，卵形或短椭圆形，檐部舟状，略下弯，顶端喙状；肉穗花序芳香，白色或淡黄色；附属器圆锥状，长3.0~5.5 cm。浆果红色。花期四季。

生于山涧、林下荫蔽处。常见。

常栽培供观赏。根茎药用，可清热解毒、消肿镇痛、去腐生肌。本品有毒，皮肤接触鲜草汁液后会引起瘙痒，误入眼内可引起失明；茎、叶误食后喉舌发痒、肿胀、恶心、腹泻，严重者心脏麻痹而死。

南蛇棒
Amorphophallus dunnii Tutcher

天南星科　魔芋属

多年生草本。块茎扁球形，直径4.5~13.0 cm。叶柄长50~90 cm，饰以暗绿色小块斑点；叶片3全裂，裂片离基部10 cm以上2次分叉。花序柄长23~60 cm，颜色同叶柄；佛焰苞绿色或浅绿白色，长12~26 cm，内面基部紫色；肉穗花序短于佛焰苞；附属器长圆锥形。浆果蓝色。花期3~4月，果期7~8月。

生于林下。常见。

块茎药用，有消肿散结、解毒止痛之功效。

一把伞南星
Arisaema erubescens (Wall.) Schott

天南星科　天南星属

多年生草本。块茎扁球形，直径可达6 cm。叶柄长40~80 cm，上部绿色，有时具褐色斑块；叶片放射状分裂，裂片3~20枚，无柄，具线形长尾。花序柄比叶柄短；佛焰苞檐部通常颜色较深，有长5~15 cm的线形尾尖；肉穗花序长约2 cm；附属器棒状或圆柱形。浆果红色。花期5~7月，果期9月。

生于林下、灌丛、荒地。常见。

块茎入药，可祛风化痰、散结燥湿。

天南星
Arisaema heterophyllum Blume

天南星科　天南星属

多年生草本。块茎扁球形，直径2~4 cm。叶柄长30~50 cm，下部3/4鞘筒状；叶片鸟足状分裂，裂片13~19枚。花序柄长30~55 cm，从叶柄鞘筒内抽出；佛焰苞檐部卵形或卵状披针形；肉穗花序两性；附属器向上细狭，长10~20 cm。浆果黄红色或红色。花期4~5月，果期7~9月。

生于林下、灌丛或草地。常见。

块茎入药称"天南星"，能解毒、消肿、祛风定惊、化痰散结；用胆汁处理过的称"胆南星"，主治小儿痰热、惊风抽搐。

野芋
Coiocasia antiquorrum Schott

天南星科　芋属

湿生草本。块茎球形，有多数须根；匍匐茎常从块茎基部外伸，具小球茎。叶柄肥厚，长可达1.2 m；叶片盾状卵形，基部心形，长达50 cm以上。佛焰苞苍黄色，檐部为狭长的线状披针形，顶端渐尖；肉穗花序短于佛焰苞；附属器长4~8 cm。

生于林下阴湿处。常见。

块茎药用，能解毒、消肿、止痛止血、散结。

滴水珠（心叶半夏）
Pinellia cordata N. E. Brown

天南星科　半夏属

多年生草本。块茎近球形，粗1.0~1.8 cm。叶1片，叶柄长12~25 cm，常紫色或绿色具紫斑，下部及顶端各有珠芽1枚；叶片心形、心状三角形、心状长圆形或心状戟形，长4~25 cm，背面淡绿色或红紫色，两面沿脉颜色均较淡。佛焰苞绿色，淡黄带紫色或青紫色，管部不明显过渡为檐部；附属器青绿色，渐狭为线形。花期3~6月，果8~9月成熟。

生于林下溪旁、湿地或岩隙中。常见。

块茎入药，可解毒止痛、散结消肿。

半夏
Pinellia ternata (Thunb.) Breit.

天南星科　半夏属

多年生草本。块茎圆球形，直径1~2 cm。叶1~5片，叶柄长15~20 cm，鞘内、鞘部以上或叶柄顶端有珠芽；幼苗叶片卵状心形至戟形；老株叶片3全裂。花序柄长于叶柄；佛焰苞绿色或绿白色，檐部长圆形；附属器青紫色，长6~10 cm。浆果卵圆形，黄绿色。花、果期5~8月。

生于草坡、荒地、田边或疏林下。常见。

块茎入药，有燥湿化痰、降逆止呕之功效。

犁头尖（土半夏）
Typhonium blumei Nicols. & Sivadasan

天南星科　犁头尖属

块茎近球形，直径1~2 cm。叶柄长20~24 cm，基部鞘状；叶片戟状三角形，长7~10 cm。花序柄从叶腋抽出，长9~11 cm；佛焰苞檐部长12~18 cm，卵状长披针形，中部以上骤狭成带状下垂，内面深紫色；肉穗花序无柄，圆锥形；附属器深紫色，向上渐狭成鼠尾状。花期5~7月。

生于地边、田头、草坡、石隙中。常见。

块茎入药，可解毒消肿、散结止痛。可盆栽作观赏植物。

303.浮萍科Lemnaceae

浮萍
Lemna minor Linn.

浮萍科　浮萍属

漂浮植物。叶状体对称，表面绿色，背面浅黄色、绿白色或常为紫色，近圆形、倒卵形或倒卵状椭圆形，长1.5~5.0 mm，不明显3脉，背面垂生丝状根1条，白色，长3~4 cm；叶状体背面一侧具囊。果实无翅，近陀螺状。

生于水田、池沼或其他静水水域。广布。

为良好的猪、鱼饲料。全草药用，能疏风发汗、透疹、利尿。

306.石蒜科 Amaryllidaceae

忽地笑（黄花石蒜）
Lycoris aurea (L'Herit.) Herb.

石蒜科　石蒜属

多年生草本。鳞茎肥大，宽卵形，直径约5 cm。叶基生，质厚，宽条形，长30~50 cm，宽约1.5 cm。花葶高30~60 cm；伞形花序具4~7朵花，花黄色或橙色；花被裂片倒披针形，边缘皱缩。花期9~11月。

生于阴湿山坡。常见。

鳞茎入药，有消炎解毒、润肺止咳之功效。可作观赏花卉栽培。

石蒜
Lycoris radiata (L'Herit.) Herb.

石蒜科　石蒜属

多年生草本。鳞茎肥大，近球形，直径2~4 cm。叶基生，线条形，长约20 cm，宽0.5~0.7 cm，中间有粉绿色带。花葶高30~80 cm，先花后叶开放；伞形花序具5~7朵花；花红色；花被裂片狭倒披针形，边缘皱缩。花期9~10月。

生于阴湿山坡。常见。

鳞茎入药，有解毒催吐、消肿止痛、祛痰止咳之功效。可作观赏花卉栽培。

307.鸢尾科 Iridaceae

蝴蝶花
Iris japonica Thunb.

鸢尾科　鸢尾属

多年生草本。具直立和横走根状茎。叶基生，近地面处带红紫色，剑形，长25~60 cm，无明显的中脉。花茎直立，高于叶片，顶生稀疏总状聚伞花序，分枝5~12个；苞片叶状，3~5枚，其中包含2~4朵花；花淡蓝色或蓝紫色。蒴果椭圆状柱形，长2.5~3.0 cm。花、果期3~6月。

生于山坡阴湿地、疏林下或林缘。常见。

根茎入药，清热解毒、消瘀逐水、祛湿散寒。花色艳丽，常栽培作庭园花卉。

小花鸢尾
Iris speculatrix Hance

鸢尾科 鸢尾属

多年生草本。根状茎二歧状分枝，斜伸。叶略弯曲，剑形或条形，长15~30 cm，基部鞘状，有3~5条纵脉。花茎光滑，不分枝或偶有侧枝，高20~25 cm；苞片内包含1~2朵花；花蓝紫色或淡蓝色；花被裂片匙形，有深紫色的环形斑纹，中脉上有鲜黄色的鸡冠状附属物。花期5月，果期7~8月。

生于山地、路旁、林缘或疏林下。常见。

根状茎药用，可消积、化瘀、行水。花色艳丽，常栽培作庭园花卉。

314.棕榈科Palmaceae

毛鳞省藤
Calamus thysanolepis Hance

棕榈科 省藤属

灌木状藤本，直立，丛生。藤粗3~4 cm，节多而稍肿大，高2~4 m。叶羽状全裂，长0.8~1.6 m；羽片多数，剑形，长30~37 cm，宽1.5~2.0 cm，上部的渐变小；3条叶脉上及边缘疏被微刺；叶轴、叶柄疏被强壮的黑刺；叶鞘延伸为叶柄。雄花序为三回分枝；雌花序二回分枝。果阔卵状椭圆形，长15 mm，具短的圆锥状的喙。花期6~7月，果期9~10月。

生于山地阴湿溪边。常见。

藤常用作藤椅骨架。

318.仙茅科Hypoxidaceae

仙茅
Curculigo orchioides Gaertn.

仙茅科 仙茅属

多年生草本。根状茎近圆柱状，直生，直径约1 cm。叶线形、线状披针形，长10~45 cm，两面散生疏柔毛或无毛。苞片披针形，长2.5~5.0 cm，具缘毛；总状花序多少呈伞房状，通常具4~6朵花；花黄色，花被裂片长圆状披针形。浆果近纺锤状，长1.2~1.5 cm，顶端有长喙。花、果期4~9月。

生于林中、草地或荒坡上。较少见。

根状茎入药，可益精补髓、补肾壮阳。

323.水玉簪科 Burmanniaceae

三品一枝花
Burmannia coelestis D. Don

水玉簪科　水玉簪属

一年生纤细草本。茎通常不分枝，高10~30 cm。基生叶少数，线形或披针形，长1.0~1.5 cm，宽1~3 mm；茎生叶2~4片，紧贴茎上，线形，长1~2 cm。花单生或少数簇生于茎顶；翅蓝色或紫色；花被裂片微黄；子房椭圆形或倒卵形，长约5 mm；翅长10~12 mm，宽2.0~2.5 mm。蒴果倒卵形，横裂。花期10~11月。

生于湿地上。少见。

326.兰科 Orchidaceae

无柱兰
Amitostigma gracile (Bl.) Schltr.

兰科　无柱兰属

植株高7~30 cm。块茎卵形或长圆状椭圆形，长1.0~2.5 cm，直径约1 cm，肉质。茎纤细，直立或近直立，光滑，基部具1~2枚筒状鞘，近基部具1枚大叶，在叶之上具1~2枚苞片状小叶。叶片长5~12 cm，宽1.0~3.5 cm，基部收狭成抱茎的鞘。总状花序具5~20朵花，偏向一侧；花苞片小；子房圆柱形，稍扭转；花小，粉红色或紫红色；唇瓣较萼片和花瓣大，基部楔形，具距；距纤细，圆筒状，下垂，长2~3 mm；蕊柱极短，直立；花粉团卵球形，具花粉团柄和黏盘。花期5~7月，果期9~10月。

生于海拔180~3 000 m的山坡沟谷边或林下阴湿处覆有土的岩石上或山坡灌丛下。少见。

花叶开唇兰（金线兰）
Anoectochilus roxburghii (Wall.) Lindl.

兰科　开唇兰属

多年生草本，植株高8~18 cm。根状茎匍匐，肉质。具2~4片叶，叶片卵圆形或卵形，长1.3~3.5 cm，上面暗紫色或黑紫色，具金色带有绢丝光泽的美丽网脉，背面淡紫红色。总状花序具2~6朵花，花白色或淡红色；中萼片卵形，凹陷成舟状，与花瓣黏合成兜状；花瓣近镰状，唇瓣2裂，基部具圆锥状距。花期9~11月。

生于林下或沟谷阴湿处。罕见。

全草药用，可清热凉血、解毒消肿、润肺止咳；具良好的降血压、降胆固醇、增强免疫力和美容效果。

广东石豆兰
Bulbophyllum kwangtungense Schltr.

兰科　石豆兰属

附生草本。根状茎粗，匍匐，假鳞茎直立，圆柱状，长1.0~2.5 cm，顶生1枚叶。叶革质，长圆形，通常长约2.5 cm，顶端圆钝并且稍凹入。花葶从假鳞茎基部的根状茎节上发出，远高出叶外；总状花序缩短成伞状，具2~4朵花；花淡黄色；萼片离生，狭披针形；花瓣狭卵状披针形，唇瓣肉质。花期5~8月。

生于山坡林下或岩石上。少见。

全草药用，可清热止咳、祛风。

钩距虾脊兰
Calanthe graciliflora Hayata

兰科　虾脊兰属

多年生草本。假鳞茎短，近卵球形，粗约2 cm，具3~4枚鞘和3~4片叶。叶椭圆形或椭圆状披针形，长达33 cm，基部收狭为长达10 cm的柄。花葶出自假茎上端的叶丛间，长达70 cm；总状花序疏生多数花；萼片和花瓣在背面褐色，内面淡黄色；唇瓣浅白色，3裂；距圆筒形，常钩曲。花期3~5月。

生于山谷溪边、林下等阴湿处。常见。

花美丽，可栽培供观赏。

流苏贝母兰
Coelogyne fimbriata Lindl.

兰科　贝母兰属

附生草本。假鳞茎狭卵形至近圆柱形，粗5~15 mm，顶端生2片叶。叶长圆形或长圆状披针形，长4~10 cm。花葶从假鳞茎顶端发出，长5~10 cm，鞘紧密围抱花葶；总状花序1~2朵花；花淡黄色或近白色，仅唇瓣上有红色斑纹；唇瓣3裂，顶端及边缘具流苏；唇盘上通常具2条纵褶皱。花期8~10月。

生于溪旁岩石上或林中、林缘树干上。常见。

全草药用，清热止咳，治风湿骨痛。

建兰（秋兰）
Cymbidium ensifolium (Linn.) Swartz

兰科　兰属

多年生草木。叶2~6枚，带形，长30~60 cm，关节位于距基部2~4 cm处。花葶从假鳞茎基部发出，长20~35 cm；通常具花3~13朵，花清香，通常为黄绿色而具紫斑，花瓣狭椭圆形，唇瓣近卵形，略3裂；唇盘具2条纵褶皱。蒴果狭椭圆形，长5~6 cm。花期6~10月。

生于疏林下、灌丛中、山谷旁或草丛中。常见。

全草药用，有滋阴润肺、祛风理气、活血止痛之功效。常栽培供观赏。

蕙兰
Cymbidium faberi Rolfe

兰科　兰属

地生草本，假鳞茎不明显。叶5~8枚，带形，直立性强，长25~80 cm，宽4~12 mm，基部常对折，叶脉透亮，边缘常有粗锯齿。花葶从叶丛基部最外面的叶腋抽出，长35~80 cm，被多枚长鞘；总状花序具5~11朵或更多的花；花梗和子房长2.0~2.6 cm；花常为浅黄绿色，唇瓣有紫红色斑，有香气；花瓣与萼片相似，常略短而宽；花粉团4个。蒴果长5.0~5.5 cm，宽约2 cm。花期3~5月。

生于湿润但排水良好的透光处。较少见。常栽培作观赏。

多花兰
Cymbidium floribundum Lindl.

兰科　兰属

附生草本。叶通常3~6枚，带形，革质，长22~50 cm，关节在距基部2~6 cm处。花葶自假鳞茎基部穿鞘而出，较叶短；花序通常具10~40朵花，无香气；萼片与花瓣红褐色或偶见绿黄色，唇瓣白色而在侧裂片与中裂片上有紫红色斑，褶皱黄色。蒴果近长圆形，长3~4 cm。花期4~8月。

生于林中或林缘树上，或溪谷旁透光的岩石上或岩壁上。少见。

全草药用，有清热解毒、滋阴润肺、化痰止咳之功效。常栽培供观赏。

春兰
Cymbidium goeringii (Rchb. f.) Rchb. f.

兰科　兰属

多年生草本。叶4~7枚，带形，长20~60 cm，边缘常具细齿。花葶从假鳞茎基部外侧叶腋中抽出，长3~15 cm；花序具单朵花，罕见2朵；花苞片长而宽，一般长4~5 cm；花绿色或淡褐黄色而有紫褐色脉纹，香气浓。蒴果狭椭圆形，长6~8 cm。花期1~4月。

生于山坡林下或溪边。常见。

全草药用，有清热润燥、活血祛瘀、凉血解毒之功效。常栽培供观赏。

寒兰
Cymbidium kanran Makino

兰科　兰属

多年生草本。叶3~5枚，带形，薄革质，略有光泽，长40~70 cm，前部边缘常有细齿。花葶发自假鳞茎基部，长25~60 cm；总状花序疏生5~12朵花；花常为淡黄绿色而具淡黄色唇瓣，有浓烈香气；萼片线状狭披针形；唇瓣近卵形，不明显的3裂。蒴果狭椭圆形。花期8~12月。

生于林下、溪谷旁或稍荫蔽、湿润、多石之土壤上。常见。

全草药用，有清心润肺、止咳平喘之功效。常栽培供观赏。

兔耳兰
Cymbidium lancifolium Hook.

兰科　兰属

半附生草本。叶2~4枚，倒披针状长圆形至狭椭圆形，长6~17 cm，基部收狭为柄；叶柄长3~18 cm。花葶从假鳞茎下部侧面节上发出，长8~20 cm，具2~6朵花；花通常白色至淡绿色，花瓣上有紫栗色中脉，唇瓣上有紫栗色斑。蒴果狭椭圆形。花期5~8月。

生于疏林下。少见。

全草入药，有补肝肺、强筋骨、清热消肿、祛风除湿之功效。可栽培供观赏。

钩状石斛
***Dendrobium aduncum* Lindl.**

兰科　石斛属

附生草本。茎圆柱形，长15~30 cm，节间长2~3 cm，淡黄色。叶狭椭圆形，长4~10 cm，顶端常不等2裂。总状花序出自落了叶的老茎上部，疏生1~6朵花；萼片和花瓣淡粉红色；唇瓣白色，凹陷成舟状，近基部具1个绿色方形的胼胝体；药帽深紫色，近半球形。花期5~7月。

生于山地林中树干上、岩石上。少见。

全草入药，有滋阴、清热、止渴生津的作用。花美丽，可栽培供观赏。

细茎石斛
***Dendrobium moniliforme* (Linn.) Sw.**

兰科　石斛属

附生草本。茎细圆柱形，节间长2~4 cm。叶生茎中部以上，披针形或长圆形，长3.0~4.5 cm，顶端钝并稍不等侧2裂。总状花序生于茎中部以上，通常具1~3花；花黄绿色、白色或白色带淡紫红色，萼片和花瓣相似，长1.3~1.7 cm；唇瓣白色、淡黄绿色或绿白色，带淡褐色或紫红色至浅黄色斑块。花期通常3~5月。

生于阔叶林中树干上或山谷岩壁上。少见。

全草药用，可滋阴润肺、生津止渴。

剑叶石斛
***Dendrobium acinaciforme* Roxb.**

兰科　石斛属

附生草本。茎直立，扁三棱形，不分枝，具多个节。叶二列，斜立，稍疏松地套叠或互生，厚革质或肉质，两侧压扁成短剑状或匕首状，长25~40 mm，宽4~6 mm，基部扩大成紧抱于茎的鞘，向上叶逐渐退化而成鞘状。花序侧生于无叶的茎上部，具1~2朵花；花很小，白色，唇瓣白色带微红色。蒴果椭圆形，长4~7 mm。花期3~9月，果期10~11月。

生于海拔260 m左右的山地林缘树干上和林下岩石上。少见。

单叶厚唇兰
Epigeneium fargesii (Finet) Gagnep.

兰科　厚唇兰属

附生草本。根状茎匍匐，密被栗色筒状鞘。假鳞茎斜立，一侧多偏鼓，中部以下贴伏于根状茎，近卵形，长约1 cm，顶生1枚叶。叶厚革质，卵形或宽卵状椭圆形，长1.0~2.3 cm，顶端圆形而中央凹入。花序生于假鳞茎顶端，具单朵花，花不甚张开，萼片和花瓣淡粉红色；唇瓣几乎白色，琴状。花期通常4~5月。

生于沟谷岩石上或山地林中树干上。少见。

全草药用，有滋阴养胃、润肺化痰、清热利湿、降火凉血之功效。

钳唇兰
Erythrodes blumei (Lindl.) Schltr.

兰科　钳唇兰属

植株高18~60 cm。根状茎匍匐，具节，节上生根。茎直立，圆柱形，直径2.5~3.5 mm，下部具3~6枚叶。叶片卵形、椭圆形或卵状披针形，具3条明显的主脉，具柄；叶柄下部扩大成抱茎的鞘。花茎被短柔毛，长12~40 cm，具3~6枚鞘状苞片；总状花序顶生，具多数密生的花；子房圆柱形，红褐色，扭转；花较小，花瓣倒披针形，长4~6 mm，宽1.5~2.0 mm，与中萼片黏合成兜状；距下垂，近圆筒状，红褐色。花期4~5月。

生于海拔400~1 500 m的山坡或沟谷常绿阔叶林下阴处。少见。

高山毛兰
Eria reptans (Franch. et Sav.) Makino

兰科　毛兰属

假鳞茎密集，长卵形，长1.0~1.5 cm，粗3~4 mm，具1~2枚膜质叶鞘，顶端具2枚叶。叶长椭圆形或线形，长4~10 cm，宽0.5~1.6 cm，具4~5条主脉。花序1个，着生于叶的内侧，具1~4朵花；花苞片长约3 mm；子房和花梗长约8 mm；花白色；中萼片长约8 mm；侧萼片偏斜，长约6 mm，基部与蕊柱足合生成萼囊；花瓣近等长于中萼片；唇瓣3裂。花期6月。

生于海拔700~900 m的岩壁上。少见。

全草药用，有清肝明目、生津止渴、润肺之功效。

无叶美冠兰
Eulophia zollingeri (Rchb. f.) J. J. Smith

兰科　美冠兰属

腐生植物，无绿叶。假鳞茎块状，近长圆形，有节，位于地下。花葶粗壮，褐红色，高15~80 cm，自下至上有多枚鞘；总状花序直立，长达30 cm，疏生数朵至20余朵花；花苞片狭披针形或近钻形，长1.0~2.5 cm；花梗和子房长1.6~1.8 cm；花褐黄色，直径2.5~3.0 cm；花瓣倒卵形，先端具短尖；唇瓣生于蕊柱足上，3裂；蕊柱长约5 mm，基部有长达4 mm的蕊柱足。花期4~6月。

生于海拔400~700 m疏林下、竹林或草坡上。少见。

花格斑叶兰
Goodyera kwangtungensis C. L. Tso

兰科　斑叶兰属

多年生草本，植株高18~30 cm。叶卵状椭圆形，长4.5~6.0 cm，上面深绿色，具白色有规则的斑纹；叶柄长1~2 cm，基部扩大成抱茎的鞘。花茎直立，长14~20 cm，被短柔毛；总状花序多数偏向一侧的花；花白色，中萼片凹陷，与花瓣黏合成兜状；花瓣长菱形，近顶端具一个绿色斑块。花期5~6月。

生于林下阴湿处。常见。

花、叶美观，可盆栽供观赏。

高斑叶兰
Goodyera procera (Ker-Gawl.) Hook.

兰科　斑叶兰属

多年生草本，植株高22~80 cm。茎直立，具6~8枚叶。叶片狭椭圆形，长7~15 cm；叶柄长3~7 cm，基部扩大成抱茎的鞘。花茎长12~50 cm，总状花序具多数密生的小花，似穗状；花小，白色带淡绿，芳香，不偏向一侧；中萼片与花瓣黏合成兜状；唇瓣宽卵形，厚，基部囊状。花期4~5月。

生于山坡林下、沟边。少见。

全草药用，可祛风除湿、养血舒筋、润肺止咳。

鹅毛玉凤花
Habenaria dentata (Sw.) Schltr.

兰科　玉凤花属

多年生草本，植株高35~90 cm。块茎肉质，长圆状卵形至长圆形，直径1~3 cm。茎粗壮，具3~5枚疏生的叶。叶片长圆形至长椭圆形，长5~15 cm，基部抱茎。总状花序具多朵花，花白色，较大；中萼片凹陷，与花瓣靠合成兜状；唇瓣宽倒卵形，3裂；距细圆筒状棒形，下垂，长达4 cm，末端逐渐膨大。花期8~10月。

生于山坡林下或沟边。少见。

块茎药用，有利尿消肿、壮腰补肾之效。花美丽，可栽培供观赏。

橙黄玉凤花
Habenaria rhodocheila Hance

兰科　玉凤花属

附生草本，植株高8~35 cm。块茎长圆形，肉质，直径1~2 cm。叶线状披针形至近长圆形，长10~15 cm，基部抱茎。总状花序具2~10朵疏生的花；萼片和花瓣绿色，唇瓣橙黄色、橙红色或红色；中萼片近圆形，凹陷，与花瓣黏合成兜状；距细圆筒状，乌黄色，下垂，长2~3 cm。花期7~8月。

生于山坡或沟谷林下阴处。常见。

花美丽，可栽培供观赏。全草入药，有止咳化痰、固肾止遗、止血敛伤之功效。

镰翅羊耳蒜
Liparis bootanensis Griff.

兰科　羊耳蒜属

附生草本。假鳞茎密集，卵圆锥形，长0.8~1.8 cm，顶端生1叶。叶狭长圆状倒披针形、狭椭圆状长圆形，长8~22 cm。花葶长7~24 cm；两侧具很狭的翅；总状花序外弯或下垂，具数朵至20余朵花；花通常黄绿色，有时稍带褐色。蒴果倒卵状椭圆形。花期8~10月，果期3~5月。

生于林缘、林中或山谷阴处的树上或岩壁上。少见。

全草药用，有清热解毒、祛瘀散结、活血调经之功效。

见血青
Liparis nervosa (Thunb. ex A. Murray) Lindl.

兰科　羊耳蒜属

多年生草本。茎圆柱状，肥壮，肉质，有数节。叶3~5枚，卵形至卵状椭圆形，草质，长5~11 cm。花葶发自茎顶端，长10~20 cm；总状花序通常具数朵至10余朵花，花紫色；中萼片线形或宽线形，花瓣丝状。蒴果倒卵状长圆形或狭椭圆形。花期2~7月，果期10月。

生于林下、溪谷旁、草丛阴处或岩石覆土上。常见。

茎药用，有活血散瘀、清肺止咳之功效。

小沼兰
Malaxis microtatantha (Schltr.) T. Tang et F. T. Wang

兰科　沼兰属

地生小草本。假鳞茎小，卵形或近球形，长3~8 mm，外被白色的薄膜质鞘。叶1枚，卵形至宽卵形，长1~2 cm，宽5~13 mm，有短柄；叶柄鞘状，抱茎。花葶直立，纤细，常紫色；总状花序长1~2 cm，通常具10~20朵花；花很小，黄色。花期4月。

生于海拔200~600 m林下或阴湿处的岩石上。常见。

黄花鹤顶兰
Phaius flavus (Bl.) Lindl.

兰科　鹤顶兰属

多年生草本。假鳞茎卵状圆锥形，粗2.5~4.0 cm，具2~3节。叶4~6枚，紧密互生于假鳞茎上部，长椭圆形或椭圆状披针形，长25 cm以上，通常具黄色斑块。花葶1~2个，粗壮，不高出叶层之外，具数朵至20朵花；花柠檬黄色，不全张开；唇盘具3~4条隆起的褐色脊突；距白色，长7~8 mm，末端钝。花期4~10月。

生于山坡林下阴湿处。少见。

假鳞茎入药，可清热解毒、消肿散结。花大、多数，可栽培供观赏。

小舌唇兰
Platanthera minor (Miq.) Rchb. f.

兰科　舌唇兰属

植株高20~60 cm。块茎椭圆形，肉质。茎直立，下部具1~3枚较大的叶，上部具2~5枚逐渐变小的苞片状小叶，基部具1~2枚筒状鞘。叶最下面的一枚最大，基部鞘状抱茎。总状花序具多数疏生的花，长10~18 cm；子房圆柱形，扭转；花黄绿色，中萼片宽卵形，凹陷成舟状；侧萼片反折；花瓣直立，与中萼片靠合成兜状；唇瓣舌状，肉质，下垂；距细圆筒状，下垂；蕊柱短。花期5~7月。

生于海拔250~2 700 m的山坡林下或草地。少见。

独蒜兰
Pleione bulbocodioides (Franch.) Rolfe

兰科　独蒜兰属

半附生草本。假鳞茎卵状圆锥形，直径1~2 cm，顶端具1枚叶。叶狭椭圆状披针形或近倒披针形，长10~25 cm。花葶从无叶的老假鳞茎基部发出，顶端具1~2花；花粉红色至淡紫色，唇瓣上有深色斑；唇瓣倒卵形或宽倒卵形，不明显3裂，上部边缘撕裂状，通常具4~5条褶片。花期4~6月。

生于常绿阔叶林下或灌木林缘、岩壁水湿处，少见。

假鳞茎入药，可清热解毒、消肿散结。花色艳丽，可栽培观赏。

绶草（盘龙参）
Spiranthes sinensis (Pers.) Ames

兰科　绶草属

多年生草本，植株高13~30 cm。茎较短，近基部生2~5枚叶。叶片宽线形或宽线状披针形，长3~10 cm。花茎长10~25 cm；总状花序具多数密生的花，呈螺旋状排列；花小，紫红色、粉红色或白色，中萼片狭长圆形，舟状，与花瓣黏合成兜状；唇瓣宽长圆形，边缘具强烈皱波状啮齿。花期4~8月。

生于山坡林下、灌丛下、草地或河滩沼泽草甸中。常见。

根、全草入药，有滋阴益气、凉血解毒、涩精之功效。

带唇兰
Tainia dunnii Rolfe

兰科　带唇兰属

假鳞茎暗紫色，圆柱形，罕为卵状圆锥形，粗5~10 mm，顶生1枚叶。叶狭长圆形或椭圆状披针形，长12~35 cm，叶柄长2~6 cm，具3条脉。花葶纤细，长30~60 cm；总状花序疏生多数花；花黄褐色或棕紫色；唇瓣近圆形，黄色，侧裂片具许多紫黑色斑点；唇盘上面具3条褶皱。花期3~4月。

生于常绿阔叶林下或山间溪边。少见。

长轴白点兰
Thrixspermum saruwatarii (Hayata) Schltr.

兰科　白点兰属

茎直立或斜立，长不及2 cm。叶二列，密集而斜立，长圆状镰刀形，长4~12 cm，宽6~15 mm，先端锐尖并且不等侧2裂。花序侧生，通常下垂，长达8 cm；花序轴稍折曲而向上增粗，长1.8~4.0 cm，疏生1~2或数朵花；花白色或黄绿色，后来变为乳黄色，均同时开放；花瓣狭椭圆形，比萼片小，先端钝；唇瓣小，3裂，基部浅囊状；侧裂片直立，长椭圆形，先端圆钝，内面具许多橘红色条纹；唇盘基部密布红紫色或金黄色毛；蕊柱白色带淡紫色，长约3 mm；蕊柱足长约4 mm，内面具紫红色斑点，与唇瓣连接处具1个关节。花期3~4月。

生于大树枝干上。少见。

327.灯心草科 Juncaceae

灯心草
Juncus effusus Linn.

灯心草科　灯心草属

多年生草本，高30~100 cm。茎丛生，圆柱形，具纵条纹，直径1.5~3.0 mm，茎内充满白色的髓心。叶片退化为刺芒状。聚伞花序假侧生，含多花；总苞片圆柱形，似茎的延伸，长5~28 cm；花淡绿色；花被片线状披针形。蒴果长圆形或卵形。花、果期4~9月。

生于水旁或湿地。常见。

茎入药有利尿、清凉、镇静作用。

野灯心草
Juncus setchuensis Buchen.

灯心草科　灯心草属

多年生草本，高25~65 cm；根状茎短而横走。茎丛生，直立，圆柱形，有较深而明显的纵沟，直径1.0~1.5 mm，茎内充满白色髓心。叶全部为低出叶，呈鞘状或鳞片状，包围在茎的基部。聚伞花序假侧生；花多朵排列紧密或疏散；总苞片生于顶端，圆柱形，似茎的延伸，长5~15 cm，顶端尖锐；小苞片2枚；花淡绿色。蒴果卵形。花期5~7月，果期6~9月。

生于海拔500~1 700 m的山沟、林下阴湿地、溪旁、道旁的浅水处。常见。

笄石菖（江南灯心草）
Juncus prismatocarpus R.Br.

灯心草科　灯心草属

多年生草本，高15~65 cm。茎丛生，稍扁，多分枝。叶片线形，通常扁平，长10~25 cm，具不完全横隔。花序由5~20个头状花序组成，排列成顶生复聚伞花序；头状花序半球形至近圆球形，有4~15朵花；叶状总苞片常1枚，线形，短于花序；花被片线状披针形至狭披针形，绿色或淡红褐色。花、果期3~8月。

生于田间、溪边、路旁、沟边、疏林草地以及山坡湿地。

全草入药，可降心火、清肺热、利小便。

圆柱叶灯心草
Juncus prismatocarpus R. Br. subsp. *teretifolius* K. F. Wu

灯心草科　灯心草属

本亚种和原种"笄石菖"的区别在于：叶圆柱形，有时干后稍压扁，具明显的完全横膈膜，单管。植株常较高大。

生于山坡林下、灌丛、沟谷水旁湿润处。

331.莎草科 Cyperaceae

广东苔草
Carex adrienii E. G. Camus

莎草科　苔草属

多年生草本，高30~50 cm。秆丛生，三棱形，密被短粗毛。叶基生与秆生，基生叶数枚丛生，短于秆，叶片狭椭圆形、狭椭圆状倒披针形，长25~35 cm，下面密被短粗毛；秆生叶退化成佛焰苞状。圆锥花序复出，具2~6个支花序。小坚果卵形，三棱形。花、果期5~6月。

生于林下、水旁或阴湿地。常见。

阿里山苔草
Carex arisanensis Hay.

莎草科　苔草属

根状茎短。秆侧生，高15~40 cm，细弱，基部具淡褐色无叶片的叶鞘。叶短于或长于秆，宽4~8 mm。苞片短叶状，鞘长2~4 cm；小穗3~4个，顶生1个雄性，长5~8 mm，与最上的一个雌小穗极接近；其余小穗雌性，长7~10 mm，具2~3朵花；小穗柄纤细，伸出苞鞘外。小坚果紧包于果囊中，长3 mm；柱头3个。花、果期4~6月。

生于海拔900~1 100 m林下。较少见。

浆果苔草
Carex baccans Nees

莎草科　苔草属

多年生草本，高80~150 cm。秆密丛生，三条棱形。叶基生和秆生，长于秆，上面粗糙，基部具红褐色、分裂或网状的宿存叶鞘。苞片叶状，长于花序；圆锥花序复出，长10~35 cm；支圆锥花序3~8个；小穗雄雌顺序排列。小坚果椭圆形，三棱状，成熟时红褐色。花、果期8~12月。

生于林边、河边及村边。常见。

全草药用，有凉血止血、活血调经、透疹止咳、补中利水之功效。

青绿苔草
Carex breviculmis R. Br.

莎草科 苔草属

根状茎短。秆丛生，高8~40 cm，纤细，三棱形，基部叶鞘撕裂成纤维状。叶短于秆，宽2~5 mm，质硬。苞片最下部的叶状，长于花序，具短鞘，鞘长1.5~2.0 mm，其余的刚毛状，近无鞘；小穗2~5个，下部的远离，顶生小穗雄性，长1.0~1.5 cm，宽2~3 mm；侧生小穗雌性，长0.6~2.0 cm。小坚果长约1.8 mm。花、果期3~6月。

生于海拔470~2 300 m山坡草地、路边、山谷沟边。

短尖苔草
Carex brevicuspis C. B. Clarke

莎草科 苔草属

根状茎短粗。秆高20~55 cm，三棱形，坚硬，基部具老叶鞘。叶长于秆，宽5~10 mm。苞片短叶状，具长鞘；小穗4~5个，彼此远离，顶生1个雄性，长2.5~4.0 cm，小穗柄长约4 cm；侧生小穗雌性，顶端有少数雄花，长3.7~7.0 cm，花密生，最下部一个小穗柄长5.0~7.5 cm，其余的包藏于鞘内。小坚果长约2 mm，黑紫色。果期4~5月。

生于海拔580~700 m山坡林下、溪旁。

中华苔草
Carex chinensis Retz.

莎草科 苔草属

根状茎短，斜生，木质。秆丛生，高20~55 cm，纤细，钝三棱形，基部具分裂成纤维状的老叶鞘。叶长于秆，宽3~9 mm。苞片短叶状，具长鞘；小穗4~5个，远离，顶生1个雄性，长2.5~4.2 cm，小穗柄长2.5~3.5 cm；侧生小穗雌性，顶端和基部常具几朵雄花，小穗柄纤细。小坚果菱形、三棱形。花、果期4~6月。

生于海拔200~1 700 m山谷阴处、溪边岩石上和草丛中。常见。

十字苔草
Carex cruciata Wahl.

莎草科　苔草属

多年生草本。秆丛生，三条棱形。叶长于秆，下面粗糙，边缘具短刺毛，基部具暗褐色、分裂成纤维状的宿存叶鞘。苞片叶状，长于支花序；圆锥花序复出，支圆锥花序数个，通常单生；小穗极多数，横展，雄雌顺序排列；雄花部分与雌花部分近等长。小坚果卵状椭圆形，三条棱状。花、果期5~11月。

生于林边或山谷、路旁、草丛。常见。

全草药用，有凉血、止血、解表透疹、止痢之功效。

垂穗苔草
Carex brachyathera Ohwi

莎草科　苔草属

根状茎较粗，通常具匍匐茎。秆疏丛生，高30~60 cm，纤细，三棱形，基部叶鞘褐色。叶短于秆，宽1.5~2.5 mm，线形。苞片具长鞘，鞘长3~5 cm，最下部的叶状，短于小穗，上部的刚毛状；小穗3~5个，顶生小穗雄性，或少有基部具极少的雌花，长2~3 cm；侧生小穗雌性，狭圆柱形，长2.5~4.5 cm，疏花；小穗柄丝状。小坚果卵状椭圆形，扁三棱形。花、果期7月。

生于沙质草地。常见。

签草
Carex doniana Spreng.

莎草科　苔草属

根状茎短，具细长的地下匍匐茎。秆高30~60 cm，较粗壮，扁锐三棱形，基部具叶鞘。叶稍长或近等长于秆，宽5~12 mm，质较柔软，具两条明显的侧脉，具鞘。苞片叶状，向上部的渐狭成线形，长于小穗；小穗3~6个，上面的较密集生于秆的上端，顶生小穗为雄小穗，长3.0~7.5 cm；侧生小穗为雌小穗，有时顶端具少数雄花，长3~7 cm，下部的小穗具短柄，上部的近无柄。小坚果长约1.8 mm。花、果期4~10月。

生于海拔500~3 000 m溪边、沟边、林下、灌木丛和草丛中潮湿处。常见。

穹隆苔草
Carex gibba Wahlenb.

莎草科　苔草属

根状茎短。秆丛生，高20~60 cm，宽1.5 mm，三棱形，基部具老叶鞘。叶长于或等长于秆，宽3~4 mm，柔软。苞片叶状，长于花序；小穗长0.5~1.2 cm，雄雌顺序；下部小穗远离，基部1枚小穗有分枝。小坚果长约2.2 mm。花、果期4~8月。

生于海拔240~1 290 m山谷湿地、山坡草地或林下。常见。

长囊苔草
Carex harlandii Boott

莎草科　苔草属

根状茎粗短。秆侧生，高30~90 cm，三棱形，坚挺，平滑。叶长于秆，宽10~22 mm。苞片叶状，长于花序，具鞘；小穗3~4个，彼此远离，顶端1个雄性，长4.5~8.0 cm，具小穗柄；侧生小穗大部分为雌花，顶端有少数雄花，长4.5~9.0 cm，小穗柄短。小坚果长7 mm。花、果期4~7月。

生于林下和灌木丛中、溪边湿地或岩石上以及山坡草地。常见。

狭穗苔草
Carex ischnostachya Steud.

莎草科　苔草属

根状茎粗短。秆丛生，高30~60 cm，较细，三棱形，平滑，基部具多数叶，最下面具紫褐色无叶片的鞘。叶近等长于秆，宽4~6 mm，较柔软，具较长的叶鞘。苞片叶状，长于顶端的小穗，具较长的苞片鞘；小穗4~5个，上面3~4个常聚集在秆的上端；顶生小穗为雄小穗，线形，长1.5~3.0 cm；其余为雌小穗，长2~6 cm。小坚果长约2 mm。花、果期4~5月。

生于山坡路旁草丛中或水边。常见。

弯喙苔草
Carex laticeps C. B. Clarke ex Franch.

莎草科　苔草属

根状茎短，具匍匐茎。秆高30~40 cm，纤细，三棱形，被疏柔毛。叶短于秆，宽3~5 mm，边缘反卷。苞片短叶状，具长鞘；小穗2~3个，彼此远离，顶生1个雄性，长1.5~2.5 cm；侧生1~2个雌性，长2.0~2.5 cm，花密生。小坚果长3~4 mm，成熟时黑色。花、果期3~4月。

生于山坡林下、路旁、水沟边。常见。

舌叶苔草
Carex ligulata Nees

莎草科　苔草属

根状茎粗短。秆疏丛生，高35~70 cm，三棱形，较粗壮。叶上部的长于秆，下部的叶片短，宽6~12 mm，质较柔软，具明显锈色的叶舌，叶鞘较长，最长可达6 cm。苞片叶状，长于花序，下面的苞片具稍长的鞘，上面的鞘短；小穗6~8个，顶生小穗为雄小穗，长2.5~4.0 cm。小坚果长2.5~3.0 mm。花、果期5~7月。

生于海拔600~2 000 m山坡林下或草地、山谷沟边或河边湿地。较少见。

条穗苔草
Carex nemostachys Steud.

莎草科　苔草属

多年生草本，高40~90 cm。秆粗壮，三条棱形。叶长于秆，较坚挺，下部常折合，脉和边缘均粗糙。下面的苞片叶状，上面的呈刚毛状；小穗5~8个，顶生为雄小穗，线形；其余为雌小穗，长圆柱形。果囊后期向外张开，卵形或宽卵形，钝三条棱状，顶端急缩成长喙。花、果期9~12月。

生于小溪旁、沼泽地、林下阴湿处。常见。

镜子苔草
Carex phacota Spreng.

莎草科 苔草属

多年生草本，高20~75 cm。秆丛生，锐三条棱形。叶边缘反卷。下部的苞片叶状，长于花序，上部的刚毛状。小穗3~5个，接近，顶端1个雄性，线状圆柱形；侧生小穗雌性，长圆柱形。果囊长于鳞片，宽卵形或椭圆形，双凸状，顶端急尖成短喙。花、果期3~5月。

生于沟边草丛、水边和路旁潮湿处。常见。

带根全草药用，可解表透疹、催生。

密苞叶苔草
Carex phyllocephala Koyama

莎草科 苔草属

多年生草本，高20~60 cm。秆较粗壮，钝三条棱形，下部具红褐色无叶片的鞘。叶排列紧密，具稍长的叶鞘，上下彼此套叠，叶舌明显，淡红褐色。苞片叶状，密集于秆的顶端，长于花序；小穗6~10枚，密集生于秆的上端。果囊斜展，宽倒卵形，三条棱状，顶端急缩成较短的喙。花、果期6~9月。

生于林下、路旁、沟谷等潮湿地。常见。

株形美观，可栽培作庭园观赏草本植物。

粉被苔草
Carex pruinosa Boott.

莎草科 苔草属

多年生草本，高20~60 cm。秆丛生，锐三棱形，基部具红褐色叶鞘。叶短于秆或与秆近等长，宽3~5 mm，边缘反卷。苞片叶状，长于小穗；小穗3~5个，长2~5 cm；顶生小穗雄性；侧生小穗雌性；梗纤细，下垂。果囊长圆状卵形或倒卵形，双凸状。花、果期4~6月。

生于林下阴湿处。常见。

喙果苔草
Carex rhynchachaenium C. B. Clarke ex Merrill

莎草科　苔草属

根状茎斜生。秆侧生，高10~30 cm，三棱形，纤细。叶长于秆，宽6~10 mm。苞片短叶状，具鞘；小穗4~6个，顶生小穗雄性，长1.0~1.5 cm，宽约1 mm；侧生小穗雌性，长2~5 cm，最上部的一个雌小穗长于雄小穗。果囊长于鳞片。小坚果长2.5~3.5 mm，顶端具一个显著粗壮的圆柱状喙。花、果期3~5月。

生于海拔500~1 200 m林中、山坡草地或溪旁。

花葶苔草
Carex scaposa C. B. Clarke

莎草科　苔草属

多年生草本，高20~80 cm。秆侧生，三条棱形，基部具淡褐色无叶的鞘。基生叶数枚丛生，椭圆形、椭圆状披针形、椭圆状倒披针形，宽2~5 cm，有3条隆起的脉及多数细脉；叶柄稍扁而对折；秆生叶退化成佛焰苞状。圆锥花序复出，具3至数枚支花序，小穗10~20个。果囊椭圆形，三条棱状。花、果期5~11月。

生于常绿阔叶林林下、水旁、山坡阴处或石灰岩山坡峭壁上。常见。

根药用，可消肿止痛。植株美观，可栽培作园林观赏。

褐绿苔草（柄果苔草）
Carex stipitinux C. B. Clarke ex Franch.

莎草科　苔草属

多年生草本，高50~90 cm。秆丛生，三条棱形。叶短于或等于秆，宽4~5 cm，边缘粗糙。总苞短于花序，下部的叶状，上部的刚毛状；小穗多数，1~3个从同一苞鞘中生出，最顶生一小穗为雄小穗；其余小穗均为雄雌顺序，长1~3 cm，梗纤细。果囊黄绿色，宽卵形。花、果期6~9月。

生于林下、水旁。常见。

可栽培于水旁作园林观赏。

截鳞苔草
Carex truncatigluma C. B. Clarke

莎草科　苔草属

根状茎斜生。秆侧生，高10~30 cm，三棱形，纤细。叶长于秆，宽6~10 mm。苞片短叶状，具鞘；小穗4~6个，顶生小穗雄性，长1.0~1.5 cm，宽约1 mm；侧生小穗雌性，长2~5 cm，最上部的1个雌小穗长于雄小穗。果囊长于鳞片。小坚果长2.5~3.5 mm。花、果期3~5月。

生于海拔500~1 200 m林中、山坡草地或溪旁。常见。

遵义苔草
Carex zunyiensis Tang et Wang

莎草科　苔草属

秆极短。叶长25~70 cm，宽1.0~1.5 cm，深绿色，基部具暗棕色纤维状的老叶鞘。苞片短叶状，无鞘；小穗4~7个，近基生，彼此极靠近，顶生1个雄性，线状圆柱形，长3.5~5.0 cm；其余小穗雌性，长3~5 cm；具小穗柄。果囊长于鳞片。小坚果未成熟时黄色。花、果期3~4月。

生于海拔200~1 350 m山谷溪边、林下石上。较少见。

扁穗莎草
Cyperus compressus Linn.

莎草科　莎草属

一年生草本。秆高5~25 cm，锐三棱形。叶宽2~4 mm，灰绿色；叶鞘紫褐色。苞片3~5枚，叶状，长于花序；长侧枝聚伞花序简单，具2~7个辐射枝，辐射枝最长达5 cm；穗状花序近于头状，具3~10个小穗；小穗排列紧密，线状披针形。小坚果倒卵形，三棱状。花、果期7~12月。

生于田间、旷野草地上。常见。

异型莎草
Cyperus difformis Linn.

莎草科　莎草属

一年生草本。秆丛生，高10~60 cm，扁三棱形。叶短于秆，宽2~6 mm。苞片2~3枚，叶状，长于花序；长侧枝聚伞花序简单，具3~9个辐射枝，辐射枝长短不等，最长达2.5 cm；头状花序球形，具极多数小穗；小穗披针形或线形；鳞片两侧深红紫色。小坚果倒卵状椭圆形，三棱状。花、果期7~10月。

生长于稻田中或水边潮湿处。常见。

全草药用，有行气、活血、通淋、利尿之功效。

畦畔莎草
Cyperus haspan Linn.

莎草科　莎草属

一或多年生草本。秆丛生或散生，稍细弱，高10~40 cm，扁三棱形。叶宽2~3 mm，下部常仅剩叶鞘而无叶片。苞片2枚，叶状，常较花序短；长侧枝聚伞花序复出或简单，具多数细长松散的第一次辐射枝；小穗通常3~6个呈指状排列；鳞片密覆瓦状排列，两侧紫红色或苍白色。花、果期5~10月。

多生于田边、路旁潮湿地。常见。
全草药用，息风止痉。

碎米莎草
Cyperus iria Linn.

莎草科　莎草属

一年生草本。秆丛生，高10~80 cm，扁三棱形。叶宽2~5 mm，叶鞘红棕色或棕紫色。叶状苞片3~5枚，下面的2~3枚常较花序长；长侧枝聚伞花序复出，具4~9个辐射枝，辐射枝最长达12 cm，每辐射枝具5~10个穗状花序；穗状花序卵形，长1~4 cm。小坚果倒卵形或椭圆形，三棱状。花、果期6~10月。

生于田间、山坡、路旁阴湿处。广布。

全草药用，有祛风除湿、活血调经、行气止痛之功效。

毛轴莎草
***Cyperus pilosus* Vahl**

莎草科　莎草属

草本。秆散生，粗壮，高25~80 cm，锐三棱形，平滑。叶短于秆，宽6~8 mm，平张，边缘粗糙；叶鞘短。苞片通常3枚，长于花序；复出长侧枝聚伞花序具3~10个第一次辐射枝，具3~7个第二次辐射枝，聚成宽金字塔形的轮廓；穗状花序卵形或长圆形，长2~3 cm，宽10~21 mm，具较多小穗；小穗二列。小坚果成熟时黑色。花、果期8~11月。

生长于水田边、河边潮湿处。常见。

香附子（雷公头）
***Cyperus rotundus* Linn.**

莎草科　莎草属

多年生草本。匍匐根状茎长，具暗褐色、径约1 cm的椭圆形块茎。秆稍细弱，高15~60 cm，锐三棱形。叶宽2~5 mm；鞘棕色，常裂成纤维状。叶状苞片2~3枚，长于花序；长侧枝聚伞花序简单或复出，具3~10个辐射枝；小穗斜展开，线形。小坚果长圆状倒卵形，三棱状。花、果期5~11月。

生于山坡荒地草丛中或水边潮湿处。常见。

块茎药名"香附子"，入药有疏表解热、理气止痛、调经、解郁之功效。

牛毛毡
***Eleocharis acicularis* (Linn.) Roem. et Schult.**

莎草科　荸荠属

多年生草本。匍匐根状茎非常细。秆细如毛发，密丛生如牛毛毡，因而得名，高2~12 cm。叶鳞片状，具鞘，鞘微红色，长5~15 mm。小穗卵形，淡紫色，只有几朵花。小坚果狭长圆形，无棱，呈浑圆状。花、果期4~11月。

生于水田中、池塘边或湿黏土中。广布。

起绒飘拂草
Fimbristylis dipsacea (Rottb.) Benth.

莎草科　飘拂草属

无根状茎。秆丛生，高2.5~15.0 cm，叶常与秆等长或短于秆，毛发状。苞片数枚，毛发状，往往高出花序；长侧枝聚伞花序简单或近于复出，有2~12个小穗；小穗近于球形，直径3~6 mm；鳞片椭圆形，苍白色，背面有绿色龙骨状突起，具1条脉，顶端具向外弯的长芒。小坚果狭长圆形，扁。抽穗期夏、秋季。

生于田边、河旁潮湿草地上。常见。

水虱草
Fimbristylis littoralis Gamdich

莎草科　飘拂草属

一年生草本。秆丛生，高10~60 cm，扁四棱形，具纵槽，基部包着1~3个无叶片的鞘；鞘口斜裂，有时成刚毛状。叶剑状，边上有稀疏细齿，向顶端渐狭成刚毛状。苞片2~4片，刚毛状；长侧枝聚伞花序复出或多次复出；辐射枝3~6个；小穗单生于辐射枝顶端，球形或近球形。花、果期6~9月。

生于水边、溪边、田边潮湿草地上。广布。

全草药用，可清热利尿、解毒消肿。

芙兰草
Fuirena umbellata Rottb.

莎草科　芙兰草属

多年生草本。秆近丛生，近五棱形，具槽，上部被疏柔毛，高60~120 cm，基部膨大成长圆状卵形的球茎。秆生叶平张，宽9~19 mm，叶面被短硬毛，下部叶较短；圆锥花序狭长，由顶生和侧生的长侧枝聚伞花序所组成；花序梗被白茸毛；小穗6~15个聚生成簇；小穗卵形或长圆形。小坚果倒卵形，三棱形，成熟时褐色，具柄，连柄长1 mm。花、果期6~11月。

生于湿地草原、河边等处。较少见。

黑莎草
Gahnia tristis Nees

莎草科　黑莎草属

多年生草本。秆粗壮，高0.5~1.5 m，圆柱状，空心，有节。叶鞘红棕色；叶片狭长，极硬，长40~60 cm，顶端呈钻形，边缘及背面具刺状细齿。苞片叶状；圆锥花序紧缩成穗状；鳞片螺旋状排列，暗褐色，坚硬。小坚果倒卵状长圆形，三棱状，成熟时为黑色。花、果期3~12月。

生于干燥的荒坡或山脚灌木丛中。常见。

短叶水蜈蚣
Kyllinga brevifolia Rottb.

莎草科　水蜈蚣属

多年生草本。具长而匍匐的根状茎。每节长一秆；秆细弱，扁锐三棱形。叶常短于秆，柔弱，上部边缘和背面中肋具细刺。苞片3枚，叶状，极张开并下垂，较花序长很多；穗状花序1个，少2~3个，卵球形或球形，具极多密生小穗。小坚果倒卵状长圆形，扁双凸状。花、果期5~9月。

生于山坡林下、沟边、田边、旷野潮湿处。常见。

华湖瓜草
Lipocarpha chinensis (Osbeck) Tang et Wang

莎草科　湖瓜草属

丛生矮小草本。秆纤细，高10~20 cm，扁，具槽，被微柔毛。叶基生，最下面的鞘无叶片，上面的鞘具叶片；叶片纸质，狭线形，长为秆的1/4或1/2，宽0.7~1.5 mm，上端呈尾状渐尖，边缘内卷；鞘管状，抱茎，膜质。苞片叶状，无鞘，上端呈尾状渐尖；穗状花序2~4个簇生，长3~5 mm，宽3 mm，具极多数鳞片和小穗。小坚果小，长圆状倒卵形，三棱形，长约1 mm。花、果期6~10月。

生于海拔400 m左右水边和沼泽中。常见。

砖子苗
Mariscus umbellatus Vahl

莎草科 砖子苗属

多年生草本。秆疏丛生，高10~50 cm，锐三棱形，基部膨大。叶下部常折合，边缘不粗糙；叶鞘褐色或红棕色。叶状苞片5~8片，通常长于花序；长侧枝聚伞花序简单，具6~12个或更多辐射枝；穗状花序圆筒形或长圆形；鳞片膜质，长圆形。小坚果狭长圆形，三棱状。花、果期4~10月。

生于山坡阳处、路旁草地、溪边。常见。

块茎入药，可散瘀消肿。

球穗扁莎
Pycreus flavidus (Retz.) Koyama

莎草科 扁莎属

一或多年生草本。秆细弱，高7~50 cm，钝三棱形。叶短于秆，叶鞘下部红棕色。苞片2~4枚，长于花序；简单长侧枝聚伞花序，辐射枝长短不等，最长达6 cm，有时极短缩成头状；每辐射枝具2~20个小穗；小穗密聚于辐射枝上端呈球形，辐射展开，线状长圆形或线形，极压扁。花、果期6~11月。

生于山谷、疏林下潮湿草地上。常见。
全草药用，可清热止咳、祛寒、消肿。

刺子莞
Rhynchospora rubra (Lour.) Makino

莎草科 刺子莞属

多年生草本。秆丛生，圆柱状，纤细，高30~70 cm。叶基生，叶片狭长，钻状线形，向顶端渐狭，边缘稍粗糙。苞片4~10片，叶状，不等长；头状花序顶生，球形，直径15~17 mm，棕色，具多数小穗；小穗钻状披针形。小坚果宽或狭倒卵形，双凸状。花、果期5~11月。

生于山坡、山谷草地上。常见。
全草入药，可祛风除湿。

萤蔺（牛毛草）
Scirpus juncoides Roxb.

莎草科　蔗草属

一年生草本。秆稍坚挺，圆柱状，高30~45 cm，基部具2~3个鞘，无叶片。苞片1片，为秆的延长，直立，长3~15 cm；小穗3~5个聚成头状，假侧生，卵形或长圆状卵形，棕色或淡棕色；鳞片宽卵形或卵形，顶端骤缩成短尖。下位刚毛5~6条。花、果期8~11月。

生长在路旁、荒地潮湿处。常见。

全草药用，有清热解毒、凉血、利尿、止咳、明目之功效。

水毛花
Scirpus mucronatus Linn.

莎草科　蔗草属

多年生草本。秆丛生，稍粗壮，高50~120 cm，锐三棱形，基部具2个叶鞘，无叶片。苞片1片，为秆的延长，直立或稍展开，长2~9 cm；小穗5~9聚集成头状，假侧生，卵形、长圆状卵形、圆筒形或披针形；鳞片卵形或长圆状卵形，顶端急缩成短尖。下位刚毛6条。花、果期5~8月。

生于水塘边、沼泽地、溪边牧草地、湖边等。常见。

秆为作蒲包的材料。全草入药，可清热解表、润肺止咳。

百球蔗草
Scirpus rosthornii Diels

莎草科　蔗草属

多年生草本。秆粗壮坚硬，高70~100 cm，三棱形，有节，具秆生叶。上部叶高出花序，叶缘和下面中肋粗糙。叶状苞片3~5片，常长于花序；多次复出长侧枝聚伞花序顶生，具6~7个第一次辐射枝；4~15个小穗聚合成头状着生于辐射枝顶端；小穗无柄，卵形或椭圆形。花、果期5~9月。

生于山脚、路旁、湿地、溪边及沼泽地。常见。

全草药用，有清热解毒、凉血利水之功效。

龙须草
Scirpus subcapitatus Thw.

莎草科 藨草属

根状茎短，密丛生。秆细长，高20~90 cm，无秆生叶，基部具5~6个叶鞘，愈向上鞘愈长，顶端具很短的、贴状的叶片。苞片鳞片状，卵形或长圆形；蝎尾状聚伞花序小，具2~6小穗；小穗具几朵至十几朵花。下位刚毛6条，较小坚果长约1倍；小坚果长圆形或长圆状倒卵形，三棱形，黄褐色。花、果期3~6月。

生于海拔600~2 300 m林边湿地、山溪旁、山坡路旁或灌木丛中。常见。

黑鳞珍珠茅
Scleria hookeriana Bocklr.

莎草科 珍珠茅属

多年生草本。秆三棱形，高60~100 cm。叶线形，顶端多呈尾状，纸质，稍粗糙；近秆基部的鞘钝三棱形，紫红色或淡褐色，秆中部的鞘锐三棱形，绿色，很少具狭翅。圆锥花序顶生；小苞片刚毛状，基部有耳，耳上具髯毛；小穗通常2~4个紧密排列；雌小穗鳞片黑色。小坚果卵珠形，钝三棱状。花、果期5~7月。

生于干燥山坡、山沟、山脊灌木丛或草丛中。常见。

全草药用，可消肿散瘀。

珍珠茅（毛果珍珠茅）
Scleria levis Retz.

莎草科 珍珠茅属

多年生草本。秆三棱形，高70~90 cm，粗糙。叶线形，粗糙；叶鞘纸质，近秆基部的褐色，无翅，秆中部以上的鞘绿色，具1~3 mm宽的翅。圆锥花序，花序轴与分枝有棱，有时还具短翅；小苞片刚毛状，基部有耳，耳上具髯毛；小穗单生或2个生在一起，褐色。小坚果球形或卵形，钝三棱状。花、果期6~10月。

生于干燥处、山坡草地、密林下、潮湿灌木丛中。常见。

根药用，有消肿解毒之功效。

332A.竹亚科 Bambusaceae

橄榄竹（江南竹）
Acidosasa gigantea (Wen) Q. Z. Xie et W. Y. Zhang

竹亚科　酸竹属

散生竹。秆高8~17 m，径达10 cm，节间长约60 cm，新秆粉绿色，被白粉；秆环隆起具脊。箨鞘革质，密被白粉及紫褐色硬刺毛；箨耳卵状至镰刀状，繸毛长达10 mm；箨舌中部有尖峰，先端具纤毛，基部与箨叶之间有长达15 mm的流苏状毛。每节分枝3枚，开展。笋期4~5月。

生于林缘。常见。

笋味苦。秆材可做支柱等。南雄地方名"湖南瓢"。

毛花酸竹
Acidosasa hirtiflora Z. P. Wang et G. H. Ye

竹亚科　酸竹属

散生竹。秆高2.5 m，幼秆疏生柔毛，箨环下有一圈较密的淡棕色柔毛。箨鞘纸质，被易落的棕色刺毛，边缘具纤毛；箨叶小，披针形，直立，背面密生短柔毛；箨舌高1 mm，弧形，边缘具短纤毛。笋期5月。

生于阔叶林边。较少见。

笋味美，可食用。

井冈寒竹
Gelidocalamus stellatus Wen

竹亚科　井冈寒竹属

秆高达2 m，粗8 mm，幼秆节下有白粉；节间长25~30 cm；秆环隆起比箨环高；秆每节簇生7~12枝，枝纤细，仅具2或3节，不再分枝。箨鞘宿存，背部具向下的小刺毛；箨舌高2~3 mm；箨耳微弱，边缘有放射状伸展的短遂毛，有时可无箨耳；箨片锥状。每小枝仅具1叶。笋期10~11月。

生于低山、林下或涧边。开花周期约为30年。南雄北山片常见。

笋可食。竹林姿态潇洒，可栽培供观赏。

箬叶竹（长耳箬竹）
Indocalamus longiauritus Hand.-Mazz.

竹亚科　箬竹属

散生竹。秆高0.8~1.0 m；节间长10~55 cm，节下方有一圈淡棕带红色并贴秆而生的毛环。箨鞘厚革质，绿色带紫；箨耳大，镰形，绿色带紫，有放射状伸展的淡棕色刚毛；箨片长三角形至卵状披针形，直立，绿色带紫。叶耳镰形，边缘有棕色放射状伸展的刚毛。笋期4~5月。

生于山坡和路旁。常见。

短舌少穗竹
Oligostachyum scabriflorum var. *breviligulatum* Z. P. Wang et G. H. Ye

竹亚科　少穗竹属

散生竹。秆高3~4 m，径1~2 cm，节间长18~25 cm，新秆暗绿色具细小紫点，无毛，节下具一圈明显白粉环。箨鞘淡绿色转枯草色，为节间长度的1/2，基部鞘具刺毛及褐色斑点或斑块；箨耳及燧毛缺，箨舌高不超1 mm，弧形或截平；箨叶绿色，下部直立，上部开展。叶舌低于1 mm，基部密生柔毛。每节分枝3枚，广开展。笋期4~5月。

生于山脚、河边。较少见。

五月季竹（迟竹、大叶金竹）
Phyllostachys bambusoides Sieb. et Zucc.

竹亚科　刚竹属

散生竹。秆高7~13 m，径3~10 cm，新秆绿色，无毛，无白粉。箨鞘黄褐色，有紫褐色斑点与斑块，疏生直立脱落性刺毛；箨耳变化大，2枚常不对称，镰刀形或长倒卵形，有数枚流苏状燧毛；箨舌和箨耳均为黄绿色或带紫色；箨叶平直或微皱。笋期5月中下旬。

生于林缘、山脚。常见。

笋味略淡涩，可食。为优良材用竹种。

毛竹（楠竹、苗竹）
Phyllostachys heterocycla (Carr.) Mitford cv. *pubescens*

竹亚科　刚竹属

散生竹。秆高可达20 m，直径可达18 cm，节间长15~30 cm。秆箨厚革质，密被糙毛和深褐色斑点和斑块；箨耳和刚毛发达；箨舌呈弧拱形，具粗长黑色刚毛；箨片三角形，披针形，外翻。末回小枝具叶2~4片。笋期3~5月。

生于次生林中。广布。

竹材坚硬，篾性好，为优良用材竹种。笋可食，尤其冬笋味更美。竹根、鞭常用作工艺品制作。

水竹（烟竹）
Phyllostachys heteroclada Oliver

竹亚科　刚竹属

散生竹。秆高1~2 m，粗0.5~1.0 cm。箨鞘边缘具短纤毛；箨耳常缺；箨舌狭，边缘密生白纤毛；箨片阔三角形或披针形，贴秆而立。末回小枝具叶3~5片，边缘有细锯齿。笋期4~6月。

生于溪边或灌丛中。常见。

笋可食。秆坚韧，可编织各种竹器。叶、根入药，清热、凉血、化痰。

黎子竹
Phyllostachys heteroclada Oliver f. *purpurata* (Mc Clure) Wen

竹亚科　刚竹属

本变型之箨片为紫红色，可以与原变型"水竹"相区别。
生于海拔100~600 m林下。常见。

实心竹
Phyllostachys heteroclada Oliver f. *solida* (S. L. Chen) Z. P. Wang et Z. H. Yu

竹亚科　刚竹属

　　此变型与原变型"水竹"的不同在于秆壁特别厚，在较细的秆中则为实心或近于实心。秆上部的节间在分枝的对侧也常多少扁平，以致略呈方形，基部或下部的1或2节间有时极为短缩，呈算盘珠状。
　　竹竿坚硬，宜搭瓜棚豆架；笋供食用。

篌竹（笔笋竹、花竹）
Phyllostachys nidularia Munro

竹亚科　刚竹属

散生竹。秆高通常1~3 m，粗达4 cm；节间最长可达30 cm；壁薄；箨环最初有棕色刺毛。箨鞘薄革质，中、下部常有紫色纵条纹，基部密生淡褐色刺毛；箨耳大，由箨片下部向两侧扩大而成，三角形或末端延伸成镰形；箨舌宽，紫褐色；箨片宽三角形至三角形，直立，舟形，绿紫色。笋期4~5月。

生于向阳山坡或灌丛中。常见。

细秆做篱笆，粗秆劈篾编织。笋味美，供食用。南雄称此种竹笋为"扒子笋"。叶药用，清热利尿。

实肚竹
Phyllostachys nidularia* f. *farcta H. R. Zhao et A. T. Liu

竹亚科　刚竹属

此变型与原种不同之处在秆实心或近于实心。
笋供食用，秆宜整材使用。

灰竹（石竹、焦壳竹）
Phyllostachys nuda Mc Clure

竹亚科　刚竹属

　　散生竹。秆高5~10 m，径2~4 cm，新秆在节下具一浓厚白粉圈，秆环显著突隆起而高于箨环，部分秆基部呈"之"字形曲折。箨鞘淡红褐色，部分笋具明显的颜色条纹，密被白粉，下部箨鞘密被斑块；箨舌发达，先端平截。笋期4月上、中旬。

　　笋质优味美。竹材坚韧。

河竹（筋竹）
Phyllostachys rivalis H. R. Zhao et A. T. Liu

竹亚科　刚竹属

　　散生竹。秆高约4 m，径1.5~2.0 cm，分枝广开展，新秆具白粉及白色短柔毛，箨环初疏生白色纤毛。箨鞘绿色，后转枯草色，具褐色小斑点及不甚显著的紫色条纹，边缘有淡棕色纤毛；箨舌截平或微凹，密生纤毛；箨叶狭三角形，绿色，直立。小枝曲折，下垂。笋期5月上旬。

　　生于溪涧、山沟旁。常见。

　　笋味美可食用。秆作篱笆及帐杆。

红边竹
Phyllostachys rubromarginata Mc Clure

竹亚科　刚竹属

秆高达10 m，直径3.5 cm，幼秆几无白粉；节间长达35 cm；秆环微隆起，与箨环同高；箨环最初密生向下的淡黄色细硬毛。箨鞘背面绿色或淡绿色，常有紫色或金黄色的宽行条纹，上部的边缘呈暗紫色，底部密生淡黄色细硬毛；箨舌极短，背部生出远长于箨舌本身的暗紫色长毛；箨片绿紫色，带状，基部宽远狭于箨舌，开展或微外翻，平直。笋期4~5月。

生于山坡林下，常见。

本种竹材篾性较好，宜编织各种器物；笋味也较佳，可供食用。

刚竹
Phyllostachys sulphurea (Carr.) Riviere et C. Riv. cv. *viridis*

竹亚科　刚竹属

散生竹。秆高达16 m，粗达8 cm；节间长25~35 cm，分枝一侧有纵沟。箨鞘革质，淡红褐色，明显疏生黑褐色斑点；无箨耳；箨舌近截平，边缘具纤毛或粗刺毛；箨片狭长三角形或线形，外翻。末级小枝具2~6叶。笋期3~5月。

生于次生林中或冲积平原。常见。

竹材坚硬，作小型建筑及各种柄材。笋味略苦，浸水后可食。根入药，可祛风除湿、止咳平喘。

苦竹（伞柄竹）
Pleioblastus amarus (Keng) Keng f.

竹亚科　大明竹属

散生竹。秆高3~5 m，径1~2 cm，节间长25~30 cm，幼秆厚被白粉。箨鞘厚纸质至革质，被淡棕色刺毛，基部密生一圈棕色刺毛；箨耳微小，具直立的棕色燧毛数枚；箨舌截形，高1~2 mm，先端具纤毛；箨叶细长披针形。每节分枝3~5枚，无叶耳及燧毛。笋期5月至6月上旬。

生于山坡、林缘。常见。

笋味苦，不能食用。竹材可作伞柄等。

茶竿竹（青篱竹、沙白竹）
Pseudosasa amabilis (Mc Clure) Keng f.

竹亚科　矢竹属

散生竹。秆劲直，高7~13 m，径4~6 cm，节间长30~50 cm，秆环平滑，箨环线状凸起，幼时被一圈栗色刺毛。箨鞘密被栗色刺毛，无箨耳，鞘口燧毛长达15 mm，波曲状；箨舌高5 mm，半圆形拱凸，边缘具细毛；箨叶直立，窄长三角形。分枝习性高，每节3枚，贴秆上举，枝条短小。叶片长18~35 cm，宽2~4 cm。

生于林中。少见。

竹材通直、节平、坚韧，宜作滑雪秆、家具等。

篲竹（四时竹、笔竹）
Pseudosasa hindsii (Munro) C. D. Chu et C. S. Chao

竹亚科　矢竹属

散生竹。秆高2.5~4.0 m，径约1 cm，节间长13~15 cm，节下具白粉环并疏被脱落性小刺毛。秆箨纸质，淡绿色，背面疏被脱落性小刺毛和白色柔毛，边缘具缘毛；箨耳小，棕色，䍁毛少数；箨舌弧形，高1.5 mm，具缘毛；箨叶直立，三角状披针形，绿色，边缘染紫色；叶鞘具密的细刚毛和白粉，边缘具长䍁毛。笋期5~6月。

生于林下、林缘。常见。

肾耳唐竹
Sinobambusa nephroaurita C. D. Chu et C. S. Chao

竹亚科　唐竹属

散生竹。秆高5 m，径2~3 cm，新秆略被白粉和白色倒生粗毛，箨环初被毛，木栓质隆起，节间长45 cm。秆箨革质，早落，箨鞘黄绿色或黄褐色，近矩形，疏生刺毛，基部密生深褐色向下的粗毛；箨耳发达，肾形，最大的长达1.5 cm，高0.9 cm，䍁毛放射状，长10~15 mm；箨舌弓状隆起，高2~3 mm。箨叶三角形至披针形，反转或开展，基部收缩。笋期4月中旬。

生于林缘、溪边。常见。

看麦娘
Alopecurus aequalis Sobol

禾本科　看麦娘属

一年生草本。秆少数丛生，节处常膝曲，高15~40 cm。叶鞘光滑，短于节间；叶片扁平，长3~10 cm。圆锥花序紧缩成圆柱状，长2~7 cm；小穗椭圆形或卵状长圆形；颖膜质，基部互相连合；外稃膜质，顶端钝，芒长1.5~3.5 mm，隐藏或稍外露；花药橙黄色。花、果期4~8月。

生于山地路旁、田边及潮湿之地。广布。

全草药用，有清热利湿、解毒消肿之功效。

日本看麦娘
Alopecurus japonicus Steud.

禾本科　看麦娘属

一年生。秆少数丛生，直立或基部膝曲，具3~4节，高20~50 cm。叶舌长2~5 mm；叶片长3~12 mm，宽3~7 mm。圆锥花序圆柱状，长3~10 cm，宽4~10 mm；颖仅基部互相连合，具3脉，脊上具纤毛；外稃略长于颖，厚膜质，芒长8~12 mm；花药色淡或白色。花、果期2~5月。

生于海拔较低之田边及湿地。较少见。

水蔗草（假雀麦）
Apluda mutica Linn.

禾本科　水蔗草属

多年生草本。秆高50~300 cm，质硬，基部常斜卧并生定根。叶片扁平，长10~35 cm。圆锥花序顶端常弯垂，由多总状花序组成；每一总状花序包裹在一舟形总苞内；总苞4~8 mm，顶端具1~2 mm的锥形尖头。颖果成熟时蜡黄色。花、果期夏、秋季。

多生于田边、水旁湿地及山坡草丛中。广布。

幼嫩时可作饲料。全草入药，有消肿解毒、去腐生新之功效

毛秆野古草
Arundinella hirta (Thunb.) Tanaka

禾本科　野古草属

多年生草本。秆直立，高90~150 cm，径2~4 mm，质稍硬，节黄褐色，密被短柔毛。叶鞘被疣毛，边缘具纤毛；叶片长15~40 cm，两面被疣毛。圆锥花序长15~40 cm；小穗长3.0~4.2 mm；外稃长2.4~3.0 mm，无芒，常具小尖头。花、果期8~10月。

多生于山坡、路旁或灌丛中。广布。

幼嫩植株可作饲料；根茎密集，可固堤，也可作造纸原料。全草药用，有清热、凉血之功效。

野燕麦
Avena fatua Linn.

禾本科　燕麦属

一年生草本。秆光滑无毛，高60~120 cm，具2~4节。叶鞘松弛；叶片扁平，长10~30 cm。圆锥花序开展，金字塔形；小穗长18~25 mm，柄弯曲下垂；小穗轴密生淡棕色或白色硬毛，其节脆硬易断落；外稃质地坚硬，芒自稃体中部稍下处伸出，长2~4 cm，膝曲，芒柱棕色，扭转。花、果期4~9月。

生于荒芜田野或为田间杂草。常见。

种子可供食用，亦可作牛、马的青饲料。秆是造纸原料。植株是小麦黄矮病寄主。全草药用，补虚损。

茵草
Beckmannia syzigachne (Steud.) Fern.

禾本科　茵草属

一年生草本。秆高15~90 cm，具2~4节。叶鞘无毛，多长于节间；叶片扁平，长5~20 cm。圆锥花序长10~30 cm，分枝稀疏；小穗扁平，圆形，灰绿色，常含1朵小花；外稃披针形，具5条脉，常具伸出颖外之短尖头。颖果黄褐色，长圆形，顶端具丛生短毛。花、果期4~10月。

生于湿地、水沟边及浅的流水中。常见。

为优质牧草。种子入药，可滋养益气、健胃利肠。

白羊草
Bothriochloa ischaemum (L.) Keng

禾本科 孔颖草属

多年生草本。秆丛生，直立或基部倾斜，高25~70 cm，具3至多节，节上无毛或具白色髯毛。叶鞘无毛，多密集于基部而相互跨覆，常短于节间；叶舌膜质，具纤毛；叶片线形，长5~16 cm，宽2~3 mm，两面疏生疣基柔毛或下面无毛。总状花序4至多数着生于秆顶呈指状，长3~7 cm，总状花序轴节间与小穗柄两侧具白色丝状毛；第二外稃先端延伸成一膝曲扭转的芒。花、果期秋季。

生于山坡草地和荒地。常见。

本种可作牧草，根可制各种刷子。

毛臂形草
Brachiaria villosa (Lam.) A. Camus

禾本科 臂形草属

一年生草本。秆高10~40 cm，基部倾斜，全体密被柔毛。叶鞘被柔毛，尤以鞘口及边缘更密；叶片卵状披针形，长1~4 cm，两面密被柔毛，边缘呈波状皱褶。圆锥花序由4~8个总状花序组成；总状花序长1~3 cm；小穗卵形，通常单生。花、果期7~10月。

生于田野和山坡草地。常见。

全草药用，有清热利尿之功效。

硬杆子草
Capillipedium assimile (Steud.) A. Camus

禾本科 细柄草属

多年生亚灌木状草本。秆高1.8~3.5 m，坚硬似小竹，多分枝，分枝常向外开展而将叶鞘撑破。圆锥花序长5~13 cm，分枝簇生，疏散而开展；无柄小穗长圆形，具芒，淡绿色至淡紫色；芒膝曲扭转，长6~12 mm；具柄小穗线状披针形，较无柄小穗长。花、果期8~12月。

生于河边、林中或湿地上。广布。

细柄草（吊丝草）
Capillipedium parviflorum (R. Br.) Stapf

禾本科 细柄草属

多年生草本。秆高50~100 cm。叶片线形，长15~30 cm。圆锥花序长圆形，长10~25 cm，分枝簇生或轮生，可具一至二回小枝，小枝为具1~3节的总状花序；无柄小穗长3~4 mm，基部具髯毛；第二外稃线形，顶端具一膝曲的芒，芒长12~15 mm。花、果期8~12月。

生于山坡草地、河谷、路边、灌丛中。广布。

植株可作牧草。

薏苡（薏米）
Coix lacrymajobi Linn.

禾本科 薏苡属

多年生粗壮草本。秆直立丛生，高1~2 m，具10多节，节多分枝。叶鞘短于节间，无毛；叶片扁平，宽1.5~3.0 cm。总状花序腋生成束，具长梗；雌小穗位于花序下部，外面包以骨质念珠状之总苞，总苞卵圆形，长7~10 mm，珐琅质，坚硬，有光泽。花、果期6~12月。

多生于湿润的屋旁、池塘、河沟、山溪涧或易受涝的农田等地方。常见。

念珠状总苞有珐琅质，可作串珠等饰品。种仁供食用或酿酒。亦可药用，有健脾益胃、清热利湿之功效。根可驱蛔虫。

狗牙根（绊根草）
Cynodon dactylon (Linn.) Pers.

禾本科 狗牙根属

多年生草本。秆细而坚韧，下部匍匐地面蔓延甚长，节上常生不定根。叶鞘微具脊，鞘口常具柔毛；叶舌仅为一轮纤毛；叶片线形，长1~12 cm。穗状花序3~5个，长2~5 cm，呈指状排列于枝顶；小穗灰绿色或带紫色，长2.0~2.5 mm。颖果长圆柱形。花、果期5~10月。

多生长于村庄附近、道旁河岸、荒地山坡。广布。

为良好的固堤保土植物，常用以铺建草坪或球场。可作饲料。全草入药，有清热解毒、祛风活血、止血生肌之功效。

弓果黍
Cyrtococcum patens (Linn.) A. Camus

禾本科 弓果黍属

一年生草本。秆较纤细，高15~30 cm，下部平卧地面，节上生根。叶鞘常短于节间；叶片线状披针形或披针形，长3~8 cm，边缘稍粗糙。圆锥果花序由上部秆顶抽出，长5~20 cm，分枝纤细；小穗柄长于小穗；外稃背部弓状隆起，顶端具鸡冠状小瘤体。花、果期9月至次年2月。

生于丘陵阔叶林或草地等较阴湿处。常见。

秆、叶幼嫩时可作饲料。

龙爪茅
Dactyloctenium aegyptium (Linn.) Beauv.

禾本科 龙爪茅属

一年生草本。秆高15~60 cm，基部横卧地面，于节处生根且分枝。叶鞘松弛，边缘被柔毛；叶长5~18 cm，两面被疣基毛。穗状花序2~7个指状排列于秆顶；第一颖沿脊龙骨状凸起上具短硬纤毛，第二颖顶端具短芒；外稃中脉成脊，脊上被短硬毛。囊果球状。花、果期5~10月。

多生于山坡或草地。常见。

全草药用，可补虚益气。

升马唐（毛马唐）
Digitaria ciliaris (Retz.) Koele

禾本科 马唐属

一年生草本。秆基部横卧地面，节处生根和分枝，高30~90 cm。叶鞘常短于节间，多具柔毛；叶线形或披针形，长5~20 cm，上面散生柔毛。总状花序3~8枚，一呈指状排列于茎顶；小穗披针形，孪生于穗轴之一侧；第一外稃等长于小穗；第二外稃黄绿色或带铅色。花、果期5~10月。

生于路旁、荒野、荒坡。广布。

优良牧草，也是旱田地主要杂草。

止血马唐（鸭嘴马唐）
Digitaria ischaemum (Schreb. ex Schweigg.) Schreb. ex Muhl.

禾本科　马唐属

一年生草本。秆直立或基部倾斜，高15~40 cm，下部常有毛。叶鞘具脊；叶片扁平，线状披针形，长5~12 cm，多被长柔毛。总状花序长2~9 cm，两侧翼缘粗糙；第一外稃具5~7脉，与小穗等长；第二外稃成熟后紫褐色。花、果期6~11月。

生于田野、河边润湿的地方。常见。

全草药用，有凉血、止血、收敛之功效。

光头稗（芒稷）
Echinochloa colonum (Linn.) Link.

禾本科　稗属

一年生草本，高10~60 cm。秆直立，叶鞘压扁而背具脊；叶片扁平，线形，长3~20 cm，边缘稍粗糙。圆锥花序狭窄，长5~15 cm；主轴具棱，棱边上粗糙；花序分枝长1~2 cm，直立上升或贴向主轴，小穗卵圆形，长2.0~2.5 mm，无芒，较规则地成4行排列于穗轴的一侧。花、果期夏、秋季。

生于田野、苗圃、路边湿润地上。广布。

谷粒含淀粉，可制糖或酿酒。全草可作饲料。种子入药，利水消肿、止血。

稗
Echinochloa crusgalli (Linn.) P. Beauv.

禾本科　稗属

一年生草本。秆高50~100 cm，基部倾斜或膝曲。叶鞘疏松裹秆；叶片线形，长10~40 cm，边缘粗糙。圆锥花序近尖塔形，长6~20 cm；主轴具棱，粗糙或具疣基长刺毛；小穗卵形，长3~4 mm，密集在穗轴的一侧；外稃草质，顶端延伸成一粗壮的芒，芒长0.5~1.5 cm。花、果期夏、秋季。

生于沼泽地、沟边及水稻田中。广布。

全草药用，止血、生肌。为常见稻田杂草。

牛筋草（蟋蟀草）
Eleusine Indica (Linn.) Gaertn.

禾本科 穆属

一年生草本。秆丛生，基部膝曲倾斜，高10~90 cm。叶鞘两侧压扁而具脊，松弛；叶片平展，线形，长10~15 cm。穗状花序2~7个指状着生于秆顶，长3~10 cm；颖披针形，具脊，脊粗糙。囊果卵形，基部下凹，具明显的波状皱纹。花、果期6~10月。

多生于荒芜之地及道路旁。广布。

全株可作牛羊饲料。根系发达，为优良保土植物。全草入药，有清热解毒、利尿、补虚之功效。

鼠妇草
Eragrostis atrovirens (Desf.) Trin. ex Steud.

禾本科 画眉草属

多年生草本。秆直立，疏丛生，基部稍膝曲，高50~100 cm，径约4 mm，具5~6节，第二、第三节处常有分枝。叶鞘除基部外，均较节间短，鞘口有毛；叶片扁平或内卷，长4~17 cm，宽2~3 mm，下面光滑，上面粗糙，近基部疏生长毛。圆锥花序开展，长5~20 cm，每节有一个分枝；小穗含8~20小花。夏、秋季抽穗。

生于路边和溪旁。常见。

乱草
Eragrostis japonica (Thunb.) Trin.

禾本科 画眉草属

一年生草本。秆直立或膝曲丛生，高30~100 cm，具3~4节。叶鞘疏松裹茎，无毛；叶片平展，长3~25 cm。圆锥花序长圆形，长6~15 cm，整个花序常超过植株一半以上，分枝纤细，簇生或轮生；小穗卵圆形，成熟后紫色，自小穗轴由上而下逐节断落。颖果棕红色并透明，卵圆形。花、果期6~11月。

生于田野路旁、河边及潮湿地。常见。

全草入药，可清热凉血。

牛虱草
Eragrostis unioloides (Retz.) Nees. ex Steid.

禾本科 画眉草属

一年或多年生草本。秆直立或下部膝曲，具匍匐枝，通常3~5节。叶鞘疏松裹茎，鞘口具长毛；叶片平展，长2~20 cm，上面疏生长毛。圆锥花序开展，长5~20 cm，每节一个分枝；小穗长圆形或锥形，长5~10 mm；小花密接而覆瓦状排列，成熟时开展并呈紫色。颖果椭圆形。花、果期8~10月。

生于荒山、草地、庭园、路旁等地。常见。

蜈蚣草
Eremochloa ciliaris (Linn.) Merr.

禾本科 蜈蚣草属

多年生草本。秆密丛生，纤细直立，高40~60 cm。叶鞘压扁，互相跨生，鞘口具纤毛；叶片常直立，长2~5 cm，顶端渐尖。总状花序单生，常弓曲，长2~4 cm；无柄小穗卵形，覆瓦状排列于总状花序轴一侧；有柄小穗完全退化，仅存长尖的小穗柄。花、果期5~9月。

生于山坡、路旁草丛中。广布。

假俭草
Eremochloa ophiuroides (Munm) Hack.

禾本科 蜈蚣草属

多年生草本。具强壮的匍匐茎。秆斜升，高约20 cm。叶鞘压扁，多密集跨生于秆基，鞘口常有短毛；叶片条形，顶端钝，长3~8 cm，顶生叶片退化。总状花序顶生，稍弓曲，压扁，长4~6 cm；无柄小穗长圆形，覆瓦状排列于总状花序轴一侧；有柄小穗退化。花、果期6~10月。

生于潮湿草地及河岸、路旁。常见。

为优良的铺建草皮及保土护堤植物。全草药用，用于劳伤腰痛、骨节酸痛。

鹧鸪草
Eriachne pallescens R. Br.

禾本科　鹧鸪草属

多年生草本。秆丛生，较细而坚硬，高20~60 cm，具5~8节。叶片质地硬，多纵卷成针状，稀扁平，长2~10 cm，被疣毛。圆锥花序稀疏开展，长5~10 cm，分枝纤细，单生，长达5 cm，其上着生少数小穗；小穗含2朵小花，带紫色；外稃质地较硬，顶端具一直芒。颖果长圆形。花、果期5~10月。

生于干燥山坡、松林树下和潮湿草地上。广布。

干花序可扎扫帚。全草可作饲料。

野黍
Eriochloa villosa (Thunb.) Kunth

禾本科　野黍属

一年生草本。秆直立，基部分枝，高30~100 cm。叶鞘无毛或被毛或鞘缘一侧被毛，节具髭毛；叶舌具长约1 mm纤毛；叶片宽5~15 mm，表面具微毛，背面光滑。圆锥花序狭长，长7~15 cm，由4~8枚总状花序组成；总状花序长1.5~4.0 cm，密生柔毛，常排列于主轴之一侧；小穗柄极短，密生长柔毛。颖果卵圆形，长约3 mm。花、果期6~10月。

生于山坡和潮湿地区。常见。

可作饲料；谷粒含淀粉，可食用。

黄茅（扭黄茅）
Heteropogon contortus (Linn.) Beauv. ex Roem. et Schult.

禾本科　黄茅属

多年生草本。秆丛生，高20~100 cm。叶鞘压扁而具脊。叶片线形，长10~20 cm，两面粗糙或表面基部疏生柔毛。总状花序单生于主枝或分枝顶，长3~7 cm，诸芒常于花序顶扭卷成一束；花序基部3~10同性小穗对，无芒；上部7~12对为异性对；外稃向上延伸成二回膝曲的芒，芒长6~10 cm。花、果期4~12月。

生于山坡草地。常见。

全草药用，可祛风除湿、散寒止咳。

距花黍
Ichnanthus vicinus (F. M. Bailey) Merr.

禾本科　距花黍属

多年生草本。秆基匍匐地面，节上生根，向上抽出花枝，高15~50 cm。叶鞘通常短于节间；叶片卵状披针形至卵形，长3~8 cm，宽1.0~2.5 cm，基部斜心形，脉间有小横脉。圆锥花序顶生或腋生，长约12 cm；小穗披针形，两侧微压扁。花、果期8~11月。

常生于山谷、阴湿处、水旁及林下。常见。

秆、叶可作饲料。

白茅（丝茅、矛早）
Imperata cylindrica (Linn.) Beaauv. var. ***major*** (Nees) C.E. Hubb. & Vaughan

禾本科　白茅属

多年生草本。具粗壮横走长根状茎。秆高30~80 cm，具2~3节，节上有长柔毛。叶鞘聚集于秆基，质地较厚，老后破碎成纤维状；叶片长15~60 cm，上面及边缘粗糙；秆生叶片长1~3 cm。圆锥花序圆柱状，长5~20 cm，分枝短缩密集；小穗基部有长为小穗3~5倍的白色丝状毛。花、果期4~6月。

生于山坡草地、田边、沟旁等地。广布。

根茎味甜可食。秆、叶可作屋顶遮盖物。全草入药，有凉血止血、清热利水之功效。

柳叶箬
Isachne globosa (Thunb.) O. Kuntze.

禾本科　柳叶箬属

多年生草本。秆丛生，基部节上生根而倾斜，高30~60 cm。叶鞘短于节间，一侧边缘的上部或全部具疣基毛；叶舌纤毛状；叶片披针形，长3~10 cm，基部钝圆或微心形，两面均具微细毛而粗糙。圆锥花序长3~11 cm，每一分枝着生1~3小穗；小穗椭圆状球形，成熟后带紫褐色。颖果近球形。花、果期夏、秋季。

生于山坡草地中，亦为稻田中的杂草。常见。

全草用于治小便淋痛、跌打损伤。

粗毛鸭嘴草
Ischaemum barbatum Retz.

禾本科　鸭嘴草属

多年生草本。秆直立，高可达100 cm，节上被髯毛。叶片线状披针形，长可达20 cm，两面常被毛，边缘粗糙。总状花序孪生于秆顶，长5~10 cm，直立，相互紧贴成圆柱状；无柄小穗长6~7 mm，基盘有髯毛；两性小花外稃透明膜质，顶端2深裂至稃体中部，裂齿间伸出膝曲芒。花、果期7~10月。

多生于山坡草地或山谷中。常见。

秆、叶幼嫩时可作饲料。须根发达坚韧，可作扫帚。

纤毛鸭嘴草（细毛鸭嘴草、人字草）
Ischaemum inidicum (Houtt.) Merr.

禾本科　鸭嘴草属

多年生草本。秆直立或基部平卧至斜生，直立部分高40~50 cm，节上密被白色髯毛。叶鞘疏生疣毛；叶舌膜质，上缘撕裂状；叶片线形，长可达12 cm，两面被疏毛。总状花序常2枚孪生于秆顶，开花时常互相分离，长5~7 cm；无柄小穗倒卵状长圆形；有柄小穗具膝曲芒。花、果期7~9月。

多生于山坡草丛中和路旁及旷野草地。常见。

千金子
Leptochloa chinensis (Linn.) Nees

禾本科　千金子属

一年生草本。秆直立，基部膝曲或倾斜，高30~90 cm。叶鞘无毛，短于节间；叶舌常撕裂具小纤毛；叶片两面微粗糙或下面平滑，长5~25 cm。圆锥花序长10~30 cm；小穗多带紫色；颖具1脉，脊上粗糙；外稃顶端钝，无毛或下部被微毛。颖果长圆球形。花、果期8~11月。

生于田野或潮湿之地。广布。

可作牧草。全草药用，有行水破血之功效。

淡竹叶（山鸡米）
Lophatherum gracile Brongn

禾本科　淡竹叶属

多年生草本。须根中部膨大成纺锤形小块根。秆直立，疏丛生，高40~80 cm，具5~6节。叶片披针形，长6~20 cm。圆锥花序长12~25 cm；小穗线状披针形，具极短柄；颖顶端钝，具5脉；不育外稃向上渐狭小，顶端具长约1.5 mm的短芒。花、果期6~10月。

生于山坡、林地或林缘、道旁荫蔽处。广布。

全草药用，可清热利尿、清心火、除烦躁、生津止渴。

五节芒
Miscanthus floridulus (Labill.) Warb. ex Schum. & Lauterb

禾本科　芒属

多年生草本。秆高大似竹，高2~4 m，节下具白粉。叶片披针状线形，长50~90 cm，中脉粗壮隆起，边缘粗糙。圆锥花序大型，稠密，长30~50 cm，通常10多枚分枝簇生于基部各节，具二至三回小枝；小穗卵状披针形，基盘具长于小穗的丝状柔毛；芒长7~10 mm，微粗糙。花、果期5~10月。

生于山谷、山坡或草地。广布。

幼叶作饲料。秆可作造纸原料。根状茎入药，可清热利尿。林业上常作为宜于植杉的土质指示植物。

芒
Miscanthus sinensis Anderss.

禾本科　芒属

多年生草本。秆高1~2 m。叶鞘长于节间；叶片线形，长20~60 cm，下面疏生柔毛及被白粉，边缘粗糙。圆锥花序直立，长15~40 cm；分枝较粗硬，长10~30 cm；小穗孪生，披针形，黄色有光泽，基盘具白色或淡黄色的丝状毛；芒长9~10 mm，棕色，膝曲。花、果期7~12月。

生于山地、丘陵和荒坡原野。

秆作造纸原料。花序、根状茎药用，有散血解毒之功效。

河八王
Narenga porphyrocoma (Hance) Bor

禾本科　河八王属

多年生草本。秆直立，高1~3 m，节具长髭毛，节间被柔毛或白粉。叶鞘遍生疣基柔毛，鞘口密生疣基长柔毛；叶片长线形，长达80 cm，上面密生疣基柔毛，边缘具锯齿状粗糙。圆锥花序狭窄，长25~40 cm，节具柔毛，常着生4枚分枝；无柄小穗披针形，基盘具白色或稍带紫色的丝状毛。花、果期8~11月。

多生于山坡草地。常见。

秆、叶可造纸。

类芦（石珍茅）
Neyraudia reynaudiana (Kunth) Keng ex Hithc.

禾本科　类芦属

多年生草本。秆直立，高2~3 m，径5~10 mm，通常节具分枝，节间被白粉。叶片长30~60 cm，顶端长渐尖。圆锥花序长30~60 cm，分枝细长；小穗长，第一外稃不孕，无毛；外稃边脉生有柔毛，顶端具长1~2 mm向外反曲的短芒。花、果期8~12月。

生于河边、山坡或石山上。广布。

秆、叶可造纸，亦可制人造丝。幼茎、嫩叶药用，有清热利湿、消肿解毒之功效。

大叶竹叶草（大渡求米草）
Oplismenus compositus (Linn.)Beauv. var. ***owatarii*** (Honda) Ohwi

禾本科　求米草属

一年生草本。秆较纤细，多直立而几不分枝，基部节着地生根。叶片披针形至卵状披针形，基部斜心形，长10~20 cm，宽15~30 mm，基部渐狭。圆锥花序长5~15 cm；花序轴及穗轴密被长柔毛和长硬毛；小穗孪生，长约3 mm；颖顶端具芒，长0.7~2.0 cm。花、果期9~11月。

生于山地疏林下阴湿处。常见。

短叶黍
Panicum brevifolium Linn.

禾本科　黍属

一年生草本。秆基部常伏卧地面，节上生根。叶鞘短于节间，松弛；叶片卵形或卵状披针形，长2~6 cm，基部心形，包秆，两面疏被粗毛。圆锥花序卵形，开展，长5~15 cm，主轴通常在分枝和小穗柄的着生处下具黄色腺点；小穗椭圆形，具蜿蜒的长柄；颖背部被疏刺毛。花、果期5~12月。

多生于阴湿地和林缘。常见。

可栽培作林下地被。

藤叶黍（藤竹草）
Panicum incomtum Trin.

禾本科　黍属

多年生草本。秆木质，攀缘或蔓生，多分枝。叶片披针形至线状披针形，长8~20 cm，两面被柔毛。圆锥花序开展，长10~15 cm，主轴直立，分枝纤细，常附有胶黏物；小穗卵圆形，穗柄成熟后开展。花、果期7月至次年3月。

生于林地草丛中。常见。

铺地黍
Panicum repens Linn.

禾本科　黍属

多年生草本。秆直立，坚挺，高50~100 cm。叶片质硬，线形，长5~25 cm。圆锥花序开展，长5~20 cm，分枝斜上，粗糙，具棱槽；小穗长圆形，顶端尖；第二小花结实，长圆形。花、果期6~11月。

生于溪边以及路旁潮湿之处。广布。

为高产牧草，亦是难除杂草之一。全草、根状茎药用，有清热利湿、平肝、解毒之功效。

鸭姆草
Paspalum scrobiculatum Linn.

禾本科　雀稗属

多年生或一年生草本。秆直立，粗壮，高30~90 cm。叶鞘压扁成脊；叶披针形或线状披针形，长10~20 cm，光滑无毛，边缘稍粗糙。总状花序2~5个，长3~10 cm，互生于长2~6 cm的主轴上，形成总状圆锥花序；小穗圆形或宽椭圆形。花、果期5~9月。

生于荒野潮湿草地。广布。

全草药用，可清热利尿。

丝毛雀稗
Paspalum urvillei Steud.

禾本科　雀稗属

多年生草本。具短根状茎。秆丛生，高50~150 cm。叶鞘密生糙毛，鞘口具长柔毛；叶舌长3~5 mm；叶片长15~30 cm，宽5~15 mm，无毛或基部生毛。总状花序10~20枚，长8~15 cm，组成长20~40 cm的大型总状圆锥花序；小穗卵形，顶端尖，长2~3 mm，稍带紫色，边缘密生丝状柔毛；第二颖与第一外稃等长、同型，具3脉，侧脉位于边缘；第二外稃椭圆形，革质，平滑。花、果期5~10月。

生于村旁路边和荒地。常见。

狼尾草
Pennisetum alopecuroides (Linn.) Spreng

禾本科　狼尾草属

多年生草本。秆直立，丛生，高30~120 cm，在花序下密生柔毛。叶鞘光滑，两侧压扁，主脉呈脊，在基部者跨生状；叶片线形，长10~80 cm，基部生疣毛。圆锥花序稍紧缩为圆柱状，长5~25 cm，宽1.5~3.5 cm；刚毛粗糙，淡绿色或紫色，长1.5~3.0 cm。颖果长圆形。花、果期夏、秋季。

多生于田边、荒地、道旁及小山坡上。常见。

可作饲料，也是编织或造纸的原料或作固堤防沙植物。全草、根药用，有明目、散血、清肺止咳、解毒之功效。

水芦
Phragmites karka (Retz.) Trin. ex Steud.

禾本科 芦苇属

多年生草本。秆直立，高3~5 m，直径1.5~2.5 cm，中下部节间长达35 cm。叶扁平，披针状线形，长25~50 cm，宽2~3 cm，顶端长渐尖成丝状，基部与叶鞘等宽；叶舌长不及1 mm。圆锥花序大，长30~60 cm，宽10~20 cm；小穗长6~10 cm，第一不育外稃不明显，外稃基盘疏被毛。花、果期8~12月。

生于池塘沟渠沿岸和低湿地。常见。

秆为造纸原料或作编席织帘及建棚材料。茎、叶嫩时为饲料。为固堤造陆先锋环保植物。根状茎供药用，有清热生津、除烦、止呕、利尿之功效。

早熟禾
Poa annua Linn.

禾本科 早熟禾属

一或二年生草本。秆直立或倾斜，质软，高6~30 cm。叶鞘稍压扁，中部以下闭合；叶片扁平或对折，长2~12 cm，质地柔软，常有横脉纹，边缘微粗糙。圆锥花序宽卵形，长3~7 cm；分枝1~3枚着生各节；小穗卵形，含3~5朵小花。颖果纺锤形。花期4~7月。

生于路旁草地、田野水沟或荫蔽荒坡湿地。常见。

全草药用，有清热止咳、活血化瘀之功效。

金丝草（黄毛草）
Pogonatherum crinitum (Thunb.) Kunth

禾本科 金发草属

多年生草本。秆丛生，直立或基部稍倾斜，高10~30 cm，粗糙，节上被白色髯毛。叶片线形，长1.5~5.0 cm，两面均被微毛而粗糙。穗形总状花序单生于秆顶，长1.5~3.0 cm，细弱而微弯曲，乳黄色，两侧具长短不一的纤毛；外稃顶端2裂，裂齿间伸出细弱而弯曲的芒，稍糙。花、果期5~9月。

生于田埂、山边、路旁、河溪边或山谷阴湿地。常见。

为牛马羊喜食的优良牧草。全株入药，用于清凉散热、解毒、利尿通淋。

棒头草
Polypogon fugax Nees ex Steud.

禾本科 棒头草属

一年生。秆丛生，基部膝曲，大部光滑，高10~75 cm。叶鞘光滑无毛，大都短于或下部者长于节间；叶舌膜质，长3~8 mm，常2裂；叶片扁平，微粗糙或下面光滑，长2.5~15.0 cm，宽3~4 mm。圆锥花序穗状，较疏松，具缺刻或有间断，分枝长可达4 cm；小穗长约2.5 mm，灰绿色或部分带紫色。颖果椭圆形，一面扁平，长约1 mm。花、果期4~9月。

生于海拔100~3 600 m的山坡、田边、潮湿处。常见。

鹅观草（柯孟披碱草）
Roegneria kamoji Ohwi

禾本科 鹅观草属

秆直立或倾斜，高30~100 cm。叶梢外侧边缘常具纤毛，叶片扁平，带状披针形，长20~50 cm。穗状花序，长达50 cm，弯垂；小穗长2~3 cm，含3~10小花。颖狭卵状披针形至长圆状披针形，芒长达3 cm。花、果期4~6月。

生于田边、荒地。广布。

嫩草作饲料。

筒轴茅（筒轴草）
Rottboellia exaltata Linn. f.

禾本科 筒轴茅属

一年生草本。须根粗壮，常具支柱根。秆高可达2 m，直径可达8 mm。叶鞘具硬刺毛或变无毛；叶片线形，长可达50 cm，中脉粗壮，边缘粗糙。总状花序粗壮直立，长可达15 cm；总状花序轴节间肥厚，易逐节断落。无柄小穗嵌生于凹穴中。颖果长圆状卵形。花、果期秋季。

多生于山谷疏林下、田野、路旁草丛中。广布。

全草药用，可利尿通淋。

囊颖草
Sacciolepis indica (Linn.) A. Chase

禾本科 囊颖草属

一年生草本。秆基常膝曲，高20~100 cm，有时下部节上生根。叶鞘具棱脊，短于节间，常松弛；叶片线形，长5~20 cm。圆锥花序紧缩成圆柱状，长3~16 cm；小穗卵状披针形，向顶渐尖而弯曲，绿色或染以紫色。颖果椭圆形。花、果期7~11月。

生于稻田边、林下等地。常见。

全草药用，可去腐生肌。

金色狗尾草
Setaria glauca (Linn.) Beauv.

禾本科 狗尾草属

一年生草本。秆直立或基部倾斜膝曲，近地面节可生根，高20~90 cm。叶片线状披针形或狭披针形，长5~40 cm，上面粗糙，近基部疏生长柔毛。圆锥花序紧密排成圆柱状或狭圆锥状，长3~17 cm，直立，刚毛金黄色或稍带褐色，长4~8 mm。花、果期6~10月。

生于林边、田边、路边和荒芜的园地及荒野。常见。

为田间杂草。秆、叶可作牲畜饲料。全草药用，有清热明目、消肿止痛之功效。

褐色狗尾草
Setaria pallidifusca (Schumach.) Stapf et C. E. Hubb.

禾本科 狗尾草属

一年生草本。秆高20~80 cm。叶鞘压扁微呈脊；叶片线状披针形，长5~15 cm。花序为紧缩的圆柱状圆锥花序，长2~7 cm，刚毛多，黄色、褐色或紫色；小穗浅绿色或带紫色、黄褐色，椭圆形。颖果浅黄色。花、果期春、夏季。

生于山谷疏林下、山坡草地或路旁。常见。

棕叶狗尾草
Setaria palmifolia (Koen.) Stapf

禾本科 狗尾草属

多年生草本。秆高0.75~2.00 m，基部茎粗可达1 cm，具支柱根。叶鞘松弛，具疣毛；叶片纺锤状宽披针形，长20~59 cm，具纵深褶皱。圆锥花序主轴延伸甚长，呈塔形，长20~60 cm，主轴具棱角，分枝排列疏松；小穗卵状披针形，排列于小枝的一侧。花、果期8~12月。

生于山坡或谷地林下阴湿处。常见。

颖果含丰富淀粉，可供食用。根药用，可益气固脱。

皱叶狗尾草（延脉狗尾草）
Setaria plicta (Lam.) T. Cooke

禾本科 狗尾草属

多年生草本。秆通常瘦弱，高45~130 cm。叶鞘背脉常呈脊；叶片质薄，椭圆状披针形或线状披针形，长4~13 cm，具较浅的纵向褶皱。圆锥花序狭长圆形或线形，长15~33 cm，分枝斜向上升，排列疏松而开展；小穗着生小枝一侧，卵状披针状。花、果期6~10月。

生于山坡林下、沟谷地阴湿处或路边杂草地上。常见。

成熟果实可供食用。须根药用，可解毒杀虫、消炎、生肌。

狗尾草
Setaria viridis (Linn.) Beauv.

禾本科 狗尾草属

一年生草本。秆高20~100 cm。叶鞘松弛，边缘具较长的密绵毛状纤毛；叶片长三角状狭披针形或线状披针形，长4~30 cm，边缘粗糙。圆锥花序紧密排成圆柱状，直立或稍弯垂，长2~15 cm；刚毛长4~12 mm，通常绿色或褐黄至紫红或紫色。花、果期5~10月。

生于荒野、道旁。广布。

秆、叶可作饲料。入药治痈瘀、面癣。全草水煮液可喷杀菜虫。

鼠尾粟
Sporobolus fertilis (Steud.) W. D. Clayton

禾本科　鼠尾粟属

多年生草本。秆丛生，高25~120 cm，质较坚硬。叶鞘疏松裹茎；叶片质较硬，长15~65 cm。圆锥花序较紧缩成线形，常间断，或稠密近穗形，长7~44 cm；小穗灰绿色且略带紫色。囊果成熟后红褐色。花、果期3~12月。

生于田野路边、山坡草地及山谷湿处和林下。广布。

全草药用，可清热解毒、凉血。

黄背草
Themeda japonica (Willd.) Tanaka

禾本科　菅属

多年生草本。秆高0.5~1.5 m，光滑无毛。叶片线形，长10~50 cm，背面常粉白色，边缘粗糙。圆锥花序多回复出，由具佛焰苞的总状花序组成；佛焰苞长2~3 cm；总状花序长15~17 mm，由7小穗组成；下部总苞状小穗对轮生于一平面，无柄；芒长3~6 cm，一至二回，膝曲。花、果期6~12月。

生于干燥山坡、草地、路旁、林缘等处。常见。

秆、叶可供造纸或盖茅屋。全草药用，有活血调经、祛风除湿之功效。

菅
Themeda villosa (Poir.) A. Camus

禾本科　菅属

多年生草本。秆高2~3 m，下部直径1~2 cm，平滑无毛而有光泽。叶片线形，长可达1 m；两面微粗糙，中脉粗，白色，叶缘稍增厚而粗糙。多回复出的圆锥花序，由具佛焰苞的总状花序组成，长可达1 m；佛焰苞舟形，长2.0~3.5 cm，具脊，粗糙。花、果期8~11月。

生于山坡灌丛、草地或林缘向阳处。常见。

秆可用于造纸。根药用，可解表散寒、祛风除湿。

参考文献

[1] 中国科学院华南植物园.广东植物志（1-9卷）[M].广州：广东科技出版社，1987-2009.

[2] 中国科学院中国植物志编辑委员会.中国植物志（1-80卷）[M].北京：科学出版社，1959-2004.

[3] 张宪春.中国石松类和蕨类植物[M].北京：北京大学出版社，2012.

[4] 朱石麟，马乃训，傅懋毅.中国竹类植物图志[M].北京：中国林业出版社，1994.

中文名索引
Index to Chinese Names

A

阿丁枫 ……………… 101
阿拉伯婆婆纳 ……… 347
阿里山苔草 ………… 392
矮地茶 ……………… 180
矮冬青 ……………… 166
矮千里光 …………… 324
凹叶厚朴 …………… 75
凹叶景天 …………… 256

B

八角枫 ……………… 125
八角莲 ……………… 245
巴兰贯众 …………… 51
菝葜 ………………… 238
白苞蒿 ……………… 307
白背黄花稔 ………… 280
白背清风藤 ………… 225
白背叶 ……………… 148
白桂木 ……………… 114
白花败酱 …………… 303
白花草木樨 ………… 288
白花鬼灯笼 ………… 193
白花龙 ……………… 182
白花泡桐 …………… 133
白花蛇舌草 ………… 301
白花嵩 ……………… 307
白棘 ………………… 169
白接骨 ……………… 350
白酒草 ……………… 314
白簕 ………………… 173
白马骨 ……………… 188
白茅 ………………… 426
白木通 ……………… 199
白牛胆 ……………… 320
白楸 ………………… 92
白檀 ………………… 184
白棠子树 …………… 191
白辛树 ……………… 129
白羊草 ……………… 419
白叶子树 …………… 135

白英 ………………… 339
白玉兰 ……………… 75
白櫟 ………………… 106、107
白锥 ………………… 106
百解藤 ……………… 200
百球薦草 …………… 405
柏拉木 ……………… 144
败酱叶菊芹 ………… 316
稗 …………………… 422
半边莲 ……………… 335
半边旗 ……………… 29
半边铁角蕨 ………… 38
半枫荷 ……………… 102、126
半夏 ………………… 377
半枝莲 ……………… 361
绊根草 ……………… 420
棒头草 ……………… 433
苞叶小牵牛 ………… 340
苞越橘 ……………… 177
抱石莲 ……………… 65
北刺蕊草 …………… 359
北江荛花 …………… 139
北越紫堇 …………… 248
崩大碗 ……………… 295
笔管草 ……………… 9
笔管榕 ……………… 115
笔罗子 ……………… 121
笔笋竹 ……………… 412
笔竹 ………………… 416
薜荔 ………………… 219
边缘鳞盖蕨 ………… 21
扁穗莎草 …………… 399
变叶榕 ……………… 164
变叶树参 …………… 174
变异鳞毛蕨 ………… 56
表面星蕨 …………… 66
柄果苔草 …………… 398
波缘冷水花 ………… 293
伯乐树 ……………… 119
驳骨丹 ……………… 184

博落回 ……………… 248
薄叶卷柏 …………… 4
薄叶润楠 …………… 82
薄叶双盖蕨 ………… 47
薄叶碎米蕨 ………… 32
薄柱草 ……………… 302

C

菜蕨 ………………… 46
苍耳 ………………… 327
糙叶树 ……………… 112
草龙 ………………… 274
草珊瑚 ……………… 247
草叶藤 ……………… 222
茶竿竹 ……………… 415
檫木 ………………… 86
豺皮樟 ……………… 81
菖蒲 ………………… 374
长瓣马铃苣苔 ……… 350
长苞狸尾草 ………… 289
长刺酸模 …………… 266
长萼堇菜 …………… 252
长耳箬竹 …………… 408
长梗柳 ……………… 103
长梗毛娥房藤 ……… 340
长钩刺蒴麻 ………… 279
长果母草 …………… 342
长花厚壳树 ………… 132
长茎赤车 …………… 293
长囊苔草 …………… 395
长蒴母草 …………… 342
长穗腹水草 ………… 348
长尾复叶耳蕨 ……… 50
长尾毛蕊茶 ………… 140
长叶柄野扇花 ……… 159
长叶冻绿 …………… 169
长叶轮钟草 ………… 334
长叶铁角蕨 ………… 35
长轴白点兰 ………… 390
长籽柳叶菜 ………… 273
常春藤 ……………… 226

常绿荚蒾	190
常山	150
朝天罐	145
车轮梅	153
车前	334
车前草	334
赪桐	193
橙黄玉凤花	387
秤砣果	219
黐花	231
迟竹	409
齿果草	255
赤车	292
赤楠	143
赤杨叶	128
翅果菊	322
臭饭团	195
臭黄荆	194
臭鸡矢藤	231
臭茉莉	193
臭牡丹	193
臭荠	250
樗叶花椒	118
楮头红	276
川鄂栲	106
穿破石	160
穿叶蓼	202
垂穗石松	3
垂穗苔草	394
春根藤	227
春花木	153
春兰	383
椿叶花椒	118
莼菜	245
刺齿半边旗	26
刺齿贯众	51
刺茎楤木	174
刺梨头	202
刺梨子	207
刺蓼	202
刺毛杜鹃	176
刺葡萄	224
刺苋	269
刺子莞	404

楤木	174
粗糙蓼	264
粗喙秋海棠	275
粗糠柴	92
粗糠仔	191
粗毛耳草	301
粗毛鸭嘴草	427
粗叶榕	162
粗叶悬钩子	208
酢浆草	270
醋酸果	122
簇生卷耳	258
翠云草	7

D

大百部	239
大苞寄生	168
大苞鸭跖草	364
大茶药	227
大巢菜	218
大渡求米草	429
大萼香茶菜	357
大果蜡瓣花	158
大果马蹄荷	102
大果卫矛	117
大果俞藤	225
大花金钱豹	235
大花帘子藤	228
大花石上莲	350
大蓟	313
大力草	361
大罗伞树	179
大青	193
大青薯	239
大头艾纳香	311
大头橐吾	321
大菟丝子	236
大血藤	200
大叶白纸扇	231
大叶桂樱	95
大叶过路黄	332
大叶胡枝子	157
大叶火焰草	256
大叶金竹	409
大叶千斤拔	155

大叶青冈	109
大叶蛇葡	212
大叶蛇总管	262
大叶新木姜	85
大叶野樱	95
大叶玉叶金花	231
大叶竹叶草	429
大叶苎麻	290
大叶锥	106
大叶锥栗	108
大叶紫金牛	179
大泽兰	317
带唇兰	390
袋果草	335
丹霞梧桐	91
单耳柃	143
单色蝴蝶草	345
单穗金粟兰	247
单叶对囊蕨	45
单叶厚唇兰	385
单叶双盖蕨	45
单叶铁线莲	199
淡竹叶	428
倒吊葫芦	163
倒盖菊	312
倒钩藤崖婆藓	214
倒挂铁角蕨	35
稻槎菜	321
灯笼草	338
灯笼泡	338
灯台兔儿风	305
灯心草	390
邓柳	103
滴水珠	376
地蚕	362
地胆草	316
地丁	328
地耳草	277
地梗鼠尾草	360
地构叶	283
地锦	282
地锦苗	249
地稔	276
地桃花	280

滇白珠树……175	盾果草……337	枫树寄生……168
颠茄……339	盾蕨……70	枫香……101
吊吊黄……137	钝齿红紫珠……192	枫香槲寄生……168
吊丝草……420	钝齿铁线莲……197	枫杨……124
吊粟……148	多果蕗蕨……11	蜂巢草……291
蝶花荚蒾……190	多花勾儿茶……169	凤凰润楠……83
丁葵草……289	多花黄精……372	凤了蕨……23
东方狗脊蕨……49	多花兰……382	凤尾蕨……25
东方古柯……146	多花猕猴桃……205	佛甲草……256
东风草……311	多花茜草……233	佛掌榕……162
东京茉莉……130	多花山竹子……89	伏生紫堇……249
东南景天……255	多花野牡丹……145	伏石蕨……65
东南栲……107	多茎鼠麴草……319	扶芳藤……220
东南茜草……233	多脉榆……113	芙兰草……402
东南山梗菜……336	多毛板凳果……160	浮萍……377
东南蛇根草……303	多型栝楼……204	福建柏……73
冬瓜木……128	多须公……317	福建观音座莲……10
冬青……115	多枝雾水葛……294	福建山樱花……94
冬桃……90	E	福氏马尾杉……2
都匀铁角蕨……36	鹅肠菜……259	福王草……322
豆瓣草……274	鹅观草……433	福州薯蓣……240
豆腐柴……194	鹅脚草……267	腐婢……194
豆梨……97	鹅毛玉凤花……387	附地菜……337
独脚金……345	耳基卷柏……5	傅氏凤尾蕨……28
独蒜兰……389	F	G
杜虹花……191	翻白草……284	干旱毛蕨……39
杜茎山……181	繁缕景天……257	甘茶蔓……203
杜鹃……177	饭包草……364	赶山鞭……277
杜若……366	梵天花……281	橄榄竹……407
短柄本勒木……139	飞蛾藤……237	刚竹……414
短柄粉条儿菜……368	飞机草……316	岗稔……143
短梗幌伞枫……126	飞扬草……281	杠板归……202
短尖苔草……393	肥肉草……144	高斑叶兰……386
短毛金线草……261	肥皂荚……98	高粱泡……211
短舌少穗竹……409	粉背蕨……30	高山毛兰……385
短舌紫菀……308	粉被苔草……397	隔山香……297
短穗蛇菰……294	粉防己……201	弓果黍……421
短序唇柱苣苔……349	粉团蔷薇……207	钩距虾脊兰……381
短叶黍……430	粉叶轮环藤……200	钩栲……108
短叶水蜈蚣……403	风车子……206	钩栗……108
断肠草……227	风轮菜……354	钩藤……233
断线蕨……68	风箱树……186	钩吻……227
堆莴苣……322	枫树……101	钩状石斛……384

狗肝菜 351	贵州玉叶金花 231	红花艾 357
狗骨柴 187	桂花 131	红花酢浆草 271
狗脊蕨 48	过路黄 330	红花倒水莲 238
狗脚迹 281	过山枫 220	红花鸡距草 249
狗贴耳 246	**H**	红马蹄草 296
狗尾草 435	海蚌含珠 281	红楠 83
狗牙根 420	海风藤 195	红皮树 130
构棘 160	海金沙 15	红色新月蕨 40
构树 114	海竽 375	红丝线 232、338
谷粒木 177	寒兰 383	红腺悬钩子 212
牯岭藜芦 372	寒莓 209	红心乌桕 92
牯岭蛇葡萄 222	韩信草 361	红枝蒲桃 89
瓜馥木 196	蕲菜 251	虹鳞肋毛蕨 50
拐枣 117	旱莲草 315	猴欢喜 91
观光木 77	旱田草 343	篌竹 412
冠盖藤 206	号筒秆 248	厚果崖豆藤 215
管花凤仙 272	合萌 285	厚壳树 85、132
贯众 52	河八王 429	厚叶冬青 165
光萼茅膏菜 258	河竹 413	厚叶红淡比 141
光里白 14	荷木 88	厚叶铁线莲 198
光皮桦 104	盒子草 203	忽地笑 378
光头稗 422	褐绿苔草 398	胡蔓藤 227
光叶白玉兰 76	褐毛杜英 90	胡颓子 170
光叶海桐 139	褐色狗尾草 434	胡枝子 157
光叶山矾 182	褐叶青冈 110	湖北蔷薇 207
光叶山黄麻 160	褐叶星蕨 66	湖南连翘 277
光叶石楠 96	黑草 341	槲蕨 61
光叶紫玉盘 197	黑老虎 195	蝴蝶花 378
广东润楠 82	黑鳞耳蕨 57	蝴蝶荚蒾 190
广东蛇葡萄 221	黑鳞珍珠茅 406	蝴蝶戏珠花 190
广东升麻 323	黑桧 142	虎刺 186
广东石豆兰 381	黑墨草 315	虎耳草 257
广东苔草 392	黑莎草 403	虎皮楠 94
广东新耳草 302	黑山豆 217	虎杖 262
广防风 354	黑腺珍珠菜 333	花格斑叶兰 386
广寄生 167	黑足鳞毛蕨 54	花椒簕 171
广西过路黄 330	亨氏蔷薇 207	花榈木 100
广州地构叶 283	红背山麻秆 146	花葶苔草 398
广州蕲菜 250	红背叶 316	花叶开唇兰 380
广州山柑 167	红边竹 414	花竹 412
广州蛇根草 302	红柴枝 122	华北葡萄 223
鬼针草 309	红淡比 141	华东野核桃 124
贵州鼠尾草 360	红勾栲 107	华风车子 206

华凤仙	271	
华湖瓜草	403	
华空木	154	
华丽赛山梅	129	
华麻花头	323	
华毛叶石楠	152	
华南凤尾蕨	25	
华南谷精草	366	
华南桂	77	
华南鳞盖蕨	20	
华南龙胆	328	
华南毛蕨	41	
华南木姜子	81	
华南青皮木	117	
华南忍冬	234	
华南舌蕨	58	
华南实蕨	58	
华南吴茱萸	118	
华南远志	254	
华南紫萁	11	
华山矾	183	
华山姜	367	
华泽兰	317	
华重楼	373	
滑皮柯	111	
化香树	124	
还魂草	6	
黄鹌菜	327	
黄背草	436	
黄独	240	
黄狗头	17	
黄瓜菜	321	
黄海棠	277	
黄花菜	370	
黄花倒水莲	137	
黄花杜鹃	176	
黄花蒿	305	
黄花鹤顶兰	388	
黄花蝴蝶草	346	
黄花狸藻	348	
黄花石蒜	378	
黄荆	194	
黄葵	279	
黄连茶	123	
黄连木	123	
黄连树	123	
黄毛草	432	
黄毛冬青	165	
黄毛猕猴桃	205	
黄茅	425	
黄楠	86	
黄牛奶树	183	
黄绒润楠	134	
黄瑞木	140	
黄山紫荆	99	
黄树	172	
黄檀	99	
黄药	169	
黄樟	78	
黄枝子	187	
黄珠子草	282	
灰背清风藤	225	
灰绿耳蕨	56	
灰毛大青	192	
灰毛泡	210	
灰竹	413	
彗竹	416	
喙果苔草	398	
喙果崖豆藤	216	
蕙兰	382	
活血丹	356	
火炭母	262	
藿香蓟	304	

J

鸡骨香	175	
鸡婆子	135	
鸡桑	164	
鸡矢藤	232	
鸡头薯	287	
鸡眼草	287	
鸡仔木	132	
姬蕨	20	
积雪草	295	
笄石菖	391	
棘茎楤木	174	
棘盘子	169	
戟菜	246	
戟叶蓼	265	
戟叶圣蕨	44	

檵木	159
荚蒾	189
假鞭叶铁线蕨	33
假糙苏	358
假臭草	317
假大羽铁角蕨	36
假福王草	322
假黄花远志	137
假黄麻	278
假俭草	424
假荔枝	160
假毛蕨	42
假婆婆纳	333
假雀麦	417
假山稔	279
假死柴	136
假玉桂	85、113
尖齿臭茉莉	193
尖萼厚皮香	88
尖距紫堇	249
尖树	172
尖尾竽	374
尖叶长柄山蚂蝗	156
尖叶毛柃	142
尖叶清风藤	225
尖叶四照花	125
尖叶唐松草	244
尖嘴林檎	95
坚荚蒾	190
菅	436
剪红纱花	258
见风消	135
见血青	388
建兰	382
剑叶凤尾蕨	27
剑叶石斛	384
剑叶书带蕨	34
渐尖毛蕨	38
箭叶淫羊藿	137
江南灯芯草	391
江南短肠蕨	47
江南卷柏	6
江南桤木	104
江南星蕨	70
江南油杉	72

江南竹……407	镜子苔草……397	辣蓼……263
将军树……114	九节茶……247	辣汁树……84
浆果苔草……392	九龙盘……369	兰香草……353
焦壳竹……413	九木香……175	蓝果树……126
绞股蓝……203	九头狮子草……352	蓝花参……335
接骨草……303	救必应……116	蓝花琉璃繁缕……329
睫毛萼凤仙花……271	救荒野豌豆……218	狼杷草……310
截鳞苔草……399	菊芹……316	狼尾草……431
截叶铁扫帚……288	苣荬菜……325	廊茵……202
金钗凤尾蕨……28	距花黍……426	榔榆……114
金疮小草……354	聚花草……365	朗杉……86
金灯藤……236	卷柏……6	郎伞木……179
金耳环……246	决明……285	老虎刺……214
金花树……144	蕨……22	老鼠刺……150
金鸡脚假瘤蕨……62	蕨叶人字果……242	老鼠矢……130
金剑草……232	爵床……352	老鼠屎……169
金锦香……276	君迁子……127	老鼠眼……217
金缕梅……100	**K**	老蟹眼……191
金毛耳草……300	卡罗林老鹳草……270	乐昌含笑……76
金毛狗……17	看麦娘……417	雷公鹅耳枥……104
金钱薄荷……356	柯……111	雷公根……295
金钱蒲……374	柯孟披碱草……433	雷公枥……104
金荞麦……262	空心莲子草……268	雷公青冈……109
金色狗尾草……434	空心泡……210	雷公头……401
金丝草……432	苦苣菜……325	类芦……429
金丝海棠……145	苦楝……118	棱枝槲寄生……168
金丝桃……145	苦职……338	梨叶悬钩子……211
金丝藤……235	苦槠……108	狸尾豆……289
金锁匙……200	苦竹……415	犁头尖……377
金挖耳……312	宽卵叶长柄山蚂蟥……156	黎子竹……411
金线草……261	宽叶书带蕨……34	篱栏网……237
金线吊蛤蟆……201	宽叶泽苔草……363	黧蒴……106
金线吊乌龟……201	宽羽线蕨……68	黧蒴栲……106
金线兰……380	昆明鸡血藤……216	里白……14
金星蕨……43	阔裂叶羊蹄甲……213	里白算盘子……148
金叶含笑……76	阔鳞鳞毛蕨……53	鳢肠……315
金银花……234	阔叶丰花草……299	栗柄金粉蕨……24
金樱子……207	阔叶假排草……333	连钱草……356
金盏银盘……309	阔叶猕猴桃……205	莲座蕨……10
筋骨草……353	阔叶山麦冬……371	镰翅羊耳蒜……387
筋竹……413	阔叶十大功劳……136	镰羽贯众……51
堇菜……253	**L**	链荚豆……285
京梨猕猴桃……204	拉拉藤……299	链珠藤……227
井冈寒竹……408	喇叭花……237	楝……118
井栏凤尾蕨……29	蜡瓣花……159	楝树……118

443

凉粉果……219	罗浮冬青……166	毛栲……107
亮鳞肋毛蕨……50	罗浮栲……106	毛苦职……338
亮毛堇菜……252	罗浮槭……120	毛鳞省藤……379
亮叶猴耳环……98	罗浮柿……127	毛马唐……421
亮叶桦……104	罗伞树……180	毛牵牛……236
蓼子草……263	楹木……95	毛山矾……183
了哥王……138	楹木石楠……95	毛麝香……341
裂叶秋海棠……275	裸花水竹叶……365	毛药红淡……140
林下凸轴蕨……43	裸柱菊……325	毛枝卷柏……7
临时救……331	络石……229	毛轴蕨……22
岭南槭……120	落霜红……166	毛轴莎草……401
岭南山茉莉……128	**M**	毛轴碎米蕨……31
凌霄……238	麻栎……112	毛轴铁角蕨……34
菱角菜……249	马鞭草……353	毛竹……410
菱叶鹿藿……217	马齿苋……261	毛锥……107
流苏贝母兰……381	马甲子……169	矛苕……426
流苏子……230	马松子……279	茅瓜……203
瘤足蕨……17	马蹄蕨……10	茅栗……105
柳叶白前……185	马尾松……72	茅莓……211
柳叶牛膝……268	马衣叶……354	美丽新木姜……85
柳叶润楠……83	麦冬……371	美洲商陆……266
柳叶箬……426	满江红……16	米饭花……178
柳叶薯蓣……241	满树星……164	米碎花……142
柳叶绣球……151	蔓茎堇菜……252	米槠……105
柳叶桢楠……83	蔓生千斤拔……155	密苞叶苔草……397
六角杜鹃……177	芒……428	密果吴茱萸……171
六角英……352	芒稷……422	密花树……128
龙葵……340	芒萁……13	密毛乌口树……188
龙泉景天……257	毛八角枫……125	密球苎麻……291
龙须草……406	毛豹皮樟……80	绵毛猕猴桃……205
龙须藤……213	毛臂形草……419	绵茵陈……306
龙芽草……283	毛草龙……274	苗竹……410
龙爪茅……421	毛赪桐……192	闽楠……86
漏斗瓶蕨……12	毛冬青……165	闽粤千里光……323
鹿藿……217	毛秆野古草……418	牡蒿……307
鹿角杜鹃……176	毛茛……243	牡荆……194
鹿角锥……107	毛谷精草……366	木荷……88
路边青……351	毛果巴豆……147	木患子……119
绿冬青……166	毛果算盘子……147	木荚红豆……100
葎草……219	毛果珍珠茅……406	木姜润楠……82
卵裂黄鹌菜……328	毛黑壳楠……79	木姜叶柯……110
乱草……423	毛花点草……292	木姜子……80、81
轮叶党参……235	毛花酸竹……407	木蜡树……123
轮叶沙参……334	毛鸡矢藤……232	木莲……75
罗甸假糙苏……358	毛堇菜……251	木樨……131

木油桐 93	排钱树 157	茜树 131
木竹子 89	攀倒甑 303	窃衣 298
N	攀缘星蕨 69	琴叶榕 163
南丹参 360	盘龙参 389	青冈 109
南方红豆杉 73	螃蟹脚 168	青花椒 172
南方荚蒾 189	蟛蜞菊 327	青灰叶下珠 149
南方露珠草 273	披针贯众 52	青胶木 84
南方兔儿伞 326	枇杷叶紫珠 191	青篱竹 415
南方香简草 357	蘋 16	青绿苔草 393
南岭虎皮楠 150	瓶尔小草 9	青蛇仔 351
南岭黄檀 99	瓶蕨 12	青桐 91
南岭栲 107	婆婆纳 347	青葙 270
南岭柞木 87	婆绒花 353	青榨槭 120
南蛇棒 375	破铜钱 296	清香藤 227
南酸枣 122	铺地蝙蝠草 286	穹隆苔草 395
南五味子 196	铺地黍 430	秋兰 382
南烛 175	葡茎通泉草 343	球穗扁莎 404
楠木 86	葡蟠 218	全缘凤尾蕨 28
楠竹 410	蒲儿根 324	雀梅藤 170
囊颖草 434	朴树 113	雀舌草 259、277
尼泊尔蓼 264	普通凤了蕨 23	**R**
尼泊尔鼠李 170	普通针毛蕨 42	人字草 427
泥胡菜 319	**Q**	忍冬 234
拟赤杨 128	七星莲 252	日本杜英 90
牛鼻圈 169	七叶胆 203	日本看麦娘 417
牛轭草 365	七叶莲 200	日本水龙骨 64
牛耳枫 150	七叶一枝花 373	日本菟丝子 236
牛繁缕 259	漆大姑 147	日本五月茶 147
牛筋草 423	漆姑草 259	日本紫金牛 180
牛筋树 136	漆木 173	绒毛润楠 84
牛毛草 405	奇蒿 306	榕叶冬青 116
牛毛毡 401	奇羽鳞毛蕨 55	柔茎蓼 265
牛皮消 229	畦畔莎草 400	柔毛艾纳香 311
牛茄子 339	荠 249	柔弱斑种草 336
牛虱草 424	荠菜 249	软条七蔷薇 207
牛尾菜 239	起绒飘拂草 402	锐齿楼梯草 291
牛膝 268	千层塔 2	锐尖山香圆 172
牛膝菊 318	千斤拔 155	瑞木 158
扭黄茅 425	千金子 427	瑞香 138
钮子瓜 204	千里光 323	箬叶竹 408
农吉利 286	千年桐 93	**S**
女贞 131	牵牛 237	赛葵 280
糯米条 188	签草 394	三白草 246
糯米团 291	钱氏鳞始蕨 18	三尖杉 73
P	钳唇兰 385	三裂蛇葡萄 221

三裂叶薯……236	山甜菜……339	石龙芮……243
三年桐……93	山桐……93	石龙尾……342
三品一枝花……380	山桐子……87	石楠藤……202
三钱三……176	山莴苣……323	石榕树……161
三腺金丝桃……278	山乌桕……92	石松……4
三叶吊秆泡……209	山梧桐……87	石蒜……378
三叶豆蔻……368	山血丹……180	石韦……63
三叶鬼针草……310	山雁皮……138	石岩枫……149
三叶木通……199	山樱花……94	石珍茅……429
三叶委陵菜……284	山油麻……146	石竹……413
三叶崖爬藤……223	山枣……122	石锥树……107
三羽新月蕨……41	山芝麻……146	实肚竹……412
三月泡……209、210、211	山指甲……185	实心竹……411
三褶脉紫菀……307	杉木……72	柿寄生……168
三枝九叶草……137	上树蛇……222	绶草……389
伞柄竹……415	扇叶铁线蕨……32	瘦风轮菜……355
散斑竹根七……370	少花黄猄草……352	书带蕨……33
伞房花耳草……300	少花龙葵……339	疏花长柄山蚂蟥……155
杀虫芥……267	少花马蓝……352	疏花卫矛……167
沙白竹……415	少年红……178	疏羽半边旗……26
沙氏鹿茸草……344	少叶黄杞……123	鼠刺……150
莎草蕨……255	舌叶苔草……396	鼠妇草……423
山白芷……320	蛇含委陵菜……284	鼠李冬青……164
山薄荷……353	蛇莓……283	鼠麴草……318
山苍子……80	蛇泡……211	鼠尾粟……436
山柴胡……267	蛇泡草……283	薯莨……240
山矾……184	蛇泡簕……211	薯蓣……241
山桂花……139	蛇足石杉……2	树参……126
山合欢……97	深裂锈毛莓……212	栓叶安息香……130
山胡椒……136	深绿卷柏……5	水苦荬……347
山槐……97	深山含笑……76	水凉子……158
山藿香……362	深圆齿堇菜……251	水蓼……263
山鸡椒……80	肾耳唐竹……416	水龙……273
山鸡米……428	肾蕨……59	水芦……432
山鸡血藤……215	升马唐……421	水毛花……405
山菅兰……369	胜红蓟……304	水芹……297
山姜……367	湿生冷水花……293	水青冈……110
山檀……80	十大功劳……136	水虱草……402
山蒟……202	十萼茄……338	水丝梨……102
山麦冬……371	十字苔草……394	水蓑衣……351
山莓……209	石斑木……96、153	水团花……186
山牡荆……133	石槁……84	水杨梅……186
山木通……198	石胡荽……312	水蔗草……417
山枇杷……191	石黄皮……59	水竹……410
山漆树……123	石灰花楸……97	睡莲……244

446

丝毛雀稗……431	天仙果……162	网脉酸藤子……226
丝茅……426	田基黄……277	茵草……418
丝棉草……319	田菁……289	望春花……76
丝穗金粟兰……247	田麻……278	蕙芝……160
四块瓦……247	田浦茶……221	微糙叶紫菀……308
四时竹……416	甜茶……110	微红新月蕨……40
四叶参……235	甜麻……278	微子薜菜……250
四叶葎……299	甜槠……105	尾花细辛……245
四叶一枝花……330	条穗苔草……396	尾叶樱桃……152
松风草……295	条叶榕……163	蚊母草……346
酸果藤……226	铁秤砣……201	蚊母树……101
酸模叶蓼……263	铁冬青……116	乌饭树……177
酸藤子……226	铁苋菜……281	乌冈栎……112
酸筒秆……262	庭藤……156	乌韭……19
酸味子……147、170	通草……158	乌桕……93
酸叶胶藤……228	通泉草……343	乌蕨……19
算盘子……148	桐麻……91	乌蔹莓……222
碎米荠……250	铜锤玉带草……336	乌毛蕨……48
碎米莎草……400	筒轴草……433	乌腺金丝桃……277
穗序鹅掌柴……175	筒轴茅……433	乌药……135
桫椤鳞毛蕨……53	透骨草……353	巫山繁缕……260
T	透骨消……356	无盖鳞毛蕨……54
胎生铁角蕨……37	透明草……294	无患子……119
台北艾纳香……310	土半夏……377	无尾水筛……362
台湾黄堇……248	土丁桂……340	无心菜……260
台湾泡桐……133	土防风……354	无叶美冠兰……386
太平杜鹃……176	土茯苓……238	无柱兰……380
塘边藕……246	土荆芥……267	梧桐……91
塘葛菜……251	土马鞭……353	蜈蚣草……30、424
糖瓮子……207	土牛膝……267、317	五倍子……172
桃金娘……143	土玉桂……85	五加……173
桃叶金钱豹……334	兔耳兰……383	五节芒……428
桃叶石楠……96	菟丝子……235	五岭过路黄……332
藤黄檀……214	团叶鳞始蕨……19	五眼果……122
藤石松……3	团羽鳞盖蕨……21	五叶参……203
藤叶黍……430	陀螺果……129	五叶薯蓣……241
藤竹草……430	陀螺紫菀……309	五月艾……306
藤紫珠……192	**W**	五月季竹……409
天胡荽……296	挖耳草……349	五指枫……194
天葵……244	娃儿藤……230	五指毛桃……162
天蓝苜蓿……288	瓦韦……67	五爪龙……284
天料木……88	弯齿盾果草……337	**X**
天门冬……369	弯喙苔草……396	西南粗叶木……187
天名精……311	网络崖豆藤……216	西南水芹……297
天南星……376	网脉繁缕……260	西域旌节花……158

蟋蟀草 423	腺毛莓 208	小叶冷水花 294
稀羽鳞毛蕨 55	腺毛阴行草 345	小叶榕 115
溪边凤尾蕨 27	腺叶稠李 94	小叶三点金 287
习见蓼 264	腺叶桂樱 94	小叶桑 164
洗手果 119	腺叶野樱 94	小叶石楠 152
喜旱莲子草 268	相近石韦 62	小叶猪殃殃 300
喜马拉雅旌节花 158	香粉叶 79	小鱼仙草 358
细柄草 420	香附子 401	小沼兰 388
细梗络石 229	香港瓜馥木 197	小柱悬钩子 209
细梗香草 331	香港毛蕊茶 140	小紫金牛 179
细茎母草 342	香港双蝴蝶 329	肖梵天花 280
细茎石斛 384	香港远志 254	斜方复叶耳蕨 49
细毛鸭嘴草 427	香花崖豆藤 215	心萼薯 236
细叶青冈 108	香椒子 172	心叶半夏 376
细叶三花冬青 166	香皮树 121	新木姜子 85
细叶十大功劳 136	香叶树 79	星宿菜 332
细叶鼠麹草 318	香樟 78	杏香兔儿风 304
细叶台湾榕 162	响铃豆 286	荇菜 329
细圆藤 201	小巢菜 218	莕菜 329
细锥香茶菜 356	小冬桃 90	熊胆草 354、356
虾钳菜 269	小二仙草 274	秀丽锥 107
狭翅铁角蕨 37	小果葡萄 223	绣花针 186
狭全缘榕 163	小果蔷薇 206	锈毛刺葡萄 224
狭穗苔草 395	小果山龙眼 87	锈毛含笑 77
狭序泡花树 121	小果石笔木 89	锈毛莓 212
狭叶韩信草 361	小果酸模 266	锈毛铁线莲 199
狭叶葡萄 224	小果野桐 149	锈叶新木姜 84
狭叶山胡椒 135	小果皂荚 98	萱草 370
狭叶四照花 125	小红栲 105	悬铃叶苎麻 290
狭叶香港远志 254	小红米果 192	旋蒴苣苔 349
狭叶绣线菊 153	小花假番薯 236	雪下红 181
狭叶远志 254	小花蓼 264	血见愁 362
下田菊 304	小花山猪菜 237	血水草 248
夏枯草 359	小花鸢尾 379	蕈树 101
夏天无 249	小槐花 154	Y
仙茅 379	小茴茴蒜 243	鸭儿芹 295
纤花耳草 301	小戟叶耳蕨 57	鸭公树 84
纤毛鸭嘴草 427	小苦荬 320	鸭脚艾 307
咸虾花 326	小蜡 185	鸭姆草 431
显脉山绿豆 154	小藜 267	鸭舌草 373
线萼山梗菜 336	小蓬草 313	鸭跖草 364
线蕨 67	小舌唇兰 389	鸭跖草状凤仙花 272
线纹香茶菜 356	小蓑衣藤 198	鸭嘴马唐 422
腺柄山矾 182	小野芝麻 355	雅榕 115
腺梗豨莶 324	小叶海金沙 15	烟管头草 312

烟竹……410	野荷蒿……314	油桐……93
延脉狗尾草……435	野莴苣……322	油樟……78
延叶珍珠菜……331	野吴萸……171	友水龙骨……63
延羽卵果蕨……44	野鸭椿……122	有翅星蕨……64
芫荽菊……314	野燕麦……418	鱼骨柴……159
盐肤木……172	野笋……376	鱼黄草……237
盐霜柏……172	野雉尾金粉蕨……24	鱼腥草……246
燕尾叉蕨……60	野紫苏……359	鱼眼草……315
羊带归……154	叶下珠……282	鱼眼菊……315
羊耳菊……320	夜香牛……326	羽裂圣蕨……45
羊角拗……228	腋花蓼……264	禹毛茛……243
羊角藤……230	一把伞南星……375	玉兰……75
羊尿乌……90	一点红……316	玉堂春……75
羊乳……235	一年蓬……317	玉叶金花……231
羊踯躅……176	一枝黄花……324	圆盖阴石蕨……61
阳荷……368	一枝箭……9	圆叶胡枝子……157
杨梅……103	宜昌悬钩子……210	圆叶节节菜……272
杨桐……140	蚁菜……298	圆叶南蛇藤……220
痒漆树……173	异果毛蕨……39	圆叶细辛……245
野芭蕉……367	异裂短肠蕨……46	圆叶野扁豆……215
野白纸扇……231	异形南五味子……195	圆柱叶灯心草……391
野百合……286、370	异型莎草……400	圆锥绣球……151
野茶辣……171	异叶黄鹌菜……328	粤赣荚蒾……189
野慈姑……363	异叶鳞始蕨……18	粤柳……103
野灯芯草……391	异叶爬山虎……222	粤蛇葡萄……221
野杜瓜……204	益母草……357	粤瓦韦……66
野甘草……344	薏米……420	越南安息香……130
野葛……217	薏苡……420	云实……213
野菰……348	翼梗五味子……196	Z
野含笑……77	翼核果……221	凿树……95
野黄菊……315	阴石蕨……60	早熟禾……432
野金丝桃……277	阴行草……344	泽珍珠菜……330
野菊……315	茵陈蒿……306	窄叶小苦荬……320
野老鹳草……270	银粉背蕨……31	粘毛赪桐……192
野凉粉藤……354	银花草……340	粘毛杜鹃……176
野路葵……279	银线金粟兰……247	粘毛泡桐……133
野麻……290	蘡薁……223	张氏堇菜……253
野毛漆……123	萤蔺……405	樟……78
野木瓜……200	映山红……177	樟树……78
野枇杷……121、191	硬杆子草……419	樟叶木防己……137
野葡萄……223	硬壳桂……78	樟叶槭……119
野漆树……173	硬壳柯……111	掌叶蓼……265
野荞麦……262	硬叶润楠……83	褶皮黧豆……216
野柿……127	油茶……141	柘树……161
野黍……425	油点草……372	鹧鸪草……425

针齿铁仔	181	紫花香薷	355
珍珠草	282	紫金牛	180
珍珠花	175	紫麻	292
珍珠莲	219	紫楠	86
珍珠茅	406	紫萁	10
栀子	187	紫树	126
直刺变豆菜	298	紫薇	138
止血马唐	422	棕叶狗尾草	435
纸叶榕	161	总序蓟	313
枳椇	117	走马箭	303
中国旌节花	158	走马胎	179
中国绣球	151	菹草	363
中华杜英	90	钻叶紫菀	308
中华蜡瓣花	159	醉鱼草	185
中华里白	13	遵义苔草	399
中华石龙尾	341		
中华石楠	96		
中华苔草	393		
中华绣线菊	153		
中南鱼藤	214		
钟萼木	119		
钟萼鼠尾草	361		
钟花草	351		
钟花樱桃	94		
周毛悬钩子	208		
胄叶线蕨	69		
皱果苋	269		
皱叶狗尾草	435		
皱叶忍冬	234		
朱砂根	178		
珠光香青	305		
珠芽景天	255		
竹节草	272		
竹叶花椒	171		
竹叶榕	163		
苎麻	290		
砖子苗	404		
状元红	193		
梓树	86		
紫斑蝴蝶草	346		
紫背天葵	275		
紫果冬青	116		
紫花地丁	252、328		
紫花堇菜	253		
紫花前胡	298		

学名索引
Index to Scientific Names

A

Abelia chinensis	188
Abelmoschus moschatus	279
Acalypha australis	281
Acanthopanax gracilistylus	173
Acanthopanax trifoliatus	173
Acer cinnamomifolium	119
Acer davidii	120
Acer fabri	120
Acer tutcheri	120
Achyranthes aspera	267
Achyranthes bidentata	268
Achyranthes longifolia	268
Acidosasa gigantea	407
Acidosasa hirtiflora	407
Acorus calamus	374
Acorus gramineus	374
Actinidia callosa var. *henryi*	204
Actinidia fulvicoma	205
Actinidia fulvicoma var. *lanata*	205
Actinidia latifolia	205
Actinostemma tenerum	203
Adenophora tetraphylla	334
Adenosma glutinosum	341
Adenostemma lavenia	304
Adiantum flabellulatum	32
Adiantum malesianum	33
Adina pilulifera	186
Adinandra millettii	140
Aeginetia indica	348
Aeschynomene indica	285
Ageratum conyzoides	304
Agrimonia pilosa	283
Aidia cochinchinensis	131
Ainsliaea fragrans	304
Ainsliaea macroclinidioides	305
Ajuga ciliata	353
Ajuga decumbens	354
Akebia trifoliata subsp. *australis*	199
Alangium chinense	125
Alangium kurzii	125
Albizia kalkora	97
Alchornea trewioides	146
Aletris scopulorum	368
Aleuritopteris anceps	30
Aleuritopteris argentea	31
Alniphyllum fortunei	128
Alnus trabeculosa	104
Alocasia cucullata	374
Alocasia macrorrhiza	375
Alopecurus aequalis	417
Alopecurus japonicus	417
Alpinia japonica	367
Alpinia oblongifolia	367
Alternanthera philoxeroides	268
Alternanthera sessilis	269

Altingia chinensis ······101	*Ardisia japonica* ······180
Alysicarpus vaginalis ······285	*Ardisia lindleyana* ······180
Alyxia sinensis ······227	*Ardisia quinquegona* ······180
Amaranthus spinosus ······269	*Ardisia villosa* ······181
Amaranthus viridis ······269	*Arenaria serpyllifolia* ······260
Amitostigma gracile ······380	*Arisaema erubescens* ······375
Amomum austrosinense ······368	*Arisaema heterophyllum* ······376
Amorphophallus dunnii ······375	*Artemisia annua* ······305
Ampelopsis cantoniensis ······221	*Artemisia anomala* ······306
Ampelopsis delavayana ······221	*Artemisia capillaris* ······306
Ampelopsis heterophylla var. *kulingensis* ······222	*Artemisia indica* ······306
Anagallis arvensis ······329	*Artemisia japonica* ······307
Anaphalis margaritacea ······305	*Artemisia lactiflora* ······307
Angiopteris fokiensis ······10	*Artocarpus hypargyreus* ······114
Anisomeles indica ······354	*Arundinella hirta* ······418
Anoectochilus roxburghii ······380	*Asarum caudigerum* ······245
Antenoron filiforme ······261	*Asarum insigne* ······246
Antenoron filiforme var. *neofiliforme* ······261	*Asparagus cochinchinensis* ······369
Antidesma japonicum ······147	*Aspidistra lurida* ······369
Aphananthe aspera ······112	*Asplenium crinicaule* ······34
Apluda mutica ······417	*Asplenium normale* ······35
Arachniodes rhomboidea ······49	*Asplenium prolongatum* ······35
Arachniodes simplicior ······50	*Asplenium pseudolaserpitiifolium* ······36
Aralia chinensis ······174	*Asplenium toramanum* ······36
Aralia echinocaulis ······174	*Asplenium wrightii* ······37
Archidendron lucidum ······98	*Asplenium yoshinagae* ······37
Ardisia alyxiaefolia ······178	*Aster ageratoides* ······307
Ardisia chinensis ······179	*Aster ageratoides* var. *scaberulus* ······308
Ardisia crenata ······178	*Aster sampsonii* ······308
Ardisia gigantifolia ······179	*Aster subulatus* ······308
Ardisia hanceana ······179	*Aster turbinatus* ······309

Asystasiella chinensis ·················· 350
Avena fatua ·················· 418
Azolla pinnata ·················· 16

B

Balanophora cavaleriei ·················· 294
Bauhinia apertilobata ·················· 213
Bauhinia championii ·················· 213
Beckmanna syzigachne ·················· 418
Begonia crassirostris ·················· 275
Begonia fimbristipula ·················· 275
Begonia palmata ·················· 275
Bennettiodendron brevipes ·················· 139
Berchemia floribunda ·················· 169
Betula luminifera ·················· 104
Bidens biternata ·················· 309
Bidens pilosa ·················· 309
Bidens pilosa var. *radiata* ·················· 310
Bidens tripartite ·················· 310
Blastus cochinchinensis ·················· 143
Blastus dunnianus ·················· 144
Blechnum orientale ·················· 48
Blumea formosana ·················· 310
Blumea megacephala ·················· 311
Blumea mollis ·················· 311
Blyxa aubertii ·················· 362
Boea hygrometrica ·················· 349
Boehmeria densiglomerata ·················· 291
Boehmeria longispica ·················· 290
Boehmeria nivea ·················· 290
Boehmeria tricuspis ·················· 290
Boenninghausenia albiflora ·················· 295

Bolbitis subcordata ·················· 58
Borreria latifolia ·················· 299
Bothriochloa ischaemum ·················· 419
Bothriospermum tenellum ·················· 336
Brachiaria villosa ·················· 419
Brasenia schreberi ·················· 245
Bretschneidera sinensis ·················· 119
Broussonetia kaempferi var. *australis* ·················· 218
Broussonetia papyrifera ·················· 114
Buchnera cruciata ·················· 341
Buddleja asiatica ·················· 184
Buddleja lindleyana ·················· 185
Bulbophyllum kwangtungense ·················· 381
Burmannia coelestis ·················· 380

C

Caesalpinia decapetala ·················· 213
Calamus thysanolepis ·················· 379
Calanthe graciliflora ·················· 381
Caldesia grandis ·················· 363
Callicarpa dichotoma ·················· 191
Callicarpa formosana ·················· 191
Callicarpa kochiana ·················· 191
Callicarpa peii ·················· 192
Callicarpa rubella ·················· 192
Camellia assimilis ·················· 140
Camellia candate ·················· 140
Camellia oleifera ·················· 141
Campanumoea javanica ·················· 235
Campanumoea lancifolia ·················· 334
Campsis grandiflora ·················· 238
Capillipedium assimile ·················· 419

Capillipedium parviflorum ······420	*Castanopsis carlesii* ······105
Capparis cantoniensis ······167	*Castanopsis eyrei* ······105
Capsella bursapastoris ······249	*Castanopsis fabri* ······106
Cardamine hirsuta ······250	*Castanopsis fargesii* ······106
Carex adrienii ······392	*Castanopsis fissa* ······106
Carex arisanensis ······392	*Castanopsis fordii* ······107
Carex baccans ······392	*Castanopsis jucunda* ······107
Carex brachyathera ······394	*Castanopsis lamontii* ······107
Carex breviculmis ······393	*Castanopsis sclerophylla* ······108
Carex brevicuspis ······393	*Castanopsis tibetana* ······108
Carex chinensis ······393	*Cayratia japonica* ······222
Carex cruciata ······394	*Celastrus aculeatus* ······220
Carex doniana ······394	*Celastrus kusanoi* ······220
Carex gibba ······395	*Celosia argentea* ······270
Carex harlandii ······395	*Celtis sinensis* ······113
Carex ischnostachya ······395	*Celtis timorensis* ······113
Carex laticeps ······396	*Centella asiatica* ······295
Carex ligulata ······396	*Centipeda minima* ······312
Carex nemostachys ······396	*Cephalanthus tetrandrus* ······186
Carex phacota ······397	*Cephalotaxus fortunei* ······73
Carex phyllocephala ······397	*Cerastium fontanum* subsp. *triviale* ······258
Carex pruinosa ······397	*Cerasus campanulata* ······94
Carex rhynchachaenium ······398	*Cerasus dielsiana* ······152
Carex seaposa ······398	*Cercis chingii* ······99
Carex stipitinux ······398	*Cheilanthes chusana* ······31
Carex truncatigluma ······399	*Cheilanthes tenuifolia* ······32
Carex zunyiensis ······399	*Chenopodium ambrosioides* ······267
Carpesium abrotanoides ······311	*Chenopodium serotinum* ······267
Carpesium cernuum ······312	*Chirita depressa* ······349
Carpesium divaricatum ······312	*Chloranthus fortunei* ······247
Carpinus viminea ······104	*Chloranthus monostachys* ······247
Caryopteris incana ······353	*Choerospondias axillaris* ······122
Cassia tora ······285	*Christia obcordata* ······286
Castanea seguinii ······105	*Cibotium barometz* ······17

Cinnamomum austrosinense ……77	*Coniogramme japonica* ……23
Cinnamomum camphora ……78	*Conyza canadensis* ……313
Cinnamomum porrectum ……78	*Conyza japonica* ……314
Circaea mollis ……273	*Coptosapelta diffusa* ……230
Cirsium japonicum ……313	*Corchoropsis tomentosa* ……278
Cirsium racemiforme ……313	*Corchorus aestuans* ……278
Clematis apiifolia var. *obtusidentata* ……197	*Coronopus didymus* ……250
Clematis crassifolia ……198	*Corydalis balansae* ……248
Clematis filamentosa ……198	*Corydalis decumbens* ……249
Clematis gouriana ……198	*Corydalis sheareri* ……249
Clematis henryi ……199	*Corylopsis multiflora* ……158
Clematis lechenaultiana ……199	*Corylopsis sinensis* ……159
Clerodendrum canescens ……192	*Cotula anthemoides* ……314
Clerodendrum cyrtophyllum ……193	*Crassocephalum crepdioides* ……314
Clerodendrum japonicum ……193	*Crotalaria albida* ……286
Clerodendrum lindleyi ……193	*Crotalaria sessiliflora* ……286
Cleyera japonica ……141	*Croton iachnocarpus* ……147
Cleyera pachyphylla ……141	*Cryptocarya chingii* ……78
Clinopodium chinense ……354	*Cryptotaenia japonica* ……295
Clinopodium gracile ……355	*Ctenitis subglandulosa* ……50
Cocculus laurifolius ……137	*Cudrania cochinchinensis* ……160
Codonacanthus pauciflorus ……351	*Cudrania tricuspidata* ……161
Codonopsis lanceolata ……235	*Cunignhamia lanceolata* ……72
Coelogyne fimbriata ……381	*Curculigo orchioides* ……379
Coiocasia antiquorrum ……376	*Cuscuta chinensis* ……235
Coix lacrymajobi ……420	*Cuscuta japonica* ……236
Combretum alfredii ……206	*Cyclea hypoglauca* ……200
Commelina bengalensis ……364	*Cyclobalanopsis glauca* ……109
Commelina communis ……364	*Cyclobalanopsis gracilis* ……108
Commelina paludosa ……364	*Cyclobalanopsis hui* ……109
Coniogramme intermedia ……23	*Cyclobalanopsis jenseniana* ……109

Cyclobalanopsis stewardiana ……110
Cyclosorus acuminatus ……38
Cyclosorus aridus ……39
Cyclosorus heterocarpus ……39
Cyclosorus lakhimpurense ……40
Cyclosorus megacuspis ……40
Cyclosorus parasiticus ……41
Cyclosorus triphyllus ……41
Cyclosorus tylodes ……42
Cymbidium ensifolium ……382
Cymbidium faberi ……382
Cymbidium floribundum ……382
Cymbidium goeringii ……383
Cymbidium kanran ……383
Cymbidium lancifolium ……383
Cynanchum auriculatum ……229
Cynanchum stauntonii ……185
Cynodon dactylon ……420
Cyperus compressus ……399
Cyperus difformis ……400
Cyperus haspan ……400
Cyperus iria ……400
Cyperus pilosus ……401
Cyperus rotundus ……401
Cyrtococcum patens ……421
Cyrtomium balansae ……51
Cyrtomium caryotideum ……51
Cyrtomium devexiscapulae ……52
Cyrtomium fortunei ……52

D

Dactyloctenium aegyptium ……421
Dalbergia balansae ……99
Dalbergia hancei ……214
Dalbergia hupeana ……99
Damnacanthus indicus ……186
Daphne odora ……138
Daphniphyllum calycinum ……150
Daphniphyllum oldhamii ……94
Davallia repens ……60
Davallia tyermannii ……61
Dendranthema indicum ……315
Dendrobenthamia angustata ……125
Dendrobium acinaciforme ……384
Dendrobium aduncum ……384
Dendrobium moniliforme ……384
Dendropanax dentiger ……126
Dendropanax proteus ……174
Deparia lancea ……45
Derris fordii ……214
Desmodium caudatum ……154
Desmodium microphyllum ……287
Desmodium reticulatum ……154
Dianella ensifolia ……369
Dichocarpum dalzielii ……242
Dichroa febrifuga ……150
Dichrocephala integrifolia ……315
Dicliptera chinensis ……351
Dicranopteris pedata ……13
Digitaria ciliaris ……421
Digitaria ischaemum ……422
Dioscorea benthamii ……239
Dioscorea bulbifera ……240

Dioscorea cirrhosa ·······240
Dioscorea futschauensis ·······240
Dioscorea lineari-cordata ·······241
Dioscorea pentaphylla ·······241
Dioscorea polystachya ·······241
Diospyros kaki var. *silvestris* ·······127
Diospyros lotus ·······127
Diospyros morrisiana ·······127
Diplazium esculentum ·······46
Diplazium laxifrons ·······46
Diplazium mettenianum ·······47
Diplazium pinfaense ·······47
Diplopterygium chinense ·······13
Diplopterygium glaucum ·······14
Diplopterygium laevissimum ·······14
Diplospora dubia ·······187
Disporopsis aspera ·······370
Distylium racemosum ·······101
Drosera peltata var. *glabrata* ·······258
Drynaria roosii ·······61
Dryopteris championii ·······53
Dryopteris cycadina ·······53
Dryopteris fuscipes ·······54
Dryopteris scottii ·······54
Dryopteris sieboldii ·······55
Dryopteris sparsa ·······55
Dryopteris varia ·······56
Duchesnea indica ·······283
Dunbaria punctata ·······215
Dysosma versipellis ·······245

E

Ecdysanthera rosea ·······228
Echinochloa colonum ·······422
Echinochloa crusgalli ·······422
Eclipta prostrata ·······315
Ehretia longiflora ·······132
Ehretia thrsiflora ·······132
Elaeagnus pungens ·······170
Elaeocarpus chinensis ·······90
Elaeocarpus duclouxii ·······90
Elaeocarpus japonicus ·······90
Elaphoglossum yoshinagae ·······58
Elatostema cyrtandrifolium ·······291
Eleocharis acicularis ·······401
Elephantopus scaber ·······316
Eleusine indica ·······423
Elsholtzia argyi ·······355
Embelia laeta ·······226
Embelia rudis ·······226
Emilia sonchifolia ·······316
Engelhardtia fenzlii ·······123
Eomecon chionantha ·······248
Epigeneium fargesii ·······385
Epilobium pyrricholophum ·······273
Epimedium sagittatum ·······137
Equisetum ramosissimum ·······9
Eragrostis atrovirens ·······423
Eragrostis japonica ·······423
Eragrostis unioloides ·······424
Erechtites valerianaefolia ·······316
Eremochloa ciliaris ·······424
Eremochloa ophiuroides ·······424

Eria reptans	385
Eriachne pallescens	425
Erigeron annuus	317
Eriocaulon australe	366
Eriocaulon sexangulare	366
Eriochloa villosa	425
Eriosema chinense	287
Erythrodes blumei	385
Erythroxylum sinense	146
Eulophia zollingeri	386
Euonymus fortunei	220
Euonymus laxiflorus	167
Euonymus myrianthus	117
Eupatorium catarium	317
Eupatorium chinense	317
Euphorbia hirta	281
Euphorbia humifusa	282
Eurya acuminatissima	142
Eurya chinensis	142
Eurya macartneyi	142
Eurya weissiae	143
Euscaphis japonica	122
Evodia austro-sinensis	118
Evodia compacta	171
Evolvulus alsinoides	340
Exbucklandia tonkinensis	102

F

Fagopyrum dibotrys	262
Fagus lucida	110
Ficus abelii	161
Ficus chartacea	161

Ficus concinna	115
Ficus erecta var. *beecheyana*	162
Ficus formosana var. *shimadai*	162
Ficus hirta	162
Ficus pandurata	163
Ficus pandurata var. *angustifolia*	163
Ficus pumila	219
Ficus sarmentosa var. *henryi*	219
Ficus stenophylla	163
Ficus superba var. *japonica*	115
Ficus variolosa	164
Fimbristylis dipsacea	402
Fimbristylis littoralis	402
Firmiana danxiaensis	91
Firmiana simplex	91
Fissistigma oldhamii	196
Fissistigma uonicum	197
Flemingia macrophylla	155
Flemingia prostrata	155
Floscopa scandens	365
Fokienia hodginsii	73
Fordiophyton fordii	144
Fuirena umbellate	402

G

Gahnia tristis	403
Galeobdolon chinense	355
Galinsoga parviflora	318
Galium aparine var. *echinospermum*	299
Galium bungei	299
Galium trifidum	300
Garcinia multiflora	89

Gardenia jasminoides ... 187	*Hedyotis diffusa* ... 301
Gaultheria yunnanensis ... 175	*Hedyotis mellii* ... 301
Gelidocalamus stellatus ... 408	*Hedyotis tenelliflora* ... 301
Gelsemium elegans ... 227	*Helicia cochinchinensis* ... 87
Gentiana loureirii ... 328	*Helicteres angustifolia* ... 146
Geranium carolinianum ... 270	*Hemerocallis fulva* ... 370
Glechoma longituba ... 356	*Hemistepta lyrata* ... 319
Gleditsia australis ... 98	*Heteropanax brevipedicellatus* ... 126
Glochidion eriocarpum ... 147	*Heteropogon contortus* ... 425
Glochidion puberum ... 148	*Homalium cochinchinense* ... 88
Glochidion triandrum var. *triandrum* ... 148	*Houttuynia cordata* ... 246
Gnaphalium affine ... 318	*Hovenia acerba* ... 117
Gnaphalium japonicum ... 318	*Humulus japonica* ... 219
Gnaphalium luteo-album ... 319	*Huodendron biaristatum* subsp.
Gnaphalium polycaulon ... 319	*parviflorum* ... 128
Goniophlebium amoenum ... 63	*Huperzia fordii* ... 2
Goniophlebium niponicum ... 64	*Huperzia serrata* ... 2
Gonostegia hirta ... 291	*Hydrangea chinensis* ... 151
Goodyera kwangtungensis ... 386	*Hydrangea paniculata* ... 151
Goodyera procera ... 386	*Hydrangea stenophylla* ... 151
Gymnocladus chinensis ... 98	*Hydrocotyle nepalensis* ... 296
Gynostemma pentaphyllum ... 203	*Hydrocotyle sibthorpioides* ... 296
	Hydrocotyle sibthorpioides var.

H

	batrachium ... 296
Habenaria dentata ... 387	*Hygrophila salicifolia* ... 351
Habenaria rhodocheila ... 387	*Hylodesmum laxum* ... 155
Haloragis micrantha ... 274	*Hylodesmum podocarpium* subsp. *fallax* ... 156
Hamamelis mollis ... 100	*Hylodesmum podocarpium* var.
Haplopteris amboinensis ... 34	*oxyphyllum* ... 156
Haplopteris flexuosa ... 33	*Hymenasplenium unilaterale* ... 38
Hedera nepalensis var. *sinensis* ... 226	*Hymenophyllum polyanthos* ... 11
Hedyotis chrysotricha ... 300	*Hypericum ascyron* ... 277
Hedyotis corymbosa ... 300	

Hypericum attenuatum ……… 277
Hypericum chinense ……… 145
Hypericum japonicum ……… 277
Hypolepis punctata ……… 20

I

Ichnanthus vicinus ……… 426
Idesia polycarpa ……… 87
Ilex aculeolata ……… 164
Ilex chinensis ……… 115
Ilex dasyphylla ……… 165
Ilex elmerrilliana ……… 165
Ilex ficoidea ……… 116
Ilex pubescens ……… 165
Ilex rotumda ……… 116
Ilex serrata ……… 166
Ilex tsoii ……… 116
Ilex tutcheri ……… 166
Ilex viridis ……… 166
Impatiens blepharosepala ……… 271
Impatiens chinensis ……… 271
Impatiens commelinoides ……… 272
Impatiens tubulosa ……… 272
Imperata cylindrica var. *major* ……… 426
Indigofera decora ……… 156
Indocalamus longiauritus ……… 408
Inula cappa ……… 320
Ipomoea biflora ……… 236
Ipomoea triloba ……… 236
Iris japonica ……… 378
Iris speculatrix ……… 379
Isachne globosa ……… 426

Ischaemum barbatum ……… 427
Ischaemum inidicum ……… 427
Isodon coetsa ……… 356
Isodon lophanthoides ……… 356
Isodon macrocalyx ……… 357
Itea chinensis ……… 150
Ixeridium dentatum ……… 320
Ixeridium gramineum ……… 320

J

Jacquemontia tamnifolia ……… 340
Jasminum lanceolarium ……… 227
Juglans cathayensis var. *formosana* ……… 124
Juncus effusus ……… 390
Juncus prismatocarpus ……… 391
Juncus prismatocarpus subsp. *teretifolius* ……… 391
Juncus setchuensis ……… 391
Justicia procumbens ……… 352

K

Kadsura coccinea ……… 195
Kadsura heteroclite ……… 195
Kadsura longipedunculata ……… 196
Kaulinia pteropus ……… 64
Keiskea australis ……… 357
Keteleeria cyclolepis ……… 72
Kummerowia striata ……… 287
Kyllinga brevifolia ……… 403

L

Lagerstroemia indica ……… 138
Lapsana apogonoides ……… 321
Lasianthus henryi ……… 187
Laurocerasus phaeosticta ……… 94

Laurocerasus zippeliana ·············· 95
Lemmaphyllum drymoglossoides ·············· 65
Lemmaphyllum microphyllum ·············· 65
Lemna minor ·············· 377
Leonurus japonicus ·············· 357
Lepidomicrosorium superficiale ·············· 66
Lepisorus obscure-venulosus ·············· 66
Lepisorus thunbergianus ·············· 67
Leptochilus ellipticus ·············· 67
Leptochilus ellipticus var. *pothifolius* ·············· 68
Leptochilus hemionitideus ·············· 68
Leptochilus hemitomus ·············· 69
Leptochloa chinensis ·············· 427
Lespedeza bicolor ·············· 157
Lespedeza cuneata ·············· 288
Lespedeza davidii ·············· 157
Ligularia japonica ·············· 321
Ligustrum lucidum ·············· 131
Ligustrum sinense ·············· 185
Lilium brownii ·············· 370
Limnophila chinensis ·············· 341
Limnophila sessiliflora ·············· 342
Lindera aggregata ·············· 135
Lindera angustifolia ·············· 135
Lindera communis ·············· 79
Lindera glauca ·············· 136
Lindera megaphylla f. *touyunensis* ·············· 79
Lindera pulcherrima var. *attenuata* ·············· 79
Lindera reflexa ·············· 80
Lindernia anagallis ·············· 342
Lindernia pusilla ·············· 342

Lindernia ruellioides ·············· 343
Lindsaea chienii ·············· 18
Lindsaea heterophylla ·············· 18
Lindsaea orbiculata ·············· 19
Liparis bootanensis ·············· 387
Liparis nervosa ·············· 388
Lipocarpha chinensis ·············· 403
Liquidambar formosana ·············· 101
Liriope muscari ·············· 371
Liriope spicata ·············· 371
Lithocarpus glaber ·············· 111
Lithocarpus hancei ·············· 111
Lithocarpus litseifolius ·············· 110
Lithocarpus skanianus ·············· 111
Litsea coriana var. *lanuginosa* ·············· 80
Litsea cubeba ·············· 80
Litsea greenmaniana ·············· 81
Litsea pungens ·············· 81
Litsea rotundifolia var. *oblongifolia* ·············· 81
Lobelia chinensis ·············· 335
Lobelia melliana ·············· 336
Lonicera confuse ·············· 234
Lonicera japonica ·············· 234
Lonicera rhytidophylla ·············· 234
Lophatherum gracile ·············· 428
Loropetalum chinense ·············· 159
Ludwigia adscendens ·············· 273
Ludwigia hyssopifolia ·············· 274
Ludwigia octovalvis ·············· 274
Lychnis senno ·············· 258
Lycianthes biflora ·············· 338

Lycopodiella cernua ······3	*Magnolia denudata* ······75
Lycopodium casuarinoides ······3	*Magnolia officinalis* subsp. *biloba* ······75
Lycopodium japonicum ······4	*Mahonia bealei* ······136
Lycoris aurea ······378	*Mahonia fortunei* ······136
Lycoris radiate ······378	*Malaxis microtatantha* ······388
Lygodium japonicum ······15	*Mallotus apelta* ······148
Lygodium microphyllum ······15	*Mallotus microcarpus* ······149
Lyonia ovalifolia ······175	*Mallotus paniculatus* ······92
Lysimachia alfredii ······330	*Mallotus philippensis* ······92
Lysimachia candida ······330	*Mallotus repandus* ······149
Lysimachia capillipes ······331	*Malus melliana* ······95
Lysimachia christinae ······330	*Malvastrum coromandelianum* ······280
Lysimachia congestiflora ······331	*Manglietia fordiana* ······75
Lysimachia decurrens ······331	*Mariscus umbellatus* ······404
Lysimachia fistulosa var. *wulingensis* ······332	*Marsilea quadrifolia* ······16
Lysimachia fordiana ······332	*Mazus miquelii* ······343
Lysimachia fortunei ······332	*Mazus pumilus* ······343
Lysimachia heterogenea ······333	*Medicago lupulina* ······288
Lysimachia sikokiana subsp. *petelotii* ······333	*Melastoma affine* ······145

M

Machilus grijsii ······134	*Melastoma dodecandrum* ······276
Machilus kwangtungensis ······82	*Melia azedarach* ······118
Machilus leptophylla ······82	*Melilotus alba* ······288
Machilus litseifolia ······82	*Meliosma fordii* ······121
Machilus phoenicis ······83	*Meliosma oldhamii* ······122
Machilus salicina ······83	*Meliosma paupera* ······121
Machilus thunbergii ······83	*Meliosma rigida* ······121
Machilus velutina ······84	*Melliodendron xylocarpum* ······129
Macleaya cordata ······248	*Melochia corchorifolia* ······279
Macrothelypteris torresiana ······42	*Merremia hederacea* ······237
Maesa japonica ······181	*Metathelypteris hattorii* ······43
	Michelia chapensis ······76

Michelia foveolata ···· 76
Michelia maudiae ···· 76
Michelia skinneriana ···· 77
Microlepia hancei ···· 20
Microlepia marginata ···· 21
Microlepia obtusiloba ···· 21
Microsorum buergerianum ···· 69
Millettia dielsiana ···· 215
Millettia pachycarpa ···· 215
Millettia reticulata ···· 216
Millettia tsui ···· 216
Miscanthus floridulus ···· 428
Miscanthus sinensis ···· 428
Monochasma savatieri ···· 344
Monochoria vaginalis ···· 373
Morinda umbellata subsp. *obovata* ···· 230
Morus australis ···· 164
Mosla dianthera ···· 358
Mucuna Iamellata ···· 216
Murdannia loriformis ···· 365
Murdannia nudiflora ···· 365
Musa wilsonii ···· 367
Mussaenda esquirolii ···· 231
Mussaenda pubescens ···· 231
Myosoton aquaticum ···· 259
Myrica rubra ···· 103
Myrsine semierrata ···· 181

N

Nanocnide lobata ···· 292
Narenga porphyrocoma ···· 429
Neanotis kwangtungensis ···· 302
Neolepisorus fortunei ···· 70
Neolepisorus ovatus ···· 70
Neolitsea aurata ···· 85
Neolitsea cambodiana ···· 84
Neolitsea chuii ···· 84
Neolitsea levinei ···· 85
Neolitsea pulchella ···· 85
Nephrolepis cordifolia ···· 59
Nertera sinensis ···· 302
Neyraudia reynaudiana ···· 429
Nymphaea tetragona ···· 244
Nymphoides peltata ···· 329
Nyssa sinensis ···· 126

O

Odontosoria chinensis ···· 19
Oenanthe javanica ···· 297
Oenanthe linearis ···· 297
Oligostachyum scabriflorum var.
    breviligulatum ···· 409
Onychium japonicum ···· 24
Onychium japonicum var. *lucidum* ···· 24
Ophioglossum vulgatum ···· 9
Ophiopogon japonicus ···· 371
Ophiorrhiza cantoniensis ···· 302
Ophiorrhiza mitchelloides ···· 303
Oplismenus compositus var. *owatarii* ···· 429
Oreocharis auricula ···· 350
Oreocharis maximowiczii ···· 350
Oreocnide frutescens ···· 292
Ormosia henryi ···· 100
Ormosia xylocarpa ···· 100

Osbeckia chinensis ……276	*Pellionia radicans* f. *grandia* ……293
Osbeckia opipara ……145	*Pennisetum alopecuroides* ……431
Osmanthus fragrans ……131	*Peracarpa carnosa* ……335
Osmunda japonica ……10	*Pericampylus glaucus* ……201
Osmunda vachellii ……11	*Perilla frutescens* var. *acuta* ……359
Ostericum citrodorum ……297	*Peristrophe japonica* ……352
Oxalis corniculata ……270	*Peucedanum decursiva* ……298
Oxalis corymbosa ……271	*Phaius flavus* ……388

P

Pachysandra axillaris var. *stylosa* ……160	*Pharbitis nil* ……237
Paederia foetida ……231	*Phegopteris decursive-pinnata* ……44
Paederia scandens ……232	*Phoebe bournei* ……86
Paederia scandens var. *tomentosa* ……232	*Phoebe sheareri* ……86
Paliurus ramosissimus ……169	*Photinia beauverdiana* ……96
Panicum brevifolium ……430	*Photinia davidsoniae* ……95
Panicum incomtum ……430	*Photinia glabra* ……96
Panicum repens ……430	*Photinia parvifolia* ……152
Paraixeris denticulata ……321	*Photinia prunifolia* ……96
Paraphlomis gracilis var. *lutienensis* ……358	*Photinia villosa* var. *sinica* ……152
Paraphlomis javanica ……358	*Phragmites karka* ……432
Paraprenanthes sororia ……322	*Phyllanthus glaucus* ……149
Parathelypteris glanduligera ……43	*Phyllanthus urinaria* ……282
Paris polyphylla ……373	*Phyllanthus virgatus* ……282
Paris polyphylla var. *chinensis* ……373	*Phyllodium pulchellum* ……157
Parthenocissus dalzielii ……222	*Phyllostachys bambusoides* ……409
Paspalum scrobiculatum ……431	*Phyllostachys heteroclada* ……410
Paspalum urvillei ……431	*Phyllostachys heteroclada* f. *purpurata* ……411
Patrinia villosa ……303	*Phyllostachys heteroclada* f. *solida* ……411
Paulownia fortunei ……133	*Phyllostachys heterocycla* ……410
Paulownia kawakamii ……133	*Phyllostachys nidularia* ……412
Pellionia radicans ……292	*Phyllostachys nidularia* f. *farcta* ……412
	Phyllostachys nuda ……413

Phyllostachys rivalis ……413	*Polygonatum cyrtonema* ……372
Phyllostachys rubromarginata ……414	*Polygonum chinense* ……262
Phyllostachys sulphurea cv. *viridis* ……414	*Polygonum criopolitanum* ……263
Phymatopteris hastate ……62	*Polygonum cuspidatum* ……262
Physalis angulata ……338	*Polygonum hydropiper* ……263
Physalis angulata var. *villosa* ……338	*Polygonum lapathifolium* ……263
Phytolacca americana ……266	*Polygonum muricatum* ……264
Pilea aquarum ……293	*Polygonum nepalense* ……264
Pilea cavaleriei ……293	*Polygonum palmatum* ……265
Pilea microphylla ……294	*Polygonum perfoliatum* ……202
Pileostegia viburnoides ……206	*Polygonum plebeium* ……264
Pinellia cordata ……376	*Polygonum senticosum* ……202
Pinellia ternata ……377	*Polygonum tenellum* var. *micranthum* ……265
Pinus massoniana ……72	*Polygonum thunbergii* ……265
Piper hancei ……202	*Polypogon fugax* ……433
Pistacia chinensis ……123	*Polystichum anomalum* ……56
Pittosporum glabratum ……139	*Polystichum hancockii* ……57
Plagiogyria adnata ……17	*Polystichum makinoi* ……57
Plantago asiatica ……334	*Porana racemosa* ……237
Platanthera minor ……389	*Portulaca oleracea* ……261
Platycarya strobilacea ……124	*Potamogeton crispus* ……363
Pleioblastus amarus ……415	*Potentilla discolor* ……284
Pleione bulbocodioides ……389	*Potentilla freyniana* ……284
Poa annua ……432	*Potentilla kleiniana* ……284
Pogonatherum crinitum ……432	*Pottsia grandiflora* ……228
Pogostemon septentrionalis ……359	*Pouzolzia zeylanica* var. *microphylla* ……294
Pollia japonica ……366	*Pratia nummularia* ……336
Polygala fallax ……137	*Premna microphylla* ……194
Polygala glomerata ……254	*Prenanthes tatarinowii* ……322
Polygala hongkongensis ……254	*Prunella vulgaris* ……359
Polygala hongkongensis var. *stenophylla* ……254	*Pseudosasa amabilis* ……415

Pseudosasa hindsii ……416
Pteridium aquilinum subsp. *japonicum* ……22
Pteridium aquilinum subsp. *revolutum* ……22
Pteris austro-sinica ……25
Pteris cretica ……25
Pteris dispar ……26
Pteris dissitifolia ……26
Pteris ensiformis ……27
Pteris excelsa ……27
Pteris fauriei ……28
Pteris insignis ……28
Pteris multifida ……29
Pteris semipinnata ……29
Pteris vittata ……30
Pterocarya stenoptera ……124
Pterocypsela indica ……322
Pterolobium punctatum ……214
Pterostyrax psilophyllus ……129
Pueraria lobata ……217
Pycreus flavidus ……404
Pyrrosia assimilis ……62
Pyrrosia lingua ……63
Pyrus calleryana ……97

Q

Quercus acutissima ……112
Quercus hillyraeoides ……112

R

Ranuncuius cantoniensis ……243
Ranuncuius japonicus ……243
Ranuncuius sceleratus ……243
Rapanea neriifolia ……128

Raphiolepis indica ……153
Rhamnus crenata ……169
Rhamnus napalensis ……170
Rhododendron championae ……176
Rhododendron latoucheae ……176
Rhododendron molle ……176
Rhododendron simsii ……177
Rhododendron westlandii ……177
Rhodomyrtus tomentosa ……143
Rhus chinensis ……172
Rhynchosia dielsii ……217
Rhynchosia volubilis ……217
Rhynchospora rubra ……404
Roegneria kamoji ……433
Rorippa cantoniensis ……250
Rorippa indica ……251
Rosa cymosa ……206
Rosa henryi ……207
Rosa laevigata ……207
Rosa multiflora var. *cathayensis* ……207
Rotala rotundifolia ……272
Rottboellia exaltata ……433
Rubia alata ……232
Rubia argyi ……233
Rubia wallichiana ……233
Rubus adenophorus ……208
Rubus alceaefolius ……208
Rubus amphidasys ……208
Rubus buergeri ……209
Rubus columellaris ……209
Rubus corchorifolius ……209

Rubus ichangensis ……210
Rubus irenaeus ……210
Rubus lambertianus ……211
Rubus parvifolius ……211
Rubus pirifolius ……211
Rubus reflexus ……212
Rubus reflexus var. *lanceolobus* ……212
Rubus rosaefolius ……210
Rubus sumatranus ……212
Rumex microcarpus ……266
Rumex trisetifer ……266

S

Sabia discolor ……225
Sabia swinhoei ……225
Sacciolepis indica ……434
Sageretia thea ……170
Sagina japonica ……259
Sagittaria trifolia ……363
Salix dunnii ……103
Salix mesnyi ……103
Salomonia cantoniensis ……255
Salvia bowleyana ……360
Salvia cavaleriei ……360
Salvia scapiformis ……360
Salvia scapiformis var. *carphocalyx* ……361
Sambucus chinensis ……303
Sanicula orthacantha ……298
Sapindus saponaria ……119
Sapium discolor ……92
Sapium sebiferum ……93
Sarcandra glabra ……247

Sarcococca longipetiolata ……159
Sarcopyramis nepalensis ……276
Sargentodoxa cuneata ……200
Sassafras tzumu ……86
Saururus chinensis ……246
Saxifraga stolonifera ……257
Schefflera delavayi ……175
Schima superba ……88
Schisanda henryi ……196
Schoepfia chinensis ……117
Scirpus juncoides ……405
Scirpus mucronatus ……405
Scirpus rosthornii ……405
Scirpus subcapitatus ……406
Scleria hookeriana ……406
Scleria levis ……406
Scoparia dulcis ……344
Scutellaria barbata ……361
Scutellaria indica ……361
Sedum alfredi ……255
Sedum bulbiferum ……255
Sedum drymarioides ……256
Sedum emarginatum ……256
Sedum lineare ……256
Sedum lungtsuanense ……257
Sedum stellariifolium ……257
Selaginella delicatula ……4
Selaginella doederleinii ……5
Selaginella limbata ……5
Selaginella moellendorffii ……6
Selaginella tamariscina ……6

Selaginella trichoclada ⋯⋯⋯⋯⋯⋯⋯⋯⋯⋯⋯7
Selaginella uncinata ⋯⋯⋯⋯⋯⋯⋯⋯⋯⋯⋯⋯7
Semiaquilegia adoxoides ⋯⋯⋯⋯⋯⋯⋯⋯244
Semiliquidambar cathayensis ⋯⋯⋯⋯⋯⋯102
Senecio scandens ⋯⋯⋯⋯⋯⋯⋯⋯⋯⋯⋯⋯323
Senecio stauntonii ⋯⋯⋯⋯⋯⋯⋯⋯⋯⋯⋯323
Serissa serissoides ⋯⋯⋯⋯⋯⋯⋯⋯⋯⋯⋯188
Serratula chinensis ⋯⋯⋯⋯⋯⋯⋯⋯⋯⋯⋯323
Sesbania cannabina ⋯⋯⋯⋯⋯⋯⋯⋯⋯⋯⋯289
Setaria glauca ⋯⋯⋯⋯⋯⋯⋯⋯⋯⋯⋯⋯⋯434
Setaria pallidifusca ⋯⋯⋯⋯⋯⋯⋯⋯⋯⋯⋯434
Setaria palmifolia ⋯⋯⋯⋯⋯⋯⋯⋯⋯⋯⋯435
Setaria plicta ⋯⋯⋯⋯⋯⋯⋯⋯⋯⋯⋯⋯⋯435
Setaria viridis ⋯⋯⋯⋯⋯⋯⋯⋯⋯⋯⋯⋯⋯435
Sida rhombifolia ⋯⋯⋯⋯⋯⋯⋯⋯⋯⋯⋯⋯280
Siegesbeckia pubescens ⋯⋯⋯⋯⋯⋯⋯⋯⋯324
Sinoadina racemosa ⋯⋯⋯⋯⋯⋯⋯⋯⋯⋯⋯132
Sinobambusa nephroaurita ⋯⋯⋯⋯⋯⋯⋯416
Sinosenecio oldhamianus ⋯⋯⋯⋯⋯⋯⋯⋯324
Siphonostegia chinensis ⋯⋯⋯⋯⋯⋯⋯⋯⋯344
Siphonostegia laeta ⋯⋯⋯⋯⋯⋯⋯⋯⋯⋯⋯345
Sloanea sinensis ⋯⋯⋯⋯⋯⋯⋯⋯⋯⋯⋯⋯⋯91
Smilax china ⋯⋯⋯⋯⋯⋯⋯⋯⋯⋯⋯⋯⋯⋯238
Smilax glabra ⋯⋯⋯⋯⋯⋯⋯⋯⋯⋯⋯⋯⋯238
Smilax riparia ⋯⋯⋯⋯⋯⋯⋯⋯⋯⋯⋯⋯⋯239
Solanum americanum ⋯⋯⋯⋯⋯⋯⋯⋯⋯⋯339
Solanum capsicoides ⋯⋯⋯⋯⋯⋯⋯⋯⋯⋯339
Solanum lyratum ⋯⋯⋯⋯⋯⋯⋯⋯⋯⋯⋯⋯339
Solanum nigrum ⋯⋯⋯⋯⋯⋯⋯⋯⋯⋯⋯⋯340
Solena amplexicaulis ⋯⋯⋯⋯⋯⋯⋯⋯⋯⋯203
Solidago decurrens ⋯⋯⋯⋯⋯⋯⋯⋯⋯⋯⋯324

Soliva anthemifolia ⋯⋯⋯⋯⋯⋯⋯⋯⋯⋯⋯325
Sonchus arvensis ⋯⋯⋯⋯⋯⋯⋯⋯⋯⋯⋯⋯325
Sonchus oleraceus ⋯⋯⋯⋯⋯⋯⋯⋯⋯⋯⋯325
Sorbus folgneri ⋯⋯⋯⋯⋯⋯⋯⋯⋯⋯⋯⋯⋯97
Speranskia cantonensis ⋯⋯⋯⋯⋯⋯⋯⋯⋯283
Spiraea chinensis ⋯⋯⋯⋯⋯⋯⋯⋯⋯⋯⋯⋯153
Spiraea japonica var. *acuminata* ⋯⋯⋯⋯153
Spiranthes sinensis ⋯⋯⋯⋯⋯⋯⋯⋯⋯⋯⋯389
Sporobolus fertilis ⋯⋯⋯⋯⋯⋯⋯⋯⋯⋯⋯436
Stachys geobombycis ⋯⋯⋯⋯⋯⋯⋯⋯⋯⋯362
Stachyurus chinensis ⋯⋯⋯⋯⋯⋯⋯⋯⋯⋯158
Stachyurus himalaicus ⋯⋯⋯⋯⋯⋯⋯⋯⋯158
Stauntonia chinensis ⋯⋯⋯⋯⋯⋯⋯⋯⋯⋯200
Stegnogramma sagittifolia ⋯⋯⋯⋯⋯⋯⋯⋯44
Stegnogramma wilfordii ⋯⋯⋯⋯⋯⋯⋯⋯⋯45
Stellaria alsine ⋯⋯⋯⋯⋯⋯⋯⋯⋯⋯⋯⋯⋯259
Stellaria reticulivena ⋯⋯⋯⋯⋯⋯⋯⋯⋯⋯260
Stellaria wushanensis ⋯⋯⋯⋯⋯⋯⋯⋯⋯⋯260
Stemona tuberosa ⋯⋯⋯⋯⋯⋯⋯⋯⋯⋯⋯⋯239
Stephanandra chinensis ⋯⋯⋯⋯⋯⋯⋯⋯⋯154
Stephania cepharantha ⋯⋯⋯⋯⋯⋯⋯⋯⋯201
Stimpsonia chamaedryoides ⋯⋯⋯⋯⋯⋯⋯333
Striga asiatica ⋯⋯⋯⋯⋯⋯⋯⋯⋯⋯⋯⋯⋯345
Strobilanthes oliganthus ⋯⋯⋯⋯⋯⋯⋯⋯⋯352
Strophanthus divaricatus ⋯⋯⋯⋯⋯⋯⋯⋯228
Styrax confusus var. *superbus* ⋯⋯⋯⋯⋯129
Styrax faberi ⋯⋯⋯⋯⋯⋯⋯⋯⋯⋯⋯⋯⋯⋯182
Styrax suberifolius ⋯⋯⋯⋯⋯⋯⋯⋯⋯⋯⋯130
Styrax tonkinensis ⋯⋯⋯⋯⋯⋯⋯⋯⋯⋯⋯130
Sycopsis sinensis ⋯⋯⋯⋯⋯⋯⋯⋯⋯⋯⋯⋯102
Symplocos adenopus ⋯⋯⋯⋯⋯⋯⋯⋯⋯⋯182

Symplocos anomala ……182	*Toxicodendron succedaneum* ……173
Symplocos chinensis ……183	*Toxicodendron sylvestre* ……123
Symplocos groffii ……183	*Trachelospermum gracilipes* ……229
Symplocos laurina ……183	*Trachelospermum jasminoides* ……229
Symplocos paniculata ……184	*Trema cannabina* ……160
Symplocos stellaris ……130	*Triadenum breviflorum* ……278
Symplocos wikstroerniifolia ……184	*Trichosanthes ovigera* ……204
Syneilesis australis ……326	*Tricyrtis macropoda* ……372
Syzygium buxifolium ……143	*Trigonotis peduncularis* ……337
Syzygium rehderianum ……89	*Tripterospermum nienkui* ……329

T

	Triumfetta pilosa ……279
Tainia dunnii ……390	*Tsoongiodendron odorum* ……77
Tarenna mollissima ……188	*Turpinia arguta* ……172
Taxillus chinensis ……167	*Tutcheria microcarpa* ……89
Taxus wallichiana var. *mairei* ……73	*Tylophora ovata* ……230
Tectaria simonsii ……60	*Typhonium blumei* ……377

U

Tephania tetrandra ……201	
Ternstroemia luteoflora ……88	*Ulmus castaneifolia* ……113
Tetrastigma hemsleyanum ……223	*Ulmus parvifolia* ……114
Teucrium viscidum ……362	*Unearia rhynchophylla* ……233
Thalictrum acutifolium ……244	*Uraria lagopodioides* ……289
Themeda japonica ……436	*Urena lobata* ……280
Themeda villosa ……436	*Urena procumbens* ……281
Thrixspermum saruwatarii ……390	*Utricularia aurea* ……348
Thyrocarpus glochidiatus ……337	*Utricularia bifida* ……349
Thyrocarpus sampsonii ……337	*Uvaria boniana* ……197

V

Tolypanthus maclurei ……168	
Torenia concolor ……345	*Vaccinium bracteatum* ……177
Torenia flava ……346	*Vaccinium sprengelii* ……178
Torenia fordii ……346	*Vandenboschia auriculata* ……12
Torilis scabra ……298	*Vandenboschia naseana* ……12

Ventilago leiocarpa ···221
Veratrum schindleri ···372
Verbena officinalis ···353
Vernicia fordii ···93
Vernicia montana ···93
Vernonia cinerea ···326
Vernonia patula ···326
Veronica peregrina ···346
Veronica persica ···347
Veronica polita ···347
Veronica undulate ···347
Veronicastrum longispicatum ···348
Viburnum dalzielii ···189
Viburnum dilatatum ···189
Viburnum fordiae ···189
Viburnum hanceanum ···190
Viburnum plicatum var. *tomentosum* ···190
Viburnum sempervirens ···190
Vicia hirsuta ···218
Vicia sativa ···218
Viola changii ···253
Viola davidi ···251
Viola diffusa ···252
Viola grypoceras ···253
Viola inconspicua ···252
Viola lucens ···252
Viola thomsonii ···251
Viola verecunda ···253
Viscum diospyrosicolum ···168
Viscum liquidambericolum ···168
Vitex negundo ···194

Vitex negundo var. *cannabifolia* ···194
Vitex quinata ···133
Vitis balanseana ···223
Vitis bryoniaefolia ···223
Vitis davidii ···224
Vitis davidii var. *ferruginea* ···224
Vitis tsoii ···224

W

Wahlenbergia marginata ···335
Wedelia chinensis ···327
Wikstroemia indica ···138
Wikstroemia monnula ···139
Woodwardia japonica ···48
Woodwardia orientalis ···49

X

Xanthium sibiricum ···327
Xylosma controversum ···87

Y

Youngia heterophylla ···328
Youngia japonica ···327
Youngia pseudosenecio ···328
Yuaanstro orientalis ···225

Z

Zanthoxylum ailanthoides ···118
Zanthoxylum armatum ···171
Zanthoxylum scandens ···171
Zanthoxylum schinifolium ···172
Zehneria maysorensis ···204
Zingiber striolatum ···368
Zornia gibbosa ···289